“十三五”职业教育国家规划教材
江苏高校品牌专业建设工程·项目成果

基础工程施工

主　编　王　玮　郭　玉
副主编　郭牡丹　方忠年
主　审　陈年和

南京大学出版社

图书在版编目(CIP)数据

基础工程施工 / 王玮,郭玉主编. — 南京 : 南京大学出版社,2019.8(2022.7 重印)
ISBN 978-7-305-22046-3

Ⅰ. ①基… Ⅱ. ①王… ②郭… Ⅲ. ①地基—基础(工程)—工程施工—教材 Ⅳ. ①TU47

中国版本图书馆 CIP 数据核字(2019)第 079258 号

出版发行 南京大学出版社
社　　址 南京市汉口路 22 号　　邮　编 210093
出 版 人 金鑫荣

书　　名 基础工程施工
主　　编 王　玮　郭　玉
责任编辑 朱彦霖　　编辑热线 025-83597482

照　　排 南京南琳图文制作有限公司
印　　刷 徐州绪权印刷有限公司
开　　本 787×1092 1/16 印张 20 字数 508 千
版　　次 2019 年 8 月第 1 版 2022 年 7 月第 3 次印刷
ISBN 978-7-305-22046-3
定　　价 58.80 元

网址:http://www.njupco.com
官方微博:http://weibo.com/njupco
官方微信号:njutumu
销售咨询热线:(025) 83594756

前　言

“基础工程施工”是建筑工程技术专业的岗位核心课程，主要培养学生独立分析和解决地基基础施工中问题的能力，对达到建筑工程技术专业学生的培养目标起关键性的作用。

本书根据职业教育和建筑工程技术专业的培养目标要求，参照最新的建筑标准和施工规范，在对岗位职业能力调查的基础上，确定岗位任务，分析工作过程，结合阶段性建筑产品特点，按照岗位职业能力要求，确定课程及课程内容编写而成。本书主要面向施工第一线的应用型人才培养，可作为高等专科学校、高等职业技术教育学校的土木工程专业的教科书，也可作为有关工程技术人员及自学人员的学习参考用书。

本书采用基于二维码的互动式学习平台，读者可扫二维码获取丰富的电子资源，体现了数字出版和立体化建设的理念。

“基础工程施工”课程于2019年立项为“江苏省‘十三五’在线开放课程”，2020年确定为国家精品在线开放课程。本教材配套资源可在爱课程(中国大学MOOC，http://www.icourses.cn/home/)上查看学习。

本书由江苏建筑职业技术学院王玮、郭玉主编，南京交通职业技术学院郭牡丹和徐州中国矿业大学建筑设计研究院有限公司方忠年副主编，江苏建筑职业技术学院陈年和主审；徐州中国矿业大学建筑设计研究院有限公司易金文、中煤五建公司杨长春、中联世纪建设集团有限公司骆洪亮高级工程师、徐州工程机械科技股份有限公司娄刚给予了编写指导。全书内容编写分工如下：王玮编写绪论，单元1、2、4和附录；郭玉编写单元5；郭牡丹编写单元3；方忠年编写单元6、7。全书由王玮负责统稿、整理。

本书在编写过程中大量参考了大量相关教材和标准规范等，未在书中一一注明出处，在此对有关文献和资料的作者表示感谢。

由于编者水平有限，本书难免出现疏漏和不妥之处，恳请读者批评指正。

编　者

2021年5月

目　录

0 绪 论

0.1 本课程能力目标、知识目标与学习要求

“基础工程施工”是一门理论性和实践性较强的土建类专业课程；是高职高专院校土建类专业学生以及从事工程设计、生产第一线的技术、质量管理和工程监理等岗位所必备的知识。

“基础工程施工”课程主要培养建筑工程施工技术人员从事地基基础施工管理、处理地基基础一般问题的能力。课程主要讲授工程地质勘查报告的识读、基坑工程施工、浅基础工程施工、塔吊浅基础安全计算、桩基工程施工、地基处理等内容。

通过“基础工程施工”课程的学习，可具备基础工程施工图和地质勘查报告识读的能力，确定地基基础工程施工工艺流程和质量检查的能力，运用所学知识正确编制基坑工程、基础工程施工方案的能力，进行塔吊浅基础安全计算的能力，地基处理方式和处理工艺的选择和施工的能力，正确记录、整理和填写地基基础分部工程验收资料的能力；能够在国家规范、法律、行业标准的范围内，完成地基基础施工和管理、处理地基基础一般问题的工作，具备从事本专业岗位需求的地基基础工程施工技能。

本课程要达到的能力目标和知识目标如下：

0.1.1 能力目标

(1) 具有读懂地质勘查报告和根据地质勘查报告指导土方施工的能力；

(2) 具有编制基坑工程施工方案，并依据施工方案组织和指导施工的能力；

(3) 能根据基础施工图纸和有关图集正确进行独立基础、条形基础、筏形基础、箱形基础的图纸交底，并具有对基础工程钢筋配料进行计算、审查的能力；

(4) 能够编制常见浅基础类型各分项工程施工方案，并具有组织和指导施工的能力；

(5) 具有对浅基础施工各分项工程的检查、验收能力；

(6) 具有对塔吊板式基础进行设计和指导施工的能力;
(7) 具有一定的桩基础和地基处理的施工能力;
(8) 能够参加地基基础施工验收,正确填写检验批、分项工程、分部工程施工技术资料;
(9) 具有较强的职业道德和职业素养。

0.1.2 知识目标

(1) 掌握土的工程性质指标的物理意义以及工程应用,能够通过试验确定土的工程性质指标,并能够正确识读地质勘查报告;
(2) 掌握常见基础的平法表达和施工构造;
(3) 掌握钢筋下料长度、基坑土方量计算方法;
(4) 掌握基础钢筋工程、模板工程、混凝土工程施工要点和质量检查;
(5) 掌握基坑降水、边坡支护、土方开挖、土方回填和基坑工程方案的编制等内容;
(6) 掌握板式塔吊基础定位、承载力、抗倾覆稳定性验算以及配筋安全计算等内容;
(7) 掌握桩基础施工工艺顺序和质量检查;
(8) 熟悉常用的地基处理的适用范围及施工要点、质量验收等内容;
(9) 掌握地基基础施工验收程序、方法和施工技术资料的编写。

0.1.3 学习要求

基础工程施工是一门综合性和实践性很强的课程。在学习中,应注意与其他课程的联系,如工程地质学、土力学、建筑识图、建筑结构、建筑材料等。注重理论与试验相结合、理论与工程实践相结合,以提高分析问题与解决问题的能力;提高独立工作与实践能力。

0.2 本课程特色

(1)"以工作过程为导向,以实际工程项目为载体,突出以职业能力为核心"进行教材内容的构建。
(2) 以基础施工工作过程为导向,按照施工技术人员典型任务设计教学单元,按照履行岗位职责应具备的基本素质和基本技能整合优化课程内容。教材内容体现实用性、适用性和前沿性。

0.3 地基基础工程概述

所有建筑物都要建造在地层上,建筑物荷载都是通过基础向地基土中传播扩散。因此,当地层承受建筑物荷载后,使地层在一定范围内改变原有的应力状态,产生附加应力和变形。我们将承受建筑物荷载并受其影响的该部分地层,称为地基;并将直接与基础底面接触的土层称为持力层;在地基范围内持力层以下的土层统称为下卧层(图 0-1)。

基础底面至室外设计地面的竖向距离,称为基础埋置深度,如图 0-1 所示。按埋置深度不同,基础分为浅基础和深基础。一般将埋深不大于 5 m 且用一般施工方法与设备完成的基础称为浅基础，如条形基础、独立基础、筏板基础等。基础埋深较大并需用特殊施工方法和机械设备建造的基础称为深基础，如桩基础、墩基础、沉井和地下连续墙基础等。

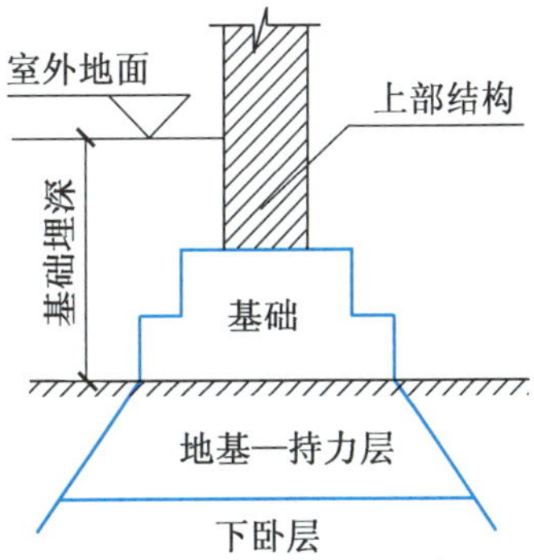

图 0-1　地基基础示意

为了保证建筑物安全和正常使用，地基除应满足承载力、变形要求外，基础结构本身应具有足够的强度和刚度，在地基反力作用下不会发生强度破坏，并且对地基变形具有一定的调整能力。如果地基承载力和变形都不能满足要求时，需对地基进行人工加固处理后才能使用，称为人工地基。未经过加固处理，直接使用的地基，称为天然地基。建筑物应尽量采用天然地基，以减少工程造价。

在地基基础工程施工中，首先应对地质勘查报告和基础施工图纸审查阅读，然后进行基坑工程施工。基坑工程通常包括基坑支护、基坑降水、基坑土方开挖、基坑验槽、基础施工完后的土方回填等内容。一般先进行基坑支护和基坑降水再进行基坑开挖施工，以确保基坑开挖的安全与可靠。

在基坑工程施工完成后进行各类基础施工。为保证工程施工质量，在地基基础施工过程中应分阶段进行检验批、分项工程和分部工程的验收，同时做好施工记录。在验收合格的基础上才能进行下一道工序。

0.4　地基基础的重要性

随着我国经济持续快速增长，城市化建设发展的步伐加快，基础工程的比重逐渐增大，特别是深基坑工程越来越多，施工的条件与环境越来越复杂，工程难度越来越大，工程事故发生的概率也就越来越高。尽管绝大多数工程的技术人员严格按规范要求进行设计施工，但仍出现不少工程事故，究其原因主要有工程勘察失误、基坑设计失误、水处理不当、支撑锚固结构失稳、施工方法错误、工程监测和管理不当、相邻施工影响、盲目降低造价等。

图 0-2　加拿大特朗斯康谷仓倾斜

如图 0-2 所示为加拿大特朗斯康谷仓，因地基承载力不足而发生严重的整体倾斜。谷仓建筑面积 59.4 m×23 m，高 31 m，自重 2×10^5 kN，谷仓由 65 个钢筋混凝土圆形筒仓组成，基础为 2 m 厚筏形基础、埋置深度 3.6 m。首次装载后 1 h 谷仓下沉达 30.5 cm，装载 24 h 后倾倒，西端下沉 8.8 m，东端抬高 1.5 m，整体倾斜 27°。事故发生后经勘察发现，地表 3 m 以下埋藏约 15 m 厚的高塑性淤泥质软黏土，加载后谷仓基底压力达 330 kPa，而实际地基极限承载力为 277 kPa。究其原因是由于地基软弱下卧层承载力不足而造成整体失稳倾倒。后用 388 个 50 t 千斤顶、70 多个混凝土墩支承在 16 m 深的基岩上，纠正修复后继续使用，但谷仓的位置较原来下降了 4 m。

2009 年 6 月 27 日，由于基坑开挖过程中不满足施工要求导致上海闵行区“莲花河畔小区”一栋在建 13 层住宅楼整体倒塌，是新中国成立以来建筑业最令人恐怖的倒楼事件，如图 0－3 所示。

图 0－3　上海莲花河畔 13 层楼整体垮塌

事故调查专家组组长、中国工程院院士、上海现代建筑设计集团总工程师江欢成指出，事发楼房附近有过两次堆土施工：第一次堆土施工发生在半年前，堆土距离楼房约 20 m，离防汛墙 10 m，高 3～4 m。第二次堆土施工发生在 6 月下旬。6 月 20 日，施工方在事发楼盘前方开挖基坑，土方紧贴建筑物堆积在楼房北侧，堆土在 6 天内便高达 10 m。第二次堆土是造成楼房倒覆的主要原因。土方在短时间内快速堆积，产生了 3000 t 左右的侧向力，加之楼房前方由于开挖基坑出现临空面，导致楼房产生 10 cm 左右的位移，对 PHC 桩（预应力高强混凝土）产生很大的偏心弯矩，最终破坏桩基，引起楼房整体倒覆。

2014 年 6 月北京建工一建工程建设有限公司和创分公司承建清华大学附属中学体育馆及宿舍楼。同年 12 月 29 日，因施工方安阳诚成建筑劳务有限责任公司施工人员违规施工，致使施工基坑内基础底板上层钢筋网坍塌，造成在此作业的多名工人被挤压在上下层钢筋网间，导致 10 人死亡、4 人受伤。法院判决 15 人获刑。如图 0－4 所示为坍塌事故现场。

图 0－4　清华大学附属中学体育馆坍塌事故

经相关部门事故调查报告显示，导致本次事故发生的主要原因是施工单位未按照施工方案要求堆放物料，施工时违反《钢筋施工方案》规定，将整捆钢筋直接堆放在上层钢筋网上，导致马凳立筋失稳，产生过大的水平位移，进而引起立筋上、下焊接处断裂，致使基础底板钢筋整体坍塌；未按照方案要求制作和布置马凳，现场制作的马凳所用钢筋的直径从《钢筋施工方案》要求的 32 mm 减小至 25 mm 或 28 mm；现场马凳布置间距为 0.9～2.1 m，与《钢筋施工方案》要求的 1 m 严重不符，且布置不均、平均间距过大；马凳立筋上、下端焊接欠饱满。

地基基础属于隐蔽工程，一旦出现事故，轻则上部结构开裂、倾斜，重则建筑物倒塌，而且进行补强修复、加固处理极其困难，因此必须慎重对待。只有深入了解地基情况，掌握勘察资料、经过精心设计与施工，才能使地基基础工程做到既经济合理又安全适用。

单元1 工程地质勘察报告的识读

引 言

土木工程设计、施工与监理的技术人员，应对岩土工程勘察的任务、内容和方法有所掌握，以便向勘察单位正确提出勘察任务的技术要求；并且能够熟练阅读理解、全面分析和正确应用岩土工程勘察资料；结合工程实践经验，使建筑地基基础设计方案、施工组织设计和监理规划建立在科学的基础之上。

学习目标

✓ 判断工程中常见的土的性质和类别；
✓ 通过试验确定土的工程性质指标；
✓ 根据地下水位埋藏条件判断地下水类别，并在土方施工中制订合理的降水方案；
✓ 根据不良地质现象的描述，采取合理的施工措施防止地基工程事故的发生；
✓ 正确识读工程地质勘察报告；
✓ 根据工程地质勘察报告指导土方施工。

本学习单元旨在培养学生识读地质勘察报告和指导土方施工的基本能力，通过课程讲解使学生掌握地质勘察报告中常见专业术语含义及其物理意义，土的性质指标对工程土的影响等知识；通过参观、录像、土工试验等强化学生对工程土的认识，提高识读地质勘察报告的能力。

1.1 建筑场地与地基土

1.1.1 建筑场地相关知识

微课+课件

建筑场地与不良地质现象

1.1.1.1 地质年代划分

在漫长的地球演化历史中，地壳经历了种种地质作用和“地质事件”，如地壳运动、岩浆活动、海陆变迁等。错综复杂的地质作用，形成了各种成因的地形，不同成因的地形称为地貌。

地质年代是各种地质事件发生的时代。地质学家和古生物学家根据地层自然形成的先后顺序，把地质相对年代划分为5大代，代下分纪、世、期等。从古至今，地质年代划分简表见表1-1。不同的岩土的性质与其生成的地质年代有关。生成年代越久，岩土的工程性质越好。

表1-1 地质年代简表

代		纪	世	距今年代
太古代				1800百万～2700百万年
元古代	早元古代			600百万～1800百万年
	晚元古代	长城纪 蓟县纪 青白口纪 震旦纪		
古生代	早古生代	寒武纪 奥陶纪 志留纪	上、中、下寒武世 上、中、下奥陶世 上、中、下志留世	400百万～600百万年
	晚古生代	泥盆纪 石炭纪 二叠纪	上、中、下泥盆世 上、中、下石炭世 上、下二叠世	225百万～400百万年
中生代		三叠纪	上、中、下三叠世	70百万～225百万年
		侏罗纪	上、中、下侏罗世	
		白垩纪	上、下白垩世	
新生代		早第三纪	古新世 E_1 始新世 E_2 渐新世 E_3	25百万～70百万年
		晚第三纪	中新世 N_1 上新世 N_2	2百万～25百万
		第四纪	更新世下 Q_1 更新世中 Q_2 更新世上 Q_3 全新世 Q_4	12000年～2百万年

目前地表存在的土一般为新生代第四纪沉积土，一般更新世上及其以前沉积的土称为老沉积土，第四纪全新世中近期沉积的土称为新沉积土。第四纪沉积土由于沉积时间不长，通常为松散软弱的多孔体。根据地质成因不同，第四纪主要的沉积物有残积物、坡积物、洪积物、冲积物、海洋沉积物、湖泊沉积物、冰川沉积物及风积物等。

1.1.1.2 建筑场地类别划分

1. 建筑场地的选择

建筑场地是工程群体所在地，具有相似的反应谱特征。其范围相当于厂区、居民小区和自然村或不小于 1.0 km^2 的平面面积。建筑场地的地形、地貌和岩土的成分、分布、厚度、工程特性，都与地质作用有关。同样的建筑物在不同地质条件的场地上，在地震时的破坏程度明显不同。因此，为最大限度减轻地震的灾害，在建造建筑物时，应选择对抗震有利和避开不利的建筑场地进行建设。

拓展知识1

甲、乙、丙、丁建筑分类标准

现行《建筑抗震设计规范》(GB 50011—2010)(以下简称“抗震规范”)按照场地上建筑物震害程度把建筑场地划分为抗震有利、一般、不利和危险地段(表 1 - 2)。选择建筑场地时，对不利地段要提出避开要求；当无法避开时应采取有效措施；对危险地段，严禁建造甲、乙类的建筑，不应建造丙类的建筑。

表 1 - 2　各类地段的划分

地段类别	地质、地形、地貌
有利地段	稳定基岩，坚硬土，开阔、平坦、密实、均匀的中硬土等
一般地段	不属于有利、不利和危险的地段
不利地段	软弱土、液化土、条状突出的山嘴、高耸孤立的山丘、陡坡、陡坎、河岸和边坡的边缘，平面分布上成因、岩性、状态明显不均匀的土层(含故河道、疏松的断层破碎带、暗埋的塘浜沟谷和半填半挖地基)，高含水量的可塑黄土，地层存在结构性裂缝等
危险地段	地震时可能发生滑坡、崩塌、地陷、地裂、泥石流等地段，以及发震断裂带在地震时可能发生地表错位的部位

2. 建筑场地类别分类

拓展知识2

等效剪切波速确定

建筑场地类别的划分是进行抗震设计、确定地震加速度值的依据。建筑的场地类别，根据剪切波在岩石或土层中的剪切波速和场地土层覆盖层厚度按表 1 - 3 划分为四类。其中Ⅰ类分为 $Ⅰ_0$、$Ⅰ_1$ 两个亚类。

表 1 - 3　各类建筑的覆盖层厚度(m)

岩石的剪切波速或场地类别土的等效剪切波速 $v_{se}/(m\cdot s^{-1})$	场地类别				
	$Ⅰ_0$	$Ⅰ_1$	Ⅱ	Ⅲ	Ⅳ
$v_s>800$	0				
$800\geq v_s>500$		0			
$500\geq v_{se}>250$		<5	≥5		

(续表)

岩石的剪切波速或场地类别土的等效剪切波速 $v_{se}/(m\cdot s^{-1})$	场地类别				
	$Ⅰ_0$	$Ⅰ_1$	Ⅱ	Ⅲ	Ⅳ
$250 \geqslant v_{se} > 150$		<3	3~50	>50	
$v_{se} \leqslant 150$		<3	3~15	>15~80	>80

注：表中 v_s 指岩石的剪切波速。

1.1.1.3 不良地质现象

由于地质作用形成建筑场地，良好的地质条件对建筑工程是有利的，不良的地质条件则往往导致建筑物地基基础的事故，应当特别注意。建筑工程中常见的不良地质现象主要有以下几种：

1. 断层

岩层在地应力作用下发生破裂，断裂面两侧的岩体显著发生相对位移，称为断层。断层显示地壳大范围错断，如图 1-1 所示。

图 1-1 断层示意图

一般中小断层数量多，断层形成的年代越新，断层的活动可能性越大。断层，特别是活动性断层是导致地震活动的重要地质背景。

进行工程建筑、水利建设等，必须考虑断层构造。例如水库大坝应避免横跨在断层上。一旦断层活动，破坏挡水坝，造成库水下泄，相当于人造洪水，后果不堪设想；大型桥梁、隧道、铁道、大型厂房等如果通过或坐落在断层上，必须考虑相应的工程措施。因此，凡是重大工程项目都必须具有所在地区的断裂构造等地质资料，以供设计者参考。

2. 岩层节理发育

图 1-2 岩层节理示意图

节理是很常见的一种构造地质现象，就是我们在岩石露头上所见的裂缝，或称岩石的裂缝，如图 1-2 所示。这是由于岩石受力而出现的裂隙，但裂开面的两侧没有发生明显的(眼睛能看清楚的)位移，地质学上将这类裂缝称为节理。在岩石露头上，到处都能见到节理。此时，岩体被裂隙切割成碎块，破坏了岩层的整体性，在工程上除有利于开挖外，对岩土的强度和稳定性均有不利影响。

3. 滑坡

滑坡是斜坡土体和岩体在重力作用下失去原有的稳定状态，沿着斜坡内某些滑动面作整体向下滑动的现象。规模大的滑坡一般是缓慢地往下滑动，其位移速度多在变加速阶段才显著，有时会造成灾难性的后果。有些滑坡滑动速度一开始也很快，这种滑坡经常是在滑坡体的表层发生翻滚现象，这种滑坡称为崩塌性滑坡。

2009 年 8 月 14 日，浙江临安暴雨引发山体滑坡致 11 人身亡。一幢三层楼房民居被滑坡体完全摧毁，如图 1－3 所示。

图 1－3　一幢三层楼房被滑坡体摧毁

4. 崩塌

陡峻或极陡斜坡上，某些大块或巨块岩块，突然地崩落或滑落，顺山坡猛烈地翻滚跳跃，岩块相互撞击破碎，最后堆积于坡脚，这一过程称为崩塌。

崩塌会使建筑物，有时甚至使整个居民点遭到毁坏，使公路和铁路被掩埋。由崩塌带来的损失，不单是建筑物毁坏的直接损失，还常因此而使交通中断，给交通运输带来重大损失。崩塌有时还会使河流堵塞形成堰塞湖，这样就会将上游建筑物及农田淹没；在宽河谷中，由于崩塌能使河流改道及改变河流性质而造成急湍地段。只有小型崩塌，才能防止其不发生，对于大的崩塌只好绕避。

图 1－4　武隆区鸡尾山山体崩塌

2009 年 6 月 5 日 15 时，重庆市武隆区铁矿乡红宝村长兴社鸡尾山发生一起严重的山体崩滑，如图 1－4 所示。山体垮塌共造成 64 人失踪，10 人遇难，8 人受伤。由于鸡尾山垮塌以及连续降雨导致鸡尾山堰塞湖形成。

5. 地基土液化

拓展知识3

液化判断及处理措施

在地震或强烈振动作用下，饱和状态的砂土或粉土突然大部分或全部丧失承载力成为液态，造成地基不均匀沉降，导致建筑物破坏，这种现象称为地基土液化。

当建筑场地的地下水位埋藏较浅，水下存在大面积且厚度较大的粉细砂或粉土时，必须进行液化判别，目前一般采用标准贯入试验方法判别。如为液化土，需进一步计算液化指数，划分液化等级，确定相应的抗液化措施。不宜将未经处理的液化土作为天然地基持力层。如图1－5所示为地震液化喷砂冒水现象。

图 1－5　地基液化喷砂冒水

1964 年 6 月 16 日，日本新潟市发生 7.5 级强烈地震，使大面积的砂土地基发生液化，丧失地基承载力。新潟市机场的建筑物，震沉 915 mm；机场的跑道严重破坏，无法使用；当地的卡车和混凝土结构等重物，在地震时沉入土中；原来位于地下的一座污水池，地震后被浮出地面，高达3 m；有的高层公寓，陷入土中并发生严重倾斜，无法居住。

1.1.1.4 地下水

微课+课件

地下水

1. 地下水分类

地下水按照埋藏条件不同分为三类：上层滞水、潜水和承压水，如图 1-6 所示。

(1) 上层滞水

积聚在局部隔水层上的水称为上层滞水。这种水靠雨水补给，有季节性。上层滞水范围不大，存在于雨季，旱季可能干涸。

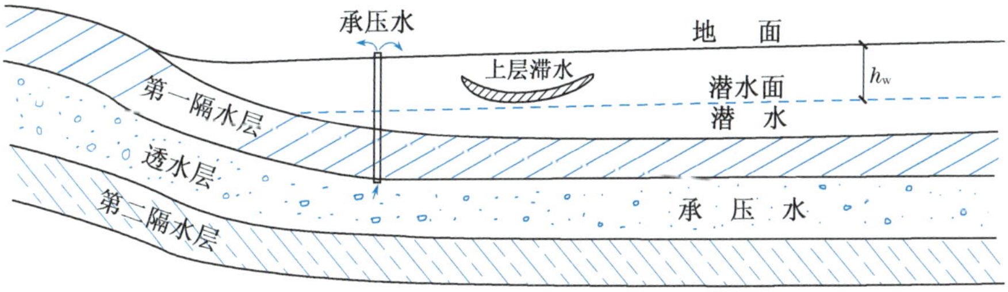

图 1-6 地下水分类

(2) 潜水

埋藏在地表下第一个连续分部的稳定隔水层以上，具有自由水面的重力水称为潜水。自由水面为潜水面，水面的标高称为地下水位。地面至潜水面的垂直距离称为地下水埋藏深度。潜水由雨水与河水补给，水位有季节性的变化。

(3) 承压水

埋藏在两个连续分布的隔水层之间完全充满的有压地下水称为承压水，它通常存在于砂卵石中。砂卵石层呈倾斜状分布，在地势高处砂卵石层水位高，对地势低处产生静水压力。若打穿承压水顶面的第一层隔水层，则承压水会因压力而上涌，压力大的可以喷出地面，形成管涌。

2. 地下水对工程的影响

地下水的水质、水量、水位、静压力、渗压力等会引起一系列工程问题。常见的有地基沉降、流砂、浮托、基坑突涌、地下水对钢筋混凝土的腐蚀、对基础的潜蚀等。

(1) 地基沉降

地基沉降指过量抽取地下水引起的含水层和隔水层的地基土发生固结压缩，而产生的地面沉降。

➤提示：在松散沉积层中进行基础施工时，往往需要人工降低地下水位。若降水不当，会人为造成降水漏斗，在降水漏斗范围内的软土层发生渗透固结沉降，而远离降水漏斗的软土不沉降，造成地基不均匀沉降。因此，在工程施工时要根据土层分布以及降水深度等确定合理的降水方案。

(2) 流砂

地下水位以下的土在动水压力推动下极易失去稳定，并随地下水涌入坑内，这种现象叫流砂现象。发生流砂时，土完全丧失承载力，不但使施工条件恶化，而且流砂严重时，会引起基坑边坡塌方，附近建(构)筑物会因地基被掏空而下沉、倾斜，甚至倒塌。实践经验表明：在可能发生流砂的土质处，基坑挖深超过地下水位线 0.5 m 左右，就要注意流砂的发生。

【相关知识】

水在土中渗流时，受到土颗粒的阻力，水对土颗粒则产生压力，这种压力叫动水压力。动水压力与水流受到土颗粒的阻力大小相等、方向相反。当地下水的动水压力大于土粒的浮重度时，就可能会产生流砂，如图 1 - 7 所示。水在土中渗流时，作用在土体上的力由静力平衡得：

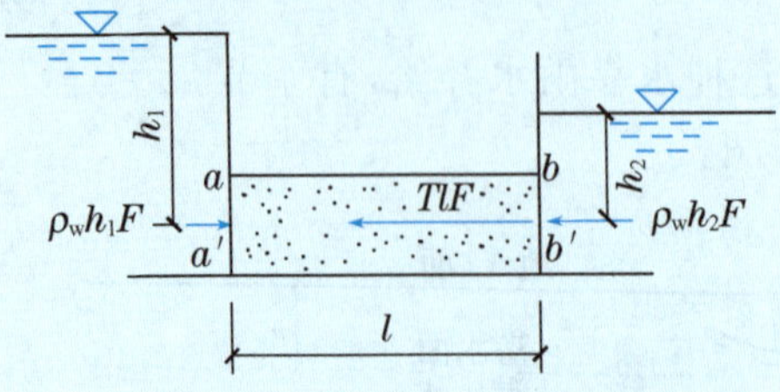

(a) 水在土中渗流时的力学原理

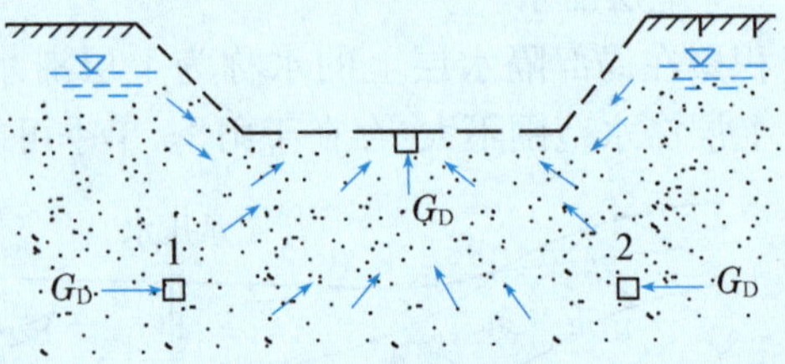

(b) 动水压力对地基的影响

图 1 - 7　动水压力原理图

$$\rho_w g h_1 F - \rho_w g h_2 F - TlF = 0$$

可得：

$$T = \frac{h_1 - h_2}{l}\gamma_w \quad \gamma_w = \rho_w g$$

由于 $$G_D = T$$

所以 $$G_D = \frac{h_1 - h_2}{l}\gamma_w \tag{1-1}$$

式中：T 为单位体积的土颗粒的阻力（kN/m^3）；γ_w 为单位体积的水的重量（kN/m^3）；l 为水在土中渗流截面间的距离（m）；h_1、h_2 为水在土中渗流距离为 l 的两端水位（头）（m）；F 为水渗流的截面积（m^2）；G_D 为动水压力，水对土颗粒产生的单位体积的压力（kN/m^3）。

由式（1 - 1）可知，水位差 $h_1 - h_2$ 越大，动水压力越大；渗流路径越长，动水压力越小。

动水压力的作用方向与水流方向相同。当渗流从下向上，动水压力与重力作用相反，如动水压力大于或等于土的浮重度时，即 $G_D \geqslant \gamma'$，土颗粒便会悬浮失去稳定，变成流动状态，被水流带到基坑内，从而发生流砂现象如图 1 - 7(b) 所示。

流砂处理的主要措施是“减小或平衡动水压力”或“使动水压力向下”，使坑底土粒稳定，不受水压干扰。

流砂常用的具体处理方法有：

① 枯水期施工。安排在全年最低水位季节施工，使基坑内动水压力减小。

② 水下挖土法。采取水下挖土（不抽水或少抽水），使坑内水压与坑外地下水压相平衡或缩小水头差。

③ 井点降水。采用井点降水，使水位降至基坑底 0.5 m 以下。使动水压力减小和方向朝下，坑底土面保持无水状态。

④ 加设支护结构。沿基坑外围四周打板桩，伸入坑底下面一定深度，增加地下水从坑外流入坑内的渗流路线和减少渗水量，减小动水压力；当基坑面积较小，也可采取在四周设钢板护筒，随着挖土不断加深，直到穿过流砂层。

⑤ 化学加固法。采用化学压力注浆或高压水泥注浆，固结基坑周围粉砂层从而形成防渗帷幕。

⑥ 抢挖法。往坑底抛大石块，增加土的压重和减小动水压力，同时组织快速施工。

（3）浮托

当建筑物基础底面位于地下水水位以下时，地下水对基础底面产生静水压力，即产生浮托力。在进行地下工程施工时，必须采取措施，防止建筑物受到破坏。可设计深孔桩防治。

（4）基坑突涌

当基坑下存在承压含水层时，若基坑隔水底板重量小于含水层顶面的承压水头压力值时，可引起基坑突涌。为防止基坑突涌现象的发生，应注意开挖基槽时保留槽底一定的安全厚度 h_a（图1－8）

$$h_a \geq \frac{\gamma_w}{\gamma} h \qquad (1-2)$$

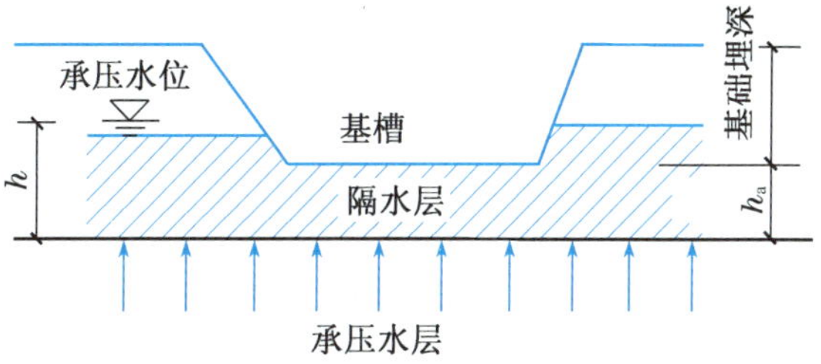

图1－8　有承压水的槽底安全厚度

式中：γ 为隔水层土的重度（kN/m^3）；γ_w 为水的重度，取 10 kN/m^3；h 为承压水的上升高度（从隔水层底面起算）(m)；h_a 为隔水层安全厚度（槽底安全厚度）(m)。

当基坑底为隔水层，应进行坑底突涌验算，必要时可采取水平封底隔渗或钻孔减压措施，保证坑底土层稳定，否则一旦发生突涌，将给施工带来极大麻烦。

（5）地下水对钢筋混凝土具有腐蚀性

当地下水中的 SO_4^{2-} 含量大于 250 mg/L 时，SO_4^{2-} 将与混凝土中的 $Ca(OH)_2$ 生成含水硫酸盐结晶，体积膨胀，内应力增大，导致混凝土开裂。当地下水的 CO_2 含量超过平衡浓度时，就会溶解混凝土中的 $CaCO_3$，腐蚀混凝土。

1.1.2　地基土工程性质与地基承载力

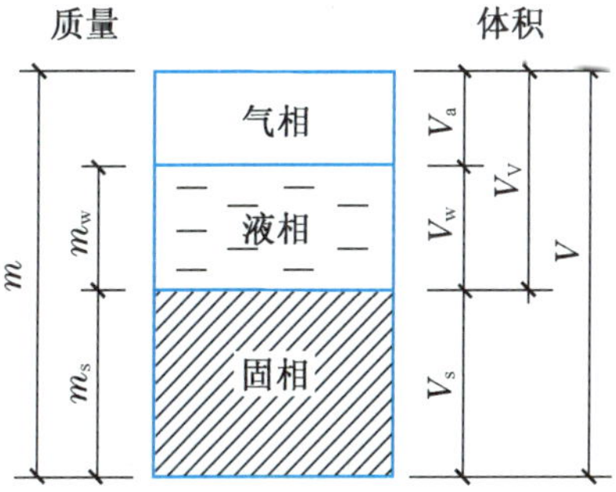

图1－9　土的三相简图

土是由固体矿物颗粒、水和气体三部分组成的三相体系，即由固相、液相和气相组成。土的三相组成、土中粒组的相对含量等影响了土的物理性质和物理状态，土的物理性质和物理状态又在很大程度上决定了它的力学性质。

为了更直观地反映土中三相物质的比例关系，把土中分散的三相物质分别集中起来，并按适当的比例绘出三相示意图，如图1－9所示。

图1－9的左边表示土中各相的质量，右边表示各相所占的体积，各符号的意义如下：m_s 为土粒的质量(g)；m_w 为土中水的质量(g)；m 为土的质量(g)，$m=m_s+m_w$；V_s 为土粒的体积(cm^3)；V_v 为土中孔隙体积(cm^3)，$V_v=V_a+V_w$；V_w 为土中水的体积(cm^3)；V_a 为土中气相的体积(cm^3)；V 为土的体积(cm^3)，$V=V_s+V_w+V_a$。

1.1.2.1　土的物理性质指标

微课＋课件

土的物理性质指标

1. 土的天然密度 ρ

土的天然密度(ρ)是指单位体积土的质量，单位为 g/cm^3。工程中常用土的天然重度 γ 表示单位体积的重量，单位为 kN/m^3。土的密度可用环刀法在实验室内测定，用容积为 60 cm^3、100 cm^3 或200 cm^3 的环刀切取土样，用天平称其质量而得。

$$\rho=\frac{m}{V}\quad \gamma=\rho g \tag{1-3}$$

2. 土粒相对密度 d_s

土粒相对密度(d_s)是指土粒质量与 4 ℃时同体积水的质量之比。土粒相对密度可用比重瓶法在实验室测定。

$$d_s=\frac{m_s}{V_s\rho_w} \tag{1-4}$$

3. 土的含水量 ω

土的含水量(ω)是指土中水的质量与土粒质量之比，又称土的含水率，用百分数表示。土的含水量可用烘干法、炒干法、酒精燃烧法等在实验室内测定。

$$\omega=\frac{m_w}{m_s}\times 100\% \tag{1-5}$$

4. 土的干密度 ρ_d 或干重度 γ_d

土的干密度(ρ_d)或干重度(γ_d)是指单位体积土中土粒的质量或重量，单位为 g/cm^3 或 kN/m^3。

$$\rho_d=\frac{m_s}{V}\quad \gamma_d=\rho_d g \tag{1-6}$$

土的干密度 ρ_d(或干重度 γ_d)越大，土越密实，强度越高。土的干密度可以评价土的密实程度，工程上常用于填方工程(土坝、路基和人工压实地基等)的土体压实质量控制标准。

5. 土的饱和密度 ρ_{sat} 或饱和重度 γ_{sat}

土的饱和密度(ρ_{sat})或饱和重度(γ_{sat})是指土孔隙中全部充满水时单位体积的质量或重量，单位为 g/cm^3 或 kN/m^3。

$$\rho_{sat}=\frac{m_s+V_v\rho_w}{V}\quad \gamma_{sat}=\rho_{sat}g \tag{1-7}$$

6. 土的浮密度 ρ' 或浮重度 γ'

地下水位以下的土层，受水的浮力作用，土的实际重量将减小，此时单位体积的质量或重量称为土的浮密度 ρ' 或浮重度 γ'。土的饱和重度 γ_{sat}、浮重度 γ' 是进行地基基础设计的重要参数，当土位于地下水以下时，应按浮重度计算。

$$\rho'=\frac{m_s+V_v\rho_w-V\rho_w}{V}\quad \gamma'=\gamma_{sat}-\gamma_w \tag{1-8}$$

对于同一种土来讲，土的天然重度、干重度、饱和重度、浮重度在数值上有如下关系：

$$\gamma_{sat}>\gamma>\gamma_d>\gamma'$$

7. 土的孔隙比 e

土的孔隙比(e)指土中孔隙体积与土粒体积之比，用小数表示。它是评价土的密实程度的重要指标。

$$e=\frac{V_v}{V_s} \tag{1-9}$$

8. 土的孔隙率 n

土的孔隙率(n)指土中孔隙体积与总体积之比，用百分数表示。它也可以评价土的密实程度。

$$n=\frac{V_v}{V}\times100\%\qquad(1-10)$$

9. 土的饱和度 S_r

土的饱和度(S_r)指土中水的体积与孔隙体积之比。饱和度反映土中孔隙被水充满的程度,其数值为 0～1,当土处于完全干燥状态时,$S_r=0$;当土处于完全饱和状态时,$S_r=1$。

$$S_r=\frac{V_w}{V_v}\qquad(1-11)$$

微课+课件

土的物理性质指标之间的换算

土的基本物理性质指标与其他 6 个指标之间的换算关系以及常见值见表 1－4。

表 1－4　土的三相比例指标换算公式及常见值

指标	符号	表达式	单位	常见值	换算公式
密度	ρ	$\rho=\frac{m}{V}$	g/cm^3	1.6～2.2	$\gamma=\frac{d_s(1+\omega)\gamma_w}{1+e}$
重度	γ	$\gamma=\rho g$	kN/m^3	16～22	$\gamma=\frac{(d_s+S_r e)\gamma_w}{1+e}$
土粒相对密度	d_s	$d_s=\frac{m_s}{V_s\rho_w}$		砂土 2.65～2.69 粉土 2.70～2.71 黏性土 2.72～2.75	$d_s=\frac{S_r e}{\omega}$
含水量	ω	$\omega=\frac{m_w}{m_s}\times100\%$	%	砂土 0～40% 黏性土 20%～60%	$\omega=\frac{S_r e}{d_s}$
干重度	γ_d	$\gamma_d=\rho_d g$	kN/m^3	13～20	$\gamma_d=\frac{\gamma}{1+\omega}=\frac{\gamma_w d_s}{1+e}$
干密度	ρ_d	$\rho_d=\frac{m_s}{V}$	g/cm^3	1.3～2.0	
饱和重度	γ_{sat}	$\gamma_{sat}=\rho_{sat}g$	kN/m^3	18～23	$\gamma_{sat}=\frac{d_s+e}{1+e}\gamma_w$
饱和密度	ρ_{sat}	$\rho_{sat}=\frac{m_s+V_v\rho_w}{V}$	g/cm^3	1.8～2.3	
有效重度	γ'	$\gamma'=\gamma_{sat}-\gamma_w$	g/cm^3	8～13	$\gamma'=\frac{(d_s-1)\gamma_w}{1+e}$
有效密度	ρ'	$\rho'=\rho_{sat}-\rho_w$	kN/m^3		
孔隙比	e	$e=\frac{V_v}{V_s}$		砂土 0.3～0.9 黏性土 0.4～1.2	$e=\frac{n}{1-n}$ $e=\frac{d_s\gamma_w(1+\omega)}{\gamma}-1$
孔隙率	n	$n=\frac{V_v}{V}\times100\%$	%	砂土 25%～45% 黏性土 30%～60%	$n=\left(\frac{e}{1+e}\right)\times100\%$
饱和度	S_r	$S_r=\frac{V_w}{V_v}$		0～1	$S_r=\frac{\omega d_s}{e}=\frac{\omega\gamma_d}{n\gamma_w}$

【工程案例 1－1】 已知某钻孔原状土样,用体积为 72 cm^3 的环刀取样,经试验测得:土的质量 $m_1=130$ g,烘干后质量 $m_2=115$ g,土粒相对密度 $d_s=2.70$,试用三相简图法求其他

物理性质指标。

解:(1) 确定三相简图中的未知量

土样中水的质量:$m_{\omega}=m_1-m_2=130-115=15$ g

土粒体积:

由 $$d_s=\frac{m_s}{V_s\rho_w}$$

可得: $$V_s=\frac{m_s}{d_s\rho_w}=\frac{115}{2.70\times1.0}=42.59\ \text{cm}^3$$

孔隙体积: $$V_v=V-V_s=72-42.59=29.41\ \text{cm}^3$$

水的体积: $$V_w=\frac{m_w}{\rho_w}=\frac{15}{1.0}=15\ \text{cm}^3$$

气相体积: $$V_a=V_V-V_W=29.41-15=14.41\ \text{cm}^3$$

将以上所求数据填写在三相简图中,如图1-10所示。

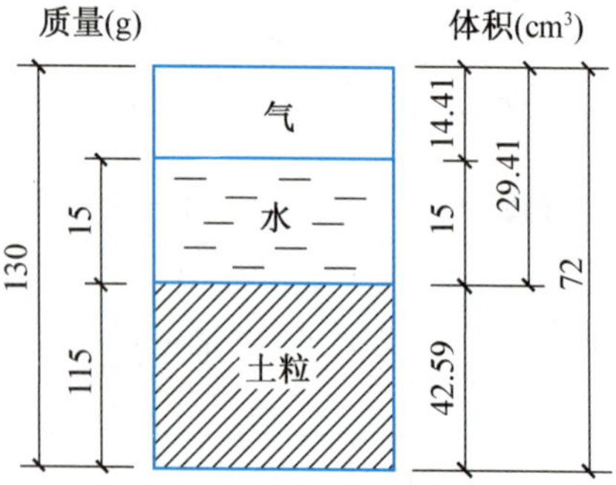

图1-10 三相简图

(2) 确定其余的物理性质指标

土的密度:$\rho=\frac{m}{V}=\frac{130}{72}=1.81\ \text{g/cm}^3$

土的含水量:$\omega=\frac{m_w}{m_s}\times100\%=\frac{15}{115}\times100\%=13.04\%$

土的干密度:$\rho_d=\frac{m_s}{V}=\frac{115}{72}=1.60\ \text{g/cm}^3$

饱和密度:$\rho_{sat}=\frac{m_s+V_v\rho_w}{V}=\frac{115+29.41\times1.0}{72}=2.01\ \text{g/cm}^3$

有效密度: $$\rho'=\rho_{sat}-\rho_w=2.01-1.0=1.01\ \text{g/cm}^3$$

孔隙比: $$e=\frac{V_v}{V_s}=\frac{29.41}{42.59}=0.69$$

孔隙率: $$n=\frac{V_v}{V}\times100\%=\frac{29.41}{72}\times100\%=40.85\%$$

饱和度: $$S_r=\frac{V_w}{V_v}=\frac{15}{29.41}=0.51$$

【工程案例1-2】 某一施工现场需要填土,基坑的体积为2000 m³,土方来源于附近土丘,土丘的土粒相对密度为2.70,含水量为15%,孔隙比为0.6,要求填土的含水量为17%,干重度为17.6 kN/m³,问:

(1) 取土现场土丘的重度、干重度、饱和度是多少?

(2) 填土的孔隙比是多少? 应从取土场开采多少方土?

(3) 碾压时应洒多少水?

解:(1) 根据表1-4得土的重度、干重度和饱和度为:

$$\gamma_d=\frac{\gamma_w d_s}{1+e}=\frac{10\times2.70}{1+0.6}=16.875\ \text{kN/m}^3$$

$$\gamma=\gamma_d(1+\omega)=16.875\times(1+0.15)=19.406\ \text{kN/m}^3$$

$$S_r=\frac{\omega d_s}{e}=\frac{0.15\times2.70}{0.6}=0.675$$

(2) 根据题意,设土丘孔隙比 $e_1=0.6$,填土的孔隙比为 e_2,填土体积为 V_2,需开采的土丘体积为 V_1,则填土的孔隙比 e_2 为:

$$e_2=\frac{d_s\gamma_w}{\gamma_d}-1=\frac{2.7\times10}{17.6}-1=0.5341$$

又 $$\frac{1+e_1}{1+e_2}=\frac{V_1}{V_2}$$

则 $$V_1=\frac{1+e_1}{1+e_2}V_2=\frac{1+0.6}{1+0.5341}\times2000=2085.9\ \mathrm{m}^3$$

(3) 设开采土丘体积为 V_1 的土的总重量为 W_1(kN),则由天然重度公式得:

$$W_1=\gamma_1V_1=19.406\times2085.9=40479\ \mathrm{kN}$$

$$\omega=\frac{W_w}{W_s}\times100\%=0.15$$

又因为 $$W_w+W_s=W_1$$

得: $$W_w=5279.9\ \mathrm{kN}$$

$$W_s=35199.34\ \mathrm{kN}$$

设碾压时应洒水重量为 x(kN),碾压前后土粒重量保持不变,由题意填土的含水量为17%,则有:

$$\omega=\frac{W_w+x}{W_s}\times100\%=0.17$$

$$\frac{5279.9+x}{35199.34}\times100\%=0.17$$

则碾压时应洒水重量 $x=703.99$ kN。

1.1.2.2 土的物理状态指标

根据建筑地基基础设计规范,作为建筑地基的岩土可分为岩石、碎石土、砂土、粉土、黏性土和人工填土六类。

微课+课件

岩石和无黏性土物理状态

1. 岩石

颗粒间牢固联结,呈整体或具有节理裂隙的岩体称为岩石。岩石有不同的分类方法,岩石按风化程度分,可分为未风化、微风化、中风化、强风化和全风化;岩体按完整程度分,可分为完整、较完整、较破碎、破碎和极破碎;岩石按照坚硬程度分,可分为坚硬岩、较硬岩、较软岩、软岩和极软岩。根据岩石坚硬程度和完整程度将岩体的质量等级分为5级,见表1-5。

表1-5 岩体质量等级

坚硬程度 \ 完整程度	完整	较完整	较破碎	破碎	极破碎
坚硬岩	Ⅰ	Ⅱ	Ⅲ	Ⅳ	Ⅴ
较硬岩	Ⅱ	Ⅲ	Ⅳ	Ⅳ	Ⅴ
较软岩	Ⅲ	Ⅳ	Ⅳ	Ⅴ	Ⅴ
软岩	Ⅳ	Ⅳ	Ⅴ	Ⅴ	Ⅴ
极软岩	Ⅴ	Ⅴ	Ⅴ	Ⅴ	Ⅴ

2. 碎石土

拓展知识4

粒组划分及颗粒级配

碎石土属于无黏性土。无黏性土是指具有单粒结构的碎石土和砂土，土粒之间无黏结力。它们最主要的物理状态指标是密实度。土的密实度是指单位体积土中固体颗粒的含量。当碎石土处于密实状态时，结构较稳定，压缩性小，强度较高，可作为良好的天然地基；而处于松散状态时，稳定性差，压缩性大，强度偏低，属于不良地基。

粒径 $d>2$ mm 的颗粒含量超过全重 50%的土称为碎石土。根据土的颗粒形状及粒组含量可分为六类，详见表 1-6。

表 1-6　碎石土的分类

土的名称	颗粒形状	粒组含量
漂石	圆形及亚圆形为主	粒径 $d>200$ mm 的颗粒含量超过全重的 50%
块石	棱角形为主	
卵石	圆形及亚圆形为主	粒径 $d>20$ mm 的颗粒含量超过全重的 50%
碎石	棱角形为主	
圆砾	圆形及亚圆形为主	粒径 $d>2$ mm 的颗粒含量超过全重的 50%
角砾	棱角形为主	

注：分类时应根据粒组含量栏从上到下以最先符合者确定。

碎石土的颗粒较粗，试验时不易取得原状土样。可以根据重型圆锥动力触探(DPT)锤击数 $N_{63.5}$ 确定其密实度，见表 1-7。

表 1-7　碎石土的密实度

重型圆锥动力触探锤击数 $N_{63.5}$	$N_{63.5}\leqslant 5$	$5<N_{63.5}\leqslant 10$	$10<N_{63.5}\leqslant 20$	$N_{63.5}>20$
密实度	松散	稍密	中密	密实

注：1. 本表适用于平均粒径小于等于 50 mm 且最大粒径不超过 100 mm 的卵石、碎石、圆砾、角砾等碎石土。对于平均粒径大于 50 mm 或最大粒径大于 100 mm 的碎石土可按野外鉴别方法或超重型动力触探锤击数 N_{120} 划分其密实度(表 1-8 和表 1-9)；

2. 表内 $N_{63.5}$ 为经综合修正后的平均值。

表 1-8　碎石土的密实度野外鉴别方法

密实度	骨架颗粒含量和排列	可挖性	可钻性
松散	骨架颗粒质量小于总质量的 60%，排列混乱，大部分不接触	锹可以挖掘，井壁易坍塌，从井壁取出大颗粒后，立即塌落	钻进较易，钻杆稍有跳动，孔壁易坍塌
中密	骨架颗粒质量等于总质量的 60%~70%，呈交错排列，大部分接触	锹镐可以挖掘，井壁有掉块现象，从井壁取出大颗粒处，能保持凹面形状	钻进较困难，钻杆、吊锤跳动不剧烈，孔壁有坍塌现象
密实	骨架颗粒质量大于总质量的 70%，呈交错排列，连续接触	锹镐挖掘困难，用撬棍方能松动，井壁较稳定	钻进困难，钻杆、吊锤跳动剧烈，孔壁较稳定

注：密实度应按表列各项特征综合确定。

表 1-9　碎石土密实度按 N_{120} 分类

重型圆锥动力触探锤击数 N_{120}	$N_{120} \leqslant 3$	$3 < N_{120} \leqslant 6$	$6 < N_{120} \leqslant 11$	$11 < N_{120} \leqslant 14$	$N_{120} > 14$
密实度	松散	稍密	中密	密实	很密

3. 砂土

粒径 $d>2$ mm 的颗粒含量不超过全重 50%，$d>0.075$ mm 的颗粒超过全重 50%的土称为砂土。根据土的粒径级配及粒组含量分为五类，详见表 1-10。

表 1-10　砂土的分类

土的名称	粒组含量
砾砂	粒径 $d>2$ mm 的颗粒含量占全重 25%～50%
粗砂	粒径 $d>0.5$ mm 的颗粒含量超过全重 50%
中砂	粒径 $d>0.25$ mm 的颗粒含量超过全重 50%
细砂	粒径 $d>0.075$ mm 的颗粒含量超过全重 85%
粉砂	粒径 $d>0.075$ mm 的颗粒含量超过全重 50%

注：分类时应根据粒组含量栏由上到下以最先符合者确定。

砂土密实度的确定方法有孔隙比(e)法、相对密实度(D_r)法。用孔隙比法判断时无法反映砂土的颗粒级配情况；用相对密实度 D_r 来评定砂土的密实程度时由于砂土原状土样不易取得，测定天然孔隙比较为困难，加上实验室的测定精度有限，因此，计算的相对密实度误差较大。在实际工程中，常用标准贯入试验(SPT)锤击数 N 来判定砂土的密实程度，见表 1-11。

表 1-11　砂土的密实度

标准贯入试验锤击数 N	$N \leqslant 10$	$10 < N \leqslant 15$	$15 < N \leqslant 30$	$N > 30$
密实度	松散	稍密	中密	密实

砂土根据饱和度分为稍湿、很湿和饱和三种湿度状态。当饱和度 $S_r \leqslant 0.5$ 为稍湿，$0.5 < S_r \leqslant 0.8$ 为很湿，$S_r > 0.8$ 为饱和状态。

➤**提示：**重型圆锥动力触探(DPT)试验和标准贯入试验(SPT)都属于原位测试试验，岩土常见的原位测试试验有：静载试验、静力触探、圆锥动力触探、标准贯入试验、旁压测试、原位剪切试验、波速试验等。

【相关知识】

(1) 静力触探试验(CPT)

静力触探试验适用于软土、一般黏性土、粉土、砂土和含少量碎石的土。试验时，用静压力将装有探头的触探器压入土中，通过压力传感器及电阻应变仪测出土层对探头的贯入阻力(p_s)、锥尖阻力(q_c)、侧壁阻力(f_s)、和贯入时的孔隙水压力(u)。根据静力触探资料，利用地区经验，可进行力学分析，估算土的塑性状态、强度、压缩性、地基承载力，进行液化判别等。

(2) 圆锥动力触探试验(DPT)

圆锥动力触探试验是指用一定质量的重锤，一定高度的落距，将标准规格的圆锥形探头贯入土中，根据打入土中一定深度的锤击数，判定土的力学特性，并具有勘探和测试双重功能。圆锥动力触探试验的类型及适用土类见表 1－12，轻型动力触探如图 1－11 所示。

表 1－12　圆锥动力触探类型

类　型		轻　型	重　型	超重型
落锤	质量/kg	10	63.5	120
	落距/mm	500	760	1000
探头	直径/mm	40	74	74
	锥角/(°)	60	60	60
探杆直径/mm		25	42	50～60
指　标		贯入 300 mm 的读数 N_{10}	贯入 100 mm 的读数 $N_{63.5}$	贯入 100 mm 的读数 N_{120}
主要适用岩土		浅部的填土、砂土、粉土、黏性土	砂土、中密以下的碎石土、极软岩	密实和很密的碎石土、软岩、极软岩

(3) 标准贯入试验(SPT)

标准贯入试验适用于砂土、粉土、黏性土。试验时，先行钻孔，再把上端接有钻杆的标准贯入器放至孔底，然后用质量为 63.5 kg 的锤，以 76 cm 的高度自由下落，将贯入器先打入土中 15 cm，然后测出累计打入 30 cm 的锤击数，该击数称为标准贯入锤击数。标准贯入试验如图 1－12 所示。当钻杆长度大于 3 m 时，锤击数应乘以杆长修正系数。最后拔出贯入器取其土样鉴别。利用标准贯入锤击数可对砂土、粉土、黏性土的物理状态、土的强度、变形参数、地基承载力、砂土和粉土的液化、单桩承载力等做出评价。

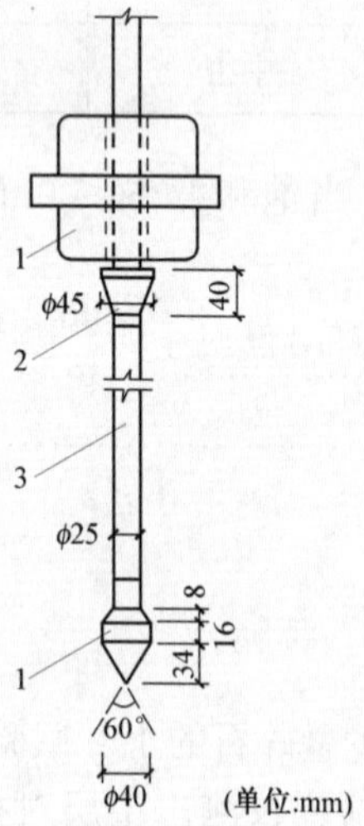

1—穿心锤；2—锤垫；
3—触探杆；4—尖锥头

图 1－11　轻型动力触探

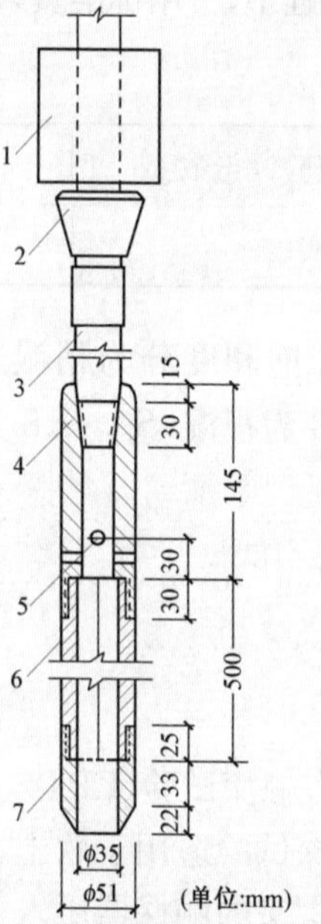

1—穿心锤；2—锤垫；3—触探杆；4—贯入器头；5—出水孔；6—由两半圆形管并合成贯入器身；7—贯入器靴

图 1－12　标准贯入试验

4. 黏性土

微课+课件

黏性土和粉土物理状态

黏性土的颗粒很细，土的比表面积（单位体积的颗粒总表面积）大，土粒表面与水作用的能力较强。因此，水对黏性土的影响较大。当土中含水量变化时，土表现为固态、半固态、可塑态与流态四种状态，如图 1-13 所示。

黏性土由一种稠度状态转变为另一种稠度状态时相应的分界含水量称为界限含水量。液限是土由可塑状态转到流塑状态的界限含水量，用 ω_L（%）表示。塑限是土由半固态转到可塑状态的界限含水量，用 ω_P 表示。缩限是土由固态转到半固态的界限含水量，用 ω_s 表示。

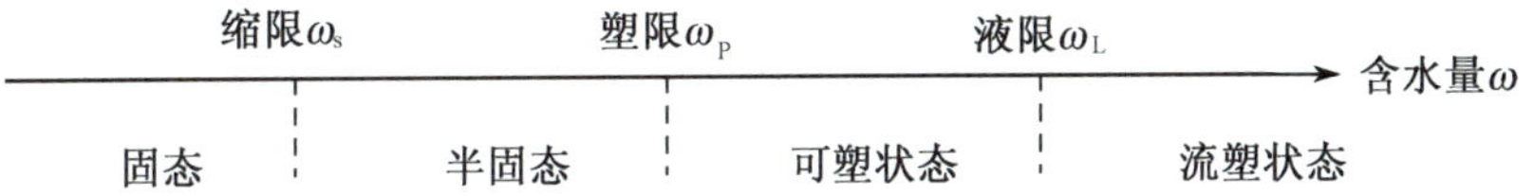

图 1-13　黏性土的四种状态

黏性土的液限与塑限可用液塑限联合测定仪测定。此外，黏性土的液限常用锥式液限仪测定，塑限用滚搓法测定。

（1）塑性指数 I_P

塑性指数 I_P 是液限与塑限的差值（去掉百分号），即：

$$I_P=(\omega_L-\omega_p)\times 100 \tag{1-12}$$

塑性指数表示黏性土处于可塑状态的含水量变化范围。一种土的 ω_L 与 ω_p 之间的范围越大，I_P 越大，表明该土能吸附的结合水多，即该土黏粒含量高或矿物成分吸水能力强，其可塑性就越强。所以，在工程实际中用塑性指数作为黏性土定名的标准。

塑性指数 $I_P>10$ 的土称为黏性土，$10<I_P\leqslant 17$ 的土称为粉质黏土，$I_P>17$ 的土称为黏土。

（2）液性指数 I_L

液性指数 I_L 是天然含水量与塑限的差值（去掉百分号）与塑性指数之比，即：

$$I_L=\frac{\omega-\omega_P}{\omega_L-\omega_P} \tag{1-13}$$

黏性土因含水多少而表现出的软硬程度，称为稠度。液性指数 I_L 称为土的稠度指标。

当 $\omega<\omega_p$ 时，$I_L<0$，土呈坚硬状态；当 $\omega>\omega_L$ 时，$I_L>1$，土处于流塑状态。据液性指数 I_L 大小不同，可将黏性土分为 5 种软硬不同的状态，见表 1-13。

表 1-13　黏性土的稠度状态

液性指数 I_L	$I_L\leqslant 0$	$0<I_L\leqslant 0.25$	$0.25<I_L\leqslant 0.75$	$0.75<I_L\leqslant 1$	$I_L>1$
状态	坚硬	硬塑	可塑	软塑	流塑

5. 粉土

塑性指数 $I_P\leqslant 10$ 且粒径 $d>0.075$ mm 的颗粒含量不超过全重 50%的土称为粉土。砂粒含量较多的粉土，地震时可能液化，性质接近于砂土；黏粒含量多的粉土不会液化，性质接近于黏性土。西北一带的黄土，以粉粒为主，砂粒、黏粒都较低。

粉土的密实度应根据孔隙比 e 分为稍密、中密和密实三种状态，见表 1-14。粉土的潮湿程度应根据含水量衡量，按含水量数值大小可分为稍湿、很湿和饱和三种物理状态，见表 1-15。

表 1-14 粉土的密实度

孔隙比 e	$e<0.75$	$0.75\leqslant e\leqslant 0.9$	$e>0.9$
密实度	密实	中密	稍密

表 1-15 粉土的湿度划分

含水量 ω	$\omega<20$	$20\leqslant\omega\leqslant 30$	$\omega>30$
粉土的湿度	稍湿	很湿	饱和

6. 人工填土

由人类活动堆填形成的各类土称为人工填土。人工填土按其组成和成因，可分为下列四种：

(1) 素填土。素填土是由碎石土、砂土、粉土、黏性土等组成的填土。例如，各城镇挖防空洞所弃填的土，这种人工填土不含杂物。

(2) 压实填土。经分层压实或夯实的素填土，统称为压实填土。

(3) 杂填土。含有建筑垃圾、工业废料、生活垃圾等杂物的填土，称为杂填土。通常大中小城市地表都有一层杂填土。

(4) 冲填土。由水力冲填泥砂形成的填土，称为冲填土。例如，天津市一些地区为疏通海河时连泥带水抽排至低洼地区沉积而成冲填土。

通常人工填土的成分复杂，压缩性大且不均匀，强度低，工程性质差，一般不宜直接用作地基。

【工程案例 1-3】 从甲、乙两地的黏性土层各取出有代表性的土样进行实验，测得两地土样的液限和塑限都相同，$\omega_L=43\%$，$\omega_p=22\%$。但甲地的天然含水量 $\omega=50\%$，而乙地的为 20%。问：两地土的液性指数 I_L 各为多少？属何种状态？按 I_P 分类时，该土的名称叫什么？哪一地区的土较适宜作天然地基？

解：根据题意得：

$$I_{L甲}=\frac{\omega-\omega_P}{\omega_L-\omega_P}=\frac{50-22}{43-22}=1.33>1 \quad 甲土样为流塑状态$$

$$I_{L乙}=\frac{\omega-\omega_P}{\omega_L-\omega_P}=\frac{20-22}{43-22}=-0.095<0 \quad 乙土样为坚硬状态$$

$$I_P=(\omega_L-\omega_p)\times 100=43-22=21>17 \quad 该土为黏土$$

则乙土样为坚硬状态的黏土，工程性质较好，适宜做天然地基。

【工程案例 1-4】 某砂土的含水量 $\omega=28.5\%$，土的天然重度 $\gamma=19\ \text{kN/m}^3$，土粒比重 $d_s=2.68$，颗粒分析成果见表 1-16。

表 1-16 某砂土的颗粒分析成果

土粒的粒径范围/mm	>2	2~0.5	0.5~0.25	0.25~0.075	<0.075
粒组占干土总质量的百分比/%	9.4	18.6	21.0	37.5	13.5

(1) 确定该土样的名称；

(2) 计算该土的孔隙比和饱和度；

(3) 如该土埋深在离地面 3 m 以内，其标准贯入实验锤击数 $N=14$，试确定该土的密实程度。

解：(1) 确定土样名称

粒径大于 2 mm 的颗粒占总质量的 9.4%；

粒径大于 0.5 mm 的颗粒占总质量的(9.4+18.6)%=28%；

粒径大于 0.25 mm 的颗粒占总质量的(9.4+18.6+21)%=49%；

粒径大于 0.075 mm 的颗粒占总质量的(9.4+18.6+21+37.5)%=86.5%；

粒径大于 0.075 mm 的颗粒含量为 86.5%>85%，查表 1-10，该土为细砂。

(2) 计算该土的孔隙比和饱和度

$$e=\frac{d_s\gamma_w(1+\omega)}{\gamma}-1=\frac{2.68\times(1+0.285)\times10}{19}-1=0.813$$

$$s_r=\frac{\omega d_s}{e}=\frac{0.285\times2.68}{0.813}=0.939$$

(3) 确定该土的密实程度

由于 $10<N=14<15$，查表 1-11，该土为稍密状态。

1.1.2.3 土的力学性质指标

微课+课件

土的压缩性指标

1. 土的压缩性质指标

地基土在荷载作用下体积减小的特性，称为土的压缩性。土的压缩性高低常用土的压缩性指标表示。土的压缩性指标由土的压缩(固结)试验确定。

室内压缩试验是用侧限压缩仪(固结仪)进行的(图 1-14 为三联式侧限压缩仪)。“侧限”是指土样不能产生侧向膨胀只能产生竖向压缩变形。因此，该试验又称侧限试验或固结试验。试验过程参照附录 A 试验三，通过试验得到土的孔隙比 e 与压力 p 关系的压缩曲线。

图 1-14 三联式侧限压缩仪

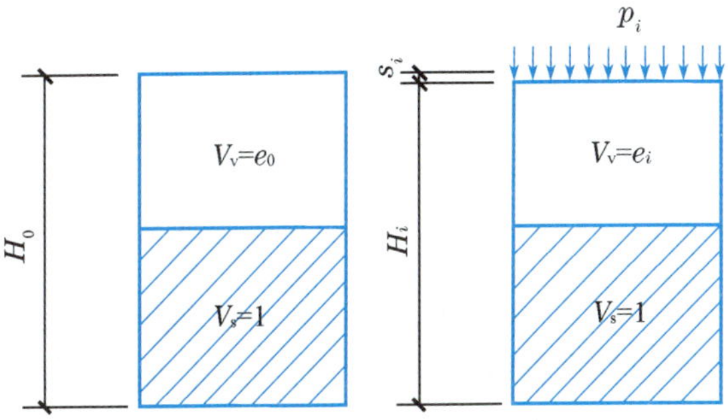

图 1-15 压缩过程中土样示意

如图 1-15 所示，设原状土样初始高度为 h_0，原状土样的初始孔隙比为 e_0，设当施加压力 p_i 后，土样的稳定变形量为 s_i，土样变形稳定后的孔隙比为 e_i，则土样变形稳定后的高度为 $h_i=h_0-s_i$。根据试验过程中土粒体积 V_s 不变和在侧限条件下土样横截面积不变的条件，可得：

$$\frac{1+e_0}{h_0}=\frac{1+e_i}{h_i}$$

代入 $h_i=h_0-s_i$，整理得在压力 p_i 作用下土样的孔隙比 e_i 为

$$e_i=e_0-\frac{s_i}{h_0}(1+e_0) \tag{1-14}$$

式中：e_0 为原状土的孔隙比，可根据土样的基本物理性质指标求得。

根据某级荷载下的稳定变形量 s_i，按式(1－14)即可求出该级荷载下的孔隙比 e_i。然后以横坐标表示压力 p，纵坐标表示孔隙比 e，可绘出 $e-p$ 关系曲线，此曲线称为土的压缩曲线，如图 1－16 所示。

土的压缩性高低通过土的压缩性指标衡量。主要有压缩系数、侧限压缩模量和变形模量。

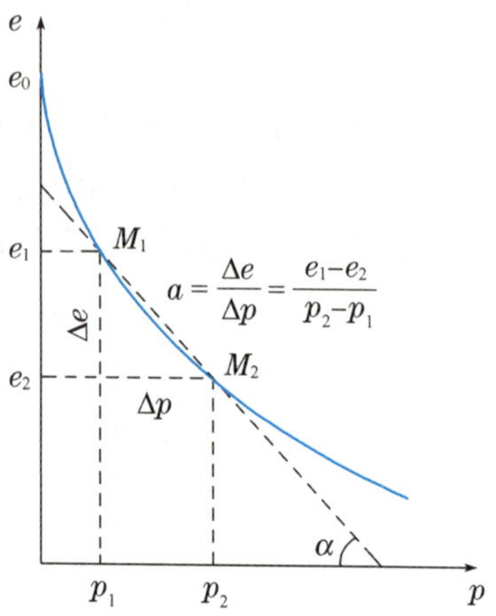

图 1－16　土的压缩曲线

压缩系数 a 表示在单位压力增量作用下土的孔隙比的减小。因此，曲线上任一点的切线斜率就表示了相应的压力作用下土的压缩性高低。当压力变化范围不大时，土的压缩性可近似用图 1－16 中割线 M_1M_2 的斜率来表示。当压力由 p_1 增至 p_2 时，相应的孔隙比由 e_1 减小到 e_2，则压缩系数为

$$a=\tan\alpha=-\frac{\Delta e}{\Delta p}=\frac{e_1-e_2}{p_2-p_1}$$

压缩系数 a 的常用单位为 MPa^{-1}，p 的常用单位为 kPa，则上式可写为：

$$a=1000\,\frac{e_1-e_2}{p_2-p_1} \tag{1-15}$$

压缩系数 a 值越大，土的压缩性就越大。压缩系数 a 是判断土压缩性高低的一个重要指标。为了评价不同种类土的压缩性高低，《建筑地基基础设计规范》(GB 50007—2011)(以下简称“设计规范”)规定取 $p_1=100$ kPa，$p_2=200$ kPa 时相对应的压缩系数 a_{1-2} 来评价土的压缩性高低。当 $a_{1-2}<0.1\ MPa^{-1}$ 时为低压缩性土；$0.1\ MPa^{-1}\leqslant a_{1-2}<0.5\ MPa^{-1}$ 时为中压缩性土；$a_{1-2}\geqslant 0.5\ MPa^{-1}$ 时为高压缩性土。

土的侧限压缩模量是指土样在侧限条件下，竖向压应力变化量 $\Delta\sigma$ 和竖向压应变变化量 $\Delta\varepsilon$ 的比值，工程中常用压缩系数计算出压缩模量，公式表示为

$$E_s=\frac{1+e_1}{a} \tag{1-16}$$

E_s 与 a 成反比，即 E_s 越大，a 越小，土的压缩性越低。一般 $E_s<4$ MPa 时，为高压缩性土；4 MPa$\leqslant E_s<15$ MPa 时，为中压缩性土；$E_s\geqslant 15$ MPa 时，为低压缩性土。

土的试样在无侧限条件下竖向压应力与压应变之比称为变形模量 E_0。变形模量 E_0 由现场静载试验测定，也可通过室内侧限压缩试验得到的压缩模量的换算公式求得。

2. 土的抗剪强度指标

土的抗剪强度是指土体抵抗剪切破坏的极限能力，其数值等于土体发生剪切破坏时滑动面上的剪应力。土的抗剪强度一般由库仑定律表示如下：

砂土　$$\tau_f=\sigma\cdot\tan\phi \tag{1-17}$$

黏性土　$$\tau_f=\sigma\cdot\tan\phi+c \tag{1-18}$$

式中：τ_f 为土的抗剪强度(kPa)；σ 为作用在剪切面上的法向正应力(kPa)；ϕ 为土的内摩擦

角(°);c 为土的黏聚力(kPa)。

以 σ 为横坐标轴,τ_f 为纵坐标轴,抗剪强度线如图 1-17 所示。直线在纵坐标轴上的截距为黏聚力 c,与横坐标轴的夹角为 ϕ。c、ϕ 称为土的抗剪强度指标。

微课+课件

土的抗剪强度指标

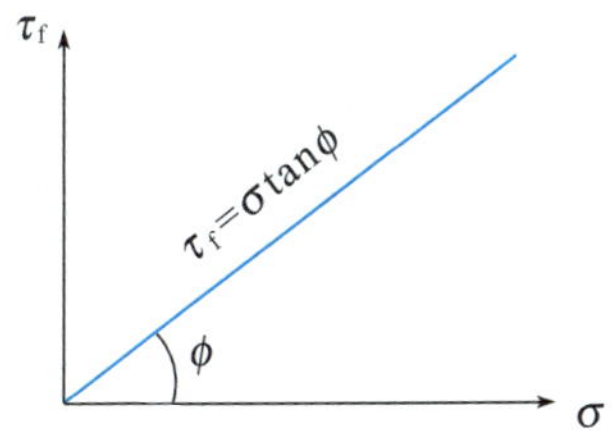

(a) 砂土

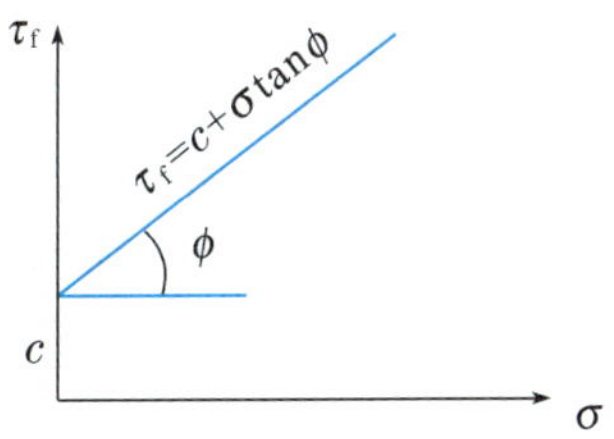

(b) 黏性土

图 1-17 土的抗剪强度

土的抗剪强度指标一般由室内直接剪切试验、三轴剪切试验、无侧限抗压强度试验和现场原位测试方法等测定。直接剪切试验和三轴剪切试验是目前实验室测定土抗剪强度指标的主要方法。

(1) 直接剪切试验

直剪试验是测定土的抗剪强度的最简单的方法。主要仪器是直剪仪,有应力控制式和应变控制式两种。目前大多采用应变控制式直剪仪,如图 1-18(a)所示。图 1-18(b)为直剪盒和量力环部分。

应变控制式直剪仪的主要部分为固定的上盒和活动的下盒。试验前,用销钉把上下盒固定成一完整的剪切盒,将环刀内土样推入,土样上下各放一块透水石。试验时,先由垂直加压框架通过加压板给土样施加一垂直压力,再按规定的速率等速转动手轮推动活动下盒,给土样施加水平推力使土样在上下盒之间的固定水平面上产生剪切变形,定时测记量力环表读数,直至剪坏。试验时对同一种土一般取 4~6 个土样,分别在不同的垂直压力作用下剪切破坏,得到相应的抗剪强度。再在 $\sigma-\tau_f$ 坐标上将各试验点连成直线,即为该土的抗剪强度直线,直线在纵坐标上的截距为黏聚力 c,与横坐标的夹角为土的内摩擦角 ϕ。

(a) 直剪仪

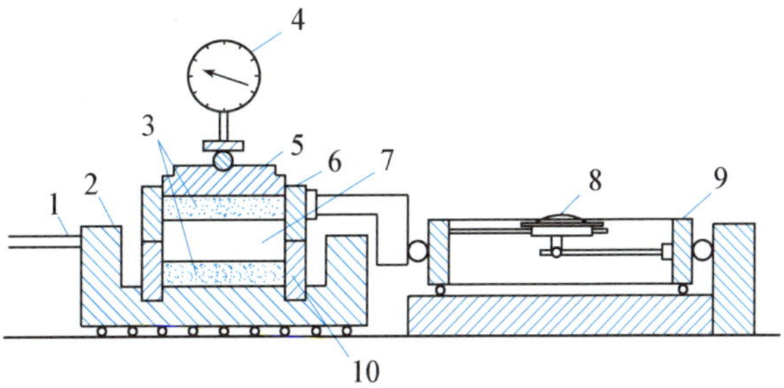

(b) 直剪盒和量力环部分

1—轮轴;2—底座;3—透水石;4—测微表;5—活塞;
6—上盒;7—土样;8—测微表;9—量力环;10—下盒

图 1-18 应变控制式直剪仪

直剪试验的优点是仪器设备简单、操作方便等，缺点是剪切破坏面受人为控制，剪切面上剪应力分布不均匀；不能严格控制排水条件。直剪试验一般用于测定乙级、丙级建筑物以及饱和度不大于 0.5 的粉土。

（2）三轴剪切试验

三轴剪切试验采用的三轴剪切仪由压力室、周围压力控制系统、轴向加压系统、孔隙水压力系统等组成，如图 1－19 所示。试验时，将圆柱体土样用橡皮膜包裹，固定在压力室内的底座上。先向压力室内注入液体施加周围压力 σ_3，并由轴向加压系统施加竖向力 $\Delta\sigma_1$，直至土样受剪破坏，此时土样受到最大主应力 $\sigma_1=\sigma_3+\Delta\sigma_1$。由 σ_1 和 σ_3 可画出一个莫尔圆。同一种土制成 3～4 个土样，进行试验，分别施加不同的周围压力 σ_3，可得到相应的 3～4 个莫尔圆，这些圆的公切线即为土的抗剪强度线，如图 1－20 所示。由此得到土的抗剪强度线指标 c 和 ϕ。

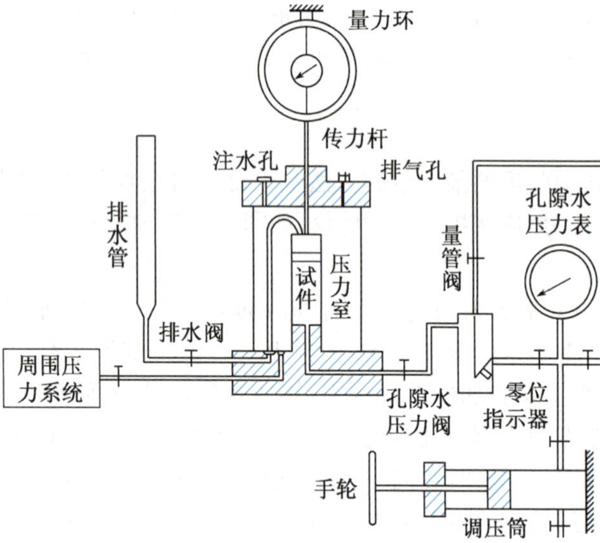

图 1－19　应变控制三轴压缩仪

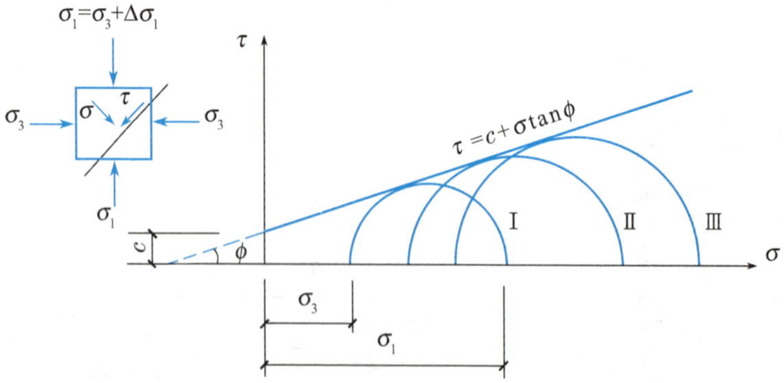

图 1－20　三轴剪切试验结果

三轴剪切试验仪器复杂，价格昂贵，试样制备复杂，操作技术要求高。但是能严格控制试样排水条件，准确量测孔隙水压力的变化；土样沿最薄弱的面产生剪切破坏，受力状态比较明确；比较符合实际工程受力情况。因此规范规定，对于甲级建筑物应采用三轴剪切试验测定 c、ϕ。

1.1.2.4 地基承载力

确保地基不发生剪切破坏而失稳，同时又保证建筑物的沉降不超过允许值的最大荷载称为地基承载力。目前，确定地基承载力的方法可由载荷试验或其他原位测试、公式计算、并结合工程实践经验等方法综合确定。

1. 现场载荷试验

载荷试验包括浅层平板载荷试验和深层平板载荷试验，浅层平板载荷试验适用于浅层地基，深层平板载荷试验适用于深层地基。对于设计等级为甲级的建筑物或在地质条件复杂、土质不均匀的情况下，采用现场荷载试验法，可以取得较精确可靠的地基承载力数值。

浅层平板载荷试验为在现场开挖试坑，坑内竖立荷载架，通过承压板向地基施加竖向静荷载，测定压力与地基变形的关系，得到 $p-s$ 曲线，从而确定地基承载力和土的变形特性。图 1-21 为浅层平板载荷试验原理图。

图 1-22 为载荷试验得到的 $p-s$ 曲线，它反映了荷载 p 与沉降 s 之间的关系。由曲线可知，地基从开始承受荷载到破坏，经历了直线变形阶段(OA 段)、塑性变形阶段(AB 段)和完全破坏阶段(BC 段)三个变形发展阶段，如图 1-23 所示。图 1-22 中 A 点所对应的荷载称为临塑荷载或比例极限，用 p_{cr} 表示；B 点所对应的荷载称为极限荷载，用 p_u 表示。

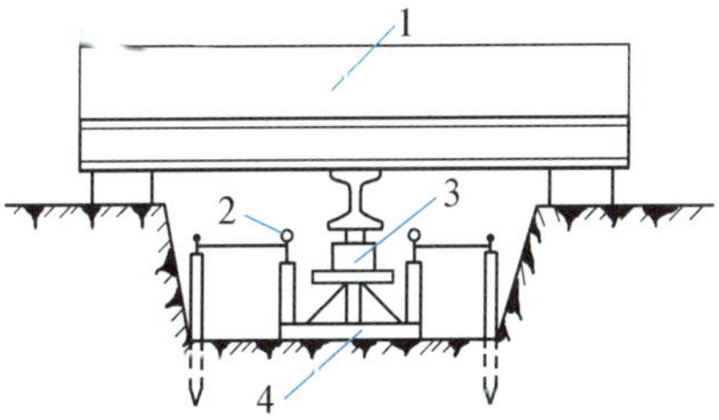

1—堆重；2—百分表；3—千斤顶；4—承压板

图 1-21 静载荷试验

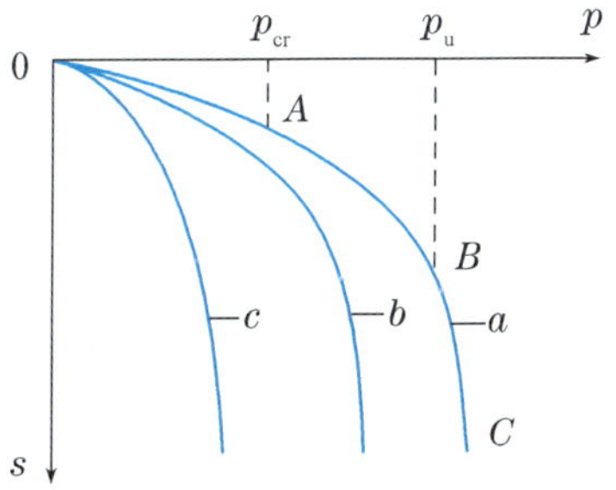

图 1-22 载荷试验 $p-s$ 曲线

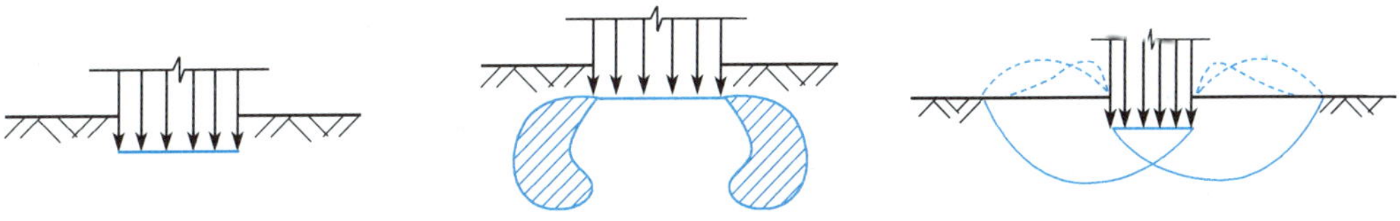

(a) $p<p_{cr}$　(b) $p_{cr}\leq p<p_u$　(c) $p\geq p_u$

图 1-23 地基变形的三个阶段

(a) 直线变形阶段；(b) 塑性变形阶段；(c) 完全破坏阶段

载荷试验常布置在取样勘探点附近及规定的土层标高处，每个场地不宜少于 3 个。承压板面积一般不应小于 0.25 m^2，对软土和颗粒较大的填土不应小于 0.5 m^2；基坑大小要易于操作，一般试坑宽度或直径不应小于承压板宽度或直径的 3 倍，应注意保持试验土层的原状结构和天然湿度，一般须在拟试压土层表面用 20 mm 厚的粗、中砂层找平，加载等级不应少于 8 级，最大加载量不应小于荷载设计值的 2 倍。每级加载后，按间隔 10 min、10 min、10 min、15 min、15 min，以后为每隔 0.5 h 读记承压板沉降 1 次，当连续 2 h 内每小时的沉降量小于 0.1 mm 时，则认为已趋稳定，可加下一级荷载，直到达到极限状态为止。

浅层平板载荷试验可适用于确定浅部地基土层的承压板下应力主要影响范围内的承载力。地基承载力特征值 f_{ak} 的确定应符合下列规定：

① 当 $p-s$ 曲线上有比例界限时，取该比例界限所对应的荷载值；

② 当极限荷载小于对应比例界限的荷载值的 2 倍时，取极限荷载值的一半；

③ 当不能按上述两条要求确定时，当压板面积为 0.25～0.50 m^2，可取 $s/b=0.01$～0.015所对应的荷载，但其值不应大于最大加载量的一半。

④ 同一土层参加统计的试验点不应少于三点，当试验实测值的极差不超过其平均值的30%时，取此平均值作为该土层的地基承载力特征值 f_{ak}。

2. 按照现行《建筑地基基础设计规范》确定地基承载力特征值

地基规范规定：当基础宽度大于 3 m 或埋置深度大于 0.5 m 时，从载荷试验或其他原位测试、经验值等方法确定的地基承载力特征值，尚应按式(1-19)修正：

$$f_a=f_{ak}+\eta_b\gamma(b-3)+\eta_d\gamma_m(d-0.5) \tag{1-19}$$

式中：f_a 为修正后的地基承载力特征值(kPa)；f_{ak}为地基承载力特征值(kPa)；η_b、η_d 为基础宽度和埋深的地基承载力修正系数，按基底下土的类别查表 1-17。γ 为基础底面以下土的重度，地下水位以下取浮重度(kN/m^3)；γ_m 为基础底面以上土的加权平均重度，地下水位以下取浮重度(kN/m^3)；b 为基础底面宽度，当基础宽度小于 3 m 按 3 m 取值，大于 6 m 按 6 m 取值(m)；d 为基础埋置深度(m)，一般自室外地面标高算起。在填方整平地区，可自填土地面标高算起，但填土在上部结构施工后完成时，应从天然地面标高算起。对于地下室，如采用箱形基础或筏基时，基础埋置深度自室外地面标高算起；当采用独立基础或条形基础时，应从室内地面标高算起。

表 1-17 承载力修正系数

土的类别		η_b	η_d
淤泥和淤泥质土		0	1.0
人工填土 e 或 I_L 大于等于 0.85 的黏性土		0	1.0
红黏土	含水比 $\alpha_w>0.8$	0	1.2
	含水比 $\alpha_w\leqslant0.8$	0.15	1.4
大面积压实填土	压实系数大于 0.95、黏粒含量 $\rho_c\geqslant10\%$的粉土	0	1.5
	最大干密度大于 2.1 t/m^3 的级配砂石	0	2.0
粉土	黏粒含量 $\rho_c\geqslant10\%$的粉土	0.3	1.5
	黏粒含量 $\rho_c<10\%$的粉土	0.5	2.0
e 及 I_L 均小于 0.85 的黏性土		0.3	1.6
粉砂、细砂(不包括很湿与饱和时的稍密状态)		2.0	3.0
中砂、粗砂、砾砂和碎石土		3.0	4.4

注：地基承载力特征值按深层平板载荷试验确定时，η_d 取 0；$\alpha_w=\omega/\omega_L$。

3. 按地基强度理论确定地基承载力特征值

当偏心距 e 小于或等于 0.033 倍基础底面宽度时，根据土的抗剪强度指标确定地基承载力特征值可按式(1-20)计算，并应满足变形要求：

$$f_a=M_b\gamma\cdot b+M_d\gamma_m d+M_c c_k \tag{1-20}$$

式中：f_a 为由土的抗剪强度指标确定的地基承载力特征值(kPa)；M_b、M_d、M_c 为承载力系数，按表 1－18 确定；c_k 为基底下一倍短边宽深度内土的黏聚力标准值(kPa)。

表 1－18　承载力系数 M_b、M_d、M_c

土的内摩擦角标准值 ϕ_k/(°)	M_b	M_d	M_c	土的内摩擦角标准值 ϕ_k/(°)	M_b	M_d	M_c
0	0	1.00	3.14	22	0.61	3.44	6.04
2	0.03	1.12	3.32	24	0.80	3.87	6.45
4	0.06	1.25	3.51	26	1.10	4.37	6.90
6	0.10	1.39	3.71	28	1.40	4.93	7.40
8	0.14	1.55	3.93	30	1.90	5.59	7.95
10	0.18	1.73	4.17	32	2.60	6.35	8.55
12	0.23	1.94	4.42	34	3.40	7.21	9.22
14	0.29	2.17	4.69	36	4.20	8.25	9.97
16	0.36	2.43	5.00	38	5.00	9.44	10.80
18	0.43	2.72	5.31	40	5.80	10.84	11.73
20	0.51	3.06	5.66				

注：ϕ_k 为基底下一倍短边宽深度内土的内摩擦角标准值。

【工程案例 1－5】 某土层资料如图 1－24 所示，建筑物基础为独立基础，已知地基承载力特征值 $f_{ak}=150$ kPa，室外地面标高为－0.450 m。试求修正后的地基承载力特征值。

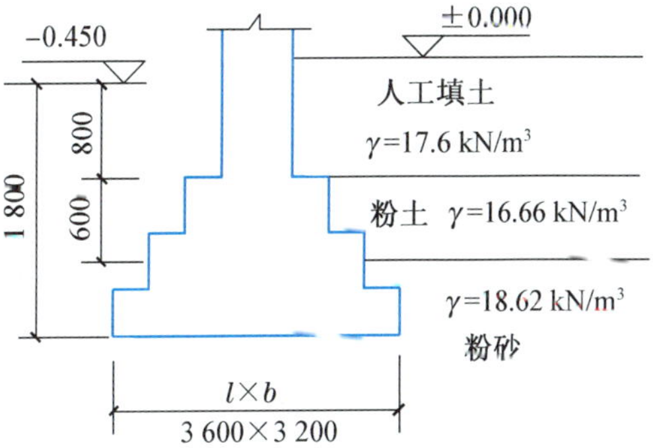

图 1－24　工程案例 1－5 图

解：(1) 基础底面以上土的加权平均重度为

$$\gamma_m=\frac{\sum \gamma_i h_i}{\sum h_i}$$

$$=\frac{17.6\times0.8+16.66\times0.6+18.62\times0.4}{0.8+0.6+0.4}=17.51\ \text{kN/m}^3$$

由持力层土为粉砂层，查表 1－17 得：$\eta_b=2.0$，$\eta_d=3.0$。

(2) 修正后的持力层土的承载力特征值为

$$f_a=f_{ak}+\eta_b\gamma(b-3)+\eta_d\gamma_m(d-0.5)$$

$$=150+2\times18.62\times(3.2-3)+3.0\times17.51\times(1.8-0.5)=225.7\ \text{kPa}$$

【工程案例 1－6】 已知某条基底面面宽 $b=3$ m，埋深 $d=1.5$ m，荷载合力的偏心 $e=0.05$ m，地基为粉质黏土，内聚力 $c_k=10$ kPa，内摩擦角 $\phi_k=30°$ 地下水位距地表为 1.0 m，地下水位以上土的重度 $\gamma=18$ kN/m³，地下水位以下土的重度 $\gamma_{sat}=19.5$ kN/m³，试确定该地基土的承载力值。

解：因为 $e=0.05$ m$<0.033b=0.099$ m，所以按抗剪强度理论确定能地基土承载力。由 $\phi_k=30°$，查表 1－18 得：$M_b=1.90$，$M_d=5.59$，$M_c=7.95$。

因为地基土位于地下水位以下，则

$$\gamma' = \gamma_{sat} - \gamma_w = 19.5 - 10 = 9.5\ \text{kN/m}^3$$

$$\gamma_m = \frac{1.0\times18+0.5\times(19.5-10)}{1.5} = 15.17\ \text{kN/m}^3$$

$$\begin{aligned} f_a &= M_b\gamma b + M_d\gamma_m d + M_c c_k \\ &= 1.9\times9.5\times3+5.59\times15.17\times1.5+7.95\times10 = 260.85\ \text{kPa} \end{aligned}$$

【工程案例 1-7】 某独立基础土层资料如图 1-25 所示。室外地面标高为−0.450 m。已知地基承载力特征值 $f_{ak}=235$ kPa，持力层为黏性土，其孔隙比 e 及液性指数 I_L 均小于 0.85，试求修正后的地基承载力特征值。

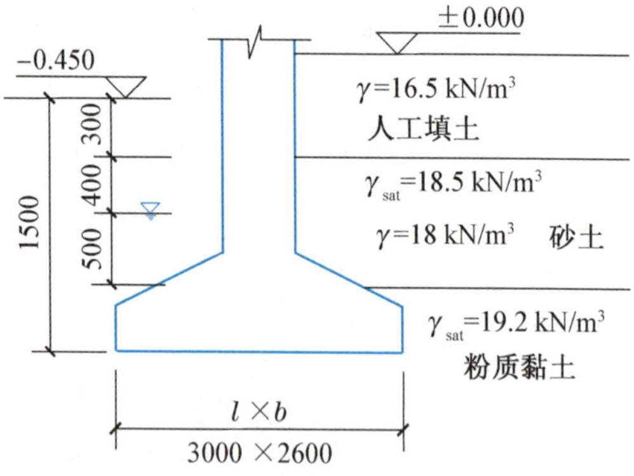

图 1-25 工程案例 1-7 图

解：(1) 基础底面以上土的加权平均重度为：

$$\begin{aligned} \gamma_m &= \frac{\sum \gamma_i h_i}{\sum h_i} \\ &= \frac{16.5\times0.3+18\times0.4+(18.5-10)\times0.5+(19.2-10)\times0.3}{1.5} \\ &= 12.78\ \text{kN/m}^3 \end{aligned}$$

基础宽 $b=2.6\ \text{m}<3.0\ \text{m}$，取 $b=3$ m，持力层为粉质黏土，孔隙比 e 及液性指数 I_L 均小于 0.85，查表 1-17 得 $\eta_b=0.3$，$\eta_d=1.6$。

(2) 修正后的持力层土的承载力特征值为

$$\begin{aligned} f_a &= f_{ak}+\eta_b\gamma(b-3)+\eta_d\gamma_m(d-0.5) \\ &= 235+0.3\times(19.2-10)\times(3-3)+1.6\times12.78\times(1.5-0.5) = 247.8\ \text{kPa。} \end{aligned}$$

1.1.3 地基土工程分类及工程性质

微课+课件

土的工程分类与工程性质

1.1.3.1 土的工程分类

在建筑施工中，按开挖的难易程度(即土的坚实程度)将土分为八类，见表 1-19。它是进行土方调配、确定施工手段、选择施工方法和施工机具、计算工程费用的依据。

表 1-19 土的工程分类

土的分类	土的名称	可松性系数		开挖工具及方法
		k_s	k_s'	
一类土(松软土)	砂土；粉土；冲积砂土层；种植土；泥炭(淤泥)	1.08～1.17	1.01～1.03	用锹，锄头挖掘，少许用脚蹬
二类土(普通土)	粉质黏土；潮湿的黄土；夹有碎石、卵石的砂；种植土；填筑土及粉土	1.14～1.28	1.02～1.05	用锹，锄头挖掘，少许用镐翻松
三类土(坚土)	软及中等密实黏土；重粉质黏土；砾石土；干黄土，含有碎石、卵石的黄土；粉质黏土，压实的填土	1.24～1.30	1.04～1.07	主要用镐，少许用锹，锄头挖掘，部分用撬棍

（续表）

土的分类	土的名称	可松性系数		开挖工具及方法
		k_s	k'_s	
四类土（砂砾坚土）	坚硬密实的黏性土或黄土；含碎石卵石的中等密度的黏性土或黄土；粗卵石；天然级配砂石；软泥灰岩	1.26～1.32	1.06～1.09	先用镐、撬棍，然后用锹挖掘，部分用楔子及大锤
五类（软石）	硬质黏土；中密的页岩、泥灰岩、白垩土；胶结不紧的砾岩；软石灰石及贝壳石灰石	1.30～1.45	1.10～1.20	用镐或撬棍、大锤挖掘，部分使用爆破方法
六类土（次坚石）	泥岩；砂岩；砾岩；坚实的页岩；泥灰岩；密实的石灰岩；风化花岗岩，片麻岩	1.30～1.45	1.10～1.20	用爆破方法开挖，部分用风镐
七类土（坚石）	大理石；辉绿岩；玢岩；粗、中粒花岗岩；坚实的白云岩、砂岩、砾岩、片麻岩、石灰岩；微风化安山岩。玄武岩	1.30～1.45	1.10～1.20	用爆破方法开挖
八类土（特坚石）	安山岩；玄武岩；花岗片麻岩，坚实的细粒花岗岩，闪长岩、石英岩，辉长岩，辉绿岩、玢岩、角闪岩	1.45～1.50	1.20～1.30	用爆破方法开挖

1.1.3.2 土的工程性质

1. 土的可松性

自然状态下的土，经过开挖后，其体积因松散而增加，以后虽经回填压实，仍不能恢复到原来的体积，这种性质称为土的可松性。

土的可松性用可松性系数来表示。自然状态土层开挖后的松散体积与原自然状态下的体积之比，称为最初可松性系数(k_s)；土经回填压实后的体积与原自然状态下的体积之比，称为最终可松性系数(k'_s)，即：

$$k_s=\frac{V_2}{V_1} \tag{1-21}$$

$$k'_s=\frac{V_3}{V_1} \tag{1-22}$$

式中：k_s 为土的最初可松性系数(表1-19)，是计算挖方土方量、装运车辆以及挖土机械生产率、土方调配的主要参数；k'_s为土的最终可松性系数(表1-19)，是计算填方所需挖土工程量、竖向设计的主要参数；V_1 为土在自然状态下的体积(m^3)；V_2 为土在开挖后的松散体积(m^3)；V_3 为土在回填后压实后的体积(m^3)。

【工程案例1-8】 已知某基坑坑底尺寸为35 m×56 m，基坑深度为1.25 m，垂直开挖。基础施工完后用粉质黏土回填，设基础及其他构件体积为420 m³，试问需用多少方松土进行回填。

解：基坑垂直开挖，开挖土方体积按立方体计算，则填土基坑的体积为：

$$V_3=35\times56\times1.25-420=2030\ m^3$$

查表1-19，粉质黏土的可松性系数取 $k_s=1.16$，$k'_s=1.03$，则有：

需用松土量为 $$V_2=\frac{V_3}{k'_s}k_s=\frac{2030}{1.03}\times1.16=2286\ m^3。$$

2. 土的压实性

土的压实性是指土被固体颗粒所充实的程度，反映了土的紧密程度。填土压实后，必须要达到要求的密实度，现行设计规范规定：以设计规定的土的压实系数 λ_c 作为控制标准。土的压实系数是实际干密度和最大干密度的比值，即：

$$\lambda_c = \frac{\rho_d}{\rho_{dmax}} \tag{1-23}$$

式中：λ_c 为土的压实系数；ρ_d 为土的实际干密度，用“环刀法”测定，先用环刀取样，测出土的天然密度 ρ，并烘干后测出含水量 w，$\rho_d = \frac{\rho}{1+w}$；$\rho_{dmax}$ 为土的最大干密度，用击实试验测定。

拓展知识5

土的渗透系数确定

3. 土的渗透性

土的渗透性高低主要取决于土的孔隙特征、水利坡度和土的性质。单位时间内水穿过土层的能力，称为土的渗透系数，反映土的透水能力的大小，单位为 cm/s 或 m/d。表 1－20 列出常见土的渗透系数 k 值。

表 1－20　土的渗透系数参考值

名称	渗透系数/(m·d^{-1})	名称	渗透系数/(m·d^{-1})
黏土	<0.005	中砂	10～20
粉质黏土	0.005～0.1	均质中砂	35～50
黏质粉土	0.1～0.5	粗砂	20～50
黄土	0.25～10	均质粗砂	60～75
粉土	0.5～1.0	圆砾	50～100
粉砂	1.0～5.0	卵石	100～500
细砂	5.0～10.0	无充填物卵石	500～1000

1.2　工程地质勘察报告

1.2.1　工程地质勘察

1.2.1.1　勘察的目的和任务

规范规程

- 岩土工程地质勘察规范
- 建筑抗震设计规范

岩土工程勘察的目的，除了为规划、设计、施工提供可靠的工程地质资料外，尚应结合工程设计、施工条件对建筑场地的工程地质和水文地质条件、地质灾害进行技术论证和分析评价，提出解决岩土工程、地基基础工程中实际问题的建议，服务于工程建设的全过程。

岩土工程勘察的主要任务是：

(1) 查明建筑场地及其附近地段的工程地质和水文地质条件，对建筑场地的稳定性作出评价，为建筑工程选址定位、建设项目总平面布置提供建筑场地的地质条件。

(2) 查明建筑地基的土层分布、密度、压缩性和地下水情况等，为建筑地基基础的设计与施工，从地基强度和变形两个方面提供可靠的计算参数。

(3) 对地基作出岩土工程评价，并对基础方案、地基处理、基坑支护、工程降水、不良地质作用的防治等提出解决的建议，以保证工程安全，提高经济效益。

1.2.1.2 建筑工程勘察阶段

在进行工程勘察时，项目建设单位要以勘察委托书的形式向勘察单位提供工程的建设程序阶段、工程的功能特点、结构类型、建筑物层数和使用要求、是否设有地下室以及地基变形限制等方面的资料。勘察单位根据勘察委托书确定勘察阶段、勘察的内容和深度、工程设计参数并提出建筑地基基础设计与施工方案的建议。岩土工程勘察划分为四个阶段，见表1-21。

表1-21 岩土工程勘察阶段

岩土工程勘察阶段	勘察基本要求
可行性研究勘察（选址勘察）	符合选择场址方案的要求，对拟建场地的稳定性和适宜性作出评价
初步勘察	符合初步设计的要求，对场地内拟建建筑地段的稳定性作出评价
详细勘察（地基勘察）	符合施工图设计的要求；对单体建筑或建筑群提出详细的岩土工程资料和设计、施工所需的岩土参数，对建筑地基作出岩土工程评价，并对地基类型、基础形式、地基处理、基坑支护、工程降水和不良地质作用的防治等提出建议
施工勘察	对场地条件复杂或有特殊要求的工程，作出工程安全性评价和处理措施及建议

➤**提示：**在城市居住区和工业园区，城市开发和旧城改造的工程，建筑场地和建筑平面布置已经确定，并且已积累了大量岩土勘察资料时，可根据实际情况直接进行详细勘察。对单项工程或项目扩建工程，勘察工作一开始便应按详细勘察进行；但是，对于高层建筑和其他重要工程，在短时间不易查明复杂的岩土工程条件并作出明确评价时，仍宜分阶段进行勘察。

1.2.1.3 岩土工程测试方法

岩土工程测试是测定岩土物理力学性质指标的重要方法。岩土工程测试分为岩土工程勘探（现场原位测试）和室内试验两种。岩土工程勘探是指钻探、槽探、坑探、洞探以及物探、触探等工程勘察手段，是在工程地质测绘和调查所得的各项定性资料的基础上，进一步对场地的工程地质条件进行定量评价。勘探的直接目的是为了查明岩土的性质和分布，采取岩土试样或进行原位测试；勘探方法的选取依据勘察目的和岩土的特性。

1. 钻探

钻探是用钻探机具以机械动力或人工方法成孔并采取土样，进行勘探的一种方法。场地内布置的钻孔分为鉴别孔和技术孔两类。仅仅用以采取扰动土样，鉴别土层类别、厚度、状态和分布的钻孔，称为鉴别孔；在钻进中按不同深度和土层采取原状土样的钻孔，称为技术孔。

2. 井探

《岩土工程勘察规范》(GB 50021—2001)(2009年版)规定：“难以准确查明地下情况时，可采用探井、探槽进行勘探。”井探适用于地质条件复杂的场地，当场地的土层中含有块石、漂石，钻探困难时可考虑采用井探；井探也称坑探或掘探，是指在场地有代表性的地段，以人工或机械挖掘井坑，取得原状土样和直观资料的一种勘探方法。探井（坑）深度为 3～4 m，有时达 5～6 m。井探完成后，应分层回填与夯实。

➤**提示：**详细勘察探点布置和勘探孔深度，应根据建筑物特性和岩土工程条件确定。岩质地基，应根据地质构造、岩体特性、风化情况等结合建筑物对地基的要求确定；土质地基，应符合岩土工程勘察规范有关规定。

3. 岩土工程原位测试

原位测试是指在岩土体所处的位置，基本保持岩土原来的结构、湿度和应力状态，对岩土体进行的测试。原位测试包括标准贯入试验、圆锥动力触探试验、静力触探试验、载荷试验、十字板剪切试验、旁压试验等方法。原位测试方法应根据岩土条件、设计对参数的要求、地区经验和测试方法的适用性等因素选用，其中地区经验的成熟程度最为重要。

4. 室内土工试验

室内土工试验是指在现场取土之后在实验室进行的试验操作，以确定土的物理性质指标、土的物理状态指标、土的力学性质指标等，为工程地质勘察报告书提供必要的基础资料。

1.2.2 地质勘察报告

1.2.2.1 地质勘察报告的内容

岩土工程勘察报告提供给设计单位和施工单位使用，其内容应以满足设计与施工的要求为原则。

工程地质勘察报告是指在工程勘察提供的原始资料的基础上进行整理、归纳、统计、分析、评价，提出工程建议，形成系统的为工程建设服务的勘察技术文件。报告由图表和文字阐述两部分组成，其中的图表部分给出场地的地层分布、岩土原位测试和室内试验的数据；文字阐述部分给出分析、评价和建议。

1. 文字阐述部分

文字阐述部分包括以下内容：

微课＋课件

岩土勘察报告的内容及识读

(1) 工程概况；

(2) 勘察的目的、任务要求和依据的技术标准；

(3) 勘察方法和勘察工作布置；

(4) 建筑场地的岩土工程条件，包括地形地貌、地层、地质构造、岩土性质及其均匀性；

(5) 各项岩土性质指标、岩土的强度参数、变形参数、地基承载力的建议值；

(6) 地下水埋藏情况、类型、水位及其变化、土和水对建筑材料的腐蚀性；

(7) 可能影响工程稳定的不良地质作用的描述和对工程危害程度的评价；

(8) 场地稳定性和适宜性的评价。

2. 图表部分

图表部分包括以下内容：

(1) 勘探点平面布置图：在建筑场地的平面图上，先画出拟建工程的位置，再将钻孔、试坑、原位测试点等各类勘探点的位置用不同的图例标出，给以编号，注明各类勘探点的地面标高和探深，并且标明勘探剖面图的剖切位置；

(2) 工程地质柱状图：根据现场钻探或井探记录、原位测试和室内试验结果整理出来的，用一定比例尺、图例和符号绘制的某一勘探点地层的竖向分布图；图中自上而下对地层编号，标出各地层的土类名称、地质年代、成因类型、层面及层底深度、地下水位、取样位置，柱状图上可附有土的主要物理力学性质指标及某些试验曲线；

(3) 工程地质剖面图：根据勘察结果，用一定比例尺（水平方向和竖直方向可采用不同的比例尺）、图例和符号绘制的，某一勘探线的地层竖向剖面图，勘探线的布置应与主要地貌单元或地质构造相垂直，或与拟建工程轴线一致；

(4) 原位测试成果图表：由原位测试成果汇总列表，绘制原位测试曲线如载荷试验曲线、静力触探试验曲线等；

(5) 室内试验成果图表：各类工程均应以室内试验测定土的分类指标和物理及力学性质指标，将试验结果汇总列表，绘制试验曲线，例如土的压缩试验曲线、土的抗剪强度试验曲线。

1.2.2.2 工程地质勘察报告的阅读与分析评价

1. 勘察报告的阅读

首先要细致地通读报告全文，读懂、读透，对建筑场地的工程地质和水文地质条件有一个全面的认识，切忌只注重土的承载力等个别数据和结论的做法。

(1) 根据工程设计阶段和工程特点，分析勘察工作是否符合《岩土工程地质勘察规范》的规定；提供的计算参数是否满足设计和施工的要求；结论与建议是否对拟建工程有针对性和关键性；发现问题或质疑的可与勘察单位沟通，必要时向建设单位（或业主）申请补充勘察；

(2) 注意场地内及附近地区有无潜在的不良地质现象，如地震、滑坡、泥石流、岩溶等；

(3) 注意场地的地形变化，如高低起伏，局部凹陷、地面的坡度等；

(4) 注意正确根据相邻钻孔中土样性状推测出来钻孔之间的土层分布；

(5) 注意地下水的埋藏条件，水位、水质，是否与附近的地表水有联系，同时要注意勘察时间是在丰水季节还是枯水季节，水位有无升降的可能及升降的幅度；

(6) 注意报告中的结论和建议对拟建工程的适用及正确程度。

2. 勘察报告的分析与应用

地质勘察报告中往往对以下内容进行分析和评价，阅读时应特别注意。

(1) 场地的稳定性评价：首先对饱和砂土和粉土地基的液化等级进行分析和评价；其次根据勘察报告判断有无不良地质作用，并对潜在发生的地质灾害进行分析评价；对场地稳定性有直接或潜在危害的，必须在设计与施工中采取可靠措施，防患于未然；

(2) 地基地层的均匀性评价：实践证明，地基地层的均匀性可能造成上部结构墙体裂缝、梁柱节点变形等工程事故。因此当地基中存在杂填土、软弱夹层或各天然土层的厚度在平面分布上差异较大时，在地基基础设计与施工中，必须注意不均匀沉降的问题；

(3) 地基中地下水的评价：当地基中存在地下水，且基础埋深低于地下水位时，要考虑人工降水方案的选择；采用明排水要考虑是否产生流砂；大幅度降水要考虑是否设置挡水帷幕或回灌等技术措施；并且基础设计要考虑地下水是否有腐蚀性，整体性空腹基础要考虑防水和抗浮等设计与施工技术措施；

(4) 地基持力层的选择：建筑地基持力层选择是设计单位所必需的。在设计主要考虑是否有地下室，地基土层的承载力和压缩性，以及基础设计的强度和变形要求等综合确定。

➢**提示：**建筑设计是以充分阅读和分析建筑场地的岩土工程勘察报告为前提的；建筑施

工要实现建筑设计，一方面要深刻地理解设计意图，另一方面也必须充分阅读和分析勘察报告，正确地应用勘察报告，针对工程项目的施工图纸，制订切实可行的建筑地基基础施工组织设计，对施工期间可能发生的岩土工程问题进行预测，提出监控、防范和解决的施工技术措施。

1.2.2.3 工程地质勘察报告工程实例

徐州泰和工程机械有限公司厂区工程详细勘察报告

1. 工程概述

拟建的徐州泰和工程机械有限公司厂区位于徐州市铜山区经济开发区，位于黄河路与高营西路的交叉口，在黄河路以北，高营西路以西，西侧为徐州惠全工程机械有限公司新建厂房，北侧为徐州飞天膜结构工程有限公司新厂区。

厂区规划总用地面积 61976.815 m^2，总建筑面积 40573.6 m^2。本次勘察的拟建建筑为5栋1层轻钢结构厂房，1栋5层办公楼及4层附房，2栋3层生产办公楼，1栋3层研发楼，1栋3层技术工艺楼。

2. 勘察目的、任务要求和依据的技术标准

按照现行《岩土工程勘察规范》(GB 50021—2001)(2009版)及有关强制性条文的规定，对本场地进行详细勘察，主要应进行下列工作：

(1) 搜集附有坐标和地形的建筑总平面图，场区的地面整平标高，建筑物的性质、规模、荷载、结构特点，基础形式、埋置深度，地基允许变形等资料；

(2) 查明场地内的不良地质作用的类型、成因、分布范围、发展趋势和危害程度等，对可能的断裂错动、砂土液化、震灾等作出分析论证和判定，提出整治方案建议；

(3) 查明埋藏的河道、沟浜、墓穴、防空洞等对工程不利的埋藏物。查明邻近建筑物和地下设施、城市地下管网等周边环境条件；

(4) 查明场地范围内的土层的类型、深度、分布、工程特性和变化规律，分析并评价场地和地基的稳定性、均匀性和承载力；

(5) 查明场地地下水的埋藏条件，提供勘察时的地下水位和变化幅度及其主要影响因素；判定水和土对建筑材料的腐蚀性；

(6) 划分建筑场地类别，划分对抗震有利、不利和危险地段，评价场地的地震效应，提供抗震设计参数；

(7) 查明本场地的土质条件和工程条件，对地基基础设计方案进行论证分析，提出经济合理的设计方案建议；提供设计要求所需的岩土工程参数，并对设计与施工时应注意的问题提出建议。

本次勘察主要遵循并依据甲方提供的厂区规划图以及有关勘察、设计、试验规范、规程等进行。

3. 勘察方法和勘察工作量

本次勘察采用工程地质调查、钻探、双桥静力触探及室内土工试验等多种勘察方法和测试进行综合勘察。野外工作于2007年4月3日开始，4月5日结束，4月6日完成室内试验工作，4月10日提交本岩土工程勘察报告。实际完成工作量统计见表1-22，勘探点平面布置图如图1-26所示。

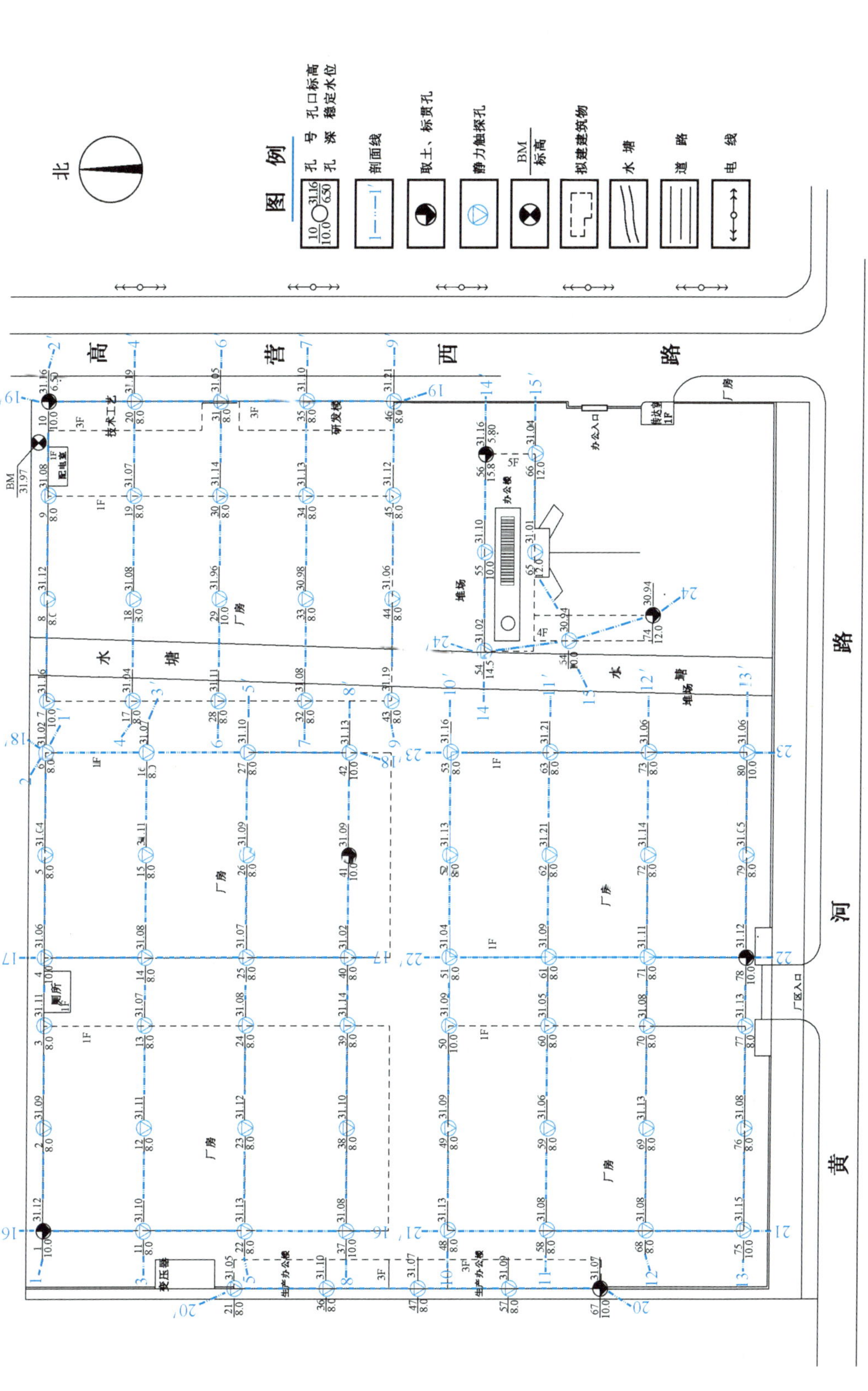

图1-26 勘探点平面布置图

表 1-22 实际完成工作量统计

勘探点总数 80/个	取土、标贯孔	7 个，进尺：77.80 m
	静力触探孔	73 个，进尺：620.50 m
原位测试	标贯试验	8 次
取样	原状样	42 件
	扰动样	8 件
室内试验	常规	42 组
工程测量	孔口高程测量	80 点

4. 场地岩土工程条件

（1）地形地貌及土层分布

拟建建筑场地现为农田，地面标高在 31.21～30.94 m，场地内地势较平坦。场地东部有一口南—北向的水塘，水塘宽 14～18 m，深 3～4 m，水深 0.5～1.0 m。拟建建筑场地为河流相冲洪积平原地貌单元。场地各土层结构与类型自上而下分布如下：

① 层耕土

杂色，稍湿，较松散，以黏性土为主，含有机质和植物根须。

场区普遍分布，厚度：0.20～0.60 m，平均 0.41 m；层底标高：30.46～30.94 m，平均 30.68 m；层底埋深：0.20～0.60 m，平均 0.41 m。

② 层粉土

灰黄色，稍湿，稍密，摇震反应中等，无光泽反应，干强度低，韧性低。

场区普遍分布，厚度：0.90～1.50 m，平均 1.21 m；层底标高：29.14～29.83 m，平均 29.47 m；层底埋深：1.30～1.90 m，平均 1.62 m。

③ 层粉质黏土

灰黄～褐黄色，软塑，土质尚纯，软硬不均，无摇震反应，干强度中等，韧性中等。

场区普遍分布，厚度：0.30～0.60 m，平均 0.42 m；层底标高：28.71～29.43 m，平均 29.05 m；层底埋深：1.70～2.40 m，平均 2.04 m。

④ 层黏土

灰色～灰黄色，工程性质为过渡层，上部为可塑，下部逐渐变为硬塑，土质尚均，光滑，无摇震反应，干强度中等，韧性高。

场区普遍分布，厚度：0.50～1.20 m，平均 0.82 m；层底标高：27.86～28.69 m，平均 28.22 m；层底埋深：2.40～3.30 m，平均 2.87 m。

⑤ 层黏土

褐黄色泛黄色，硬塑，含有铁锰结核，直径为 0.1～0.3 cm，含量为 3%～8%，土质尚均，光滑，无摇震反应，干强度高，韧性高。

场区普遍分布，厚度：0.50～1.30 m，平均 0.91 m；层底标高：26.94～27.74 m，平均 27.31 m；层底埋深：3.40～4.10 m，平均 3.78 m。

⑥ 层含砂姜黏土

褐黄色，硬塑，含铁锰质结核和砂姜，含砂姜量分布不均，砂姜直径为 0.2～3 cm，局部砂姜块较大，直径约 5 cm，土质尚均，较光滑，无摇震反应，干强度高，韧性中等。

场区普遍分布，厚度：3.00～4.30 m，平均 3.62 m；层底标高：23.12～24.41 m，平均 23.69 m；层底埋深：6.70～7.90 m，平均 7.40 m。

⑦ 层含砂姜黏土

褐黄色泛红色，硬塑，土质尚均，局部夹大量砂姜，砂姜直径 1～4 cm 不等，含量 5%～20%，局部钻进较困难，无摇震反应，稍有光泽，干强度高，韧性高。

场区普遍分布，本次勘察该层局部揭穿，揭露最大厚度 7.40 m，相应埋深 15.20 m，与下部基岩成角度不整合接触。

⑧ 石灰岩

灰色～灰黄色，中等～微风化，较硬岩，隐晶质结构，块状构造，岩体较完整，风化面呈黄褐色，裂隙较发育，有方解石脉充填，岩体基本质量等级为Ⅲ级。本次勘察该层未揭穿，最大揭露 0.60 m，相应埋深 15.80 m。

工程地质剖面图(部分)如图 1-27 和图 1-28 所示，钻孔柱状图(部分)如图 1-29 所示，静力触探单孔曲线柱状图(部分)如图 1-30 所示。

(2) 水文地质条件

本次勘察正值枯水季节，其水位较低。勘探深度范围内上部未见地下水，层⑥、层⑦含砂姜黏土存在包气带滞水，上部土层地下水主要靠大气降水补给，受外界的影响较大，并随富、枯水季节水位有所变化。

根据地区经验确定本场地内地基土对混凝土结构、钢筋混凝土结构中的钢筋均无腐蚀性，对钢结构有弱腐蚀性。

(3) 不良地质条件

拟建场地中部有一口南—北向的水塘，水塘宽 14～18 m，深 3～4 m，水深 0.5～1.0 m，现正在回填。

5. 岩土工程分析评价

(1) 场地和地基的地震效应

依据《建筑抗震设计规范》，以 56 号孔为例估算场地 20 m 以上土层的等效剪切波速分别为203.4 m/s。表 1-23 为各土层剪切波速统计表。依据《建筑抗震设计规范》，综合确定场地土类型为中软土，建筑场地类别为Ⅱ类。

表 1-23　各土层剪切波速统计表

土层	①层	②层	③层	④层	⑤层	⑥层	⑦层
估计剪切波速/($m \cdot s^{-1}$)	110	150	130	140	160	220	250

(2) 地基土液化

根据《建筑抗震设计规范》，②层粉土经现场标准贯入试验和室内土工试验判别为不液化土层，砂(粉)土液化判别成果见表 1-24。

(3) 土的分类指标和物理力学性质参数

经过对室内土工试验数据和现场原位测试数据的整理，各层土的物理力学性质指标见物理力学性质指标统计表 1-25。表 1-26 列出了各主要土层地基承载力特征值及压缩模量的建议值。

1－1′ 工程地质剖面图

比例尺 水平 1∶500 垂直 1∶100

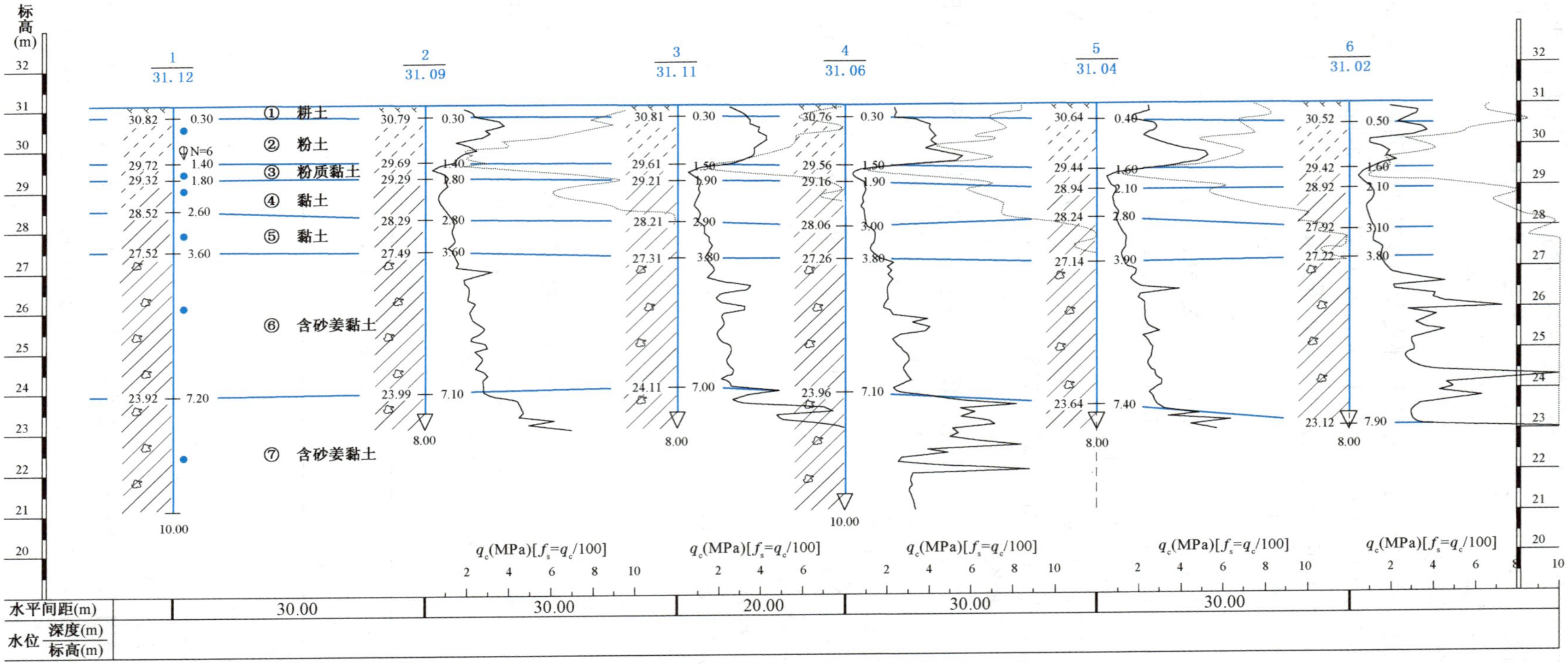

图 1－27 工程地质剖面图(一)

2-2′ 工程地质剖面图

比例尺　水平　1∶500　垂直 1∶100

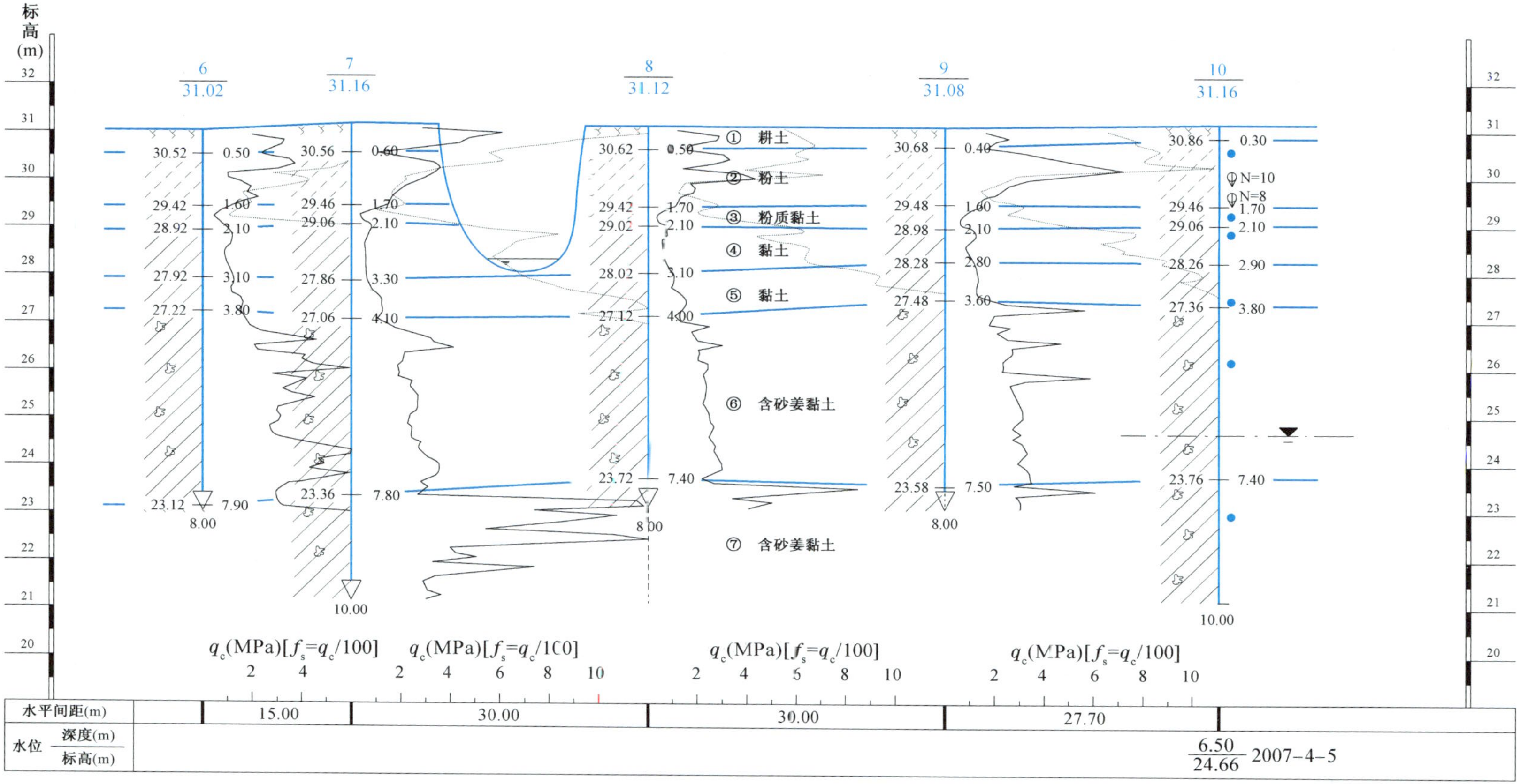

图 1-28　工程地质剖面图(二)

钻 孔 柱 状 图

工程名称	徐州泰和工程机械有限公司厂区						工程编号		
孔　号	1	坐标			钻孔直径	130 mm	稳定水位		
孔口标高	31.12 m		Y=84945031.180 m		初见水位		测量日期		

地质时代	层号	层底标高/m	层底深度/m	分层厚度/m	柱状图 1:100	岩性描述	标贯中点深度/m	标贯实测击数	附注
	①	30.82	0.30	0.30		耕土:以黏性土为主，含有有机质和植物根须			
	②	29.72	1.40	1.10		粉土:灰黄色，稍湿，稍密，摇震反应中等，无光泽，干强度中等，韧性低	1.10	6.0	
	③	29.32	1.80	0.40		粉质黏土:褐黄色，软塑~可塑，切面较光滑，干强度中等，韧性中等			
	④	28.52	2.60	0.80					
	⑤	27.52	3.60	1.00		黏土:灰黄色，可塑，含有黑色氧化斑，稍有光泽，切面光滑，干强度中等，韧性高			
	⑥	23.92	7.20	3.60		黏土:褐黄色~棕黄色，可塑~硬塑，含有铁锰结核，直径为0.1~0.3 cm，含量为2%~5%，光滑，干强度高，韧性高 含砂姜黏土:褐黄色，硬塑，含铁锰结核和砂姜，砂姜分布不均，砂姜直径为0~3 cm，局部见直径约6 cm的砂姜，光滑，干强度高，韧性高			
	⑦	21.12	10.00	2.80		含砂姜黏土:黄褐~钻红色，硬塑，含有铁锰结核和大量砂姜，砂姜直径为0.2~4 cm，含量为5%~20%，分布不均，干强度高，韧性较高			

钻 孔 柱 状 图

工程名称	徐州泰和工程机械有限公司厂区						工程编号		
孔　号	56	坐标			钻孔直径	130 mm	稳定水位	5.80 m	
孔口标高	31.16 m				初见水位		测量日期	2007-4-5	

地质时代	层号	层底标高/m	层底深度/m	分层厚度/m	柱状图 1:100	岩性描述	标贯中点深度/m	标贯实测击数	附注
	①	30.66	0.50	0.50		耕土:以黏性土为主，含有有机质和植物根须			
	②	29.46	1.70	1.20		粉土:灰黄色，稍湿，稍密，摇震反应中等，无光泽，干强度中等，韧性低	1.20	7.0	
	③	29.06	2.10	0.40		粉质黏土:褐黄色，软塑~可塑，切面较光滑，干强度中等，韧性中等			
	④	28.26	2.90	0.80					
	⑤	27.36	3.80	0.90		黏土:灰黄~灰色，可塑，局部含有黑色氧化斑，稍有光泽，切面光滑，干强度中等，韧性高			
	⑥	23.36	7.80	4.00		黏土:褐黄色~棕黄色，可塑~硬塑，含有铁锰结核，直径为0.1~0.3 cm，含量为2%~5%，光滑，干强度高，韧性高 含砂姜黏土:褐黄色，硬塑，含铁锰结核和砂姜，砂姜分布不均，砂姜直径为0~3 cm，局部见直径约6 cm的砂姜，光滑，干强度高，韧性高			
	⑦	15.96	15.20	7.40		含砂姜黏土:黄褐~钻红色，硬塑，含有铁锰结核和大量砂姜，砂姜直径为0.2~4 cm，含量为5%~20%，分布不均，干强度高，韧性较高			
	⑨	15.36	15.80	0.60		石灰岩:中等风化，青灰色，局部含有方解石脉，隐晶结构，块状构造，较破碎，较硬岩。			

图 1-29　钻孔柱状图

静力触探单孔曲线柱状图

工程名称：徐州泰和工程机械有限公司厂区　　孔号：7　　X:
比例尺1:100　　孔口标高(m)：31.16　　Y:

层号	深度/m	层底标高/m	锥尖阻力 q_c (MPa)	侧摩阻力 f_s (KPa)	岩土名称	柱状图
1	0.60	30.56	3.63	101	耕土	
2	1.70	29.46	2.47	30	粉土	
3	2.10	29.06	0.61	26	粉质黏土	
4	3.30	27.86	0.63	65	黏土	
5	4.10	27.06	1.08	104	黏土	
6	7.80	23.36	2.64	218	含砂姜黏土	
7	10.00	21.16	6.57	399	含砂姜黏土	

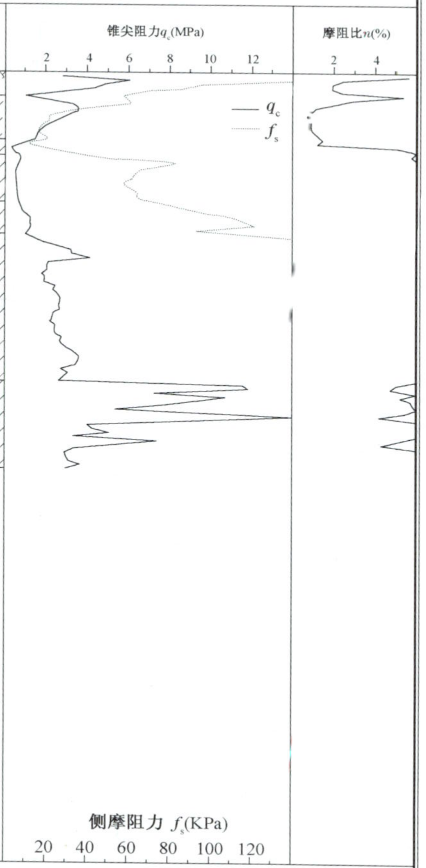

静力触探单孔曲线柱状图

工程名称：徐州泰和工程机械有限公司厂区　　孔号：21　　X:
比例尺1:100　　孔口标高(m)：31.05　　Y:

层号	深度/m	层底标高/m	锥尖阻力 q_c (MPa)	侧摩阻力 f_s (KPa)	岩土名称	柱状图
1	0.30	30.75	3.53	123	耕土	
2	1.30	29.75	3.14	66	黏土	
3	1.70	29.35	0.61	25	粉质黏土	
4	2.50	28.55	0.83	80	黏土	
5	3.60	27.45	1.36	118	黏土	
6	7.20	23.85	2.67	195	含砂姜黏土	
7	8.00	23.05	7.34	507	含砂姜黏土	

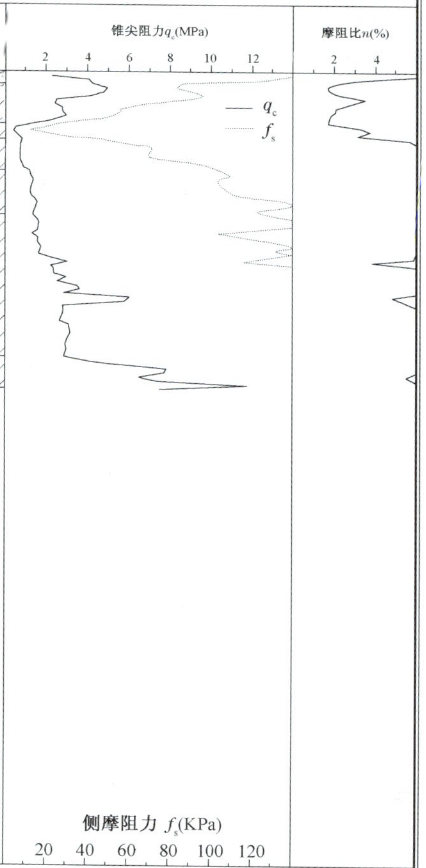

图1-30　静力触探占孔柱状图

表 1-24　砂(粉)土液化判别成果表　层号:2

孔号	标贯起始深度/m	黏粒含量/%	水位/m	标贯实测击数/击	临界标贯击数/击	判别结果
1	0.95	7.00	0.62	6.00	3.72	不液化
10	0.95	5.60	0.66	10.00	4.15	不液化
10	1.40	8.50	0.66	8.00	3.53	不液化
41	1.05	5.60	0.59	6.00	4.22	不液化
56	1.05	7.30	0.66	7.00	3.67	不液化
67	1.05	7.40	0.57	5.00	3.68	不液化
74	1.05	8.30	0.47	8.00	3.51	不液化
78	1.15	4.00	0.62	7.00	5.03	不液化

根据对各土层的室内土工试验数据、各种原位测试数据进行统计分析，结合野外鉴别描述，对勘探深度范围内揭露的主要土层性质综合评价如下：

①层耕土：较松散，不均匀，工程性质差，应全部挖除。

②层粉土：稍密，厚度一般，分布较稳定，强度较高，压缩性中等，为不液化层，工程性质较好，为本工程理想的天然地基持力层。

③层粉质黏土：软塑，厚度薄，分布较稳定，强度低，工程性质较差。

④层黏土：为过渡层，上部为可塑，下部逐渐变为硬塑，分布稳定，强度一般，压缩性中等，工程性质一般。

⑤层黏土：硬塑，分布稳定，强度较高，压缩性中等，工程性质较好。

⑥层、⑦层含砂姜黏土：硬塑，厚度大，分布稳定，强度高，压缩性中等，工程性质好。

⑧石灰岩：灰色～灰黄色，较硬岩，隐晶质结构，块状构造，致密，中等～微风化，岩体较完整，岩体基本质量等级为Ⅲ级。场地内基岩以石灰岩为主，岩溶发育程度一般。不会对场地和建筑物的稳定性构成影响。

(4) 场地区域稳定性及地基土均匀性评价

根据区域地质资料，场地内及其附近无对该建筑物构成影响的全新活动性断裂存在，因而该场地在区域地质上是稳定的。

本次勘察深度范围内各土层在平面上分布、成因、工程性质、土性等较均匀，水平及垂直向起伏不大，判定为均匀地基；对于水塘分布范围内的拟建建筑物设计时应按不均匀地基考虑。

6. 结论与建议

(1) 结论

① 据区域地质资料，场地内及其邻近场地无全新活动性断裂存在，场地在地质上是稳定的，作为拟建建筑物场地是适宜的。

② 铜山区建筑场地土类型为中软土，覆盖层厚度为 15 m 左右，建筑场地类别为Ⅱ类，拟建场地为对建筑抗震可进行建设的一般场地。

③ 地内及周围无污染源，根据地区经验该场地地基土对混凝土及钢筋混凝土结构中的钢筋无腐蚀性，对钢结构有弱腐蚀性。

表 1-25　物理力学性质指标统计表

层号	岩土名称		含水率 w %	比重 ds -	重度 γ kN/m³	干重度 γ_d kN/m³	孔隙比 e_0 -	饱和度 S_r %	液限 w_L %	塑限 w_P %	塑性指数 I_P -	液性指数 I_L -	剪切试验 q c kPa	剪切试验 q ϕ (°)	压缩试验 a_{1-2} MPa⁻¹	压缩试验 E_s MPa⁻¹	锥尖阻力 q_c MPa	侧壁摩阻力 f_s kPa	颗粒组成/% 0.25~0.075 mm	颗粒组成/% 0.075~0.005 mm	颗粒组成/% <0.005 mm
②	粉土	最小值~最大值	22.4~29.3	2.69~2.70	18.2~19.1	14.5~15.2	0.733~0.816	81~98	29.4~32.9	20.4~24.0	8.3~9.7	0.17~0.64	24~28	24.9~30.2	0.10~0.28	6.19~17.53	2.082~3.792	37~85		91.5 96.0	4.0 8.5
		数据个数	7	7	7	7	7	7	7	7	7	7	5	5	7	7	73	73	8	8	8
		平均值	26.1	2.69	18.6	14.8	0.783	90	31.7	22.6	9.1	0.38	26	28.3	0.17	11.55	2.917	55		93.3	6.7
		标准差	2.4	0.00	0.3	0.3	0.031	6	1.1	1.3	0.5	0.18	2	2.2	0.06	3.70	0.674	18		1.5	1.5
		变异系数	0.09	0.00	0.02	0.02	0.04	0.07	0.04	0.06	0.05	0.48	0.06	0.08	0.35	0.32	0.23	0.32		0.02	0.23
		标准值	27.8		18.4	14.6	0.806					0.52	24.2	26.2	0.21	8.8	2.782	51			
③	粉质黏土	最小值~最大值	25.7~35.3	2.70~2.72	18.1~19.1	13.4~15.2	9.747~0.989	93~98	30.2~35.4	16.7~24.4	10.3~15.0	0.67~0.99	7~52	7.9~23.9	0.25~0.51	3.90~7.64	0.593~0.910	30~49			
		数据个数	3	3	3	3	3	3	3	3	3	3	3	3	3	3	73	73			
		平均值	31.3	2.71	18.5	14.1	0.882	96	33.4	20.5	12.9	0.83	36	16.8	0.37	5.56	0.764	40			
		标准差	5.0	0.01	0.5	0.9	0.124	2	2.8	3.9	2.4	0.16		8.2	0.13	1.91	0.135	8			
		变异系数	0.16	0.00	0.03	0.07	0.14	0.03	0.08	0.19	0.19	0.20		0.48	0.36	0.34	0.18	0.19			
		标准值												4.6			0.737	38			
④	黏土	最小值~最大值	22.9~38.0	2.74~2.78	17.8~19.3	12.9~15.6	0.718~1.100	87~96	38.1~57.9	18.2~25.0	19.9~33.5	0.24~0.52	38~84	1.7~6.8	0.22~0.50	4.20~8.59	0.803~1.081	61~89			
		数据个数	7	7	7	7	7	7	7	7	7	7	7	7	7	7	73	73			
		平均值	31.0	2.76	18.4	14.1	0.925	92	49.0	22.0	27.0	0.33	61	3.9	0.31	6.52	0.944	76			
		标准差	5.6	0.01	0.6	1.1	0.151	3	7.7	2.9	5.0	0.09	14	1.8	0.10	1.53	0.127	10			
		变异系数	0.18	0.01	0.03	0.08	0.16	0.03	0.16	0.13	0.18	0.28	0.24	0.47	0.32	0.23	0.13	0.14			
		标准值	35.2		18.0	13.3	1.037					0.40	50.1	2.6	0.39	5.4	0.919	74			

续表 1-25 物理力学性质指标统计表

层号	岩土名称		含水率 w %	比重 ds -	重度 γ kN/m³	干重度 γ_d kN/m³	孔隙比 e_0 -	饱和度 S_r %	液限 w_L %	塑限 w_P %	塑性指数 I_P -	液性指数 I_L -	剪切试验 q c kPa	剪切试验 q ϕ (°)	压缩试验 a_{1-2} MPa^{-1}	压缩试验 E_s MPa^{-1}	锥尖阻力 q_c MPa	侧壁摩阻力 f_s kPa	颗粒组成/% 0.25~0.075 mm	颗粒组成/% 0.075~0.005 mm	颗粒组成/% <0.005 mm
⑤	黏土	最小值~最大值	24.8~31.3	2.75~2.77	18.6~19.5	14.2~15.6	0.725~0.914	92~96	44.1~52.2	20.8~24.0	23.1~28.2	0.13~0.26	51~94	3.4~8.5	0.14~0.26	7.36~12.32	1.132~1.564	97~131			
		数据个数	6	6	6	6	6	6	6	6	6	6	6	6	6	6	73	73			
		平均值	26.9	2.75	19.2	15.1	0.784	94	46.0	21.7	24.3	0.21	80	5.8	0.21	9.00	1.380	116			
		标准差	2.3	0.01	0.3	0.5	0.068	1	3.1	1.2	2.0	0.05	16	2.3	0.04	1.82	0.173	14			
		变异系数	0.09	0.00	0.02	0.03	0.09	0.01	0.07	0.05	0.08	0.23	0.20	0.39	0.20	0.20	0.13	0.12			
		标准值	28.8		18.9	14.7	0.840					0.25	66.6	4.0	0.24	7.5	1.345	113			
⑥	含砂姜黏土	最小值~最大值	23.7~28.6	2.75~2.78	18.5~19.3	14.9~15.6	0.727~0.833	83~98	45.1~56.5	21.5~26.5	23.6~31.1	0.07~0.15	70~120	3.1~20.1	0.12~0.17	10.16~15.28	2.024~3.121	171~226			
		数据个数	8	8	8	8	8	8	8	8	8	8	7	7	8	8	73	73			
		平均值	26.7	2.77	19.1	15.1	0.799	92	51.5	23.7	27.8	0.10	96	10.7	0.14	12.91	2.493	195			
		标准差	1.9	0.01	0.3	0.3	0.033	5	4.1	1.5	2.8	0.03	15	5.9	0.02	1.64	0.475	24			
		变异系数	0.07	0.00	0.01	0.02	0.04	0.05	0.08	0.06	0.10	0.27	0.16	0.55	0.12	0.13	0.19	0.12			
		标准值	27.9		18.9	14.9	0.822					0.12	84.7	6.4	0.15	11.8	2.397	190			
⑦	含砂姜黏土	最小值~最大值	22.9~30.7	2.74~2.78	18.3~19.8	14.1~16.1	0.667~0.927	90~98	41.4~56.6	20.0~27.4	19.6~31.1	0.10~0.20	93~118	12.3~19.4	0.10~0.29	6.65~18.17	3.980~7.117	260~571			
		数据个数	7	7	7	7	7	7	7	7	7	7	4	4	7	7	72	72			
		平均值	27.5	2.76	19.1	15.0	0.808	94	49.3	24.0	25.3	0.14	108	15.7	0.16	12.81	5.334	357			
		标准差	3.0	0.02	0.5	0.8	0.099	2	6.4	2.5	4.3	0.03	12	3.4	0.06	3.66	1.224	134			
		变异系数	0.11	0.01	0.03	0.05	0.12	0.03	0.13	0.10	0.17	0.25	0.11	0.22	0.41	0.29	0.23	0.38			
		标准值	29.7		18.7	14.4	0.881					0.16	94.0	11.8	0.20	10.1	5.087	330			

表 1－26 主要土层地基承载力特征值及压缩模量建议值

层号	岩土名称	f_{ak}建议值/kPa	E_s 建议值/MPa
②	粉土	130	6.4
③	粉质黏土	90	4.0
④	黏土	110	4.8
⑤	黏土	150	5.6
⑥	含砂姜黏土	220	9.5
⑦	含砂姜黏土	260	12.0

（2）基础设计建议

根据岩土工程条件和拟建建筑的特征，建议采用天然地基，持力层选择方案如下：

① 5 栋 1 层轻钢结构厂房：选择层②粉土为持力层，基础形式采用柱下独立基础；对厂房东部位于水塘的部位，应挖除上部回填土及塘底淤泥采用换土垫层处理，同时应加强基础与上部结构的整体性和刚度，以防建筑物产生不均匀沉降。

② 办公楼、研发楼、技术工艺楼：选择层②粉土或层④黏土为持力层，基础形式采用柱下独立基础或条形基础；对 5 层办公楼及附房西侧局部位于水塘的部位，应挖除上部回填土及塘底淤泥采用换土垫层处理，同时应加强基础与上部结构的整体性和刚度，以防建筑物产生不均匀沉降。

（3）施工建议

根据场地岩土工程条件，在建筑物的施工过程中，尤其是基础施工过程中应注意如下几方面的问题：

① 该场地耕土厚度较小，应全部挖除。

② 若在丰水季节施工，场地层②粉土可能存在地下水，随季节变化水位、水量有所变化，基础施工时应根据地下水量大小采取适当的降排水措施，同时应采用适当的开挖措施，尽量减少对基底土层的扰动，建议在基础底面下铺垫适当厚度（大于 20 cm）的碎石垫层。

③ 若采用层②为持力层，因层②埋藏浅，基础宜浅埋。

④ 水塘较宽，应确保回填土及淤泥清除干净。

单元小结

本单元按照工程地质勘察报告中常见内容对地质年代划分、建筑场地类别划分、不良地质现象、地下水对工程影响、土的工程性质及分类、勘察的方法手段、勘察报告内容阅读与分析评价等内容结合现行规范进行了详细阐述和讲解。本单元还安排一实际工程的详细勘察报告引导学生正确识读，以培养学生理论联系实际、正确识读地质勘察报告并进行交底工作的职业能力。

自测与案例

一、单项选择题

1. 土的天然含水量是指(　　)之比的百分率。

A. 土中水的质量与所取天然土样的质量　B. 土中水的质量与土的固体颗粒质量

C. 土的孔隙与所取天然土样体积　D. 土中水的体积与所取天然土样体积

2. 黏性土的塑性指数大小主要决定土体中含(　　)数量的多少。

A. 黏粒　B. 粉粒　C. 砂粒　D. 颗粒

3. 下面防治流砂的方法中，哪种方法是根除流砂的最有效的方法(　　)。

A. 水下挖土法　B. 打板桩法　C. 土壤冻结法　D. 井点降水法

4. 下列说法正确的是(　　)。

A. 压缩系数越大，土的压缩性越高　B. 压缩系数越大，土的压缩性越低

C. 压缩模量越大，土的压缩性越高　D. 上述说法都不对

二、多项选择题

1. 下列土的物理性质指标中，反映土的松密程度的指标是(　　)。

A. 土的重度　B. 孔隙比　C. 孔隙率　D. 土粒相对密度

2. 关于基坑突涌说法正确的是(　　)。

A. 基坑突涌是由于基坑隔水底板重量小于含水层顶面的承压水头压力值引起的

B. 开挖基槽时保留的安全厚度与承压水水头高度成反比

C. 当基坑底为隔水层，应进行坑底突涌验算，必要时可采取水平封底隔渗或将井点管伸入承压水位释放水压，保证坑底土层稳定

D. 当地下承压水流量大时，不宜采用轻型井点，应用出水量较大的喷射井点或管井井点降水

3. 关于土的压实性的说法正确的是(　　)。

A. 土的压实性是指土被固体颗粒所充实的程度，反映了土的紧密程度

B. 土的压实系数是最大干密度和实际干密度的比值

C. 土的最大干密度，可用击实试验测定

D. 填土压实后，必须要达到要求的密实度

三、案例题

1. 某原状土样，经试验测得其体积 $V=100\ \text{cm}^3$，湿土质量 $m=0.185\ \text{kg}$，烘干后质量为 0.145 kg，土粒的相对密度为 2.70，土样的液限为 35%，塑限为 17%。试求：

(1) 求土样的密度 ρ、含水量 w、孔隙比 e；

(2) 土样的塑性指数，液性指数，并确定该土的名称和状态；

(3) 若将土样压密，使其干密度达到 1.65 g/cm³，此时土样的孔隙比减小多少？

2. 有一砂土样的物理性试验结果，标准贯入试验锤击数 $N=34$，经筛分后各颗粒粒组含量见表 1-30。试确定该砂土的名称和状态。

表 1-30　颗粒粒组含量

粒径/mm	<0.01	0.01～0.05	0.05～0.075	0.075～0.25	0.25～0.5	0.5～2.0
粒组含量/g	3.9	14.3	26.7	28.6	19.1	7.4

3. 已知原状土样高 $h=2$ cm，截面积 $A=30\ \text{cm}^2$，重度 $r=19.1\ \text{kN/m}^3$，颗粒比重 $d_s=2.72$，含水量为 25%，进行侧限压缩试验，试验结果见表 1-31，求各级压力作用下达到稳定变形的孔隙比，并求 a_{1-2}。

表 1-31　试验结果

压力 p/kPa	0	50	100	200	400
稳定时的压缩量 H/mm	0	0.480	0.808	1.232	1.735
孔隙比 e					

4. 已知某工程钻孔取样，进行室内压缩试验，试样高为 $h_0=20$ mm，在 $p_1=100$ kPa 作用下测得压缩量为 $s_1=1.2$ mm，在 $p_2=200$ kPa 作用下相对于 p_1 的压缩量为 $s_2=0.58$ mm，土样的初始孔隙比为 $e_0=1.6$，试计算压力 $p=100～200$ kPa 时土的压缩系数，并评价土的压缩性。

单元 2 塔式起重机浅基础安全计算

引言

塔式起重机工作时，其底部需安装在一个固定的基座上，基座应保持塔机安全和稳定，是安全使用塔机的首要保证。基座一般可设计成混凝土基础或钢支架。塔机安装前，应根据塔机使用说明书对塔机基础的位置、尺寸进行规划和计算，确保塔机不与相邻塔机、建筑物发生碰撞，不触及附近的外电线路，不发生基础滑坡、下沉、倾翻事故。

学习目标

- ✓ 熟悉塔机类型及主要技术参数；
- ✓ 正确进行塔机基础定位；
- ✓ 正确进行板式浅基础的安全计算。

本学习单元旨在培养学生结合地质勘查报告、塔机型号、建筑物高度等进行塔机板式浅基础安全计算的基本能力，通过课程讲解和案例教学使学生掌握塔机板式浅基础安全计算相关知识，增强在施工技术岗位工作的综合能力。

2.1 塔式起重机基本知识

2.1.1 塔式起重机分类

微课+课件

塔吊分类及工作参数

塔式起重机简称塔吊，亦称塔机。塔机主要用于房屋建筑施工中物料的垂直和水平输送及建筑构配件的安装。塔式起重机型号意义及表示方法见表 2-1。塔机起重能力常以额定起重量与最大工作幅度的乘积(t·m)表示。

表 2-1 塔式起重机型号意义及表示方法

分类	组别	型号	特性	代号	代号意义	主要参数
塔式起重机	国内塔式起重机 Q、T(起、塔)	轨道式 固定式	—	QT	上回转式塔式起重机	最大起重力矩 t·m
			Z(自)	QTZ	上回转自升式塔式起重机	
			X(下)	QTX	下回转式塔式起重机	
			K(快)	QTK	快速安装式塔式起重机	
		固定式 G(固)	—	QTG	固定式塔式起重机	
		内爬升式 P(爬)	—	QTP	内爬升式塔式起重机	
		轮胎式 L(轮)	—	QTL	轮胎式塔式起重机	
		汽车式 Q(汽)	—	QTQ	汽车式塔式起重机	
		履带式 U(履)	—	QTU	履带式塔式起重机	
	国外塔式起重	TC(英语 T—起重机;C—塔)			最大起重臂长度(m)、臂端的起重量(t)	
		例:QTZ80(TC5610),QTZ100(TC5613),QTZ160(TC6020)				

塔机根据使用功能和结构形式不同有多种分类方法。

塔机按变幅方式分为小车变幅式塔机和动臂变幅式塔机。小车变幅式塔机是靠变幅小车在水平起重臂轨道上行走实现变幅的。动臂变幅式塔机是靠起重臂仰俯实现变幅的。目前广泛采用的是小车变幅式塔机。小车变幅式塔机按臂架结构形式分为定长臂、伸缩臂和折臂小车变幅式塔机,如图 2-1 所示。小车变幅式塔机按臂架支承形式分为平头式和非平头式塔机,如图 2-2 所示。

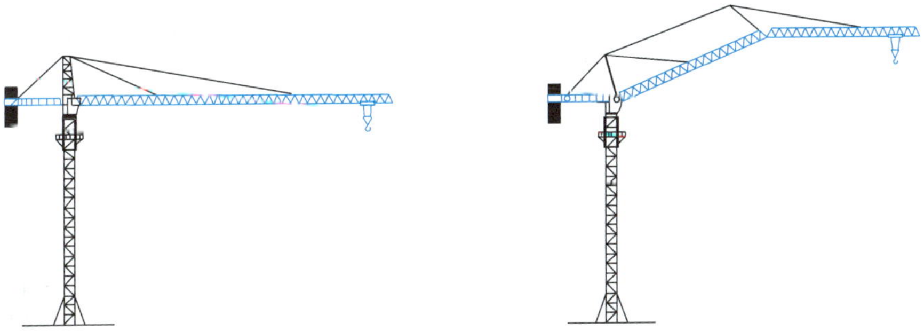

(a) 定长臂小车变幅　　(b) 折臂小车变幅

图 2-1 按臂架结构形式

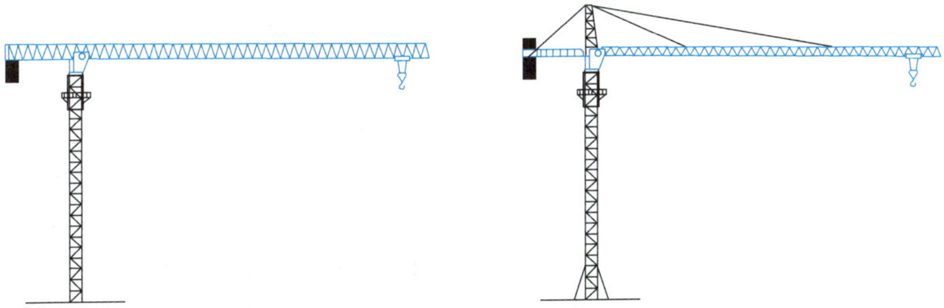

(a) 平头式小车变幅　　(b) 非平头式小车变幅

图 2-2 按臂架支承形式

塔机按回转部位分为上回转塔机和下回转塔机，如图 2－3 所示。

按有无行走机构，塔机可分为固定式、轨道行走式。轨道行走式塔机见图 2－3(b)。

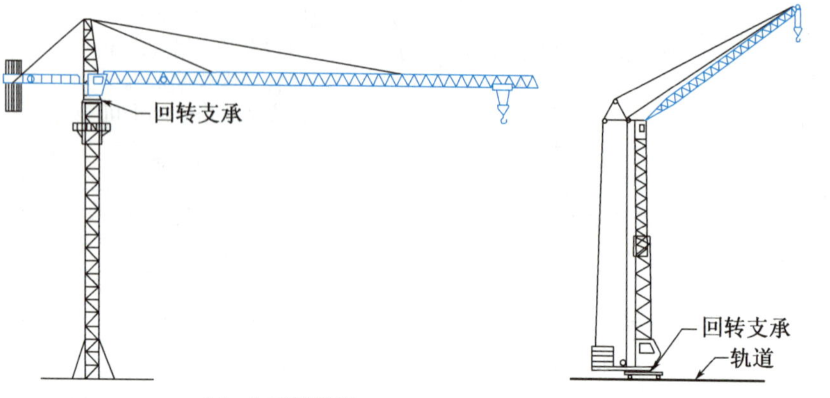

图 2－3　按回转部位

我国目前广泛使用的是固定基础自升式塔机。这种塔机采用水平臂小车变幅方式，上回转结构。塔机底座安装在固定的钢筋混凝土基础上。自升式塔机结构构件名称、位置如图 2－4 所示。

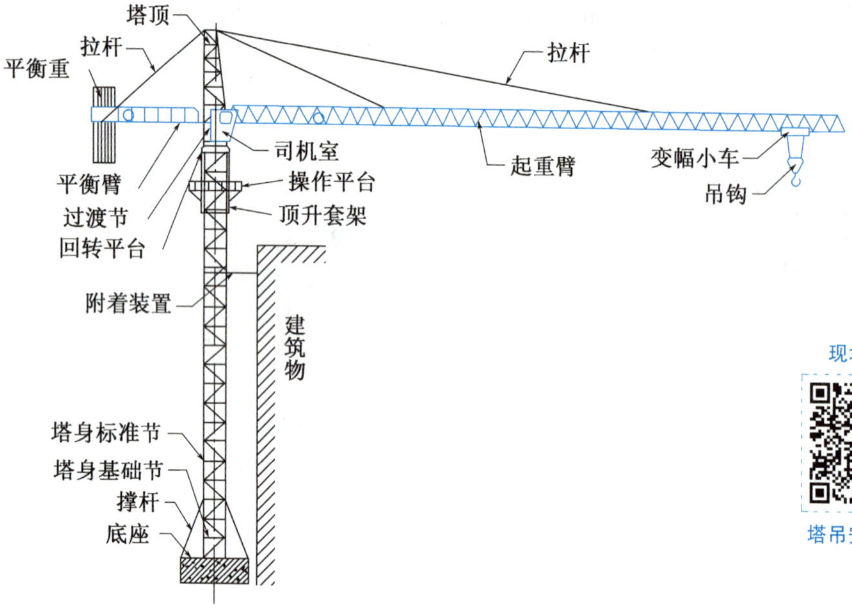

图 2－4　自升式塔机结构构件名称、位置示意

现场视频

塔吊安装视频

固定基础自升式塔机按其与建筑物的连接方式可分为独立式、附着式和内爬式三种工作状态。图 2－5(a)是独立式工作状态，塔机与建筑物之间没有连接，依靠塔机基础保持自身稳定。图 2－5(b)是附着式工作状态，塔机安装在建筑物外围，当塔机高度未超过使用说明书中规定的最大独立高度时，塔机处于独立式工作状态；当塔机高度不能满足施工需要时，用附着装置将塔机的塔身与建筑物连接，通过液压顶升增加塔身标准节数量，使塔机升高，此时塔机为附着式工作状态。图 2－5(c)是内爬式工作状态，塔机安装在建筑物内部的电梯井或者某一开间。最初也是独立状态，当建筑物达到一定高度后，随着楼层的增加，塔

机依靠自身的液压顶升装置在建筑物内同步升高，塔机荷载作用在建筑结构上，工程主体结构施工结束，塔机升至屋面，拆除难度大。

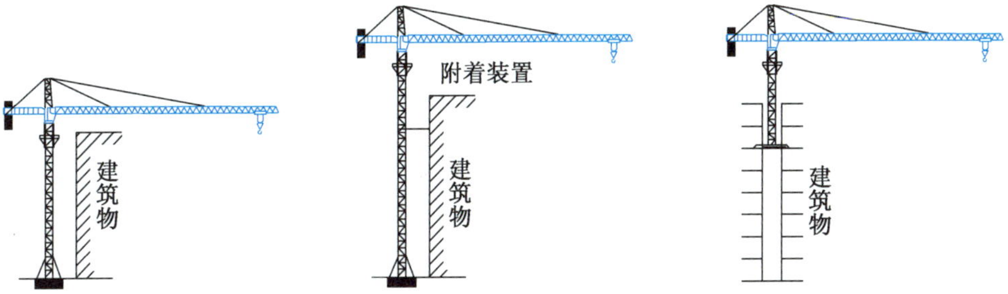

(a) 独立式　　(b) 附着式　　(c) 内爬式

图 2-5　按塔机与建筑物的连接方式

2.1.2　塔式起重机主要技术参数

塔机的技术参数是用来说明塔机工作参数和规格的一些数据，是选用塔机、确定塔机基础位置时的主要依据，可以从塔机使用说明书中查阅。塔机技术参数表达的含义如图 2-6 所示。

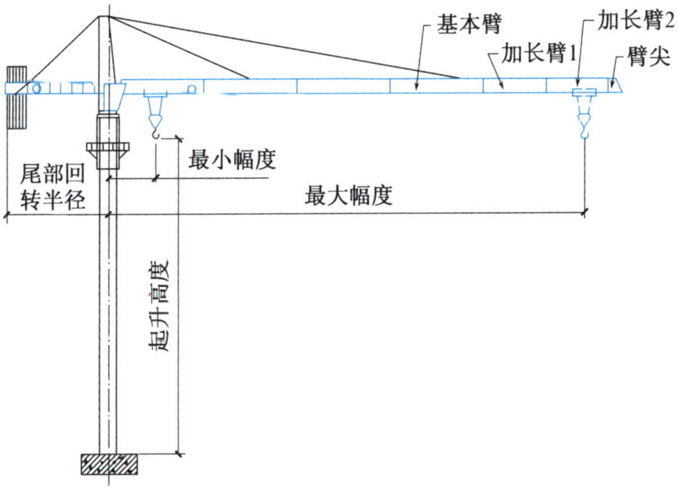

图 2-6　塔机主要技术参数示意

规范规程

塔式起重机混凝土基础工程技术规程

2.1.2.1　幅度

空载时，塔机回转中心线至吊钩中心垂线的水平距离为幅度。最大工作幅度是指吊钩位于距离塔身最远工作位置时，塔机回转中心线至吊钩中心垂线的水平距离。同样型号不同厂家制造的塔机，其最大工作幅度不一定相同。一般塔机的起重臂可以组合成几种长度尺寸。图 2-6 中塔机仅安装基本臂时最大工作幅度是 40 m，每增加 1 节加长臂，最大工作幅度增加 5 m。

➤**提示：**最大工作幅度不等于“臂长”。因为吊钩最远工作位置至臂尖端还有一段距离，这段距离通常为 1.0～2.0 m，考虑避让外电线路、障碍物或相邻塔机时应计算这段长度。

2.1.2.2　起升高度

空载时塔身处于最大高度，吊钩处于最小幅度处，吊钩支撑面对塔机基础顶面的最大垂直距离称为起升高度。

选用塔机时，塔机最终安装后的起升高度不得超过最大附着状态时的起升高度。当塔机最终安装后的起升高度超过最大独立状态起升高度时，必须安装附着式装置。确定塔机基础位置时需同时考虑附着装置的安装位置。

2.1.2.3　额定起重量

塔机在各种工作幅度下允许起吊的最大起重量为额定起重量。它包括取物装置的重量（如料斗、砖笼等），但不包括吊钩的重量。

2.1.2.4　起重力矩

起重力矩是幅度与额定起重量的乘积，单位为 t·m 或者 kN·m，t·m＝10 kN·m。塔机最大起重力矩等于额定起重量与最大工作幅度的乘积（t·m）。

2.1.2.5　塔机重量

塔机重量包括塔机自重、平衡重和压重的重量。

2.1.2.6　尾部回转半径

塔机回转中心线至平衡臂端部的最大距离称为尾部回转半径。为保证塔机拆卸时能正常降节，确定塔机基础位置时，需要注意这一参数。

2.2　塔式起重机基础定位

塔机基础正确定位是安全使用塔机的前提，位置合理能方便施工、提高劳动生产效率；反之则可能发生起重臂折断、吊物触及外电线路、基础滑坡、塔机倾翻等恶性事故。

基础定位包括平面定位和埋置深度定位两项内容。平面定位是指塔机与建筑物的相对位置关系；埋置深度定位是指基础底面与建筑物室外地面的相对高差。

2.2.1　基础平面定位

微课＋课件

塔吊的基础定位

确定塔机基础在施工现场的平面位置时，应综合考虑建筑物的结构特点、施工方法、周围环境和塔机相关技术参数，做到统筹兼顾，合理安排，防止事故。基础平面定位中注意考虑以下几点：

1. 按施工组织配置塔机

一个较大的工程项目往往有多个施工组织参与，一个施工组织分工完成其中的一个或几个子项目。塔机作为施工过程中的主要起重设备，通常一个施工组织至少配置一台塔机，因此，在考虑塔机配置数量时，应结合各施工组织的任务分工情况进行配置。

2. 塔机工作范围应尽可能多地覆盖施工作业面和作业现场

塔机的工作范围是以基础的中心为圆心，最大工作幅度为半径的范围，超出这一范围有可能出现斜拉斜吊现象，这在塔机操作规程中是严格禁止的。

3. 塔机作业范围内应尽可能避开外电线路并保持安全距离

《施工现场临时用电安全技术规范》（JGJ 46—2012）规定：起重机的任何部位或被吊物的边缘在最大偏斜时与架空线路边线的最小安全距离应符合表 2－2 的规定。当达不到表

2－2中规定时，必须采取绝缘隔离防护措施，并悬挂醒目的警告标志。防护设施与外电线路之间的安全距离不应小于表2－3中数值。

表2－2 起重机与架空线路边线的最小安全距离

安全距离/m \ 电压/kV	<1	10	35	110	220	330	500
沿垂直方向	1.5	3.0	4.0	5.0	6.0	7.0	8.5
沿水平方向	1.5	2.0	3.5	4.0	6.0	7.0	8.5

表2－3 防护设施与外电线路之间的最小安全距离

外电线路电压等级/kV	<10	35	110	220	330	500
最小安全距离/m	1.7	2.0	2.5	4.0	5.0	6.0

4．起重臂覆盖范围应避开妨碍塔机转动的障碍物

起重臂与周围建筑物及其外围施工设施之间的安全距离不得小于0.6 m。

5．不同型号塔机搭配使用，使相邻的塔机之间有足够的安全距离

《塔式起重机安全规程》(GB 5144—2012)中规定：两台塔机之间的最小架设距离，应保证处于低位塔机的起重臂端部与另一台塔机的塔身之间至少有2 m的距离；处于高位塔机的最低位置的部件(吊钩升至最高点或平衡重的最低部位)与低位塔机中处于最高位置部件之间的垂直距离不应小于2 m，如图2－7所示。

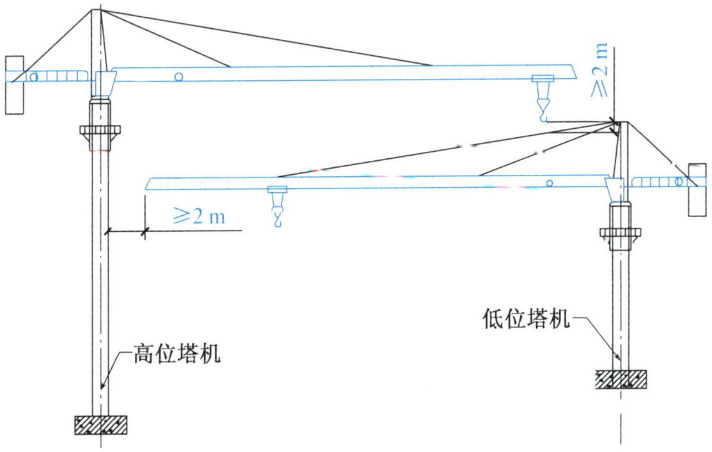

图2－7 两台塔机之间的最小架设距离

确定塔机基础位置时，一般可按低位塔机的最大工作幅度加5 m，控制两个塔机基础中心之间的最小距离。在现场条件允许的情况下，应尽可能拉开两个塔机基础之间的距离，减少两台塔机在高度方面的相互制约。

6．必须保证塔机拆卸时能正常降节

自升式塔机正常拆卸作业顺序是：先拆除塔身标准节，将塔机降至最低高度，再用吊车按序拆除其他部件。拆除塔身标准节的过程称为“降节”。为了防止降节作业时司机室、操作平台、平衡臂、起重臂等部件被建筑物阻挡，造成难以降节的局面，确定基础位置时，应考虑塔机的上部结构不被建筑物的挑檐、阳台、雨篷、脚手架或相邻建筑物阻挡，保证塔机能正常降节。如图2－8所示为基础定位错误无法降节的情况。图2－8(a)中所示塔机侧面距离

建筑物太近，上部结构的操作平台、司机室被建筑物的挑檐阻挡无法降节；图 2－8(b)所示平衡臂、起重臂被建筑物阻挡无法降节；图 2－8(c)所示，起重臂被相邻的④号楼阻挡而无法降节。

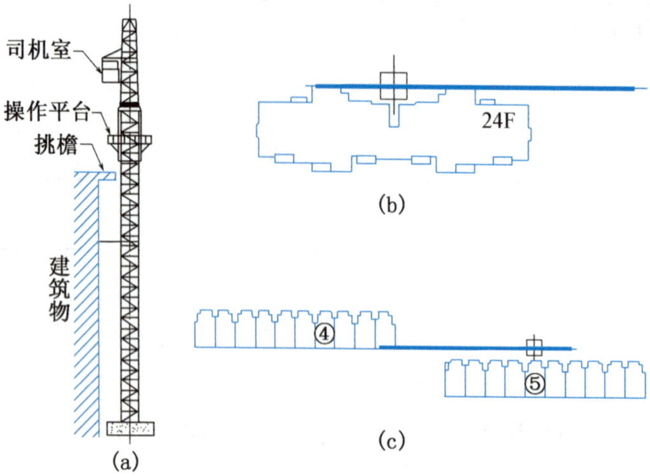

图 2－8　基础定位错误导致无法降节的几种情况

7. 注意基础的方向

十字形基础的正前方与梁的方向成 45°夹角，如图 2－9(a)所示。图 2－9(b)中，误将十字形基础梁的方向当成了基础正方向，基础位置旋转了 45°角，造成塔机无法正常降节，必须高空拆除，增加了拆除的难度和危险性。

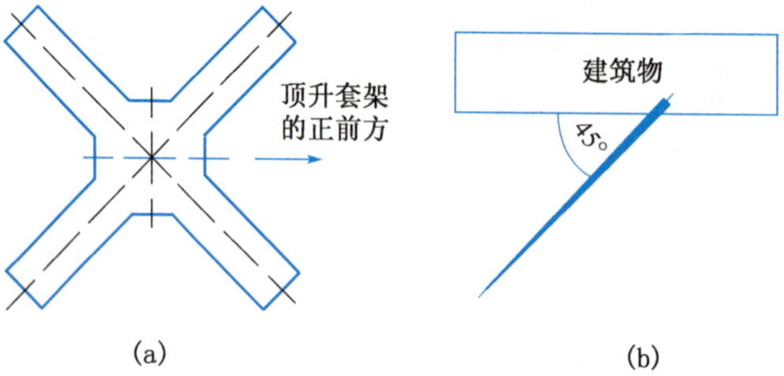

图 2－9　基础方向定位错误

8. 基础位置应结合塔机技术参数综合考虑

确定基础位置时应考虑塔机最大起升高度、起重臂长等参数，使之经济、合理。

9. 附着式塔机基础的位置应考虑附着装置的安装位置

确定基础位置时，应考虑建筑物上有无安装附着装置的相应位置。塔机附着装置应安装在建筑物的较高部位，否则受塔身自由端高度的限制，无法完成高楼部位的施工。

10. 预留拆卸塔机时必要的作业现场和道路

基础平面定位应预留拆卸塔机时必要的作业现场和道路。

2.2.2　基础埋置深度的定位

在确定了塔机基础在施工现场的平面位置后，应结合现场的地质情况、建筑物基坑开挖深度、地下管线走向等因素确定塔机基础的埋置深度，防止发生基础滑坡等恶性事故。基础埋置深度不宜少于 0.5 m。

1. 尽可能利用天然地基为基础的持力层

设计塔机基础的埋置深度时，应根据施工现场的岩土工程勘察报告，选择地基承载力较好的土层作为塔机基础的持力层。一般情况，当上层土满足承载力要求时，尽量选择上层土为持力层；当表层土软弱，下层土承载力高时，应根据情况从结构安全可靠、施工条件和工程造价等因素比较来确定基础埋深。

当有地下水时，为避免施工排水麻烦或因降水不当引起地基不均匀沉降，基础应在地下水位以上。

2. 防范基础滑坡事故

设计塔机基础埋置深度时，应结合建筑物基坑的开挖深度综合考虑。施工现场容易出现的塔机基础险情如图 2－10(b)所示，塔机安装时建筑物的基坑尚未开挖，塔机基础不存在滑坡的危险，如图 2－10(a)所示；基坑开挖后，塔机基础处于边坡顶面，可能造成基础滑坡塔机倾覆事故。

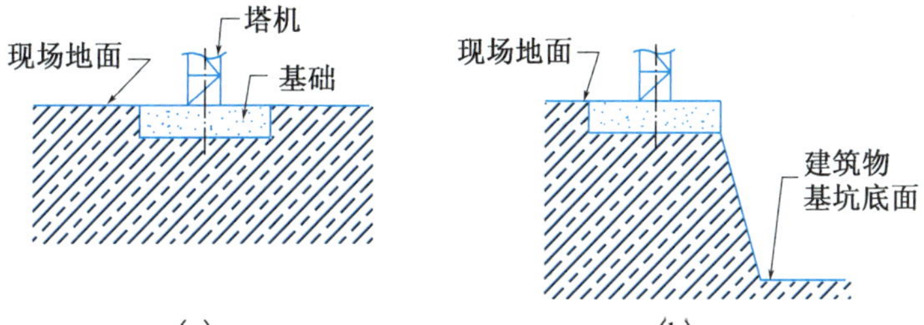

图 2－10　塔机基础位于基坑边缘存在滑坡危险

为防范基础滑坡事故，可采用桩基础或者如图 2－11 所示将基础的底标高降至坑底，并放坡卸载，或者进行地基稳定验算使满足要求。根据《塔式起重机混凝土基础工程技术规程》(JGJ/T 187—2009)，当塔机基础底标高接近坡底或基坑底部，并满足图 2－12 中 a 不小于 2.0 m，c 不大于 1.0 m，f_{ak}不小于 130 kPa，且地基持力层下无软弱下卧层或采用桩基础时可不作地基稳定性验算[图中：a 是基础底面外边缘线至坡顶的水平距离；b 是垂直于坡顶边缘线的基础底面边长；c 是基础底面至坡(坑)底的竖向距离；d 是基础埋置深度；β 是边坡坡角]。

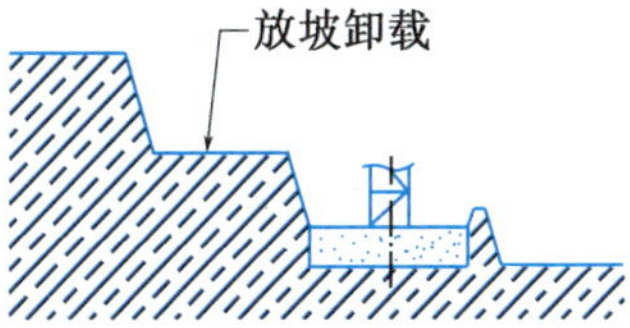

图 2－11　塔机基础滑坡事故防范措施

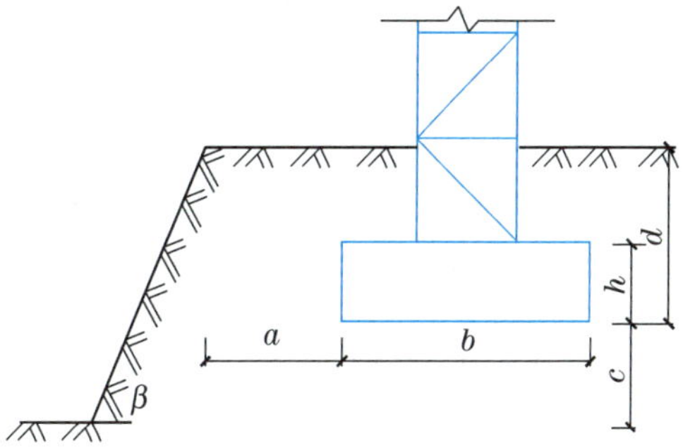

图 2－12　基础位于边坡的示意

3. 基础顶面略高于现场地面为宜

塔机基础的顶面低于现场地面会造成基础顶面及周围积水，基础积水将降低地基承载力、腐蚀塔身底部钢结构件，且不利于工人检查、紧固塔机地脚螺栓。为防止基础积水，塔机基础顶面略高于施工现场的自然地面为宜。当塔机基础的顶面低于现场地面时，应采取有效的挡水、排水措施。

此外，确定基础埋深时尚应考虑相邻建筑物影响以及季节性冻土的影响因素。对于埋置在冻土中的基础，应考虑土的类别、土的冻胀性、环境以及采暖等因素综合确定基础的最小埋置深度，最小埋深计算方法参考现行《建筑地基基础设计规范》(GB 50007—2011)。另外，在寒冷地区基础埋深应在冰冻线以下 200 mm。

2.3 塔式起重机板式基础安全计算

微课+课件

塔吊基础形式及基础顶面荷载

塔机的基础形式应根据工程地质、荷载大小与塔机稳定性要求、现场条件，并结合塔机制造商提供的《塔机使用说明书》的要求设计和施工。施工单位应根据地质勘查报告确认施工现场的地基承载能力。当施工现场无法满足使用说明书对基础的要求时，可自行设计基础。塔机固定式基础形式有板式基础、十字形基础、梁板式基础、桩基础和组合式基础，如图 2－13 所示。

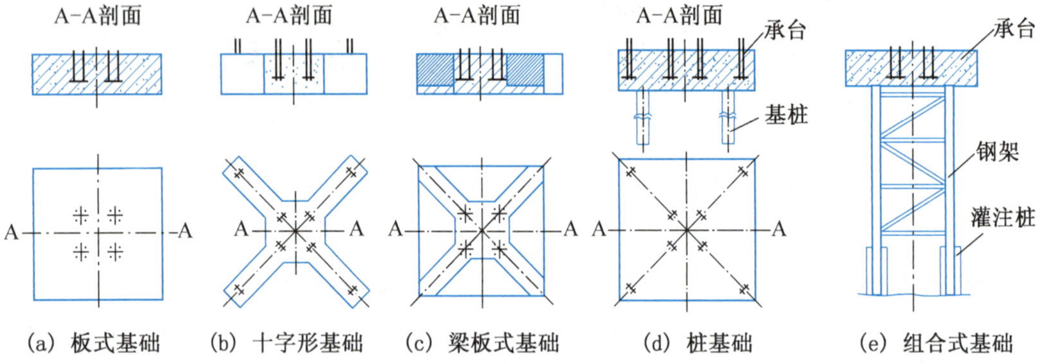

图 2－13　几种常见的基础形式

2.3.1　地基基础安全计算一般规定

《塔式起重机混凝土基础工程技术规程》(JGJ/T 187—2009)规定，地基基础设计时所采用的荷载效应最不利组合与相应的抗力限值应符合下列规定：

(1) 按地基承载力确定基础底面积及埋深或按单桩承载力确定桩数时，传至基础或承台底面上的荷载效应应按正常使用极限状态下荷载效应的标准组合。相应的抗力应采用地基承载力特征值或单桩承载力特征值。

(2) 计算地基变形时，传至基础底面上的荷载效应应按正常使用极限状态下荷载效应的准永久组合。相应的限值应为地基变形允许值。

(3) 计算基坑边坡或斜坡稳定性，荷载效应应按承载能力极限状态下荷载效应的基本组合，但其分项系数均取 1.0。

(4) 在确定基础或桩承台高度、计算基础内力、确定配筋和验算材料强度时，传给基础的荷载效应组合和相应的基底反力，应按承载能力极限状态下荷载效应的基本组合计算，并应采用相应的分项系数。

(5) 基础设计的结构重要性系数应取 1.0。

【相关知识】

1. 正常使用极限状态下，荷载效应的标准组合值 S_k 应用式(2－1)表示：

$$S_k=S_{Gk}+S_{Q_1k}+\psi_{c_2}S_{Q_2k}+\psi_{ci}S_{Q_ik}+\cdots\cdots+\psi_{cn}S_{Q_nk} \tag{2-1}$$

式中：S_{Gk} 为按永久荷载标准值 G_k 计算的荷载效应值；S_{Q_ik} 为按可变荷载标准值 Q_{ik} 计算的荷载效应值；ψ_{ci} 为可变荷载 Q_i 的组合值系数，按现行《建筑结构荷载规范》(GB 50009—2012)的规定取值。

2. 荷载效应的准永久组合值 S_k 应用式(2－2)表示：

$$S_k=S_{Gk}+\psi_{q_1}S_{Q_1k}+\psi_{q_2}S_{Q_2k}+\psi_{q_i}S_{Q_ik}+\cdots\cdots+\psi_{q_n}S_{Q_nk} \tag{2-2}$$

式中：ψ_{ci} 为准永久值系数，按现行《建筑结构荷载规范》(GB 50009—2012)的规定取值。

2. 承载能力极限状态下，由可变荷载效应控制的基本组合设计值 S 应用式(2－3)表达：

$$S=\gamma_G S_{Gk}+\gamma_{Q_1}S_{Q_1k}+\gamma_{Q_2}\psi_{C_2}S_{Q_2k}+\gamma_{Q_i}\psi_{C_i}S_{Q_ik}+\cdots\cdots+\gamma_{Q_n}\psi_{c_n}S_{Q_nk} \tag{2-3}$$

式中：γ_G 为永久荷载的分项系数，γ_{Q_i} 为第 i 个可变荷载的分项系数，均按现行《建筑结构荷载规范》(GB 50009—2012)的规定取值。

对由永久荷载效应控制的基本组合，也可采用简化规则，荷载效应基本组合的设计值按式(2－3)确定：

$$S=1.35S_k\leqslant R \tag{2-4}$$

式中：R 为结构构件抗力的设计值，按有关建筑结构设计规范的规定确定；S_k 为荷载效应的标准组合值。

在塔机基础计算时，承载能力极限状态下的荷载效应的基本组合由永久荷载效应控制，其荷载效应按照式(2－4)计算。

按照《塔式起重机混凝土基础工程技术规程》(JGJ/T 187—2009)规定，塔机的地基基础均应满足承载力计算的有关规定；当满足有关规定时可不做地基变形验算和稳定性验算，而将地基变形验算和稳定性验算控制在合适的范围即可。

2.3.2 基础顶面荷载

基础顶面荷载按照塔机处于最大独立高度(基础顶面至锥形塔帽一半处高度或平头式塔机的臂架顶取值)，风从平衡臂吹向起重臂方向，按工作状态和非工作状态两种工况分别计算。附着状态(安装附墙装置后)时，塔机虽然增加了标准节自重，但对基础设计起控制作用的各种水平荷载及倾覆力矩、扭矩等主要由附墙装置承担，故不以附着状态的基础顶面荷载数据计算塔机基础。

在塔机独立状态，作用于基础顶面荷载包括：竖向荷载(包括塔机自重荷载、起重荷载)标准值 F_k、水平荷载(作用在塔机上的风荷载)标准值 F_{vk}、倾覆力矩荷载标准值(包括塔机自重、起重荷载、风荷载引起的弯矩)M_k、扭矩荷载标准值 T_k 以及基础及其上土的自重荷载标准值 G_k，如图 2－14 所示。为方便塔机拆卸，多数不在基础顶面填土。具体计算时按照实际情况确定是否计算上覆土的重量。除 G_k 根据基础尺寸确定外，在塔机使用说明书中，其余荷载按照工作状态和非工作状态分别给出。设计人员也可通过自己计算得到基础顶面荷载。

塔机基础工作状态的荷载应包括塔机和基础的自重荷载、起重荷载、风荷载，并应计入可变荷载的组合系数，其中起重荷载不应计入动力系数；非工作状态下的荷载应包括塔机和基础的自重荷载、风荷载。

塔机的风荷载计算可按照《塔式起重机混凝土基础工程技术规程》(JGJ/T 187—2009)附录计算。由于非工作状态时基本风压[按现行国家规范《建筑结构荷载规范》(GB 50009—2012)中给出的50年一遇的风压取用,且不小于0.35 kN/m²]取值大于工作状态(取为0.20 kN/m²),因此,非工作状态的风荷载大于工作状态。

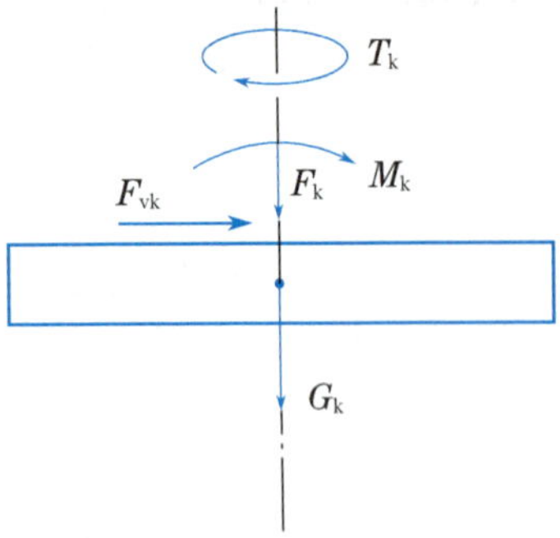

图2-14 塔机基础荷载示意图

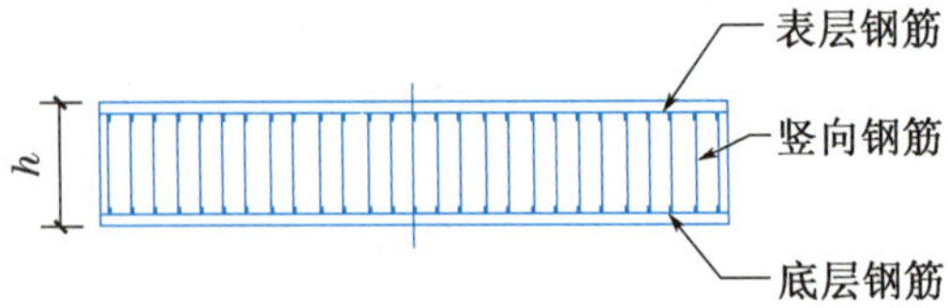

图2-15 板式基础钢筋配置示意图

2.3.3 塔式起重机板式基础计算

板式基础按边长比不同,分为方形板式基础和矩形板式基础。塔式起重机是全方位转动的起重机械,作用于基础顶面的力矩荷载和水平荷载方向随着起重臂的转动而变化。方形板式基础四边相等,其四面受力状况相同,是矩形板式基础中的特例,目前所用的板式基础绝大部分为方形基础。

微课+课件

塔吊板式基础安全计算

受施工现场场地条件限制无法容纳方形基础时,可设计为矩形基础。矩形板式基础的长边与短边长度之比不宜大于2。板式基础应满足构造要求,并且应验算基础的抗倾覆稳定性、地基承载力、抗冲切承载力和正截面受弯承载力。

2.3.3.1 构造要求

按照《塔式起重机混凝土基础工程技术规程》(JGJ/T 187—2009),板式基础应满足以下构造要求:

(1) 基础高度应满足塔机预埋件的抗拔要求,且不宜小于1000 mm,不宜采用锥形基础或阶梯形基础。

(2) 基础的混凝土强度不应低于C25,垫层混凝土强度等级不应低于C10,混凝土垫层厚度不宜小于100mm。

(3) 基础表层和底层的纵向受力钢筋直径不应小于12 mm,间距不应大于200 mm,也不宜小于100 mm,且上下层主筋之间用间距不大于500 mm的竖向构造钢筋连接。纵向受力钢筋的长度可取基础边长的0.9倍,施工时交错布置。底层受拉钢筋的最小配筋率不应小于0.15%。

(4) 有基础垫层时,混凝土保护层的厚度不小于40 mm;无基础垫层时,混凝土保护层的厚度不小于70 mm。

(5) 预埋于基础中的地脚螺栓或预埋节,应按塔机使用说明书中规定的钢材品牌、尺寸、强度级别制造。地脚螺栓安放于基础混凝土中不得偏斜,位置尺寸和伸出基础表面的长度尺寸必须符合厂家基础图中的要求。

2.3.3.2 地基变形和稳定性验算

当地基主要受力层(指塔机板式基础下 1.5 倍基础底面宽度且厚度不小于 5 m 的地层)承载力特征值不小于 130 kPa,或小于 130 kPa 但有地区经验,且黏性土的状态不低于可塑(液性指数不大于 0.75),砂土的密实度不低于稍密时,可不进行的天然地基变形验算,其他塔机基础的天然地基均应进行变形验算。

当塔机基础附近地面有堆载可能引起地基产生过大不均匀沉降或者地基持力层下有软弱下卧层或厚度较大的填土时应进行地基变形验算。地基下的地基变形计算按照现行《建筑地基基础设计规范》(GB 50007—2011)的规定执行。

规范规程

建筑地基基础设计规范

当塔机基础底标高接近边坡坡底或基坑底部,并满足图 2-12 中边坡稳定条件时可不进行地基稳定性验算。否则应根据地区经验采用圆弧滑动面方法进行边坡的稳定性分析。

2.3.3.3 抗倾覆稳定性

计算作用于基础顶面的荷载时,已按最不利工况对荷载进行了组合,因此,塔机基础的抗倾覆稳定性按单向偏心荷载计算。基础受力情况如图 2-16 所示。抗倾覆稳定性是塔机基础安全的最重要指标,偏心距应满足式(2-5)的要求。

$$e=\frac{M_k+F_{vk}\cdot h}{F_k+G_k}\leqslant\frac{b}{4} \qquad (2-5)$$

$$G_k=25\cdot bl\cdot h \qquad (2-6)$$

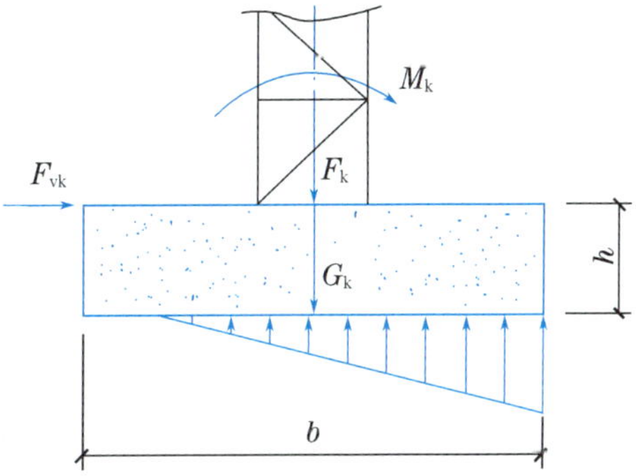

图 2-16 塔机基础受力示意图

式中:e 为偏心距,即地基反力合力作用点至基础中心的距离(m);M_k 为相应于荷载效应标准组合时作用于基础底面的弯矩值(kN·m);F_k 为相应于荷载效应标准组合时塔机作用于基础顶面的竖向荷载标准值(kN);F_{vk} 为相应于荷载效应标准组合时,作用于基础顶面的水平荷载标准值(kN);G_k 为基础自重(kN);b 为底面基础短边尺寸(m);l 为底面基础长边尺寸(m),方形基础时 $l=b$;h 为基础高度(m)。

2.3.3.4 持力层地基承载力验算

塔机基础受偏心荷载作用,当偏心距 $e\leqslant b/6$ 时,基础底面压力计算示意如图 2-17(a)所示,全部底面积承受正压力;当偏心距 $b/6<e\leqslant b/4$ 时,基础底面受力情况如图 2-17(b)所示,3/4 以上的底面积承受正压力(图中阴影部分),不足 1/4 的底面积承受零压力。

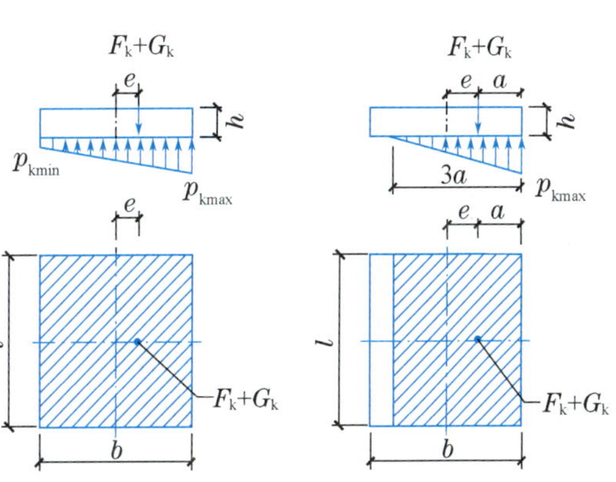

(a) $e\leqslant b/6$时　(b) $b/6<e\leqslant b/4$时

图 2-17 基础底面压力计算示意图

基础底面处的平均压力值应符合式(2-7)要求;当偏心距 $e\leqslant b/6$ 时,基础底面最大、最小压力值按式(2-8)和式(2-9)计算;当偏心距 $e>b/6$ 时,基础底面最大压力值按式(2-11)计算。为满足地基承载力设计要求,基础底面最大压力值应不大于 $1.2f_a$。

当为矩形基础时，长边和短边两个方向的底面最大压力值均应符合式(2－8)或式(2－11)的要求。

$$p_k=\frac{F_k+G_k}{bl}\leqslant f_a \tag{2-7}$$

当 $e\leqslant b/6$ 时：

$$p_{kmax}=p_k+\frac{M_k+F_{vk}\cdot h}{W}=\frac{F_k+G_k}{bl}+\frac{M_k+F_{vk}\cdot h}{W}\leqslant 1.2f_a \tag{2-8}$$

$$p_{kmin}=p_k-\frac{M_k+F_{vk}\cdot h}{W}=\frac{F_k+G_k}{bl}-\frac{M_k+F_{vk}\cdot h}{W} \tag{2-9}$$

$$W=\frac{lb^2}{6} \tag{2-10}$$

当 $e>b/6$ 时：

$$p_{kmax}=\frac{2(F_k+G_k)}{3al}\leqslant 1.2f_a \tag{2-11}$$

$$a=\frac{b}{2}-e \tag{2-12}$$

式中：p_k 为相应于荷载效应标准组合时基础底面的平均压力(kPa)；p_{kmax} 为相应于荷载效应标准组合时基础底面边缘处的最大压力值(kPa)；f_a 为修正后的地基承载力特征值(kPa)；W 为基础底面的抵抗矩(m^3)；a 为地基反力合力作用点至基础底面最大压应力边缘的距离(m)。

2.3.3.5 软弱下卧层地基承载力验算

当基础持力层下面存在软弱下卧层时，应验算下卧层的地基承载力。下卧层承载力计算如图 2－18 所示，应满足式(2－13)的要求。

$$p_z+p_{cz}\leqslant f_{az} \tag{2-13}$$

$$p_z=\frac{blp_0}{(b+2z\tan\theta)(l+2z\tan\theta)} \tag{2-14}$$

$$p_0=p_k-\gamma d \tag{2-15}$$

$$p_{cz}=\sum\gamma_i h_i=\gamma_m(d+z) \tag{2-16}$$

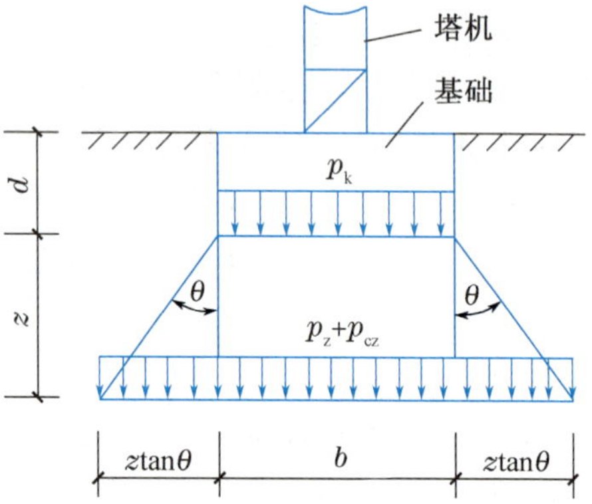

图 2－18　下卧层承载力计算示意图

式中：p_z 为相应于荷载效应标准组合时，软弱下卧层顶面处的附加压力值(kPa)；p_{cz} 为相应于荷载效应标准组合时，软弱下卧层顶面处土的自重压力值(kPa)；p_0 为相应于荷载效应标准组合时，基础底面附加压力值(kPa)；γ 为基础顶面以上土的天然重度(kN/m^3)，地下水位以下取浮重度，当有多层土时，应分层计算；d 为基础埋置深度，基础四周埋置深度不同时，按埋置深度较浅的一侧计算(m)；z 为持力层厚度，即基础底面至软弱下卧层顶面的距离(m)；θ 为持力层地基压力扩散线角，可按表 2－4 采用；γ_i 为基础底面以上第 i 层土的天然重度，地下水位以下取浮重度(kN/m^3)；γ_m 为基础底面以上土的加权平均重度，地下水位以下取浮重度(kN/m^3)；f_{az} 为软弱下卧层顶面处经深度修正后的地基承载力特征值(kPa)。对于软弱下卧层承载力特征值 f_{az}，可将压力扩散至下卧层顶面的面积(或宽度)看作假想深基础的底面，取深度($d+z$)进行地基承载力特征值修

正，即

$$f_{az}=f_{ak}+\eta_d\gamma_m(d+z-0.5) \tag{2-17}$$

表 2-4　地基压力扩散角

E_{S1}/E_{S2}	z/b	
	0.25	0.50
3	6°	23°
5	10°	25°
10	20°	30°

注：1. E_{S1} 为上层土压缩模量，E_{S2} 为下层土压缩模量；

2. $z/b<0.25$ 时，$\theta=0°$，必要时宜由试验确定；$z/b>0.5$ 时，θ 值不变。

➤**提示：**如果验算软弱下卧层承载力不满足要求，说明下卧层承载力不够，这时，需要重新调整基础尺寸，增大基底面积以减小基底压力，从而使传至下卧层顶面的附加压力降低，以满足地基承载力要求；如果承载力仍然不能满足要求，且基础底面积增加受到限制，可采用深基础（如桩基）将基础置于软弱下卧层以下的较坚实的土层上，或进行地基处理提高软弱下卧层的承载力。

2.3.3.6　抗冲切承载力验算

基础高度主要由抗冲切强度确定。在中心荷载作用下，如果基础高度不够将会在塔身与基础交接处发生冲切破坏，形成 45°斜裂面冲切角锥体，为防止基础发生冲切破坏，必须进行抗冲切验算。塔身与基础交接处的抗冲切承载力截面位置如图 2-19 所示，图中阴影部分为抗冲切承载力计算时取用的基底面积。

抗冲切承载力计算应满足式(2-18)要求。当为矩形基础时，长边和短边两个方向的基础抗冲切承载力应分别计算。

$$F_l\leqslant 0.7\beta_{hp}f_tb_mh_0 \tag{2-18}$$

$$F_l=\gamma\left(p_{kmax}-\frac{G_k}{bl}\right)A_l \tag{2-19}$$

荷载效应作用于 x 轴方向，图 2-19(a)中阴影面积 $ABCD$：

$$A_l=\frac{1}{4}(b^2-b_b^2) \tag{2-20}$$

荷载效应作用于 y 轴方向，图 2-19(b)中阴影面积 $ABCDEF$：

$$A_l=\frac{1}{4}(2bl-b^2-b_b^2) \tag{2-21}$$

$$b_m=\frac{b_T+b_b}{2}=b_T+h_0 \tag{2-22}$$

$$h_0=h-a_s \tag{2-23}$$

$$a_s=c+1.5d \tag{2-24}$$

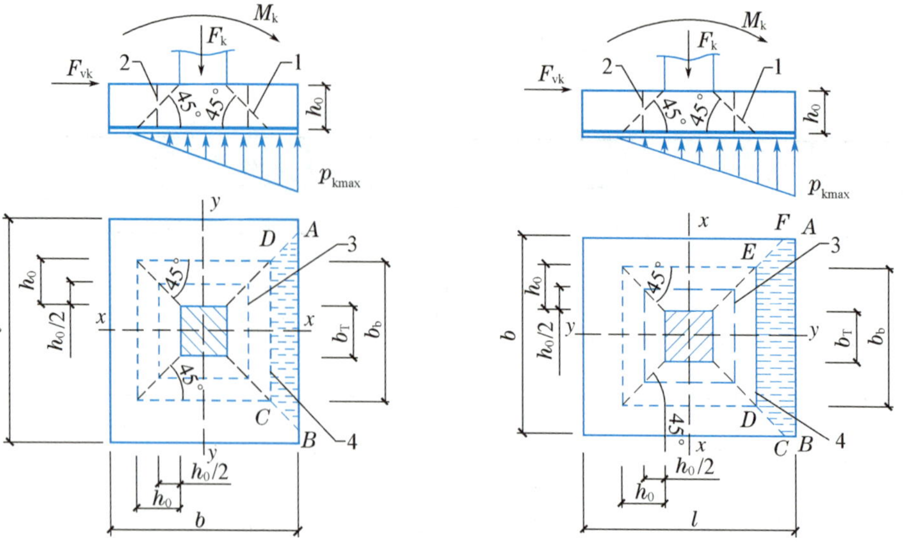

(a) 荷载作用于x方向　　(b) 荷载作用于y方向

1—冲切破坏锥体最不利一侧的斜截面；2—临界截面；
3—临界截面的周长；4—冲切破坏锥体的底面线

图 2-19　受冲切承载力截面位置

式中：F_l 为相应于荷载效应基本组合时，作用在 A_l 上的地基土净反力设计值(kN)；β_{hp} 为受冲切承载力截面高度影响系数，当基础高度 h 不大于 800 mm，β_{hp} 取 1.0；当 h 大于 2000 mm 时，β_{hp} 取 0.9，其间按线性内插法，也可用公式 $\beta_{hp}=1-(h-800)/12000$ 求得；f_t 为混凝土轴心抗拉强度设计值(N/mm^2)，查表 2-5 可得；b_m 为冲切破坏锥体最不利一侧计算长度(mm)；h_0 为基础的有效高度(mm)；a_s 为基础底层受拉钢筋合力作用点至截面近边缘的距离(mm)，按式(2-24)计算；也可近似计算，当基础设垫层时近似取 80 mm，不设垫层时近似取 110 mm；c 为钢筋保护层厚度；d 为底层钢筋直径；A_l 为冲切验算时取用的部分基底面积(m^2)；b_T 为冲切破坏锥体最不利一侧斜截面的上边长(mm)，取塔身横截面边长；b_b 为冲切破坏锥体最不利一侧斜截面的下边长(mm)，取 b_T+2h_0。

表 2-5　混凝土抗拉强度设计值(N/mm^2)

强度种类	C15	C20	C25	C30	C35	C40	C45
f_t	0.91	1.10	1.27	1.43	1.57	1.71	1.80
强度种类	C50	C55	C60	C65	C70	C75	C80
f_t	1.89	1.96	2.04	2.09	2.14	2.18	2.22

2.3.3.7　正截面受弯承载力计算

基础中纵向受力钢筋的配置量按正截面受弯承载力计算。图 2-20 为塔身边缘 I-I 截面弯矩计算示意图，在图中阴影部分地基反力的作用下，I-I 截面的底部受拉，上部受压，弯矩值最大，I-I 截面的弯矩值 M 是计算基础底层钢筋量的依据，按式(2-25)计算。

$$M=\gamma M_{kI}=\gamma\frac{1}{4}ls^2\left(p_{kmax}+p_I-\frac{2G_k}{bl}\right)\tag{2-25}$$

$$s=(b-b_T)/2\tag{2-26}$$

当 $e\leqslant b/6$ 时：

$$p_{\mathrm{I}}=p_{\mathrm{kmin}}+\frac{b-s}{b}(p_{\mathrm{kmax}}-p_{\mathrm{kmin}}) \tag{2-27}$$

当 $e>b/6$ 时：

$$p_{\mathrm{I}}=\frac{3a-s}{3a}p_{\mathrm{kmax}} \tag{2-28}$$

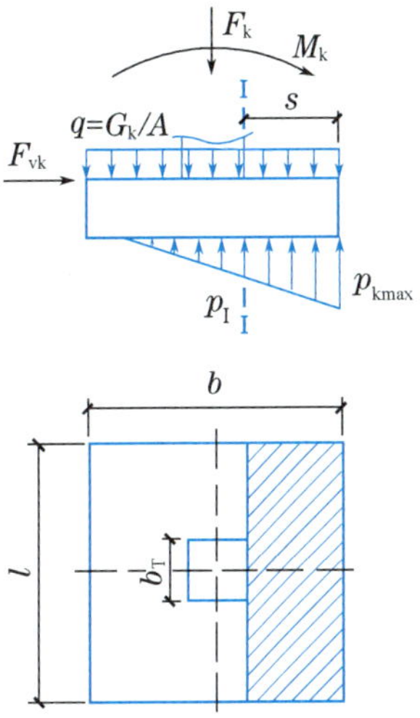

图 2-20　I-I 截面弯矩计算示意

式中：M 为相应于荷载效应基本组合时，扣除基础自重，地基反力对 I-I 截面的作用弯矩（kN·m）；M_{kI} 为相应于荷载效应标准组合时，扣除基础自重，地基反力对 I-I 截面的作用弯矩（kN·m）；γ 为由标准荷载效应转化为基本组合的分项系数，取 1.35；s 为 I-I 截面至基础最大压力边缘的距离（m）；p_{kmax}、p_{kmin} 为相应于荷载效应标准组合时，基础底面边缘的最大、最小压力值（kPa）；p_{I} 为相应于荷载效应标准组合时，I-I 截面处的地基反力（kPa）；b_{T} 为塔身基础节横截面的边长（m）。

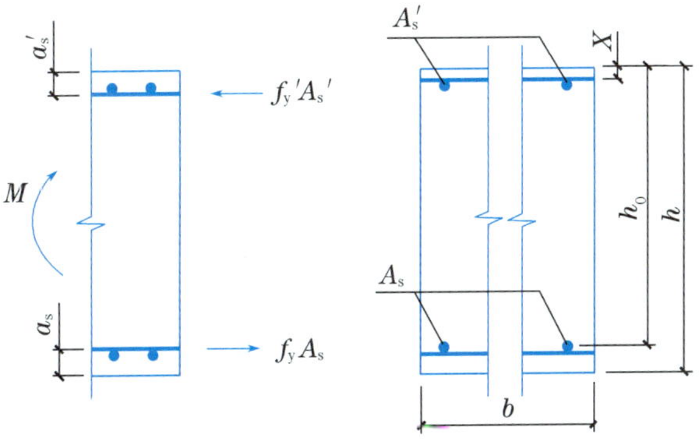

图 2-21　矩形截面受弯构件正截面受弯承载力计算

I-I 截面的正截面受弯承载力的计算如图 2-21 所示。当为矩形基础时，长边和短边两个方向的正截面受弯承载力应分别计算。由于基础宽度尺寸 b 相对较大，混凝土受压区高度 $\xi<2a_s'$，I-I 截面的正截面受弯承载力按式（2-29）计算。

$$M\leqslant f_yA_s(h-a_s-a_s') \tag{2-29}$$

$$a_s'=c'+1.5d' \tag{2-30}$$

式中：f_y 为钢筋抗拉强度设计值（N/mm²），按表 2-6 选用；A_s 为底层普通受拉钢筋截面面积（mm²），常用钢筋截面面积见表 2-7；h 为基础高度（m）；a_s' 为顶层受压钢筋合力点到截面近边缘的距离（mm）；c' 为顶层钢筋混凝土保护层厚度（mm）；d' 为顶层钢筋直径（mm）。

表 2-6　普通钢筋强度设计值（N/mm²）

种　类		f_y	f_y'	种类	f_y	f_y'
热轧钢筋	HPB300	210	210	HRB335、HRBF335	300	300
	HRB500 HRBF500	300	300	HRB400 HRBF400、RRB400	360	360

表 2-7 钢筋的计算截面面积及公称质量表

直径/mm	截面面积/mm^2	质量/($kg \cdot m^{-1}$)	直径/mm	截面面积/mm^2	质量/($kg \cdot m^{-1}$)	直径/mm	截面面积/mm^2	质量/($kg \cdot m^{-1}$)
6	28.3	0.222	8	50.3	0.395	10	78.5	0.617
12	113.1	0.888	14	153.9	1.208	16	201.1	1.578
18	254.5	1.998	20	314.2	2.466	22	380.1	2.984

【工程案例 2-1】 已知某高层住宅建筑设地下 1 层，地上 18 层，地下室作为设备用房和防空地下室，建筑物地上高度为 64 m，框架一剪力墙结构，建筑物东西长 30 m，南北宽 25 m，总建筑面积 1436 mm^2，柱下独立基础，基础底标高为 −7.800 m。该工程属深基坑开挖工程，基坑支护采用喷锚网支护。土层分布情况见表 2-8。现选用 QTZ80 塔式起重机作为运输设备，塔身宽度 1.6 m，塔机使用说明书给定荷载见表 2-9。试设计方形基础。

表 2-8 土层分布情况

层号	层名	深度 z/m	$\gamma/(kN \cdot m^{-3})$	E_s/MPa	f_{ak}/kPa
1	素填土	2.2	18.5	4.6	/
2	粉质黏土	4.1	19.1	14.6	130
3	全风化含粉砂泥岩	1.5	20.5	38.0	175
4	微风化含粉砂泥岩	12	25	—	210

表 2-9 基础顶面荷载值

竖向荷载 F_k/kN		水平荷载 F_{vk}/kN		倾覆力矩 $M_k/(kN \cdot m^{-1})$		扭矩 $T_k/(kN \cdot m^{-1})$	
工作状态	非工作状态	工作状态	非工作状态	工作状态	非工作状态	工作状态	非工作状态
503.9	443.9	17.9	73.9	1589	2032.8	276.9	0

解：1. 基础的选型

参照工程地质勘查报告和塔吊使用说明书，设基础长×宽×高的尺寸为 6000 mm×6000 mm×1500 mm，考虑与地下室以及土层分布情况，基础埋深 d=7.8 m，选用微风化含粉砂泥岩作为基础持力层。塔机基础平面及剖面如图 2-22 和图 2-23 所示。

2. 修正后的持力层土的承载力特征值

根据工程地质资料，持力层为微风化含粉砂泥岩，查表得 $\eta_b=2.0$，$\eta_d=3.0$。

基础底面以上土的加权重度为：

$$\gamma_m=\frac{\sum \gamma_i h_i}{\sum h_i}=\frac{18.5\times2.2+19.1\times4.1+20.5\times1.5}{7.8}=19.2\ kN/m^3$$

$$\begin{aligned}f_a&=f_{ak}+\eta_b\gamma(b-3)+\eta_d\gamma_m(d-0.5)\\&=210+2\times25\times(6.0-3)+3.0\times19.2\times(7.8-0.5)=780.5\ kPa\end{aligned}$$

3. 抗倾覆验算

按照最不利的非工作状态验算。

基础自重：$G_k=25\cdot bl\cdot h=25\times6.0\times6.0\times1.50=1350$ kN

偏心距 $e=\dfrac{M_k+F_{vk}\cdot h}{F_k+G_k}=\dfrac{2032.8+73.9\times1.5}{443.9+1350}=1.19\ \text{m}\begin{cases}\leqslant\dfrac{b}{4}=\dfrac{6}{4}=1.5\ \text{m}\\>\dfrac{b}{6}=\dfrac{6}{6}=1.0\ \text{m}\end{cases}$，满足要求。

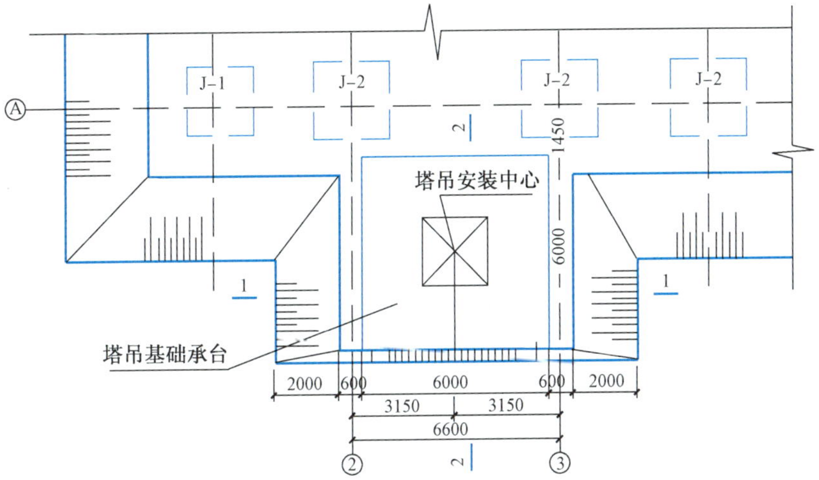

图 2-22　塔机平面定位图

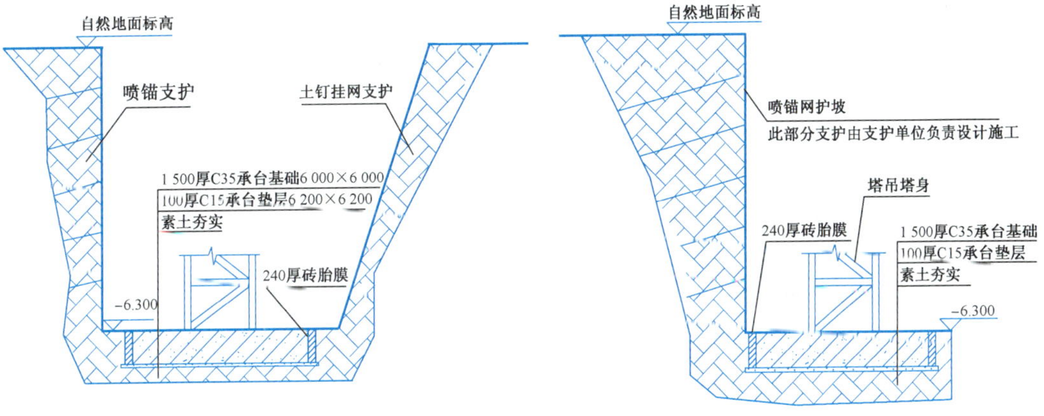

(a) 1-1剖面　　(b) 2-2剖面

图 2-23　塔机基础剖面图

4. 持力层地基承载力验算

基础底面的平均压力 $p_k=\dfrac{F_k+G_k}{bl}=\dfrac{443.9+1350}{6\times6}=49.8\ \text{kPa}\leqslant f_a=780.5\ \text{kPa}$，满足要求。

由于 $e>b/6$，$a=\dfrac{b}{2}-e=\dfrac{6}{2}-1.19=1.81\ \text{m}$

$p_{kmax}=\dfrac{2(F_k+G_k)}{3al}=\dfrac{2(443.9+1350)}{3\times1.81\times6}=110.1\ \text{kPa}\leqslant1.2f_a$，满足要求。

5. 抗冲切验算

截面高度影响系数 $\beta_{hp}=1-(h-800)/12000=1-(1500-800)/12000=0.94$

$$a_s=c+1.5d=40+1.5\times22=73\ \text{mm}$$

$$h_0=1500-73=1427\text{ mm}$$

$$b_m=b_T+h_0=1600+1427=3027\text{ mm}$$

$$b_b=b_T+2h_0=1600+2\times1427=4454\text{ mm}$$

$$A_l=\frac{1}{4}(b^2-b_b^2)=\frac{1}{4}\times(6^2-4.454^2)=4.04\text{ m}^2$$

$$F_l=\gamma\left(p_{kmax}-\frac{G_k}{bl}\right)A_l=1.35\times\left(110.1-\frac{1350}{6\times6}\right)\times4.04=396\text{ kN}$$

$F_l\leqslant0.7\beta_{hp}f_tb_mh_0=0.7\times0.94\times1.57\times3027\times1427\times10^{-3}=4462$ kN，满足要求。

6. 基础配筋计算

根据构造要求，选用基础混凝土等级 C35，查表 2－5 得 $f_t=1.57\text{ N/mm}^2$，钢筋选用 HRB400 级，查表 2－6 得 $f_y=360\text{ N/mm}^2$，其下用 100 厚 C10 素混凝层，保护层厚度 40 mm，四周 50 mm。设底层和顶层钢筋分别选用 35⌀22，钢筋面积 13303.5 mm²。

$$\text{纵向钢筋间距}=(6000-100)/(35-1)=174\text{ mm}<200\text{ mm}$$

$$a_s=a'_s=c+1.5d=40+1.5\times22=73\text{ mm}$$

配筋率：$\rho=\frac{As}{b(h-a_s)}=\frac{13303.5}{6000\times(1500-73)}=0.16\%>0.15\%$，满足要求。

I－I 截面基础至最大边缘距离：$s=(b-b_T)/2=(6-1.6)/2=2.2$ m

I－I 截面基础至最大边缘地基反力：$p_I=\frac{3a-s}{3a}p_{kmax}=\frac{3\times1.81-2.2}{1.81}\times110.1=65.5$ kPa

I－I 截面的弯矩值

$$M=\gamma M_{kI}=\frac{1}{4}ls^2\left(p_{kmax}+p_I-\frac{2G_k}{bl}\right)$$

$$=1.35\times\frac{1}{4}\times6\times2.2^2\times\left(110.1+65.5-\frac{2\times1350}{6\times6}\right)=986\text{ kN}\cdot\text{m}$$

$f_yA_s(h-a_s-a'_s)=360\times13303.5\times(1500-73-73)\times10^{-6}=6484.6>986$ kN·m，满足要求。

根据构造要求选用竖向钢筋 ϕ12@500，基础配筋如图 2－24 所示。

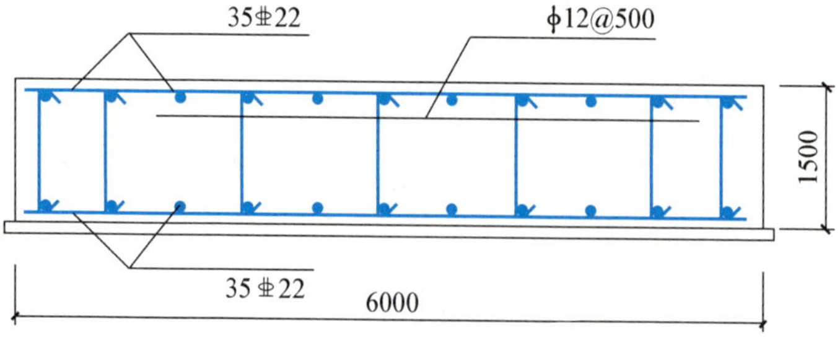

图 2－24　塔机基础配筋图

单元小结

本单元按照《建筑地基基础设计规范》(GB 5007—2011)和《塔式起重机混凝土基础工程技术规程》(JGJ/T 187—2009),对塔机基础类型选择、基础定位、板式浅基础安全计算等内容进行了详细阐述和讲解,并通过工程案例将知识点进行串领,以培养学生综合运用知识、理论联系实际、一丝不苟、严谨认真的职业态度和工作作风。

自测与案例

一、单项选择题

1. 塔式起重机基础高度应满足塔机预埋件的抗拔要求,且不宜小于(　　),不宜采用坡形或台阶形截面的基础。

A. 500 mm　　B. 200 mm　　C. 1000 mm　　D. 800 mm

2. 塔式起重机基础底面允许部分脱开地基土的面积不应大于底面全面积的(　　)。

A. 1/3　　B. 3/4　　C. 1/4　　D. 1/5

3. 当塔机基础地基受力层范围内存在软弱下卧层时,应按现行国家标准的规定进行下卧层(　　)验算。

A. 承载力　　B. 变形　　C. 稳定性　　D. 受力状态

二、案例题

某综合楼塔吊基础安全计算(扫码阅读)。

• 项目任务单
• 自测答案
• 单元作业
• 单元测验

单元3 基坑工程施工

引　言

建筑物基础需要埋入地面以下一定深度，经过土方开挖施工形成基坑（槽），这一过程称为基坑工程施工，本单元将教你解决基坑工程施工过程中可能遇到的技术和管理问题，学会编制基坑工程施工方案。

学习目标

✓ 计算基坑（槽）土方工程量；
✓ 进行基坑降水设计与施工；
✓ 掌握基坑土方开挖、支护、验槽、土方回填施工与质量检查；
✓ 编制基坑工程施工方案，指导基坑工程施工。

本学习单元旨在培养学生具有编制基坑工程施工方案，并依据施工方案组织和指导土方施工的基本能力。通过课程讲解使学生掌握基坑（槽）土方工程量计算、基坑降水方案设计、土方开挖方案确定等知识，通过施工录像、现场参观、案例教学等强化学生对土方施工知识的掌握，进一步培养学生进行基坑工程施工的综合职业能力。

3.1　基坑（槽）土方工程量计算

土方工程是建筑工程施工中的重要工作，它包括土的开挖、运输与填筑等施工过程，以及降排水、土壁支撑等准备工作与辅助工作。

在土方工程施工前，通常要计算土方工程量，根据土方工程量的大小计算机械各班、确定施工工期、拟定土方工程施工方案和组织土方工程施工。

3.1.1　土方工程量计算一般规定

土方工程按开挖与填筑的几何特征不同分为平整场地、挖沟槽、挖基坑和挖土方、回填土等类型，在进行土方计价时应套用不同的类别。

微课＋课件

土方工程量计算基础知识

（1）平整场地是指建筑场地以找平为目的，挖、填土方厚度在300 mm以内的工程。平整场地工程量按建筑物外墙外边线每边各加2 m，以平方米计算。

（2）挖沟槽是指底宽小于或等于7 m且底长大于3倍底宽的挖土工程。例如：条形基础基槽、管沟的沟槽等。

（3）挖基坑是指底长小于或等于3倍底宽且底面积小于或等于150 m^2 的挖土工程；

（4）凡沟槽宽度在7 m以上，基坑底面积在150 m^2 以上按挖一般土方或一般石方计算。计算时按照方格网法计算体积。

（5）回填土分为夯填与松填。按照回填土位置不同分为基坑（槽）回填土和室内回填土。基坑（槽）回填土体积等于挖土体积减去设计室外地坪以下埋设的实体体积（包括基础垫层、墙柱基础以及其他构筑物体积）。室内回填土体积按主墙间净面积乘以填土厚度计算，不扣除附垛及附墙烟囱等体积；室内填土厚度等于室内外高差减去首层地面面层厚度和地面下的垫层厚度。

3.1.2 土方边坡与工作面

进行基坑工程施工时，一般在周边环境允许时，尽量采用放坡开挖，以保证土方施工时的稳定，防止坍塌，保证施工安全。

土方放坡可做成直线式、折线式、踏步式、台阶式等形式，如图3-1所示。土方边坡坡度用土方边坡深度 H 与底面宽度 B 之比来表示，即：

规范规程

土方与爆破工程施工及验收规范

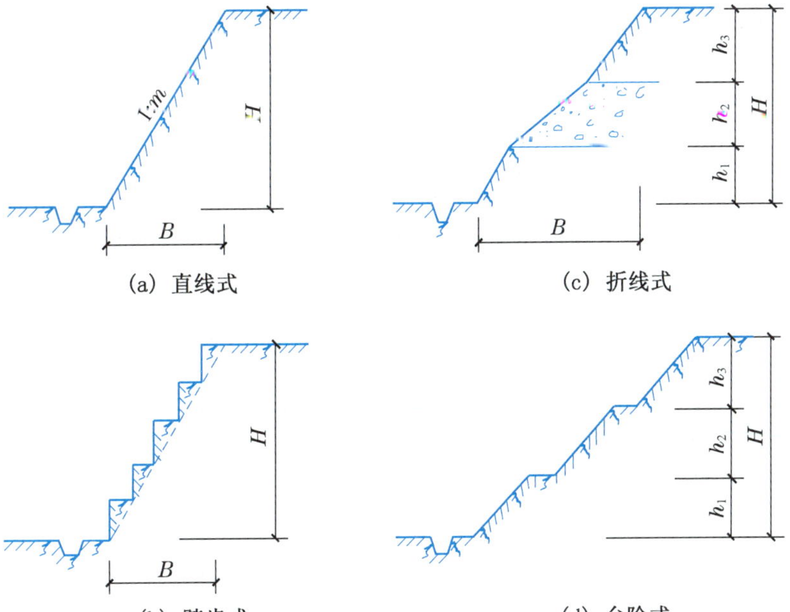

(a) 直线式　(c) 折线式

(b) 踏步式　(d) 台阶式

图3-1　场地、基坑边坡形式

$$i=\frac{H}{B}=\frac{1}{B/H}=\frac{1}{m} \tag{3-1}$$

式中：m 为边坡系数，$m=B/H$，它与边坡的使用时间、土的种类、土的物理力学性质、水位高低、坡顶荷载以及气候条件等有关。

场地开挖时，在边坡稳定、地质条件良好，土质均匀，高度在 10 m 内的边坡坡度按表 3-1 选用。永久性场地，坡度按设计选用。

表 3-1　土质边坡坡度允许值

土的类别	密实度或状态	坡度允许值(高宽比)	
		坡高在 5 m 以内	坡高为 5～10 m
碎石土	密实	1∶0.35～1∶0.50	1∶0.50～1∶0.75
	中密	1∶0.50～1∶0.75	1∶0.75～1∶1.00
	稍密	1∶0.75～1∶1.00	1∶1.00～1∶1.25
黏性土	坚硬	1∶0.75～1∶1.00	1∶1.00～1∶1.25
	硬塑	1∶1.00～1∶1.25	1∶1.25～1∶1.50

注：1. 表中碎石土的充填物为坚硬或硬塑状态的黏性土。
2. 对于砂土或充填物为砂土的碎石土，其边坡坡度允许值均按自然休止角确定。

基坑(槽)和管沟开挖时，当土质为天然湿度，构造均匀，水文地质条件良好(即不会发生坍塌、移动、松散或不均匀下沉)，且无地下水时，基坑(槽)和管沟不加支撑时的容许开挖深度见表 3-2。

表 3-2　基坑(槽)和管沟不加支撑时的容许深度

项次	土的种类	容许深度/m
1	密实、中密的砂子和碎石类土(充填物为砂土)	1.00
2	硬塑、可塑的粉质黏土及粉土	1.25
3	硬塑、可塑的黏土和碎石类土(充填物为黏性土)	1.50
4	坚硬的黏土	2.00

临时性挖方边坡坡度应根据工程地质和开挖边坡高度要求，结合当地同类土体的稳定坡度确定；在坡体整体稳定的情况下，如地质条件良好，土(岩)质较均匀，高度在 3 m 以内的临时性挖方边坡应符合表 3-3 规定。

表 3-3　临时性挖方边坡值

土的类别		边坡值(高∶宽)
砂土(不包括细砂、粉砂)		1∶1.25～1∶1.50
一般黏性土	坚硬	1∶0.75～1∶1.00
	硬塑	1∶1～1∶1.25
	软塑	1∶1.5 或更缓
碎石类土	充填坚硬黏土、硬塑黏土	1∶0.5～1∶1.0
	充填砂土	1∶1～1∶1.5

在工程投标报价中，挖沟槽、基坑、土方需放坡时，以施工组织设计规定计算，施工组织

设计没明确规定时，放坡高度、比例按照表 3－4 计算。

表 3－4　放坡高度、比例确定表

土壤类别	放坡深度规定/m	高与宽之比		
		人工挖土	坑内作业	坑上作业
一、二类土	超过 1.2	1∶0.5	1∶0.33	1∶0.75
三类土	超过 1.5	1∶0.33	1∶0.25	1∶0.67
四类土	超过 2.0	1∶0.25	1∶0.10	1∶0.33

注：1. 沟槽、基坑中土壤类别不同时，分别按其土壤类别、放坡比例以不同土壤厚度分别计算。
2. 计算放坡工程量时交接处的重复工程量不扣除，原坑、槽做基础垫层时，放坡自垫层上表面起算。

基坑开挖时还应为工程施工留有工作面，工作面的尺寸与基础工程施工方法有关，各省计价定额均有规定。工作面宽度按施工组织设计规定计算、施工组织设计没明确规定时工作面按照表 3－5 计算。

表 3－5　基础施工所需工作面宽度

基础材料	每边各增加工作面宽度/mm	基础材料	每边各增加工作面宽度/mm
砖基础	200	浆砌毛石、条石基础	150
混凝土基础垫层支模板	300	混凝土基础支模板	300
基础垂直面做防水层	1000(防水层面)	—	—

3.1.3　基坑土方量计算

微课＋课件

基坑和基槽土方量计算

如图 3－2 所示，基坑土方量的计算可近似地按拟柱体(即上下底为两个平行的平面，所有的顶点都在两个平行平面上的立面体)进行计算，体积公式按式(3－2)计算

$$V=\frac{1}{6}H(A_1+4A_0+A_2) \tag{3-2}$$

式中：V 为四面放坡基坑土方量(m^3)；H 为基坑深度(m)，等于基坑底标高与场地平整标高的差值；A_1、A_0、A_2 分别为基坑上、中、下截面面积(m^2)。基坑下截面面积等于基础尺寸加上工作面尺寸所形成的面积；基坑中截面与上截面面积是在下截面尺寸计算参数的基础上考虑放坡后的尺寸计算而得的面积。

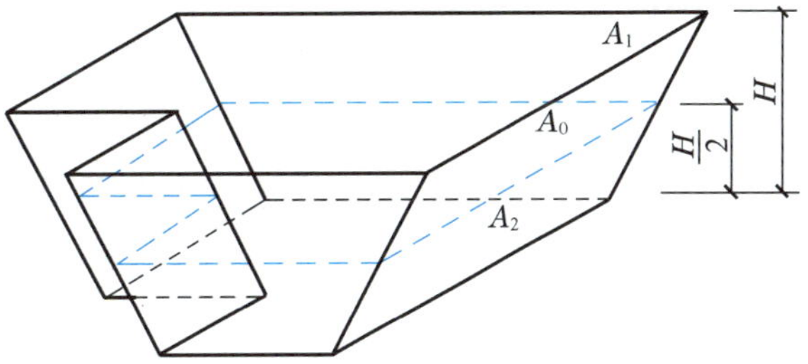

图 3－2　四面放坡基坑土方量

对边坡为折线形的基坑，可以采用分层计算，然后进行累加。

1. 矩形基坑

拓展知识1

场地平整标高的确定

实际工程中，对于矩形基坑放坡、留工作面（不留工作面 $c=0$），如图 3-3 所示，也可采用式(3-3)计算：

$$V=(a+2c+mH)(b+2c+mH)H+\frac{1}{3}m^2H^3 \tag{3-3}$$

或

$$V=\frac{1}{6}H[AB+a'b'+(A+a')(B+b')] \tag{3-4}$$

式中：a、b 为基础或垫层底面长度、宽度尺寸(m)；a'、b'为基坑下口长度、宽度尺寸(m)；A、B 为基坑上口长度、宽度尺寸(m)；c 为工作面宽度(m)。H 为基坑深度(m)；m 为放坡系数。

2. 圆形基坑

圆形基坑可采用(3-5)计算：

$$V=\frac{1}{3}\pi H(R_1^2+R_1R_2+R_2^2) \tag{3-5}$$

式中：R_1 为基坑底挖土半径(m)，$R_1=R+c$；R_2 为基坑上口挖土半径(m)，$R_2=R_1+mh$；R 为基础底面半径(m)。

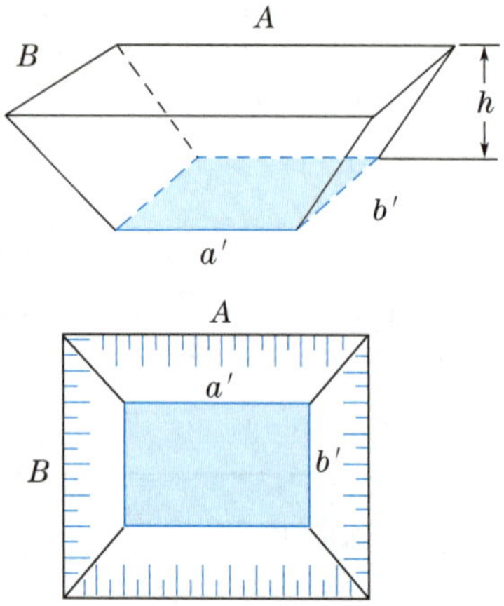

图 3-3　基坑计算示意

3.1.4　基槽土方量计算

挖基槽多用于建筑物的条形基础、渠道、管沟等挖土工程。基槽土方量计算可按其长度方向分段进行计算，各段土方量之和即为总土方量。

如该段内基槽截面形状、尺寸不变时，其土方即为该段横截面面积乘以该段基槽长度，两边放坡按式(3-6)计算：

$$V=(b+2c+mH)HL \tag{3-6}$$

式中：V 为两边放坡基槽该段土方量(m^3)；H 为基槽深度(m)；b 为基础或垫层宽度(m)；c 为工作面宽度(m)；L 为基槽长度(m)，外墙按建筑物基础中心线长度计算，内墙按建筑物基础宽度加工作面宽度之间净长度计算，即基槽的净长。

如基槽内横截面的形状、尺寸有变化时[图 3-4(b)]，也可近似地用按棱柱体体积公式，即按式(3-2)分段计算最后累加即可。

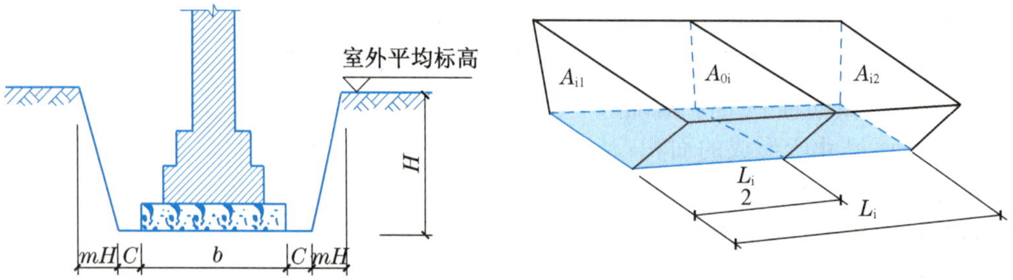

(a) 基槽土方量等截面计算示意　　(b) 基槽土方量分段计算示意

图 3-4　基槽土方量计算简图

$$V_i=\frac{1}{6}L_i(A_{i1}+4A_{0i}+A_{i2}) \tag{3-7}$$

式中：V_i 为基槽该段土方量（体积）（m^3）；A_{i1}、A_{i2} 为该段基槽两端横截面面积（m^2）；A_{0i} 为该段基槽中截面面积（m^2）。

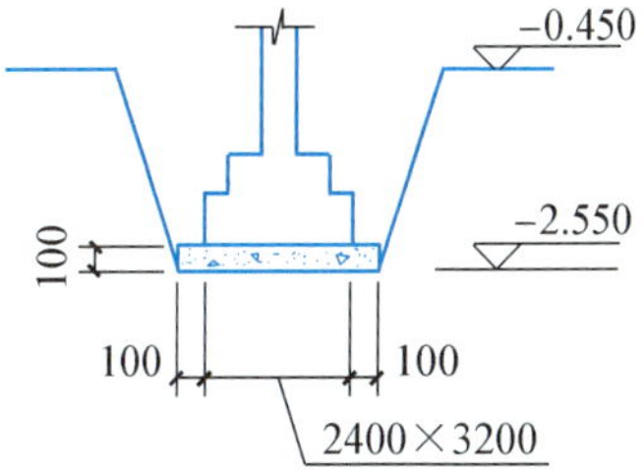

图 3-5　基础及基坑剖面

【工程案例 3-1】 某工业厂房，有 30 个 C30 钢筋混凝土独立基础，基础剖面及基坑尺寸如图 3-5 所示，基坑开挖四边放坡，坡度 1∶0.5，三类土，人工挖土。每个独立基础和素混凝土垫层体积共 12.37 m³。回填土最初可松性系数 1.10，最终可松性系数 1.03。

计算：(1) 该工程基坑土方量；(2) 基坑回填需要的松土量。

解：(1) 基坑土方量

基坑下口尺寸：(2.4+0.2)×(3.2+0.2)=2.6 m×3.4 m

基坑上口尺寸：[2.6+0.5×(2.55−0.45)×2]×[3.4+0.5×(2.55−0.45)×2]=4.7 m×5.5 m

$$\text{基坑土方量：}V=\frac{1}{6}H[AB+a'b'+(A+a')(B+b')]n$$

$$=\frac{1}{6}\times(2.55-0.45)\times[4.7\times5.5+2.6\times3.4+(4.7+2.6)\times(5.5+3.4)]\times30$$

$$=1046.43\ m^3$$

(2) 基坑回填松土量 $V_{松}=\dfrac{1046.43-12.37\times30}{1.03}\times1.1=721.22\ m^3$

【工程案例 3-2】 某单位传达室基础平面图及基础详图如图 3-6 所示，已知土壤为三类土，干土，放坡开挖，施工组织设计中没有明确工作面，设工作面自垫层边留 300 mm，计算人工挖基槽土方量。

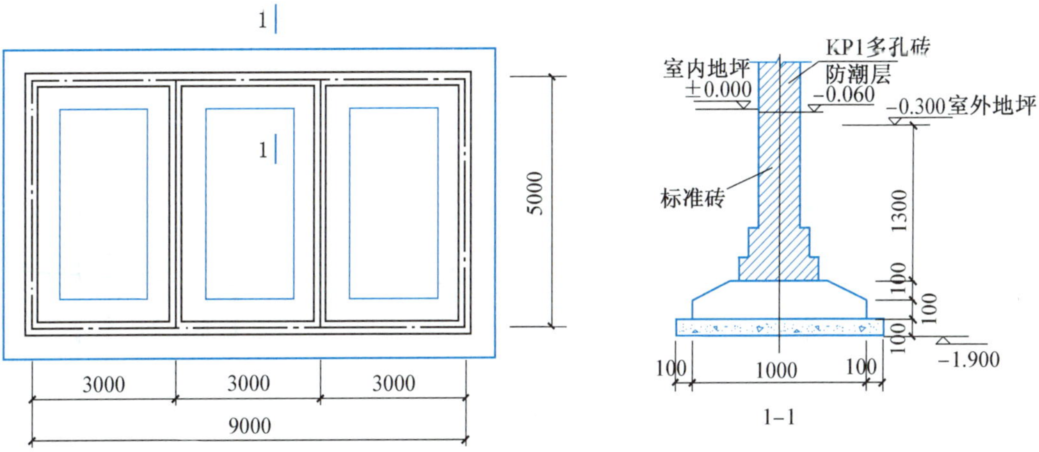

图 3-6　基础平面图及基础详图

解：由题可知，三类土，人工挖土，基槽挖土深度 1.9−0.3=1.6 m>1.5 m，查表 3-4，1∶0.33 放坡。基槽底宽为 1.2+0.3×2=1.8 m。

$V=(b+2c+mh)HL=(1.2+2\times0.3+0.33\times1.6)\times1.6\times[(9+5)\times2+(5-1.8)\times2)]=128.13\ m^3$。

3.2 基坑降水设计与施工

3.2.1 地下水控制方法

基坑工程施工中为避免产生流砂、管涌、坑底突涌，防止坑壁土体坍塌，减少开挖对周边环境的影响，便于土方开挖和地下结构施工作业，当基坑开挖深度内存在饱和软土层和含水层，坑底以下存在承压含水层时，需选择合适的方法对地下水控制。

规范规程

建筑基坑支护技术规程

3.2.1.1 地下水控制的主要方法

地下水控制是基坑工程的重要组成部分。主要方法包括集水明排（集水井降水）、井点降水、截水和回灌。选择时根据土层情况、降水深度、周围环境、支护结构类型等综合考虑后优选。当地下水高于基坑开挖面，需要采用降低地下水的方法疏干坑内土层中的水。在软土地区当基坑开挖深度超过 3 m，一般就要用井点降水。开挖深度浅时，亦可边开挖边用排水沟和集水井进行集水井降水。当因降水危及基坑及周边环境安全时，宜采用截水或回灌方法。

根据降水目的不同，降水分为疏干降水和减压降水。

3.2.1.2 疏干降水

疏干降水是基坑施工中满足给定水位疏降要求条件下的降水。其主要是对基坑开挖深度范围内的上层滞水、潜水的降水；当开挖深度较大时，也会涉及微承压与承压含水层上段的局部疏干降水。

疏干降水类型如图 3－7 所示。当基坑周边设置了截水帷幕，隔断基坑内外含水层之间的地下水水力联系时，一般采用坑内封闭型疏干降水；当基坑周边未设置截水帷幕、采用大放坡开挖时，一般采用坑内与坑外敞开型疏干降水；当基坑周边截水帷幕深度不足，仅部分隔断基坑内外含水层之间的地下水水力联系时，一般采用坑内半封闭疏干降水。

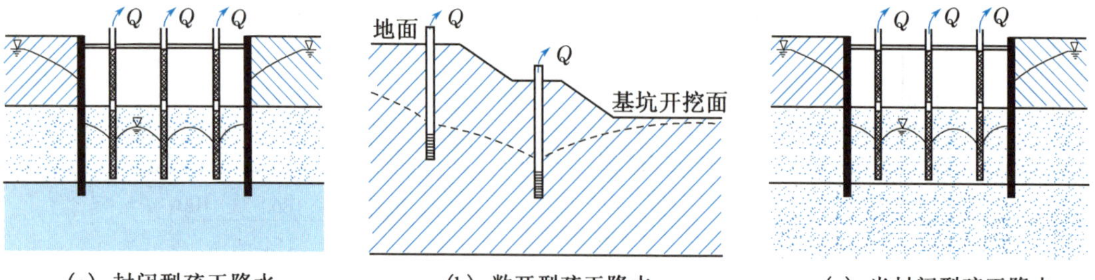

(a) 封闭型疏干降水　　(b) 敞开型疏干降水　　(c) 半封闭型疏干降水

图 3－7　疏干降水类型

疏干降水可有效降低开挖深度范围内的地下水位和被开挖土体的含水量，达到提高边坡稳定性、增加坑内土体的固结强度、便于机械挖土以及提供坑内干作业施工条件等。由于没有地下水的渗流，可以有效地消除流砂现象。疏干降水常采用井点降水法。

3.2.1.3 减压降水

承压水对基坑稳定性有重要影响，处理不当会引起基坑突涌现象。工程中通过承压水减压降水来降低承压水位，达到降低承压水压的目的。常见的减压降水有坑内减压降水和坑外减压降水。

1. 坑内减压降水

坑内减压降水需要将降水井布置在基坑内部，而且必须保证减压井过滤器底端的深度不超过截水帷幕底端的深度。否则容易引起坑外承压水位降深增大，引起地面变形增大，严重的话会影响周围建筑物的使用。当满足下列条件之一时，应采用坑内减压降水：

（1）当截水帷幕部分插入减压降水承压含水层中，截水帷幕进入承压含水层顶板以下的长度 L 不小于承压含水层厚度的一半[图 3－8(a)]，或不小于 10 m[图 3－8(b)]，此时截水帷幕对坑内外承压水渗流具有明显的阻隔效应；

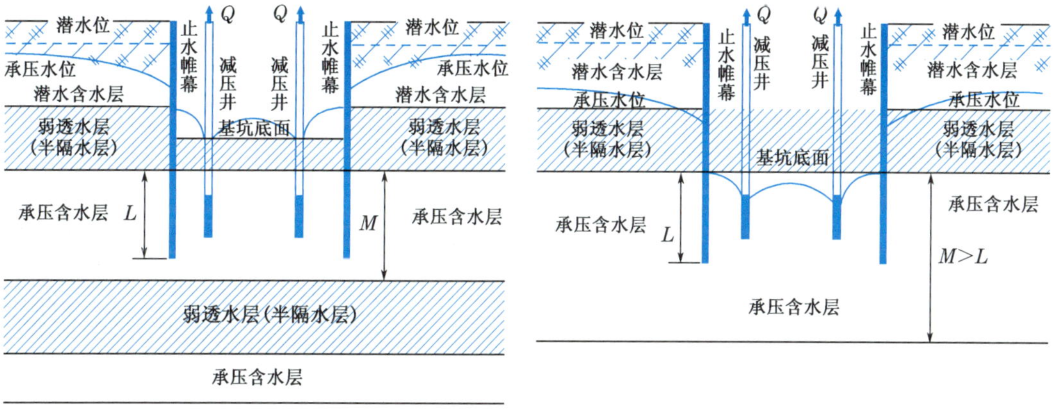

(a) 坑内承压含水层半封闭　　(b) 悬挂式截水帷幕

图 3－8　坑内承压含水层不封闭减压降水

（2）当截水帷幕进入承压含水层，并进入承压含水层底板以下的半隔水层或弱透水层中时，截水帷幕已经完全阻断了基坑内外承压含水层之间的水利联系，如图 3－9 所示。

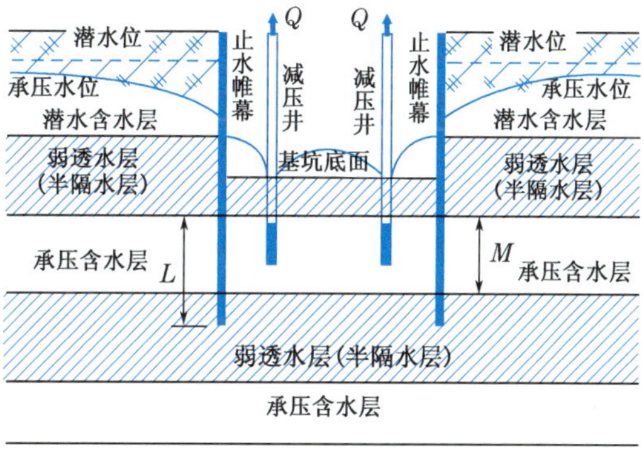

图 3－9　坑内承压含水层全封闭减压降水

2. 坑外减压降水

坑外减压降水需要将降水井布置在基坑外侧，而且必须保证减压井过滤器底端的深度不小于截水帷幕底端的深度，才能保证坑外减压降水效果。当满足下列条件之一时，截水帷幕未在降水目的承压含水层中形成有效的隔水边界，宜优先选用坑外减压降水方案：

（1）当截水帷幕未进入需减压降水承压含水层中，如图 3－10(a)所示；

（2）截水帷幕进入需减压降水承压含水层顶板以下的长度 L 远小于承压含水层厚度，且不超过 5.0 m 时，如图 3－10(b)所示。

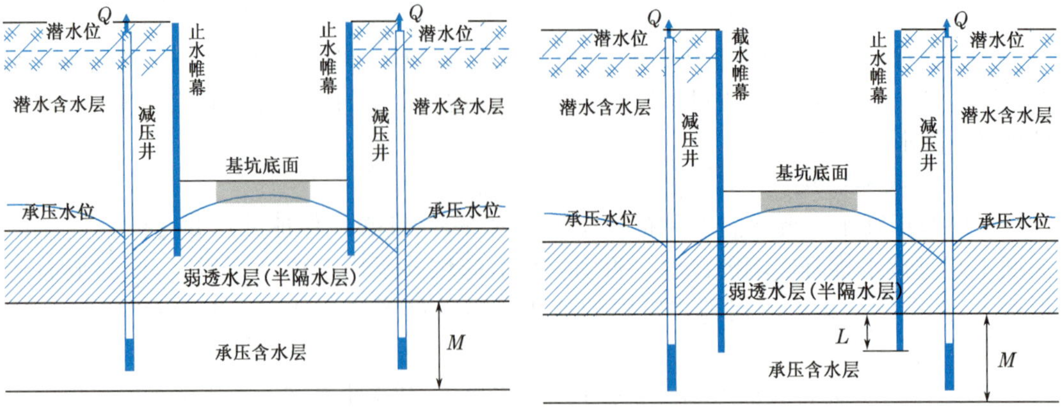

(a) 坑内外承压含水层全连通　　(b) 坑内外承压含水层几乎全连通

图 3-10　坑外减压降水示意图

3. 坑内外联合减压降水

当现场客观条件不能完全满足前述关于坑内和坑外减压降水条件时,可综合考虑现场施工条件、水文地质条件、截水帷幕特征以及基坑周围环境特征与保护要求等,选用合理的坑内外联合减压降水方案。

3.2.2　集水井降水法

微课+课件

集水井降水法

如图 3-11 所示,集水井降水法是利用基坑(槽)内的排水沟、集水井和抽水设备,将地下水从集水井中不断抽走的方法。排水沟、集水井一般在基坑两侧或四周布置。

排水沟、集水井应设在基础轮廓线外 0.4 m,沟边缘离开坡脚不宜小于 0.3 m;排水沟底宽不小于 0.3 m,底宜始终保持比挖土面低 0.3~0.5 m,沟底纵坡不宜小于 0.3%。

在基坑四角或每隔 30~50 m 设置一口集水井,集水井底面应比排水沟底低 0.5 m 以上,并随基坑的挖深而加深。集水井截面尺寸一般为0.6 m×0.6 m~0.8 m×0.8 m。当基坑挖至设计标高后,井底应低于坑底 1~2 m,并铺设 300 mm 碎石滤水层,以免在抽水时将泥砂抽出,并防止井底的土被搅动。

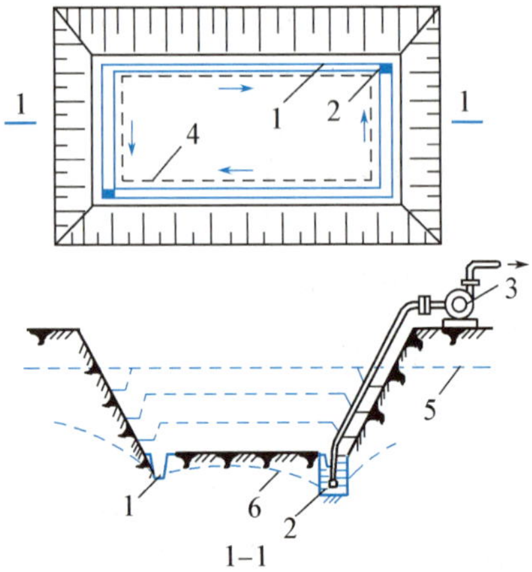

1—排水明沟;2—集水井;3—离心式水泵;
4—设备基础或建筑物基础边线;
5—原地下水位线;6—降低后地下水位线

图 3-11　集水井降水法

若基坑较深,当基坑开挖土层由多种土层组成,中部夹有透水性强的砂类土时,为防止上层地下水冲刷基坑下部边坡,宜在基坑边坡上分层设置明沟及相应的集水井,分层阻截地下水,如图 3-12 所示。

排水所用机具主要为离心泵、潜水泵和泥浆泵。选用水泵类型时,一般取水泵排水量为基坑涌水量的 1.5~2 倍。一般的集水井设置口径 50~200 mm 的水泵即可。

本法施工方便,设备简单,降水费用低,管理维护较易,应用最为广泛。适用于渗水量小

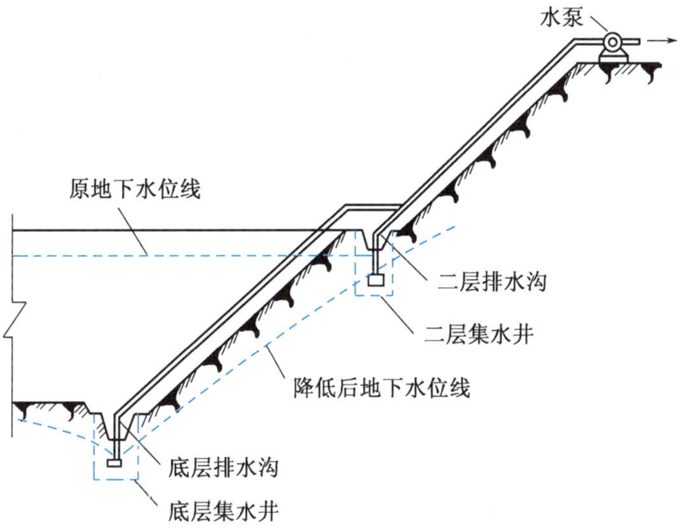

图 3-12 分层明沟排水法

的黏性土或碎石土、粗砂土的地基排水。当土质为细砂或粉砂时，地下水在渗流时容易产生流砂现象，从而增加施工困难，此时可采用井点降水法施工。

3.2.3 井点降水法

井点降水法是指在基坑开挖前，预先在基坑四周竖向埋设一定数量的井点管伸入含水层内，与连接管、集水总管连接，再与真空泵和离心水泵相连进行抽水，使地下水位降低到基坑底以下。

井点降水一般有轻型井点、喷射井点、管井井点等。各种降水方法可以根据水文地质条件、基坑面积、开挖深度、土的渗透系数、要求降水深度、设备条件以及工程特点等宜按表3-6适用条件选用。

表 3-6 井点降水类型及适用条件

方法名称		土体种类	渗透系数/(m·d^{-1})	降水深度/m
真空井点	轻型井点	黏性土、粉土、砂土	0.005～20.0	<6
	多级轻型井点			<20
喷射井点		黏性土、粉土、砂土	0.005～20.0	<20
管井		粉土、砂土、碎石土	0.1～200.0	不限

3.2.3.1 轻型井点降水

微课+课件

轻型井点降水系统组成和构造

1. 轻型井点构造设计

轻型井点降水主要设备由井点管、弯联管、集水总管及抽水设备等组成，如图3-13所示。

井点管直径宜根据单井设计流量确定。井点管一般用直径为38～55 mm的金属管，长度为5～7 m，管下端配有滤管和管尖；滤管通常采用长1.0～1.5 m，直径 ϕ38 mm或 ϕ50 mm的无缝钢管，管壁钻有直径为12～19 mm的呈星棋状排列的滤孔，滤孔面积为滤管表面积的20%～25%。钢管外面包扎两层孔径不同的铜丝布或纤维布滤网,滤网外面再绕一层 8 号钢丝保护网,滤管下端为一锥形铸铁头。井点管距基坑顶边缘一般取 0.7～1.0 m,井点管间距宜取 0.8～2.0 m。

弯联管一般用塑料透明管、橡胶管或钢管制成,其上装有阀门,以便调节或检修井点。

总管一般用直径为 75～110 mm 的无缝钢管分节连接而成,每节长 4 m,每隔 0.8～1.6 m 设一个井点管连接的短接头,按 2.5‰～5‰坡度坡向泵房。

抽水设备宜布置在地下水的上游,并设在总管的中部,抽水泵采用真空泵。

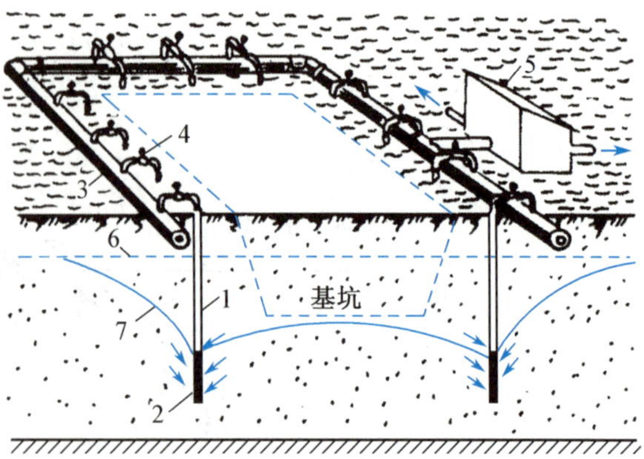

1—井点管;2—滤管;3—总管;4—弯联管;
5—水泵房;6—原有地下水位线;7—降低后地下水位线

图 3-13　轻型井点降低地下水位全貌图

2. 轻型井点布置

(1) 井点管平面布置

微课+课件

轻型井点降水设计(1)

井点管平面布置根据基坑平面形状与大小、地质和水文情况、工程性质、降水深度等而定。当基坑(槽)宽度小于 6 m,且降水深度不超过 6 m 时,宜采用单排井点(图 3-14),布置在地下水上游一侧,两端延伸长度不小于基坑宽为宜;当宽度大于 6 m 或土质不良,宜采用双排井点(图 3-15),布置在基坑

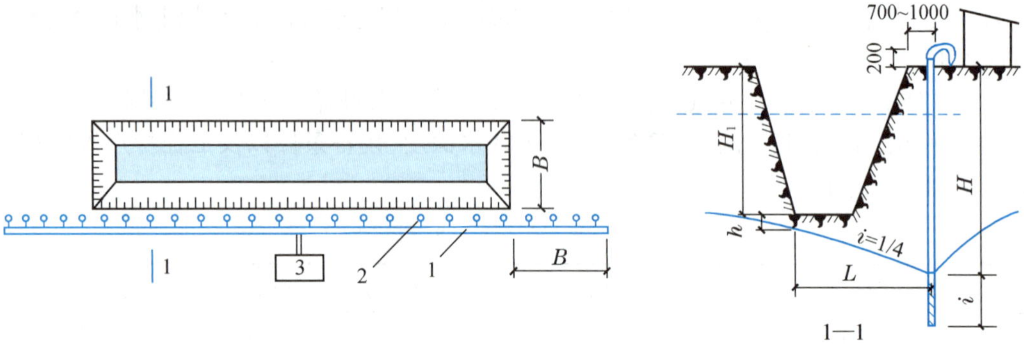

(a) 平面布置　　(b) 高程布置

1—总管;2—井点管;3—抽水设备

图 3-14　单排线状井点的布置

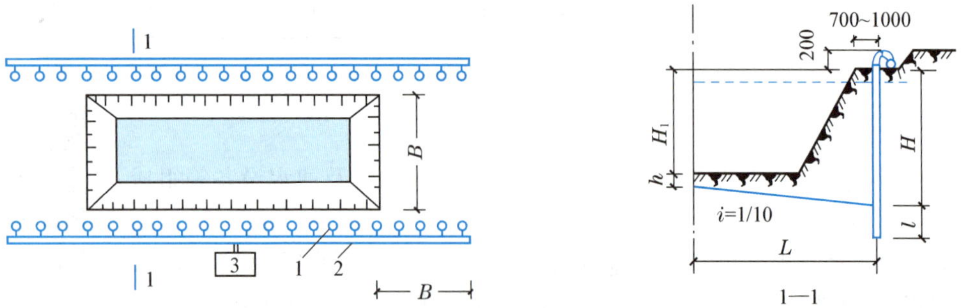

(a) 平面布置　　(b) 高程布置

1—井点管;2—总管;3—抽水设备

图 3-15　双排线状井点布置简图

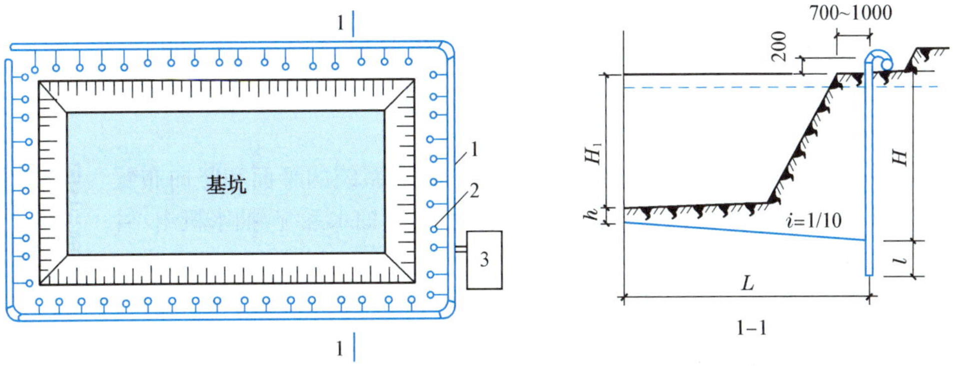

(a) 平面布置　　(b) 高程布置

1—总管；2—井点管；3—抽水设备

图 3-16　环状井点布置简图

(槽)的两侧；当基坑面积较大时，宜采用环形井点(图 3-16)。考虑到便于施工设备出入基坑，出入道可不封闭，做成"U"形，开口间距可达 4 m，开口宜在地下水下游方向。

(2) 井点管竖向布置

井点管的埋置深度应根据降水深度及含水层所在位置决定，必须将滤水管埋入含水层内，图 3-17(a)为环状或双排井点高程布置示意图。井点管的埋置深度(不包括滤管)一般可按式(3-8)计算：

$$H \geqslant H_1 + h + iL \tag{3-8}$$

式中：H 为井点管的埋置深度(m)；H_1 为井点管埋设面至基坑底的距离(m)；h 为降低后地下水位至基坑中心点的距离(单排井点如图 3-14 所示)，一般为 0.5 m，L 为井点管中心至基坑中心短边距离(单排井点如图 3-14 所示)(m)；i 为降水曲线坡度，双排或环状井点可取1/15～1/10；单排井点可取 1/5～1/4。

此外，确定井点管埋设深度时，应注意计算得到的 H 应小于水泵的最大抽吸高度，还要考虑到井点管要露出地面 0.2～0.3 m。

当设计降水深度不大于 6 m，则可用一级井点；当稍大于 6 m 时，如果设法降低井点总

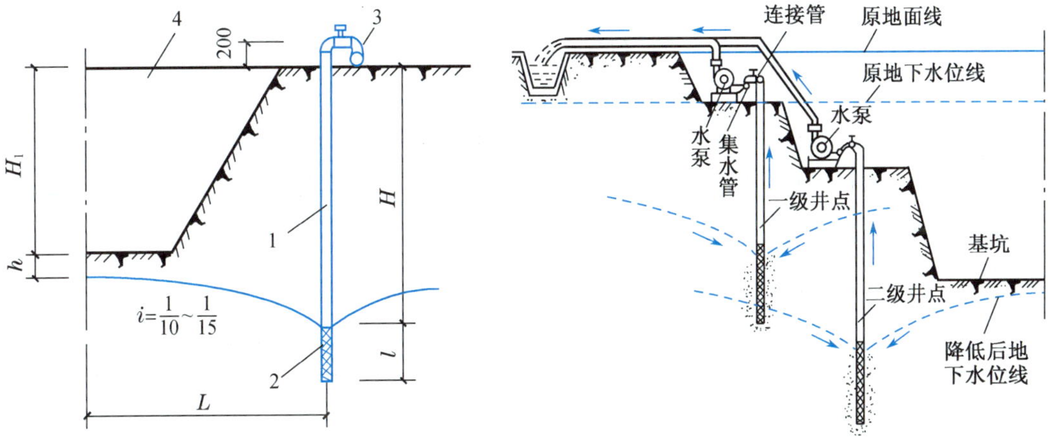

(a) 一级轻型井点高程布置　　(b) 二级轻型井点降水

1—井点管；2—滤水管；3—总管；4—基坑

图 3-17　轻型井点竖向布置

管的埋设面后可满足降水要求，仍可采用一级井点。当一级井点系统达不到降水深度要求时，可采用二级井点，即先挖去第一级井点所疏干的土，然后再在其底部装置第二级井点，如图 3－17(b)所示。

3. 井点计算

微课+课件

轻型井点降水设计(2)

轻型井点计算的主要内容包括：根据确定的井点系统的平面和竖向布置图计算井点系统涌水量，确定井点管数量和间距，选择抽水系统（抽水机组、管路）的类型、规格和数量以及进行井点管的布置等。

1）涌水量计算

井点系统涌水量是以水井理论为依据的。水井根据其井底是否达到不透水层分为完整井与非完整井，如图 3－18 所示。井底到达不透水层的称完整井；井底未到达不透水层的称非完整井。根据地下水有无压力又分为承压井和无压（潜水）井，如图3－18所示。水井布置在两层不透水层之间充满水的含水层内，地下水有一定的压力的称为承压井，水井布置在无压力的潜水层内的称为无压（潜水）井。

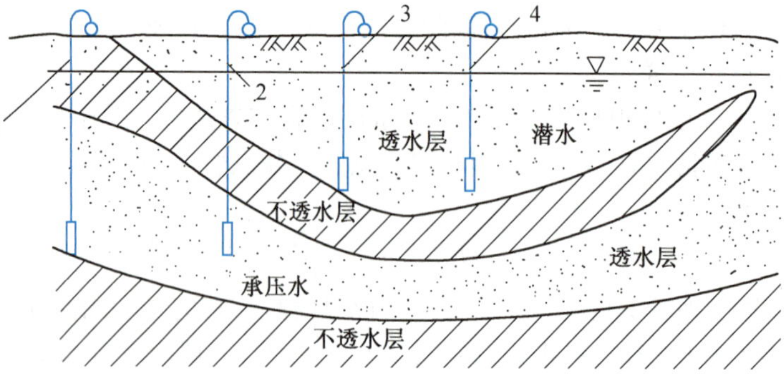

1—承压完整井；2—承压非完整井；3—无压完整井；4—无压非完整井

图 3－18　水井分类

（1）无压完整井环状井点系统涌水量计算

群井按大井简化时，均质含水层无压完整井环形井点系统总涌水量（图 3－19）用式（3－9）计算：

$$Q=\pi k\frac{(2H-s_d)s_d}{\ln\left(1+\frac{R}{r_0}\right)} \tag{3-9}$$

式中：Q 为基坑降水总涌水量（m^3/d）；k 为土的渗透系数（m/d）；H 为潜水含水层厚度（m）；s_d 为基坑地下水位的设计降深（m）；R 为降水影响半径（m），潜水含水层，$R=2s_w\sqrt{Hk}$，承压水含水层 $R=10s_w\sqrt{k}$；s_w 为井水位降深（m），当井水位降深小于 10 m 时，取 10 m；r_0 为基坑等效半径（m），可按 $r_0=\sqrt{A/\pi}$；A 为环状井点系统所包围的面积（m^2）。

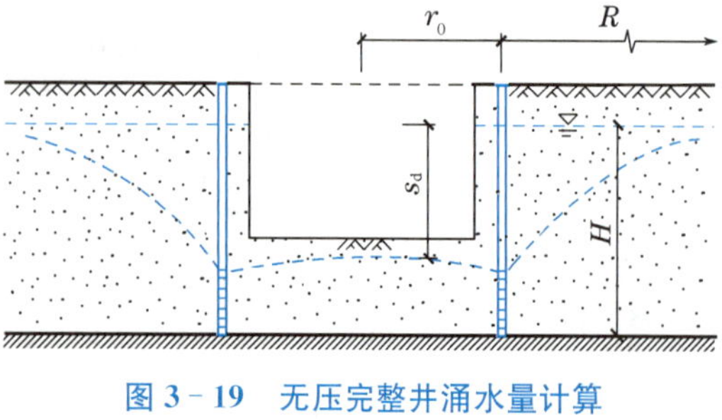

图 3－19　无压完整井涌水量计算

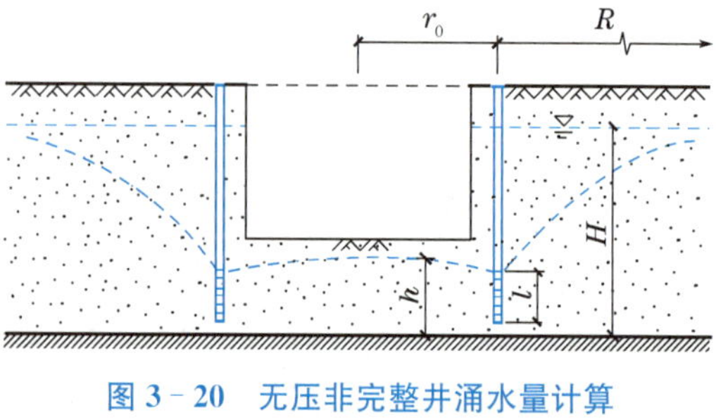

图 3－20　无压非完整井涌水量计算

(2) 无压非完整井环状井点系统涌水量计算

群井按大井简化时，均质含水层无压非完整井环形井点系统总涌水量(图 3－20)用式(3－10)计算：

$$Q=\pi k\frac{H^2-h^2}{\ln\left(1+\frac{R}{r_0}\right)+\frac{h_m-l}{l}\ln\left(1+0.2\frac{h_m}{r_0}\right)} \tag{3-10}$$

$$h_m=\frac{H+h}{2} \tag{3-11}$$

式中：h 为降水后基坑内的水位高度(m)；l 为滤管长度(m)。

(3) 承压完整井环状井点系统的涌水量计算

群井按大井简化时，均质含水层承压完整井环形井点系统总涌水量(图 3－21)用式(3－12)计算：

$$Q=2\pi k\frac{Ms_d}{\ln\left(1+\frac{R}{r_0}\right)} \tag{3-12}$$

式中：M 为承压含水层厚度(m)。

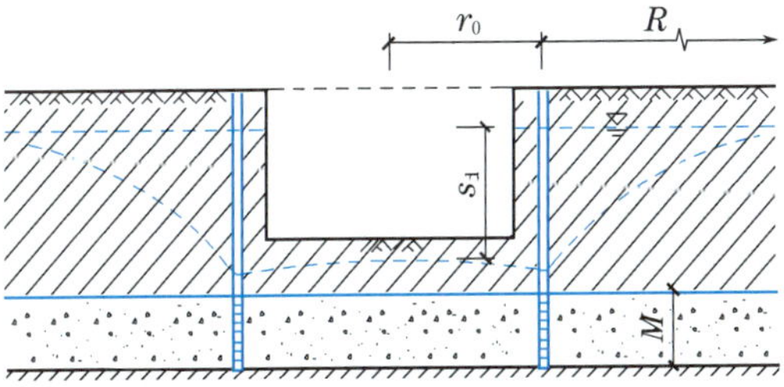

图 3－21 承压完整井涌水量计算

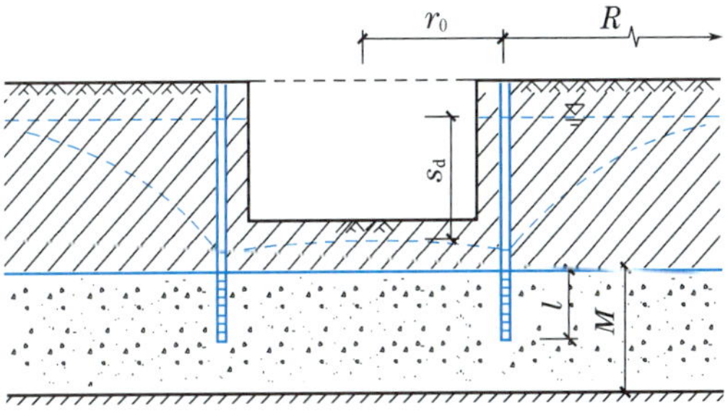

图 3－22 承压非完整井涌水量计算简图

(4) 承压非完整井井点系统的涌水量计算

群井按大井简化时，均质含水层承压非完整井环形井点系统总涌水量(图 3－22)用式(3－13)计算：

$$Q=2\pi k\frac{Ms_d}{\ln\left(1+\frac{R}{r_0}\right)+\frac{M-l}{l}\ln\left(1+0.2\frac{M}{r_0}\right)} \tag{3-13}$$

(5) 承压水—潜水完整井井点系统涌水量计算

群井按大井简化时，均质含水层承压水—潜水完整井环形井点系统总涌水量(图 3－23)用式(3－14)计算：

$$Q=\pi k\frac{(2H_0-M)M-h^2}{\ln\left(1+\frac{R}{r_0}\right)} \tag{3-14}$$

式中：H_0 为承压水含水层的初始水头厚度(m)。

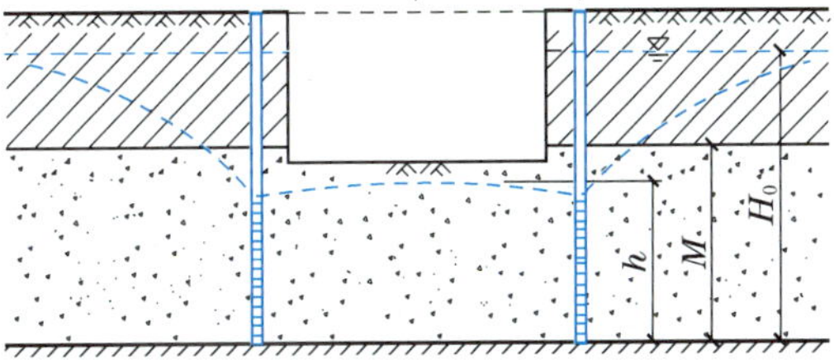

图 3－23 承压水—无压完整井涌水量计算

2) 确定井点管的数量与间距

(1) 井点管最少根数按式(3－15)计算：

$$n=1.1\frac{Q}{q} \tag{3-15}$$

式中：n 为井点管的根数，为达到降水目的，在确定井点管数量时在基顶四角部分适当加密 1～2 根；q 为单根井点管的出水量(m^3/d)，$q=65\pi dl\cdot\sqrt[3]{k}$；$d$ 为滤管的直径(m)；l 为滤管的长度(m)；1.1 为考虑井点管堵塞等因素的备用系数。

(2) 井点管最大间距按式(3-16)计算：

$$D=\frac{L}{n} \tag{3-16}$$

式中：D 为井点管最大间距(m)；L 为总管长度(m)。

求出的井点管间距应大于 15 倍滤管直径，以防因井点太密影响抽水效果，并应符合总管接头间距(800 mm、1200 mm、1600 mm)的要求。当计算出的井管间距与总管接头间距模数值相差较大(处于两种模数中间时)，可在施工时采用“跳隔接管，均匀布置”的方法，即间隔几个接头跳接一个，但井点管仍然均匀布置。

4. 抽水设备的选择

轻型井点抽水设备一般采用干式真空泵井点设备。干式真空泵型号有 W5 型或 W6 型，根据所带动的总管长度、井点管根数进行选择。当选用 W5 型真空水泵时，总管长度不大于 100 m，井点管数量约 80 根；采用 W6 型真空水泵时，总管长度不大于 120 m，井点管数量约 100 根。

轻型井点一般选用单级离心泵，型号根据流量、吸水扬程和总扬程确定。水泵的流量应比井点系统的涌水量大 10%～20%；水泵的吸水扬程要大于降水深度加各项水头损失；水泵的总扬程应满足吸水扬程与出水扬程之和的要求。

5. 轻型井点施工

微课+课件

轻型井点降水施工

井点系统的埋设程序为：先排放总管，再沉设井点管，用弯联管和井点管与总管接通，然后安装抽水设备。其中沉设井点管是关键性工序之一。

井点管沉设分为成孔与埋管填料两个过程。井点管成孔工艺可选钻进、高压水套管冲击工艺(钻孔法、冲孔法或射水法)，对不易塌孔、缩颈的地层也可选用长螺旋钻成孔。工程中常用水冲法，如图 3-24 所示为水冲法埋设示意。冲孔时先用起重设备将冲管吊起并插在井点的位置上，然后开动高压水泵将土冲松。冲孔时冲管应垂直插入土中，并作上下左右摆动，加速土体松动，边冲边沉。冲孔直径一般为 300 mm，以保证井管周围有一定厚度的砂滤层。冲孔深度宜比滤管底深 0.5～1.0 m，以防冲管拔出时，部分土颗粒沉淀于孔底面触及滤管底部。冲孔时冲水压力不宜过大或过小。井孔冲成后，应立即拔出冲管，插入井点管，并在井点管与孔壁之间迅速填灌砂滤层，以防孔壁塌土。一般宜选用粒径为 0.4～0.6 mm 的纯净中粗砂，填灌均匀，并填至滤管顶上 1～1.5 m，以保证水流畅通。砂滤料上方应使用黏土封堵，封堵至地面的厚度应大于 1 m，以防漏气。

井点系统全部安装完毕后，应进行抽水试验，检查有无漏水、漏气现象，若有异常，应检修好后方可使用。如发现井点管不出水，表明滤管已被泥砂堵塞，属于“死井”，在同一范围内有连续几根“死井”时，应逐根用高压水反向冲洗或拔出重新沉设。

轻型井点使用时，一般应连续抽水。时抽时停滤网容易堵塞，也易抽出土颗粒，使水浑浊，并引起附近建筑物由于土颗粒流失而沉降开裂。正常的出水规律是“先大后小，先浑后清”，否则应立即查出原因，采取相应措施。真空泵的真空度是判断井点系统工作情况是否良好的尺度，应通过真空表经常观测，一般真空度应保持在 65 kPa 以上且抽水不应间断。

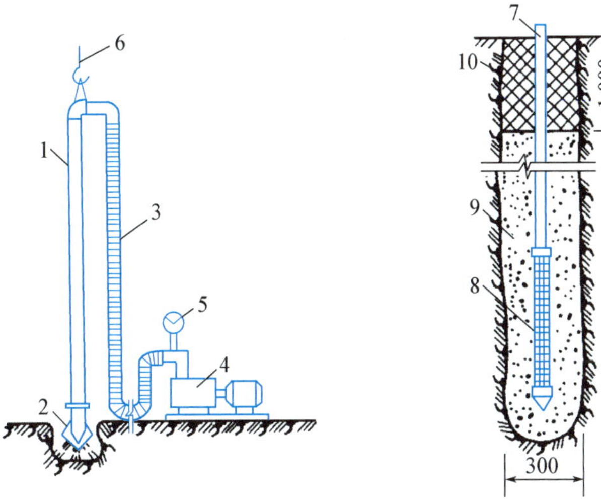

(a) 冲孔　　(b) 埋管

1—冲管；2—冲嘴；3—胶皮管；4—高压水泵；5—压力表；
6—起重机吊钩；7—井点管；8—滤管；9—黏土封口

图 3-24　水冲法井点管埋设

若真空度不够，通常是由于管路漏气，应及时修复。井点降水工作结束后所留的井孔，必须用砂砾或黏土填实。

【工程案例 3-3】 某商住楼工程地下室基坑平面尺寸如图 3-25 所示，基坑底宽10 m，长 19 m，深 4.1 m，挖土边坡为 1∶0.48。地下水位在地面下 0.6 m，根据地质勘查资料，该处地面下 0.7 m 为杂填土，此层下面有 6.6 m 的中砂层，中砂土的渗透系数 K=10 m/d，再往下为不透水的黏土层，现采用轻型井点设备进行人工降低地下水位，试对该轻型井点系统进行设计计算。

解：(1) 井点系统布置

挖土边坡为 1∶0.48，则基坑顶部平面尺寸为：

基坑上口宽：10＋0.48×4.1×2＝14 m

基坑上口长：19＋0.48×4.1×2＝23 m

井点系统布置成环状，设井点管离基坑边缘0.8 m。总管长度为：

$$L=[(14+1.6)+(23+1.6)]\times 2=80.4\ \text{m}$$

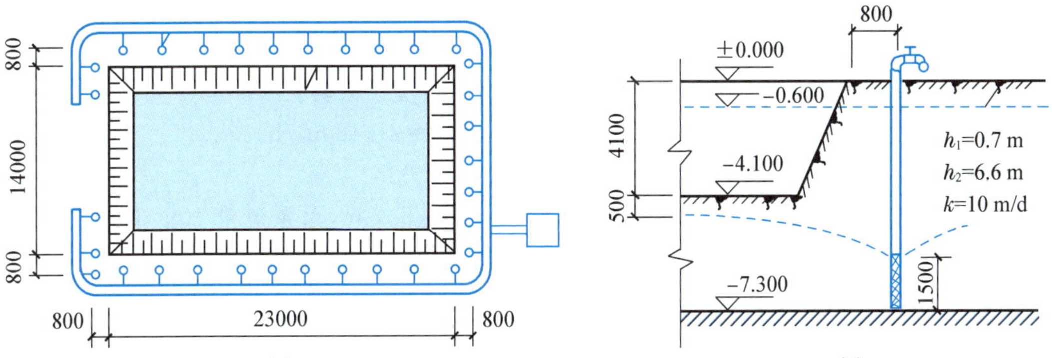

(a)　　(b)

图 3-25　基坑井点布置示意

基坑中心要求降水深度：

$$s_d=4.1-0.6+0.50=4.0\ \text{m}<6.0\ \text{m}$$

故用一级轻型井点系统即可满足要求，总管和井点布置在同一水平面上。

井点管的埋设深度为(不包括滤管)：

$$H\geqslant H_1+h+iL$$

即
$$H\geqslant 4.1+0.5+\frac{1}{10}\times\frac{14+1.6}{2}=5.38\ \text{m}$$

设井点管和滤管直径为 50 mm，滤管长 1.5 m。为施工方便考虑井点管高出地面 0.2 m，选用 6 m 长井点管，则埋入地下的长度为 5.8 m，大于 5.38 m，满足要求。

井点管埋入土中包括滤管长度为 5.8+1.5=7.3 m。由井点系统布置处至不透水层深度为 0.7+6.6=7.3 m，达到不透水层，则按无压完整井设计。

(2) 基坑总涌水量计算

含水层厚度：$H=7.3-0.6=6.7\ \text{m}$

井点管水位降水深度：$s_w=s_d+iL=4.0+\frac{1}{10}\times\frac{14+1.6}{2}=4.78\ \text{m}<10\ \text{m}$，取 10 m。

基坑假想半径：$r_0=\sqrt{\frac{A}{\pi}}=\sqrt{\frac{(14+0.8\times2)(23+0.8\times2)}{3.14}}=11\ \text{m}$

抽水影响半径：$R=2s_w\sqrt{Hk}=2\times10\times\sqrt{(7.3-0.6)\times10}=163.7\ \text{m}$

基坑总涌水量：

$$Q=\pi k\frac{(2H-s_d)s_d}{\ln\left(1+\frac{R}{r_0}\right)}=3.14\times10\times\frac{(2\times6.7-4.0)\times4.0}{\ln\left(1+\frac{163.7}{11}\right)}=462.2\ \text{m}^3/\text{d}$$

(3) 计算井点管数量和间距

单井出水量：

$q=65\pi dl\cdot\sqrt[3]{k}=65\times3.14\times0.05\times1.5\times\sqrt[3]{10}=32.98\ \text{m}^3/\text{d}$

需井点管数量：

$$n\geqslant 1.1\frac{Q}{q}=1.1\times\frac{462.2}{32.98}=16\ \text{根}$$

为施工方便留设 4 m 宽车行道，按构造要求，取井点管间距为 2.0 m。

则井点管根数：$n=\frac{80.4-4}{2.0}+1=39$ 根，均匀布置在基坑周边。

(4) 抽水设备选择

抽水设备所带动的总管长度为 76.4 m，可选用 W5 型干式真空泵。

水泵流量：$Q_1=1.1Q=1.1\times462.2=508.42\ \text{m}^3/\text{d}=21.18\ \text{m}^3/\text{h}$

水泵吸水扬程(水头损失为 1.0 m)$\geqslant 6.0+1.0=7.0\ \text{m}$

根据水泵流量和吸水程选用 2B31 型(吸程 8.2～5.7 m，水泵流量 10～30 m^3/h)离心泵。

3.2.3.2 喷射井点降水

喷射井点降水是在井点管内部装设特制的喷射器，用高压水泵或空气压缩机通过井点管中的内外管向喷射器输入高压水(喷水井点)或压缩空气(喷气井点)，形成水气射流，将地下水经井点管抽出排走，如图 3-26 所示。本法由于具有设备较简单，排水强度大(可达

8～20 m)，比使用多层轻型井点降水设备少，基坑土方开挖量节省，施工速度快，费用低等特点，应用较为广泛。

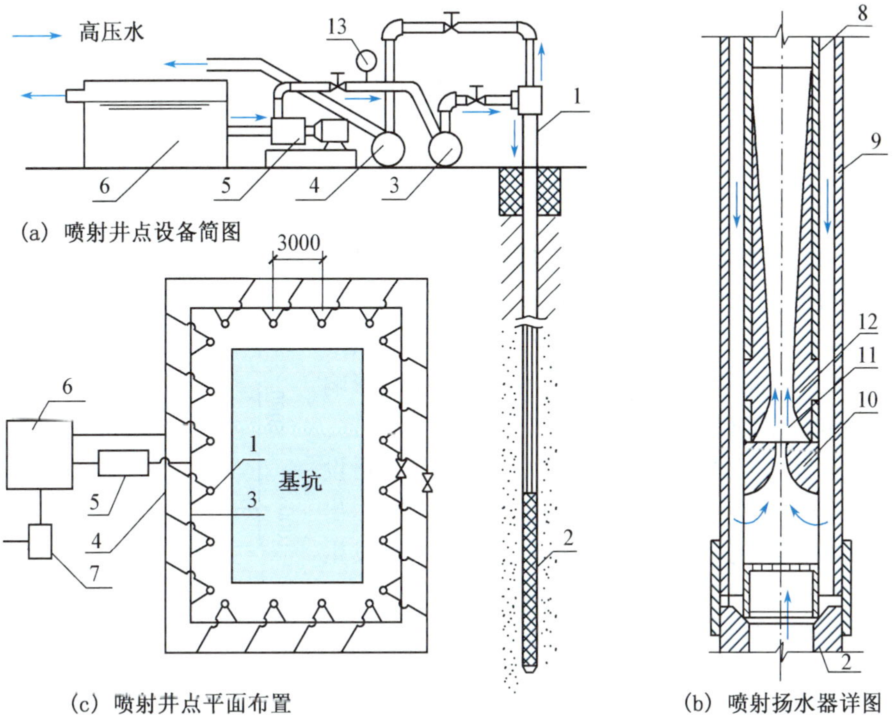

1—喷射井管；2—滤管；3—供进水总管；4—排水总管；5—高压离心水泵；6—集水池；7—排水泵；8—喷射井管内管；9—喷射井点外管；10—喷嘴；11—混合室；12—扩散室；13—压力表

图 3-26 喷射井点布置图

1. 井点管及其布置

基坑面积较大时，采用环形布置；基坑宽度小于 10 m 时，采用单排布置；大于 10 m 时做双排布置。井点间距一般为 1.5～3.0 m；采用环形布置，施工设备进出口处的井点间距为 5～7 m；冲孔直径为 400～600 mm，冲孔深度比滤管底深 1 m 以上。

井点管的外管直径宜为 73～108 mm，内管直径宜为 50～73 mm，滤管直径为 89～127 mm。井孔直径不宜大于 400 mm。扬水装置(喷射器)的混合室直径可取 14 mm，喷嘴直径可取 6.5 mm，工作水箱不应小于 10 m^3。井点使用时，水泵的起动泵压不宜大于 0.3 MPa。正常工作水压为 0.25P_0(扬水高度)。

每套喷射井点的井点数不宜超过 30 根。总管直径宜为 150 mm，总长不宜超过 60 m。每套井点应配备相应的水泵和进、回水总管。如果由多套井点组成环圈布置，各套进水总管宜用阀门隔开，自成系统。

2. 喷射井点降水施工要点

(1) 喷射井点管埋设方法与轻型井点相同，为保证埋设质量，宜用套管法冲孔加水及压缩空气排泥，当套管内含泥量经测定小于 5%时下井点管及灌砂，然后拔套管。对于深度大于 10 m 的喷射井点管，宜用吊车下管。下井点管时，水泵应先开始运转，以便每下好一根井点管，立即与总管接通(暂不与回水总管连接)，然后及时进行单井试抽，测定井点管内真空度。待井点管出水变清后地面测定真空度不宜小于 93.3 kPa。

(2) 全部井点管埋设完毕后，将井点管与回水总管连接并进行全面试抽，然后使工作水循环，进行正式工作。各套进水总管均应用阀门隔开，各套回水管应分开。

(3) 为防止喷射器损坏，安装前应对喷射井点管逐根冲洗，开泵压力不宜大于0.3 MPa，以后逐步加大开泵压力。如发现井点管周围有翻砂、冒水现象，则应立即关闭井点管进行检修。

(4) 工作水应保持清洁，试抽 2 d 后应更换清水，此后视水质污浊程度定期更换清水，以减轻对喷嘴及水泵叶轮的磨损。

(5) 利用喷射井点降低地下水位，扬水装置的质量十分重要。如果喷嘴的直径加工不精确，尺寸加大，则工作水流量需要增加，否则真空度将降低，影响抽水效果。如果喷嘴、混合室和扩散室的轴线不重合，不但降低真空度，而且由于水力冲刷导致磨损较快，需经常更换，影响降水运行的正常、顺利进行。

(6) 为防止产生工作水反灌，在滤管下端最好增设逆止球阀。当喷射井点正常工作时，芯管内产生真空，出现负压，钢球托起，地下水吸入真空室；当喷射井点发生故障时，真空消失，钢球被工作水推压，堵塞芯管端部小孔，使工作水在井管内部循环，不致涌出滤管产生倒涌现象。

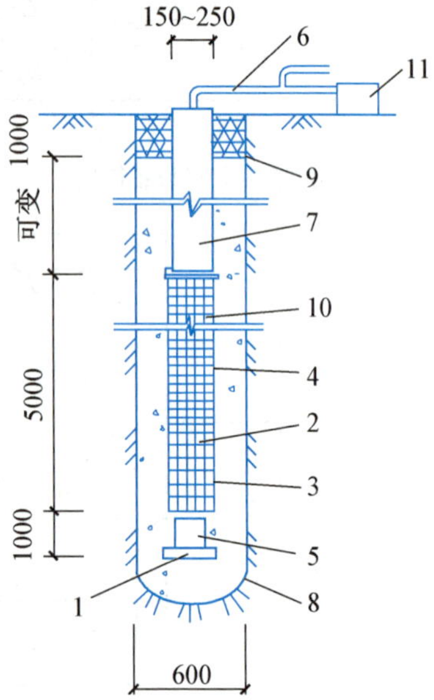

1—钢板封底；2—钢筋焊接管架；
3—铁环；4—管架外包铁丝网；
5—沉砂管；6—吸水管；7—钢管；
8—井孔；9—黏土封口；
10—填充砂砾；11—抽水设备

图 3-27 管井井点示意图

3.2.3.3 管井井点降水

1. 管井井点构造

管井井点降水是在深基坑的周围埋置深于坑底的管井，使地下水通过设置在管井内的潜水泵将地下水抽出，使地下水位低于坑底。管井井点如图 3-27 所示，具有井距大，易于布置，排水量大，降水深，降水设备和操作工艺简单等特点。适于渗透系数大、土质为砂类土、地下水丰富、降水深、面积大、时间长的降水工程。对于渗透系数较小的土层中的深层降水，也可以利用深井泵结合真空泵降水，利用真空泵在管井井点内产生真空，从而加速土中地下水向井点管的涌入，从而提高降水的效果。

管井系统一般由管井、抽水泵、泵管、排水总管、排水设施等组成。管井由滤水管、吸水管和沉砂管三部分组成，可用钢管、塑料管或混凝土管制成，管径一般为 300 mm，内径宜大于潜水泵外径 50 mm。

在降水中，含水层中的水通过滤网将土、砂过滤在网外，使地下水流入管内。滤水管长度取决于含水层厚度、透水层的渗透速度和降水的快慢，一般为 5～9 m。通常在钢管上分段抽条或开孔，将抽条或开孔后的管壁上焊垫筋与管壁电焊，在垫筋外螺旋形缠绕铁丝，或外包镀锌铁丝网两层或尼龙网。当土质较好，深度在 15 m 内，亦可采用外径 380～600 mm、壁厚 50～60 mm、长 1.2～1.5m 的无砂混凝土管作滤水管，或在外再包棕树皮二层作滤网。

吸水管用直径 50～100 mm 的钢管或胶皮管，插入滤水井管内，其底端应沉到管井吸水时的最低水位以下，并装逆止阀，上端装设带法兰盘的短钢管。

沉砂管在降水过程中，起砂粒的沉淀作用，一般采用与滤水管同直径的钢管，下端用钢板封底。

抽水设备常用潜水泵或长轴深井泵。每井一台，并带吸水铸铁管或胶管，并配上一个控制井内水位的自动开关，在井口安装阀门调节流量的大小。每个基坑井点群应有备用泵。管井井点抽出的水一般利用场内的排水系统排出。

2. 管井井点布置

对于采用坑外降水的方法，深井井点的布置根据基坑的平面形状或沟槽宽度及所需降水深度，沿基坑四周呈环形或沿基坑或沟槽两侧呈直线形布置，井点一般沿工程基坑周围离开边坡上缘 0.5～1.5 m，井距一般为 30 m 左右。

当采用坑内降水时，根据单井涌水量、降水深度及抽水影响半径等确定井距，在坑内呈棋盘形点状布置。一般井距为 10～30 m。井点伸入到透水层 6～9 m，通常应比所降水深度深 6～8 m。基坑开挖深 8 m 以内，井距为 10～15 m；8 m 以上井距为 15～20 m。

3. 管井井点施工

(1) 管井井点的施工顺序为：准备工作→钻机进场→定位安装→开孔→下护口管→钻进→终孔后冲孔换浆→下井管→稀释泥浆→填砂→止水封孔→洗井→下泵试抽→合理安排排水管路及电缆电路→试抽水→正式抽水→水位与流量记录。

(2) 管井的成孔方法可采用冲击钻、回转钻、潜水钻钻孔或水冲法成孔，用泥浆护壁，孔口设置护筒以防孔口塌方，并在一侧设排泥沟、泥浆坑。

(3) 深井井孔孔径应比井管直径大 300 mm 以上，不设沉砂管时应考虑底部可能的沉渣高度而适当加深。成孔后应立即安装井管、以防塌孔。

(4) 井管沉放前应清孔，一般用压缩空气洗或用抽筒反复上下取出泥渣洗井，井管应安放垂直，过滤器设放在含水层范围，井管与孔壁间填充粒径大于滤网孔径的砂滤料。填滤料要一次连续完成，从底填到井口下 1 m 左右，上部采用黏土封口。

(5) 安装深水泵前应洗井，冲除沉渣，安装潜水泵时，电缆应绝缘可靠，并配置保护开关。

(6) 抽水系统安装完毕后应进行试抽，试抽稳定后(在抽水持续时间内井的出水量动水位仅在一定范围内波动，没有持续上升或下降趋势)再转入正常工作。

拓展知识

电渗井点施工

(7) 井管使用完毕，用起重设备将井管口套住徐徐拔出，滤水管拔出洗净后可再用。拔出所留的孔洞用砂砾填实。

3.2.4 降排水施工质量控制与检验

(1) 采用集水明排的基坑，应检验排水沟、集水井的尺寸。排水时集水井内水位应低于设计要求水位不小于 0.5 m。

(2) 降水井施工前，应检验进场材料质量。降水施工材料质量检验标准应符合表 3－7 的规定。

表 3－7　降水施工材料质量检验标准

项	序	项　目	允许偏差或允许值		检验方法
			单位	数值	
主控项目	1	井、滤管材质	设计要求		查产品合格证书或按设计要求参数现场检测
	2	滤管孔隙率	设计值		测算单位长度滤管孔隙面积或与等长标准滤管渗透对比法

（续表）

项	序	项　目	允许偏差或允许值		检验方法
			单位	数值	
主控项目	3	滤料粒径	$(6\sim12)d_{50}$		筛析法
	4	滤料不均匀系数	≤3		筛析法
一般项目	1	沉淀管长度	mm	+50,0	用钢尺量
	2	封孔回填土质量	设计要求		现场搓条法检验土性
	3	挡砂网	设计要求		查产品合格证书或现场量测目数

注：d_{50}为土颗粒的平均粒径。

（3）降水井正式施工时应进行试成井。试成井数量不应少于2口（组），并应根据试成井检验成孔工艺、泥浆配比，复核地层情况等。

规范规程

建筑地基基础工程施工质量验收标准

（4）降水井施工中应检验成孔垂直度。降水井的成孔垂直度偏差为1%，井管应居中竖直沉设。

（5）降水井施工完成后应进行试抽水，检验成井质量和降水效果。

（6）降水运行应独立配电。降水运行前，应检验现场用电系统。连续降水的工程项目，尚应检验双路以上独立供电电源或备用发电机的配置情况。

（7）降水运行过程中，应监测和记录降水场区内和周边的地下水位。采用悬挂式帷幕基坑降水的，尚应计量和记录降水井抽水量。

（8）降水运行结束后，应检验降水井封闭的有效性。

（9）轻型井点和喷射井点施工质量验收应符合表3-8的规定。

表3-8　轻型井点和喷射井点施工质量验收标准

项	序	项　目	允许偏差或允许值		检验方法
			类型	数值	
主控项目	1	出水量	不小于设计值		查流量表
一般项目	1	成孔孔径/mm	轻型井点	±20	用钢尺量
			喷射井点	+50,0	
	2	成孔深度/mm	轻型井点	+1000,−200	测绳测量
			喷射井点		
	3	滤料回填量	不小于设计计算体积的95%		测算滤料用量且测绳测回填高度
	4	黏土封孔高度/mm	轻型井点	≥1000	用钢尺量
			喷射井点	—	
	5	井点管间距/m	轻型井点	0.8～1.6	用钢尺量
			喷射井点	2～3	

注：一般项目中的黏土封孔高度仅适用于轻型井点。

（10）管井施工质量检验标准应符合表3-9的规定。

表3-9 管井施工质量检验标准

项	序	项目	允许偏差或允许值 单位	数值	检验方法
主控项目	1	泥浆比重	1.05～1.1		比重计
	2	滤料回填高度	+10%,0		现场搓条法检验土性、测算封填黏土体积、孔口浸水检验检验密封性
	3	封孔	设计要求		现场检测
	4	出水量	不小于设计值		查流量表
一般项目	1	成孔孔径	mm	±50	用钢尺量
	2	成孔深度	mm	±20	测绳测量
	3	扶中器	设计要求		测量扶中器高度或厚度、间距、检查数量
	4	活塞洗井 次数	次	≥20	检查施工记录
		活塞洗井 时间	h	≥2	检查施工记录
	5	沉淀物高度	≤5‰井深		测锤测量
	6	含砂量(体积比)	≤1/20000		现场目测或含砂量计量

(11) 轻型井点、喷射井点、真空管井降水运行质量检验标准应符合表3-10的规定。

表3-10 轻型井点、喷射井点、真空管井降水运行质量检验标准

项	序	项目	允许偏差或允许值 单位	数值	检验方法
主控项目	1	降水效果	设计要求		量测水位、观测土体固结或沉降情况
一般项目	1	真空负压	MPa	≥0.065	查看真空表
	2	有效井点数	≥90%		现场目测出水情况

3.2.5 降水对周围建筑的影响及防治措施

在降水过程中，由于会随水流带出部分细微土粒，再加上降水后土体的含水量降低，使土壤产生固结，因而会引起周围地面的沉降，在建筑物密集地区进行降水施工，如因长时间降水引起过大的地面沉降，会带来较严重的后果。为防止或减少降水对周围环境的影响，避免产生过大地面沉降，可采取下列技术措施：

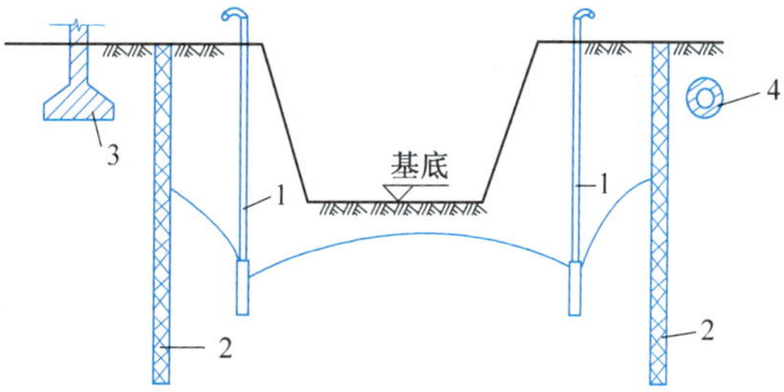

1—井点管；2—截水帷幕；
3—坑外建筑物浅基础；4—坑外地下管线

图3-28 设置截水帷幕

3.2.5.1 设置截水帷幕

在降水场地外侧有条件的话设置一圈截水帷幕，如图3-28所示，切断降水

漏斗曲线的外侧延伸部分，减小降水影响范围，将降水对周围环境的影响减小到最低程度，一般截水帷幕底标高应高于降落后的水位 2 m 以上。常用截水帷幕包括深层水泥土搅拌桩、高压喷射注浆，地下连续墙、咬合桩、钢板桩等。

3.2.5.2 采用回灌技术

回灌技术是在降水井点和要保护的建(构)筑物之间打设一排井点，在降水井点抽水的同时，通过回灌井点向土层内灌入一定数量的水，形成一道隔水帷幕，从而阻止或减少回灌井点外侧被保护的建(构)筑物地下的地下水流失，使地下水位基本保持不变，这样就不会因降水使地基自重应力增加而引起地面沉降。回灌技术包括回灌井点、回灌砂井、回灌砂沟等。回灌砂沟、砂井一般用于潜水回灌。回灌井点一般用于承压水回灌。

采用砂沟、砂井回灌是在降水井点与被保护建(构)筑物之间设置砂井作为回灌井，沿砂井布置一道砂沟，将降水井点抽出的水，适时、适量排入砂沟、再经砂井回灌到地下。回灌砂井的灌砂量，应取井孔体积的 95%，填料宜采用含泥量不大于 3%、不均匀系数在 3～5 的纯净中粗砂。

回灌井点可采用一般真空井点降水的设备和技术，仅增加回灌水箱、闸阀和水表等少量设备。采用回灌措施时，回灌井点(砂井、砂沟)与降水井点的距离不宜小于 6 m，防止降水井点仅抽吸回灌井点的水而使基坑内的水无法下降。回灌井点的间距应根据回灌水量和降水井点的间距确定。回灌井点宜进入稳定降水曲面下 1 m，过滤器应位于渗透性较好的土层中，且宜在透水层全长设置过滤器。回灌井点滤管的长度应大于降水井点滤管的长度，通常为 2.0～2.5 m。

回灌水量可通过水位观测孔中水位变化进行控制和调节，回灌后的地下水位不应超过原水位标高。回灌水应用清水，宜用降水井抽水回灌。

3.2.5.3 减缓降水速度

在砂质粉土中降水影响范围可达 80 m 以上，降水曲线较平缓，为此可将井点管加长，减缓降水速度，防止产生过大的沉降。亦可在井点系统降水过程中，调小离心泵阀，减缓抽水速度。还可在邻近被保护建(构)筑物一侧，将井点管间距加大，需要时甚至暂停抽水。

为防止抽水过程中将细微土粒带出，可根据土的粒径选择滤网。另外确保井点管周围砂滤层的厚度和施工质量，亦能有效防止降水引起的地面沉降。

在基坑内部降水，掌握好滤管的埋设深度，如支护结构有可靠的隔水性能，一方面能疏干土壤、降低地下水位，便于挖土施工；另一方面又能不使降水影响到基坑外面，造成基坑周围产生沉降。

3.3 基坑工程施工

3.3.1 基坑(槽)开挖方法

微课+课件

基坑(槽)开挖施工机械

3.3.1.1 反铲挖掘机施工

基坑(槽)开挖机械有正铲挖掘机、反铲挖掘机、拉铲挖掘机和抓铲挖掘机。一般采用反铲挖掘机配合自卸汽车进行施工，当开挖岩石地基时，一般采用爆破方法。

【相关知识】

正铲挖掘机挖土特点是"前进向上，强制切土"，适用于停机面以上含水量30%以下、一～四类土的大型基坑开挖；抓铲挖掘机挖土特点是"直上直下，自重切土"；适用于停机面以下一～二类土的面积小而深度较大的坑开挖，疏通旧有渠道以及挖取水中淤泥等，或用于装卸碎石、矿渣等松散材料。在软土地基的地区，常用于开挖基坑、沉井等；拉铲挖掘机挖土特点是"后退向下，自重切土"，适用于停机面以下一～二类土的较大基坑开挖、填筑堤坝、河道清淤挖土。

反铲挖掘机的挖土特点是"后退向下，强制切土"。适用于停机面以下、一～三类土的基坑、基槽、管沟开挖及含水量大或地下水位较高的土方。根据挖掘机的开挖路线与运输汽车的相对位置不同，一般有以下几种：

1. 沟端开挖法

反铲停于沟端，后退挖土，同时往沟一侧弃土或装汽车运走[图3-29(a)]。挖掘宽度可不受机械最大挖掘半径的限制，臂杆回转半径仅45°～90°，同时可挖到最大深度。对较宽的基坑可采用[图3-29(b)]的方法，其最大一次挖掘宽度为反铲有效挖掘半径的两倍，但汽车须停在机身后面装土，生产效率降低。或采用几次沟端开挖法完成作业。适于一次成沟后退挖土，挖出土方随即运走时采用，或就地取土填筑路基或修筑堤坝等。

2. 沟侧开挖法

反铲停于沟侧沿沟边开挖，汽车停在机旁装土或往沟一侧卸土[图3-29(c)]。本法铲臂回转角度小，能将土弃于距沟边较远的地方，但挖土宽度比挖掘半径小，边坡不好控制，同时机身靠沟边停放，稳定性较差。用于横挖土体和需将土方甩到离沟边较远的距离时使用。

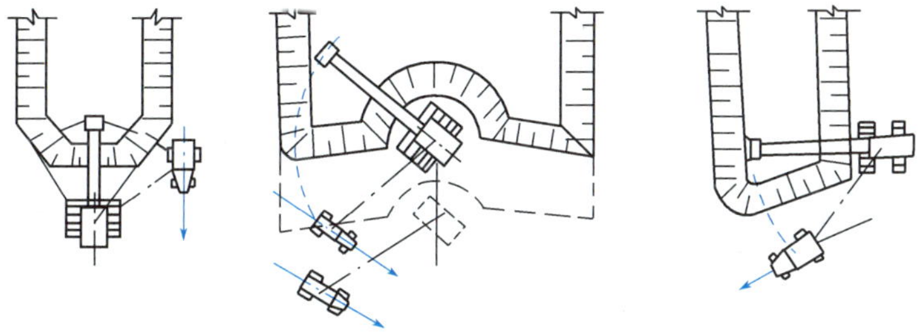

(a) 沟端开挖法　　(b) 沟端开挖法　　(c) 沟侧开挖法

图3-29　反铲沟端及沟侧开挖法

3. 沟角开挖法

反铲位于沟前端的边角上，随着沟槽的掘进，机身沿着沟边往后作"之"字形移动，如图3-30所示。臂杆回转角度平均在45°左右，机身稳定性好，可挖较硬的土体，并能挖出一定的坡度。适于开挖土质较硬，宽度较小的沟槽(坑)。

4. 多层接力开挖法

用两台或多台挖土机设在不同作业高度上同时挖土，边挖土边将土传递到上层，由地表挖土机连挖土带装土(图3-31)；上部可用大型反铲，中、下层用大型或小型反铲，进行挖土

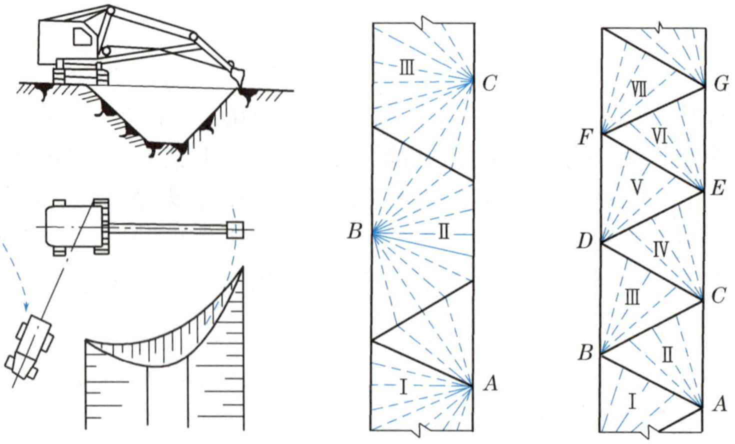

(a) 沟角开挖平剖面　　(b) 扇形开挖平面　　(c) 三角开挖平面

图 3-30　反铲沟角开挖法

和装土，均衡连续作业。一般两层挖土可挖深 10 m，三层可挖深 15 m 左右。本法开挖较深基坑，一次开挖到设计标高，一次完成，可避免汽车在坑下装运作业，提高生产效率，且不必设专用垫道。适于开挖土质较好、深 10 m 以上的大型基坑、沟槽和渠道。

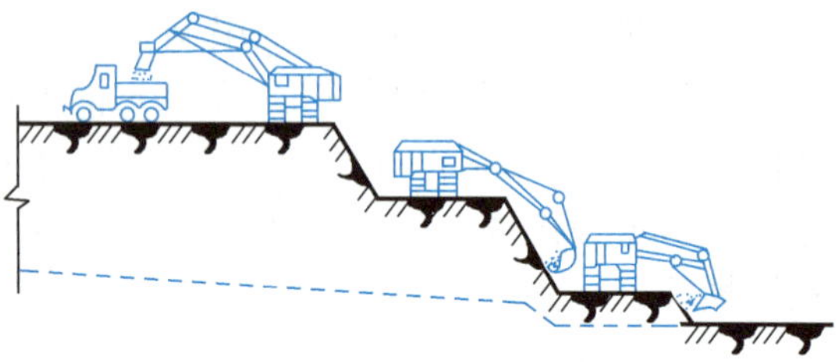

图 3-31　反铲多层接力开挖法

3.3.1.2　基坑(槽)开挖的一般要求

微课＋课件

基坑(槽)开挖的一般要求

(1) 土方开挖的顺序、方法必须与设计工况一致，并遵循“开槽支撑、先撑后挖，分层开挖，严禁超挖”的原则。

(2) 基坑(槽)开挖，应根据设计要求和开挖方案进行定位放线，定出开挖宽度，按放线采取直立或放坡分段分层开挖，以保证施工操作安全。

(3) 基坑开挖应尽量防止对地基土的扰动，当用人工挖土，基坑挖好后不能立即进行下道工序时，应预留 15～30 cm 厚不挖，待下道工序开始再挖至设计标高。采用机械开挖基坑时，为避免破坏基底土，应在基底标高以上预留一层由人工挖掘修整，一般预留 20～30 cm。

(4) 在地下水位以下挖土，应将水位降至坑底以下 500 mm，以利挖方施工。降水工作应持续到基础施工完成。

(5) 雨期施工时，基坑(槽)应分段开挖，挖好一段浇筑一段垫层，并应在基坑周围设截水沟或排水沟(截水沟、排水沟宜在基坑坡顶或截水帷幕外侧不小于 0.5 m 布置)，防止雨水冲刷边坡，同时坑内也应设置必要的排水设施。应经常检查边坡和支撑情况，防止坑壁受水浸泡造成塌方。

(6) 在基坑(槽)、管沟等周边堆土的堆载限值和堆载范围应符合基坑围护设计要求，严禁在基坑(槽)、管沟、地铁及建筑物周边影响范围内堆土。在基坑(槽)边缘上侧堆土或堆放材料以及移动施工机械时，应与基坑边缘保持 1.5 m 以上距离，以保证坑边直立壁或边坡的稳定。当土质良好时，堆土或材料应距挖方边缘 0.8 m 以外，高度不宜超过 1.5 m。

(7) 基坑开挖时，应对平面控制桩、水准点、基坑平面位置、标高、边坡坡度等经常复测检查。

(8) 基坑(槽)土方施工中应对支护结构、周围环境进行观察和监测,如出现异常情况及时处理,待恢复正常后方可进行继续施工。

(9) 基坑挖完后应进行验槽,做好记录,如发现地基土质与地质勘探报告、设计要求不符时,应与有关人员研究及时处理。

3.3.1.3 基坑土方开挖常用施工方法

微课+课件

深基坑土方开挖

目前现场一般采用机械开挖人工清底方式进行。深基坑土方开挖常用施工方法有放坡挖土、中心岛式挖土、盆式挖土和逐层挖土。

1. 放坡挖土

放坡开挖是最经济的挖土方案。当基坑开挖深度不大、周围环境又允许时,一般优先采用放坡开挖。

开挖深度较大的基坑,当采用放坡挖土时,宜设置多级平台分层开挖,平台一般宽 1～3 m,同时满足施工机械的要求。

在地下水位较高的软土地区,应在降水达到要求后再进行土方开挖,宜采用分层开挖的方式进行开挖。分层挖土厚度不宜超过 2.5 m。挖土时要注意保护工程桩,防止碰撞或因挖土过快、高差过大使工程桩受侧压力而倾斜。

如有地下水,放坡开挖应采取有效措施降低坑内水位和排除地表水,严防地表水或坑内排出的水倒流渗入基坑。

基坑采用机械挖土,坑底应保留 200～300 mm 厚基土,用人工清理整平,防止坑底土扰动。待挖至设计标高后,应清除浮土,经验槽合格后,及时进行垫层施工。

2. 中心岛式挖土

中心岛式挖土,宜用于大型基坑,支护结构的支撑形式为角撑、环梁式或边桁(框)架式,中间具有较大空间的情况下。此时可利用中间的土墩作为支点搭设栈桥。挖土机可利用栈桥下到基坑挖土,运土的汽车亦可利用栈桥进入基坑运土。这样可以加快挖土和运土的速度(图 3-32)。

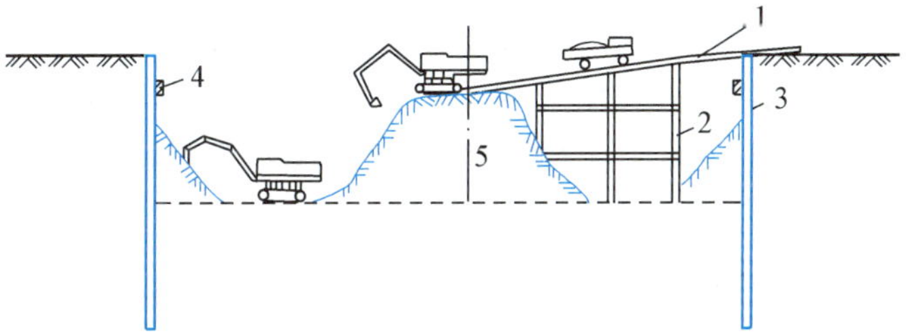

1—栈桥;2—支架(尽可能利用工程桩);3—围护墙;4—腰梁;5—土墩

图 3-32 中心岛(墩)式挖土示意图

中心岛式挖土,中间土墩的留土高度、边坡的坡度、挖土层次与高差都要经过仔细研究确定。由于在雨季遇有大雨土墩边坡易滑坡,必要时对边坡尚需加固。

挖土宜分层开挖,多数是先全面挖去第一层,然后中间部分留置土墩,周围部分分层开挖。开挖多用反铲挖土机,如基坑深度大则用向上逐级传递方式进行装车外运。

整个的土方开挖顺序,必须与支护结构的设计工况严格一致。要遵循开槽支撑、先撑后挖、分层开挖、严禁超挖的原则。

挖土时,除支护结构设计允许外,挖土机和运土车辆不得直接在支撑上行走和操作。

为减少时间效应的影响,挖土时应尽量缩短围护墙无支撑的暴露时间。一般对一、二级基坑，每一工况挖至规定标高后，钢支撑的安装周期不宜超过一昼夜，混凝土支撑的完成时间不宜超过两昼夜。

对面积较大的基坑，为减少空间效应的影响，基坑土方宜分层、分块、对称、限时进行开挖，土方开挖顺序要为尽可能早的安装支撑创造条件。

土方挖至设计标高后，对有钻孔灌筑桩的工程，宜边破桩头边浇筑垫层，尽可能早一些浇筑垫层，以便利用垫层(必要时可加厚作配筋垫层)对围护墙起支撑作用，以减少围护墙的变形。

挖土机挖土时严禁碰撞工程桩、支撑、立柱和降水的井点管。分层挖土时，层高不宜过大，以免土方侧压力过大使工程桩变形倾斜，在软土地区尤为重要。

同一基坑内当深浅不同时，土方开挖宜先从浅基坑处开始，如条件允许可待浅基坑处底板浇筑后，再挖基坑较深处的土方；两个深浅不同的基坑同时挖土时，土方开挖宜先从深基坑开始，待较深基坑底板浇筑后，再开始挖较浅基坑的土方。

3. 盆式挖土法

盆式挖土是先开挖基坑中间部分的土，周围四边留土坡，土坡最后挖除。这种挖土方式的优点是周边的土坡对围护墙有支撑作用，有利于减少围护墙的变形。其缺点是大量的土方不能直接外运，需集中提升后装车外运(图 3－33)。

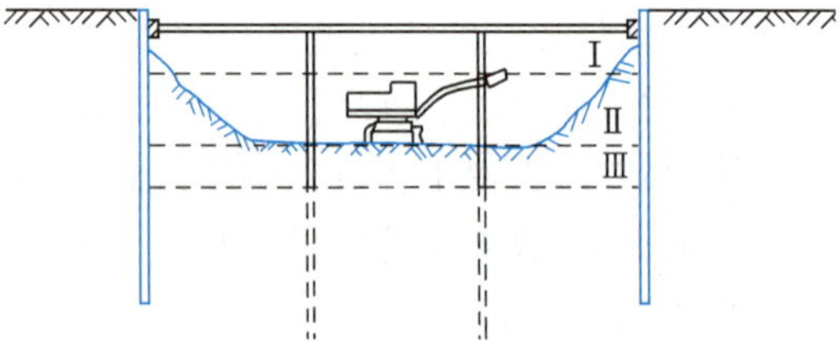

图 3－33　盆式挖土

盆式挖土周边留置的土坡，其宽度、高度和坡度大小均应通过稳定验算确定。如留得过小，对围护墙支撑作用不明显，失去盆式挖土的意义。如坡度太陡边坡不稳定，在挖土过程中可能失稳滑动，不但失去对围护墙的支撑作用，影响施工，而且有损工程桩的质量。盆式挖土需设法提高土方上运的速度，对加速基坑开挖起很大作用。

4. 逐层挖土法

开挖深度超过挖土机最大挖掘高度时，宜分层开挖，这种方法有两种做法，一种是一台大型挖掘机挖上层土，用起重机吊运一台小型挖掘机挖下层土，小型挖掘机边挖边装土转运到大型挖掘机的作业范围内，由大型挖掘机将土全部挖走，最后再用起重机械将小型挖掘机吊上来；另一种做法是修筑 10%～15%的坡道，利用坡道作为挖掘机分层施工的道路。

3.3.1.4　土方开挖工程质量检验

施工单位土方开挖完成后，应对土方开挖工程质量进行检验，柱基、基坑、基槽、管沟岩质基坑开挖工程质量检验标准与方法见表 3－11。

表 3－11　土方开挖工程质量检验标准(mm)

项	序	项　目	允许偏差或允许值					检验方法
			柱基、基坑、基槽	挖方场地平整		管沟	地(路)面基层	
				人工	机械			
主控项目	1	标高	0，−50	±30	±50	0，−50	−50	水准仪
	2	长度、宽度(由设计中心线向两边量)	+200	+300	+500	+100	设计值	经纬仪、用钢尺量
			−50	−100	−150	0		
	3	坡率	设计值					目测或用坡度尺检查

（续表）

项	序	项 目	允许偏差或允许值					检验方法
			柱基、基坑、基槽	挖方场地平整		管沟	地(路)面基层	
				人工	机械			
一般项目	1	表面平整度	±20	±20	±50	±20	±20	用 2 m 靠尺和楔形塞尺检查
	2	基底土性	设计要求					目测或土样分析

注：地(路)面基层的偏差只适用于直接在挖、填方做地(路)面的基层。

微课＋课件

深基坑支护类型及水泥挡墙支护

3.3.2 基坑支护

3.3.2.1 支护结构类型

对土质较好、地下水位低、场地开阔的基坑，采取按规范允许坡度放坡开挖。放坡挖土适用于基坑侧壁安全等级为三级的基坑工程。不满足放坡条件时可采用先支护后开挖或边开挖边支护的方式。

【相关知识】

基坑支护设计时应综合考虑基坑周边环境和地质的复杂程度确定基坑侧壁安全等级，然后根据安全等级选用支护结构类型。根据《建筑基坑支护技术规程》(JGJ 120—2012)，当支护结构失效、土体过大变形对基坑周边环境或主体结构施工安全影响很严重时，基坑侧壁安全等级为一级、对基坑周边环境或主体结构施工安全影响严重为二级、对基坑周边环境或主体结构施工安全影响不严重为三级。

如图 3－34 所示，支护结构按其工作机理和围护墙的形式分为下列几种类型。

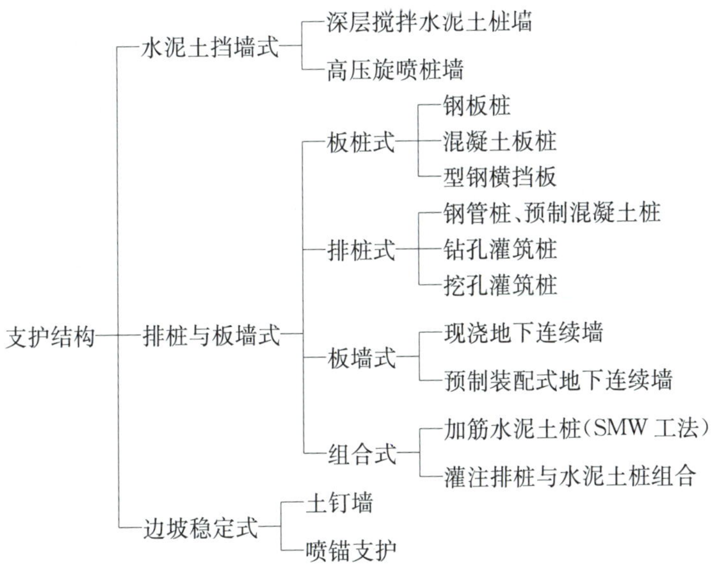

图 3－34　支护结构的类型和组成

规范规程

建筑基坑支护技术规程

1. 水泥土挡墙式支护

水泥土挡墙式支护是由水泥土桩相互搭接形成的格栅状、壁状等具有相当厚度和重量的刚性实体结构，以其重量抵抗基坑侧壁土压力，满足结构的抗滑移和抗倾覆要求，如图 3-35 所示。

微课+课件

深基坑支护类型及水泥挡墙支护

水泥土墙支护具有挡土、截水双重功能，施工机具设备相对简单，成墙速度快，造价较低的优点。其缺点一是相对位移较大，不适宜用于深基坑，一般基坑深度不宜大于 6 m，当基坑长度大时，要采取中向加墩、起拱等措施，以控制产生较大位移；二是厚度大，从而要求基坑周围必须具备水泥土墙的施工宽度，宜用于基坑侧壁安全等级二、三级、地基承载力不大于 150 kPa 的土层。

水泥土挡墙按照施工方法不同有深层搅拌水泥土桩墙和高压旋喷桩墙。

深层搅拌水泥土桩墙是用深层搅拌机就地将土和输入的水泥浆强制搅拌，形成连续搭接的水泥土柱状加固体挡墙。

高压旋喷桩是利用高压，经过旋转的喷嘴将水泥浆喷入土层与土体混合形成水泥土加固体，相互搭接形成桩排，用来挡土和止水。高压旋喷桩的施工费用要高于深层搅拌水泥土桩，但它可用于空间较小处。

水泥土墙墙体宽度和嵌固深度根据坑深、土层分布及其物理力学性能、周围环境情况、地面荷载等计算确定。水泥土墙的嵌固深度，对于淤泥不宜小于 $1.3h$（h 为基坑深度），淤泥质土不宜小于 $1.2h$。墙体宽度对淤泥不宜小于 $0.8h$，淤泥质土不宜小于 $0.7h$。

水泥土墙截面呈格栅形时，相邻桩搭接长宽不小于 150 mm，截面置换率（水泥土面积与水泥土墙的总面积比值）对淤泥不宜小于 0.8，淤泥质土不宜小于 0.7，一般黏性土、黏土及砂土不宜小于 0.6。格栅长度比不宜大于 2。水泥土加固体的渗透系数不大于 10^{-7} cm/s，能止水防渗，因此这种围护墙属重力式挡墙，利用其本身重量和刚度进行挡土和防渗，具有双重作用。当兼作截水帷幕时，应符合有关规程对截水的要求。

水泥土加固体的强度取决于水泥掺入比（水泥重量与加固土体重量的比值），围护墙常用的水泥掺入比为 12%～18%。水泥土墙的 28 d 无侧限抗压强度不宜小于 0.8 MPa。水泥土围护墙未达到设计强度前不得开挖基坑。如为改善水泥土的性能和提高早期强度，可掺加木钙、三乙醇胺、氯化钙、碳酸钠等。

水泥土的施工质量对围护墙性能有较大影响。要保护设计规定的水泥掺和量，要严格控制桩位和桩身垂直度；要控制水泥浆的水灰比不大于 0.45，否则桩身强度难以保证；要搅拌均匀，采用二次搅拌工艺，喷浆搅拌时控制好钻头的提升或下沉速度；要限制相邻桩的施工间歇时间，以保证搭接成整体。

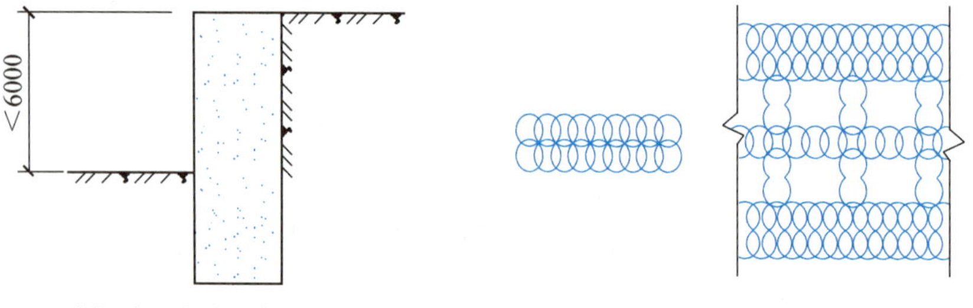

(a) 水泥土墙示意图　　(b) 块式　　(c) 格栅式

图 3-35　水泥土围护墙

2. 板桩式支护

板桩的种类有钢板桩、钢筋混凝土板桩和型钢横挡板桩等。由于钢板桩强度高、打设方便又可重复利用，因而广泛应用，目前钢板桩常用的截面形式如图 3-36 所示。

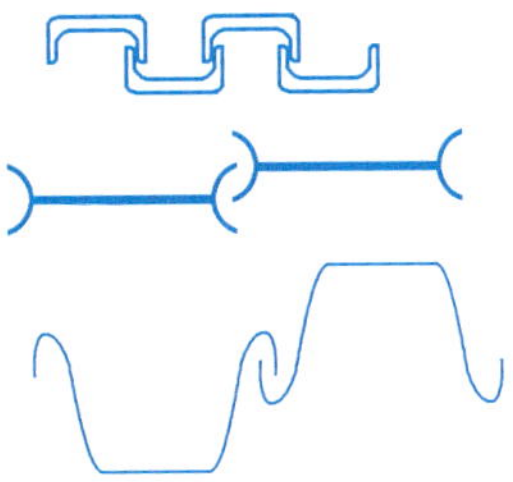

图 3-36 钢板桩锁扣形式

(1) 钢板桩

将正反扣搭接或并排组成的槽钢、U 形、L 形、一字形、H 形和组合型的热轧锁口钢板桩打入地下后在近地面处设拉锚或支撑形成的围护结构。

钢板桩宜用于基坑侧壁安全等级二、三级、基坑深度不宜大于 10 m 的基坑。其优点是材料质量可靠，软土地区打设方便，施工速度快，有一定的挡水能力，可多次重复用，一般费用低。其缺点是透水性较好的土中不能完全挡水，在地下水位高时需采取隔水或降水措施；支护刚度小，抗弯能力较弱，顶部宜设置一道支撑或拉锚(图 3-37 所示)；开挖后变形较大。

槽钢钢板桩的槽钢长 6～8 m，适用于深度不超过 4 m 的小型基坑；“拉森”钢板桩常用 U 型，多用于深度为 5～8 m 的基坑，视支撑(拉锚)加设情况而定，具有挡水功能。

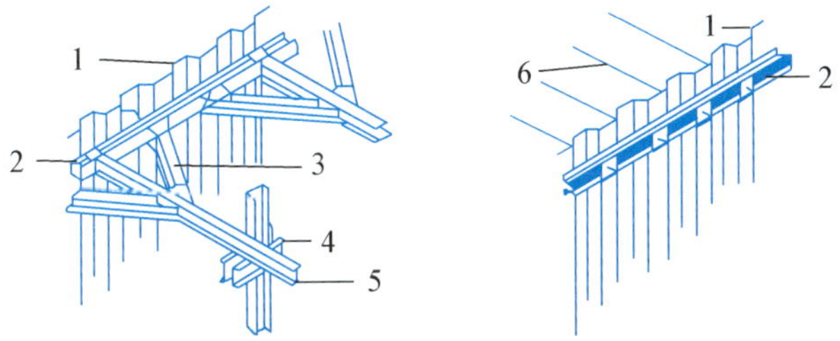

(a) 内撑方式　　(b) 锚拉方式

1—钢板桩；2—围檩；3—角撑；4—立柱与支撑；5—支撑；6—锚拉杆

图 3-37 钢板桩支护结构

(2) 型钢横挡板(图 3-38)

型钢横挡板围护墙亦称桩板式支护结构。这种围护墙由工字钢(或 H 型钢)桩和横挡板(亦称衬板)组成，再加上围檩、支撑等形成的一种支护体系。施工时先按一定间距打设工字钢或 H 型钢桩，然后在开挖土方时边挖边加设横挡板。施工结束拔出工字钢或 H 型钢桩，并在安全允许条件下尽可能回收横挡板。

横挡板直接承受土压力和水压力，由横挡板传给工字钢桩，再通过围檩传至支撑或拉锚。横挡板长度取决于工字钢桩的间距和厚度，由计算确定，多用厚度 60 mm 的木板或预制钢筋混凝土薄板。

型钢横挡板围护墙多用于土质较好、地下水位较低的地区，北京地下铁道工程和某

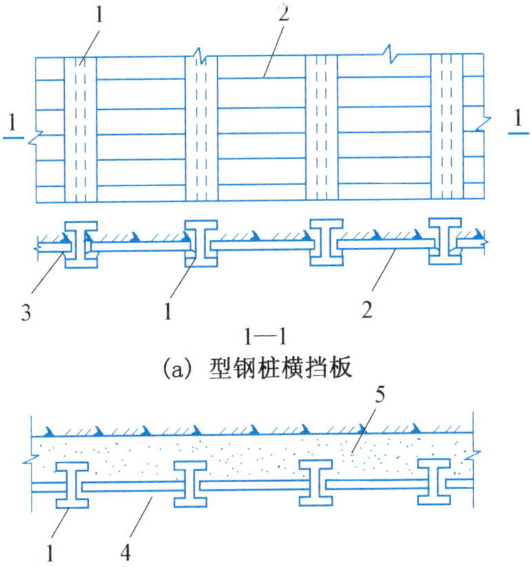

(a) 型钢桩横挡板

(b) 预制式水泥上固化挡墙

1—型钢桩；2—横向挡土板；3—木楔；4—预制混凝土扳；5—背面注入浆液止水

图 3-38 型钢横挡板支护

些高层建筑的基坑工程曾使用过。

3. 挡土灌注排桩支护

微课+课件

挡土灌注排桩支护

挡土灌注排桩支护宜用于基坑侧壁安全等级一、二、三级，坑深 7～15 m 的基坑工程。在软土地区多加设内支撑（或拉锚），悬臂式结构不宜大于 5 m。当地下水位高于基坑底面时，宜采用降水、排桩与水泥土桩组合截水帷幕或采用地下连续墙；适用于逆作法施工。

当土质较好，地下水位低，可利用土拱作用形成间隔排列的灌注桩支挡土体，如图 3－39(a)所示。间隔桩排列时缝隙不小于 100 mm，桩净距 150～200 mm。

在软土中不能形成土拱，支挡结构需连续密排，如图 3－39(c)所示。密排的桩可以互相搭接，或在桩身混凝土尚未形成时，在相邻桩之间做一根素混凝土树根桩把钻孔桩连接起来，形成咬合桩。

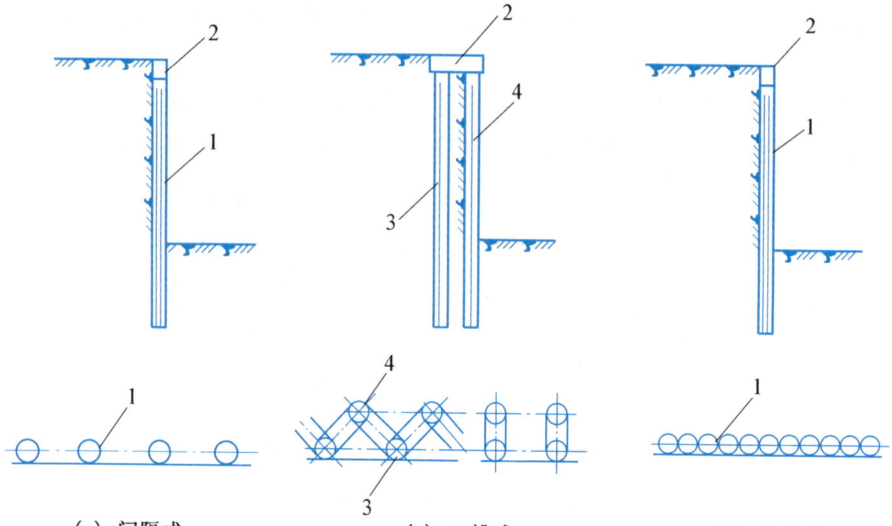

(a) 间隔式　　(b) 双排式　　(c) 连续式

1—挡土灌注桩；2—连续梁（圈梁）；3—前排桩；4—后排桩

图 3－39　挡土灌注排桩支护形式

当场地土较软弱或基坑开挖深度较大、基坑面积很大时，悬臂支护不能满足变形控制要求，但设置水平支撑又对施工及造价造成很大影响，可采用双排桩支护[图 3－39(b)]或排桩土层锚杆支护（图 3－40）。

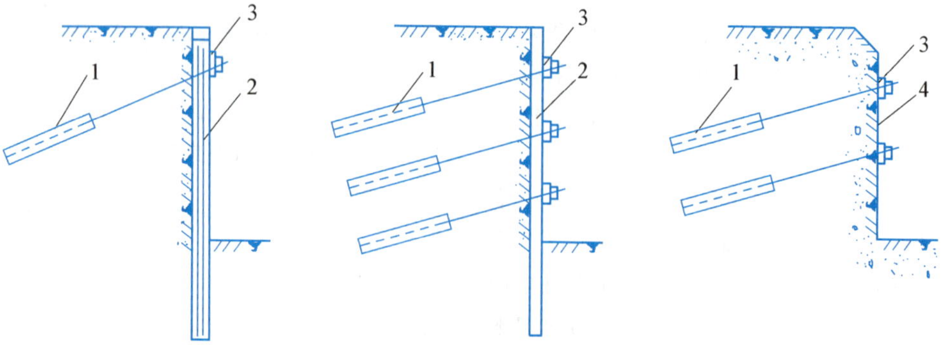

(a) 单锚支护　　(b) 多锚支护　　(c) 破碎岩层支护

1—土层锚杆；2—挡土灌注桩或地下连续墙；3—钢横梁（撑）；4—破碎岩土层

图 3－40　土层锚杆支护

双排柱支护体系是指在地基土中设置两排平行桩，前后两排桩桩体呈矩形或梅花形布置，在两排桩桩顶用刚性冠梁和连梁将两排桩连接，沿坑壁平行方向形成门架式空间结构，这种结构具有较大的侧向刚度，可以有效地限制基坑的变形。

排桩土层锚杆支护，系在排桩支护的基础上，沿开挖基坑或边坡，每隔一定距离设置一层向下稍微倾斜的土层锚杆，以增强排桩支护抵抗土压力的能力，同时可减少排桩的数量和截面积。

预应力锚杆宜用钢绞线。排桩土层锚杆支护施加一般先将排桩施工完成，开挖基坑时每挖一层土，至土层锚杆标高，便设置一层施工锚杆，逐层向下设置，直至完成。

挡土灌注桩支护一般采用每隔一定距离设置，缺乏阻水抗渗功能，在地下水较大的基坑应用，会造成桩间土大量流失，桩背土体被掏空，影响支护土体的稳定。为了提高挡土灌注桩的抗渗透功能，一般在挡土排桩的基础上桩间再加设水泥土桩以形成一种挡土灌注桩与水泥土桩相结合的支护体系，如图 3-41 所示。

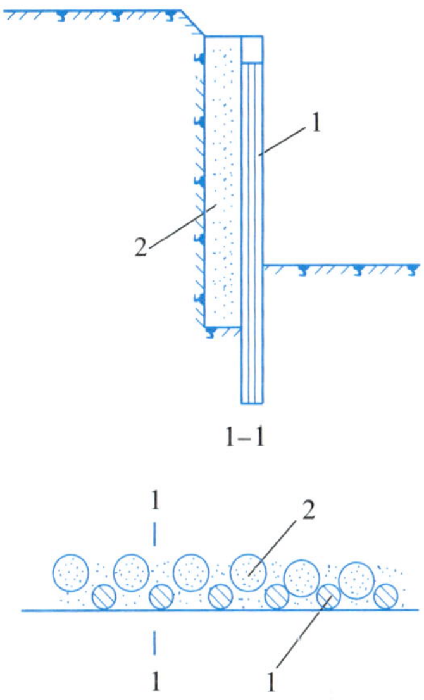

(a) 灌注桩与水泥土旋喷桩组合

1—挡土灌注桩；
2—水泥土旋喷桩

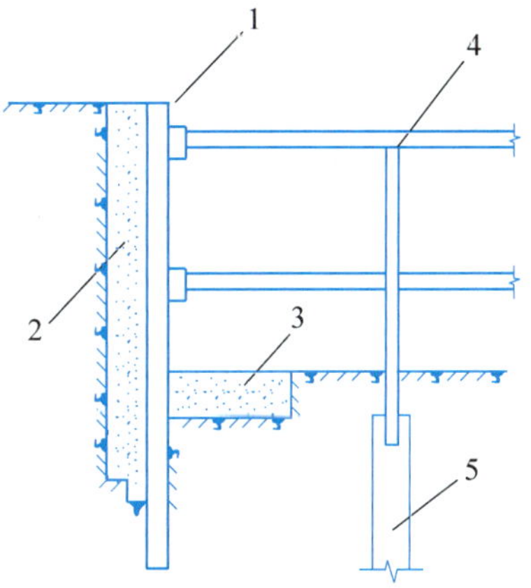

(b) 灌注桩与水泥土搅拌桩组合

1—挡土灌注桩；2—水泥土搅拌桩挡水帷幕；
3—坑底水泥土搅拌桩加固；4—内支撑；5—工程桩

图 3-41　混凝土灌注桩与水泥土桩组合支护

这种组合支护的做法是：先在深基坑的内侧设置直径为 0.6～1.0 m 的混凝土灌注桩，间距 1.2～1.5 m；然后在紧靠混凝土灌注桩的内侧，与外径相切设置直径为 0.8～1.5 m的高压喷射注浆桩（又称旋喷桩），以旋喷水泥浆方式使形成具有一定强度的水泥土桩与混凝土灌注桩紧密结合，组成一道防渗帷幕。该帷幕既可起抵抗土压力、水压力的作用，又可起挡水抗渗透作用，从而使基坑开挖处于无水状态。挡土灌注桩与高压喷射注浆桩采取分段间隔施工，当缺乏高压喷射注浆机具设备时，亦可用深层搅拌桩或粉体喷射桩（又称粉喷桩、喷粉桩）代替，其使用效果是相同的，但机具设备和施工较旋喷桩简易。

当基坑为淤泥质土层，除采用挡土灌注桩与水泥土桩组合支护外，还有可能在基坑底部产生管涌、涌泥现象时，此时亦可在基坑底部以下用高压喷射注浆桩局部或全部封闭（图 3-41），有利于支护结构稳定；加固后能有效减少作用于支护结构上的主、被动土压力，防止边坡坍塌、渗水和管涌等现象发生。

也有的在挡土灌注桩后面设一道 1.2 m 厚的水泥土墙；在砂性土或含砂多的黏性土中，有时在灌注桩与水泥土墙的间隙中进行注浆。

4. 加筋水泥土桩法(SMW 工法)

加筋水泥土桩法是指在水泥土搅拌桩内插入 H 型钢，使之成为同时具有受力和抗渗两种功能的支护结构围护墙(图 3 - 42)。坑深大时亦可加设支撑。国内一般用于 6～13 m 深基坑，国外已用于 20 m 以上深的基坑。

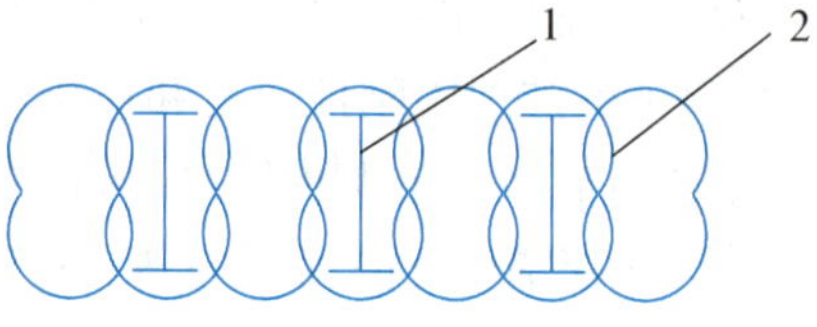

1—插在水泥土桩中的 H 型钢；
2—水泥土桩

图 3 - 42　SMW 工法围护墙

加筋水泥土桩法施工机械应为三根搅拌轴的深层搅拌机，全断面搅拌，H 型钢靠自重可顺利下插至设计标高。加筋水泥土桩法围护墙的水泥掺入比达 20%，因此，水泥土的强度较高，与 H 型钢黏结好，能共同作用。

微课+课件

- 地下连续墙支护
- 土钉墙支护

5. 地下连续墙

地下连续墙是指在基坑开挖前，分段开挖沟槽(一个槽段的长度为 6～8 m)，放入钢筋笼，浇筑混凝土，形成挡土、防渗的地下连续混凝土墙，简称地连墙。地连墙的厚度常用 600 mm、800 mm、1000 mm 和 1200 mm，多用于 12 m 以上的深基坑。地下连续墙施工工艺如图 3 - 43 所示。

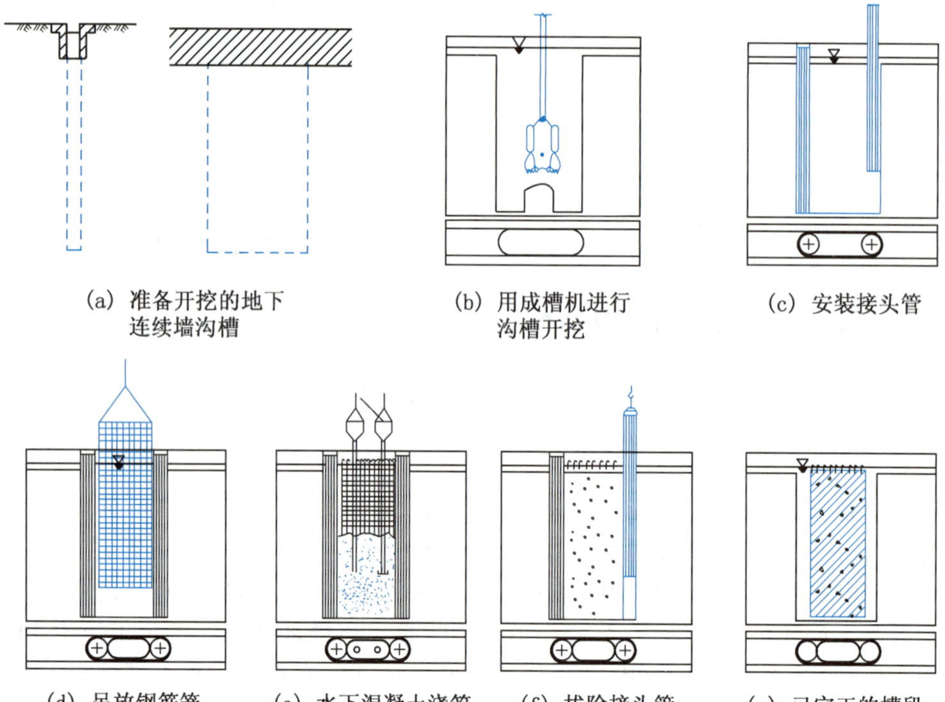

(a) 准备开挖的地下连续墙沟槽　(b) 用成槽机进行沟槽开挖　(c) 安装接头管

(d) 吊放钢筋笼　(e) 水下混凝土浇筑　(f) 拔除接头管　(g) 已完工的槽段

图 3 - 43　地下连续墙施工工艺

地下连续墙优点是施工时对周围环境影响小，能紧邻建(构)筑物等进行施工；刚度大、整体性好，变形小，能用于深基坑；处理好接头能较好地抗渗止水；如用逆作法施工，可实现两墙合一，能降低成本。适用于基坑侧壁安全等级为一、二、三级；在软土中悬臂式结构不宜大于 5 m。

6. 边坡稳定式——土钉墙(图 3-44)

土钉墙支护技术是一种原位土体加固技术，是在分层分段挖土和施工的条件下，由原位土体、在基坑侧面土中斜向设置的土钉与喷射混凝土面层三者组成共同工作的土钉墙，其受力特点是通过斜向土钉对基坑边坡土体的加固，增加边坡的抗滑力和抗滑力矩，达到稳定基坑边坡的作用。

土钉墙适用于基坑侧壁安全等级为二、三级的非软土场地；基坑深度不宜大于 12 m；当地下水位高于基坑底面时，应采取降水或截水措施。当基坑旁边有地下管线或建筑物基础时，阻碍土钉成孔，或遇密实卵石层无法成孔，不能采用土钉墙；不宜用于含水丰富的粉细砂层，这样容易造成塌孔的情况；不宜用于邻近有对沉降变形敏感的建筑物的情况，以免造成周边建筑物的损坏。

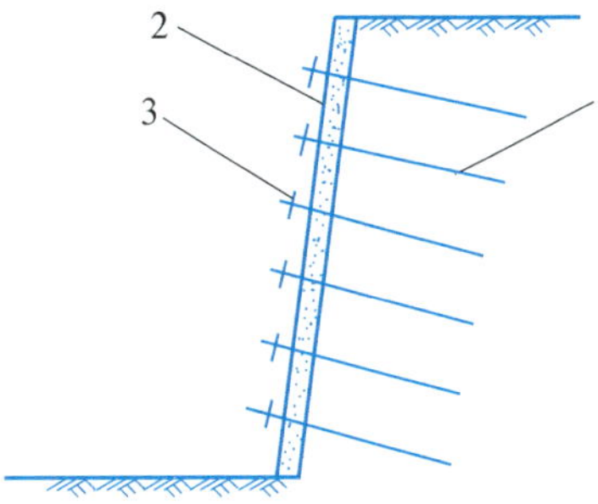

1—土钉；2—喷射细石混凝土面层；3—垫板

图 3-44 土钉墙

土钉有钢筋和钢管土钉，也可采用预应力锚杆复合土钉。土钉水平和竖向间距宜为 1～2 m；土钉倾角宜为 5°～20°，其夹角应根据土性和施工条件确定。土钉长度按设计确定。

土钉施工有打入式和成孔注浆两种方式。成孔注浆型钢筋土钉成孔直径宜取 70～120 mm，采用 16～32 mm 的 HRB400、HRB500 级钢筋置入孔内，为使土钉钢筋处于孔的中心位置，有足够的浆体保护层，需沿钉长每隔 1.5～2.5 m 设对中支架(ϕ6～8 mm 钢筋做成)，土钉钢筋保护层厚度不宜小于 20 mm。然后采用强度等级不低于 20 MPa 的水泥浆或水泥砂浆沿全长注浆。水泥浆水灰比宜为 0.5～0.55，水泥砂浆水灰比宜为 0.40～0.45，同时灰砂比宜为 0.5～1.0。砂宜用中粗砂，含泥量不得大于 3%(重量比)。注浆方式常用常压注浆。注浆时注浆管端部至孔底不宜大于 200 mm，在新鲜浆液从孔口溢出后停止注浆。

钢管土钉的钢管外径不宜小于 48 mm，壁厚不宜小于 3 mm；钢管的注浆孔应设置在钢管里端 $L/2$～$2L/3$ 范围内(L 为钢管土钉的总长度)；每个注浆截面的注浆孔宜取 2 个，且应对称布置，注浆孔的孔径宜取 5～8 mm，注浆孔外应设置保护倒刺。钢管注浆宜用水泥浆，水泥浆水灰比宜为 0.5～0.6，注浆压力不宜小于 0.6 MPa。

土钉墙的面层不是主要受力构件，但可以约束坡面的变形，并将土钉连成整体。土钉墙的墙面坡度越小，稳定性越好，越经济。土钉墙墙面坡度不宜大于 1∶0.2。面层一般用喷射混凝土，并配钢筋网。混凝土不低于 C20，厚度为 80～100 mm。钢筋的直径一般为 6～10 mm，间距为 150～250 mm。分层施工上下段钢筋网搭接长度大于 300 mm。加强筋的直径宜取 14～20 mm；当充分利用土钉杆体的抗拉强度时，加强钢筋的截面面积不应小于土钉杆体截面面积的 1/2。

连接件是面层的一部分，不仅要把面层和土钉可靠地连接在一起，还要使土钉之间相互连接。土钉与面层的连接一般采用螺栓连接或钢筋焊接连接，设置承压钢板或井字形加强钢筋等构造措施。

3.3.2.2 支撑体系

对深度较深，地基土质较差的基坑，为减少排桩悬臂长度，使围护排桩受力合理和受力后变形小，一般可采用设置内支撑或土层锚杆两种方法。

排桩内撑结构体系，一般由挡土结构和支撑结构组成(图 3-45)，二者构成一个整体，共同抵抗外力的作用。支撑结构一般由围檩或冠梁、立柱、对撑、角撑、八字撑(图 3-45 和图 3-46)等组成。围檩固定在排桩墙上,将排桩承受的侧压力传给纵横支撑。支撑为受压构件,长度超过一定限度时,一般再在中间加设立柱,以承受支撑自重和施工荷载,立柱下端插入工程桩内,当其下无工程桩时,则设专用灌注桩。支撑体系在平面上有正交支撑、对撑、角撑、八字撑、桁架式、框架式、圆形式等,也可混合使用。竖向布置主要取决于基坑深度、围护墙种类、挖土方式、地下结构各层楼盖和底板位置等。基坑深度越深,支撑层数愈多。

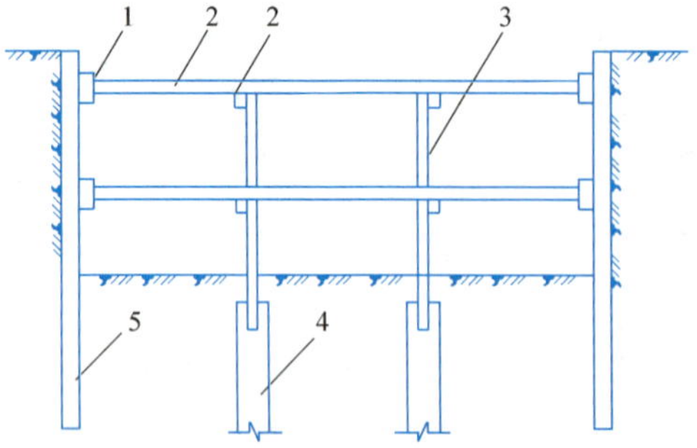

1—围檩;2—纵、横向水平支撑;3—立柱;
4—工程灌注桩或专设桩;5—围护排桩(或墙)

图 3-45 内支撑结构构造

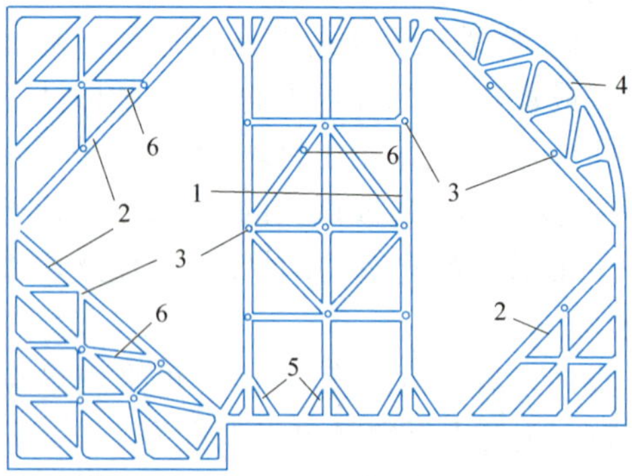

1—对撑;2—角撑;3—立柱;4—拱形撑;
5—八字撑;6—连系杆

图 3-46 角撑和对撑

内支撑一般有钢支撑和混凝土支撑两种。

1. 钢支撑

钢支撑常用的有钢管支撑和型钢支撑两种。钢管支撑多用 ϕ609 钢管,有多种壁厚(10 mm、12 mm、14 mm)可供选择,壁厚大者承载能力高。亦有用较小直径钢管者,如 ϕ580、ϕ406 钢管等;型钢支撑(图 3-47)多用 H 型钢,有多种规格以适应不同的承载力。在纵、横向支撑的交叉部位,可用上下叠交固定;亦可用专门加工的"十"形定型接头,以便连接纵、横向支撑构件。前者纵、横向支撑不在一个平面上,整体刚度差;后者则在一个平面上,刚度大,受力性能好。

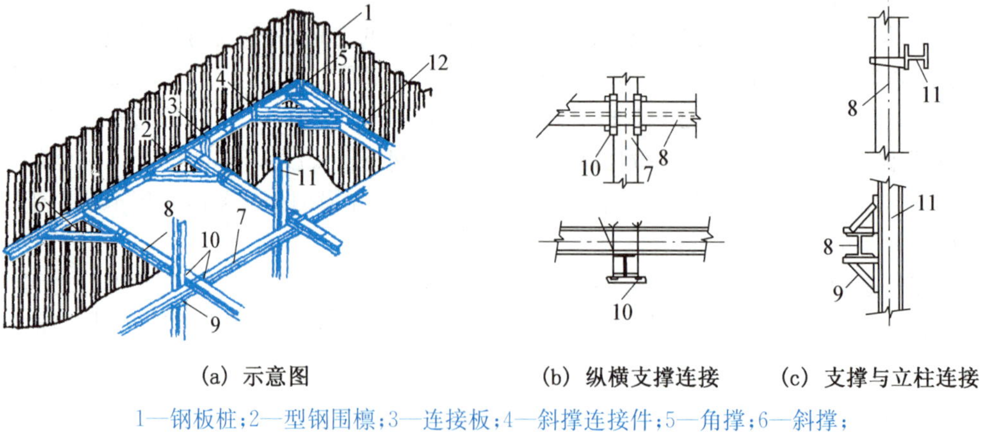

(a) 示意图　　(b) 纵横支撑连接　　(c) 支撑与立柱连接

1—钢板桩;2—型钢围檩;3—连接板;4—斜撑连接件;5—角撑;6—斜撑;
7—横向支撑;8—纵向支撑;9—三角托架;10—交叉部紧固件;11—立柱;12—角部连接件

图 3-47 型钢支撑构造

钢支撑的优点是安装和拆除方便、速度快,能尽快发挥支撑的作用,减小时间效应,使围护墙因时间效应增加的变形减小;可以重复使用,多为租赁方式,便于专业化施工;可以施加预紧力,还可根据围护墙变形发展情况,多次调整预紧力值以限制围护墙变形发展。缺点是整体刚度相对较弱,支撑的间距相对较小。

2. 混凝土支撑

混凝土支撑是随着挖土的加深,根据设计规定的位置现场支模浇筑而成。优点是形状多样性,可浇筑成直线、曲线构件,可根据基坑平面形状,浇筑成最优化的布置形式;整体刚度大,安全可靠,可使围护墙变形小,有利于保护周围环境;可方便地变化构件的截面和配筋,以适应其内力的变化。缺点是支撑成型和发挥作用时间长,时间效应大,使围护墙因时间效应而产生的变形增大;属一次性的,不能重复利用;拆除相对困难,如用控制爆破拆除,有时周围环境不允许,如用人工拆除,时间较长、劳动强度大。

混凝土支撑的混凝土强度等级多为C30,截面尺寸经计算确定。腰梁的截面尺寸常用600 mm×800 mm(高×宽)、800 mm×1000 mm和1000 mm×1200 mm;支撑的截面尺寸常用600 mm×800 mm(高×宽)、800 mm×1000 mm、800 mm×1200 mm和1000 mm×1200 mm。支撑的截面尺寸在高度方向要与腰梁高度相匹配。配筋要经计算确定。

对平面尺寸大的基坑,在支撑交叉点处需设立柱,在垂直方向支承平面支撑。立柱可为四个角钢组成的格构式钢柱、圆钢管或型钢。考虑到承台施工时便于穿钢筋,格构式钢柱较好,应用较多。立柱的下端最好插入作为工程桩使用的灌筑桩内,钢立柱插入深度不宜小于立柱长边或直径的4倍,且不宜小于2 m,立柱长细比不宜大于25。

在软土地区有时在同一个基坑中,上述两种支撑同时应用。为了控制地面变形、保护好周围环境,上层支撑用混凝土支撑;基坑下部为了加快支撑的装拆、加快施工速度,采用钢支撑。

3.3.3 基坑验槽

微课+课件

验槽

基坑挖至设计标高并清理后,施工单位在自检合格的基础上应由建设单位组织设计、监理、施工、勘察等部门的项目负责人员共同进行验槽。验槽应重点注意柱基、墙角、承重墙下受力较大的部位,如有异常要会同勘察等设计有关单位处理。

3.3.3.1 验槽的主要内容

(1) 根据设计图纸检查基槽的开挖平面位置、尺寸、槽底深度、检查是否与设计图纸相符,开挖深度是否符合设计要求。

(2) 仔细观察槽壁、槽底土质类型、均匀程度和有关异常土质是否存在,核对基坑土质及地下水情况是否与地勘报告相符。

(3) 观察基槽中是否有旧建筑基础,古井、古墓、洞穴、地下掩埋物及地下人防工程。

(4) 检查基槽边坡外缘与附近建筑物距离,基坑开挖对建筑物稳定是否有影响。

(5) 检查核实分析钎探资料,对存在异常点进行复核检查。

3.3.3.2 验槽的方法

验槽方法有表面检查验槽法、钎探法、洛阳铲法、轻型动力触探等。通常主要采用观察法为主,而对于基底以下的土层不可见部位,要辅以钎探或轻型动力触探配合共同完成。

1. 表面检查验槽法(观察法)

表面检查验槽法内容是:根据槽壁土层分布情况及走向,初步判明全部基底是否已挖至设计所要求的土层;检查槽底是否已挖至原(老)土,是否需继续下挖或进行处理;检查整个槽底土的颜色是否均匀一致;土的坚硬程度是否一样,是否有局部过松软或过坚硬的情况;是否有局部含水量异常现象,走上去有没有颤动的感觉等。如有异常部位,要会同勘察设计等有关单位进行处理。

2. 钎探法

基坑挖好后,用锤把钢钎打入槽底的基土内,根据每打入一定深度的锤击次数,来判断地基土质情况。

钢钎一般用直径为 22～25 mm 的钢筋制成,钎尖呈 60°尖锥状,长度为 2.1～2.6 m。大锤用重 8～10 kg 的铁锤。打锤时,举高离钎顶 50～70 cm,将钢钎垂直打入土中,并记录每打入土层 300 mm 的锤击数。

钎孔布置和钎探深度应根据地基土质的复杂情况和基槽宽度、形状而定。钎探深度以设计为依据,如设计无规定,一般钎点纵横间距 1.5 m 梅花形布置,深度 2.1 m。

钎探时先绘制基坑(槽)平面图,在图上根据要求确定钎探点的平面位置,并依次编号制成钎探平面图。钎探时按钎探平面图标定的钎探点顺序进行,最后整理成钎探记录表。

全部钎探完后,逐层分析研究钎探记录,然后逐点进行比较,将锤击数显著过多或过少的钎孔在钎探平面图上做上记号,然后再在该部位进行重点检查,如有异常情况,要认真进行处理。

3. 轻型动力触探

遇到下列情况时,应在坑底普遍进行轻型动力触探(现场也可采用轻型动力触探替代钎探):持力层明显不均匀,浅部有软弱下卧层;有浅埋的坑穴、古墓、古井等,直接观察难以发现时;勘察报告或设计规定应进行轻型动力触探。

4. 洛阳铲法

在黄土地区基坑挖好后或大面积基坑挖土前,根据建筑物所在地区的具体情况或设计要求,对基坑底以下的土质、古墓、洞穴用专用洛阳铲进行钎探检查。

3.3.4 基坑土方回填

3.3.4.1 回填土选择与填筑方法

微课+课件

基坑土方回填

1. 填土土料选择

填土土料应符合设计要求,不同填料不应混填。当设计无要求时应符合以下要求:选择含水量符合压实要求的黏性土可用作各层填料;碎石类土、爆破石渣可用作表层以下的填料,分层碾压时其最大粒径不得超过每层厚度的 2/3,草皮土和有机质含量大于 8%的土、石膏或水溶性硫酸盐含量大于 5%的土、耕土、冻土等,不应作为填方土料;淤泥和淤泥质土不宜作为填料,在软土或沼泽地区,经过处理且符合压实要求后,可用于回填次要部位或无压实要求的区域。

2. 填筑方法

填土应分层进行,并尽量采用同类土填筑。两种透水性不同的填料分层填筑时,上层宜填透水性较小的填料。填方施工应接近水平地分层填筑压实,每层的厚度根据土的种类及选用的压实机械而定。土方回填时应先低处后高处,逐层填筑。

回填基底时，基底上的树墩及树根应拔除，排干水田、水库、鱼塘等的积水，对软土进行处理；设计标高 500 mm 以内的草皮、垃圾及软土应清除；当基底坡度大于 1∶5 时，应将基底挖成台阶，台阶内倾，台阶高宽比 1∶2，台阶高度不大于 1 m。

3.3.4.2 填土的压实

填土的压实方法有：碾压法、夯实法和振动压实法等。碾压法是利用沿着土的表面滚动的鼓筒或轮子的压力压实填土的，主要适用于场地平整和大型基坑回填工程。碾压机械有平碾、羊足碾和振动碾。夯实法是利用夯锤自由落下的冲击力来压实填土的。夯实法主要适用于小面积的回填土。常用的夯实机械主要有蛙式打夯机、夯锤和内燃夯土机等。振动压实法是将振动压实机放在土层表面，借助振动设备的振动使土压实，振动压实法主要适用于振实无黏性土。

为了使填土压实后达到规定要求的密实度。在压实过程中，要考虑压实功、土的含水量及每层铺土厚度与压实遍数等因素的影响。

填土压实后的密度与压实功有一定的关系，但不成线性关系。在实际施工中，对松土先用轻碾压实，再用重碾压实，会取得较好压实效果，不宜用重型碾压机械直接滚压。在同一压实条件下，土料的含水量对压实质量有直接的影响。在使用同样的压力功使填土压实获得最大密实度时的含水量，称为最优含水量。为达到最优含水量，当含水量偏高时，应翻松晾干，或掺入干土或吸水性填料，当含水量偏低时，应预先洒水润湿，增加压实遍数或使用大功率的压实机械等措施。土在压实功的作用下，一般表层土的密实度增加最大，超过一定的深度后，则增加较小，甚至没有增加。因此，施工时每层土的铺土厚度和压实遍数要满足一定要求。

3.3.4.3 填土质量控制与检验

(1) 土方回填前应清除基底的垃圾树根等杂物，抽出坑穴积水、淤泥，验收基底标高。如在耕植土或松土上填方，应在基底压实后再进行。对填方土料应按设计要求验收后方可填入。

(2) 填土施工过程中应检查排水措施，每层填筑厚度、辗迹重叠程度、含水量控制、回填土有机质含量、压实系数。填土厚度及压实遍数应根据土质、压实系数及所用机械确定，如无试验依据应符合表 3-12 规定。冬季回填每层铺料压实厚度比常温施工时减少 20%～25%。

表 3-12 每层土的铺土厚度和压实遍数

压实机具	每层铺土厚度/mm	每层压实遍数	压实机具	每层铺土厚度/mm	每层压实遍数
平碾	250～300	6～8	振动压实机	250～350	3～4
柴油打夯机	200～250	3～4	人工打夯	<200	3～4
蛙式打夯机	200～250	3～4	—	—	—

(3) 在填土施工中，应分层取样检验土的压实系数。一般采用环刀法、灌砂法或灌水法。采用环刀法取样时，基坑和室内回填每层按 100～500 m^2 取样 1 组，且每层不少于 1 组；柱基回填，每层抽样在柱基总数的 10%，且不少于 5 组；基槽或管沟回填，每层按长度 20～50 m 取样 1 组，且每层不少于 1 组；室外回填，每层按 400～900 m^2 取样 1 组，且每层不少于 1 组，取样部位在每层压实后的下半部。

采用灌砂或灌水法取样时，取样数量可较环刀法适当减少，但每层不少于1组。用灌砂法取样应为每层压实后的全部深度。

(4) 填方施工结束后应检查标高、边坡坡度、压实系数等，检验标准参见表3-13。

表3-13 填土工程质量检验标准

<table>
<tr><th rowspan="3">项</th><th rowspan="3">序</th><th rowspan="3">检查项目</th><th colspan="3">允许偏差或允许值</th><th rowspan="3">检查方法</th></tr>
<tr><th rowspan="2">桩基、基坑、基槽、管沟、地(路)面基础层/mm</th><th colspan="2">场地平整/mm</th></tr>
<tr><th>人工</th><th>机械</th></tr>
<tr><td rowspan="2">主控项目</td><td>1</td><td>标高</td><td>0,−50</td><td>±30</td><td>±50</td><td>水准仪</td></tr>
<tr><td>2</td><td>分层压实系数</td><td colspan="3">设计要求</td><td>环刀法、灌砂或灌水法</td></tr>
<tr><td rowspan="6">一般项目</td><td>1</td><td>回填土料</td><td colspan="3">设计要求</td><td>取样检查或直接鉴别</td></tr>
<tr><td>2</td><td>分层厚度</td><td colspan="3">设计要求</td><td>水准仪及抽样检查</td></tr>
<tr><td>3</td><td>含水量</td><td>最优含水量±2%</td><td colspan="2">最优含水量±4%</td><td>烘干法</td></tr>
<tr><td>4</td><td>表面平整度/mm</td><td>±20</td><td>±20</td><td>±30</td><td>用2 m靠尺</td></tr>
<tr><td>5</td><td>有机质含量</td><td colspan="3">≤5%</td><td>灼烧减量法</td></tr>
<tr><td>6</td><td>辗迹重叠长度/mm</td><td colspan="3">500～1000</td><td>用钢尺量</td></tr>
</table>

3.4 基坑施工方案编制

本项目通过一具体工程案例引导学习基坑施工方案的编制内容和方法。

3.4.1 施工方案编制主要内容

对于工程项目中一些施工难点和关键分部、分项工程，通常会编制专门的施工方案。施工方案是对单位工程或分部(分项)工程中某施工方法的分析，是对施工实施过程所耗用的劳动力、材料、机械、费用以及工期等在合理组织的条件下，进行技术经济的分析，力求采用新技术，从中选择最优施工方法，也即最优方案。对分部(分项)工程单独编制的施工方案主要包括以下内容：

(1) 编制依据。

(2) 分部(分项)工程概况和施工条件。说明分部(分项)工程的具体情况，选择本方案的优点、因素以及在方案实施前应具备的作业条件。

(3) 施工总体安排，包括施工准备、劳动力计划、材料计划、人员安排、施工时间、现场布置及流水段的划分等。

(4) 施工方法、施工工艺流程、施工工序、"四新"项目详细介绍。可以附图、附表直观说明，有必要的需进行设计计算。

(5) 质量要求和质量保证措施。阐明主控项目、一般项目和允许偏差项目的具体根据和要求，注明检查工具和检验方法。质量管理点及控制措施。分析分部(分项)工程的重点难点，制定针对性的施工及控制措施及成品保护措施。

(6) 安全、文明施工及环境保护措施。

(7) 季节性施工措施等。

同时注意满足强制性条文和地方主管部门对施工方案的要求。

3.4.2 深基坑施工方案案例

3.4.2.1 工程概况

1. 施工场地和施工范围

某大型旅游饭店工程场地平整已经完成，场地平整后标高为 37.58 m，基槽开挖范围(包括放坡)南北约 110 m，东西约 140 m，由以下几部分组成，如图 3-48 所示。

(1) 主楼：包括中央塔楼及三个翼楼。三个开挖标高分别为 28.10 m，28.30 m 和 27.30 m，实际挖深分别为 9.48 m、9.28 m 和 10.28 m。

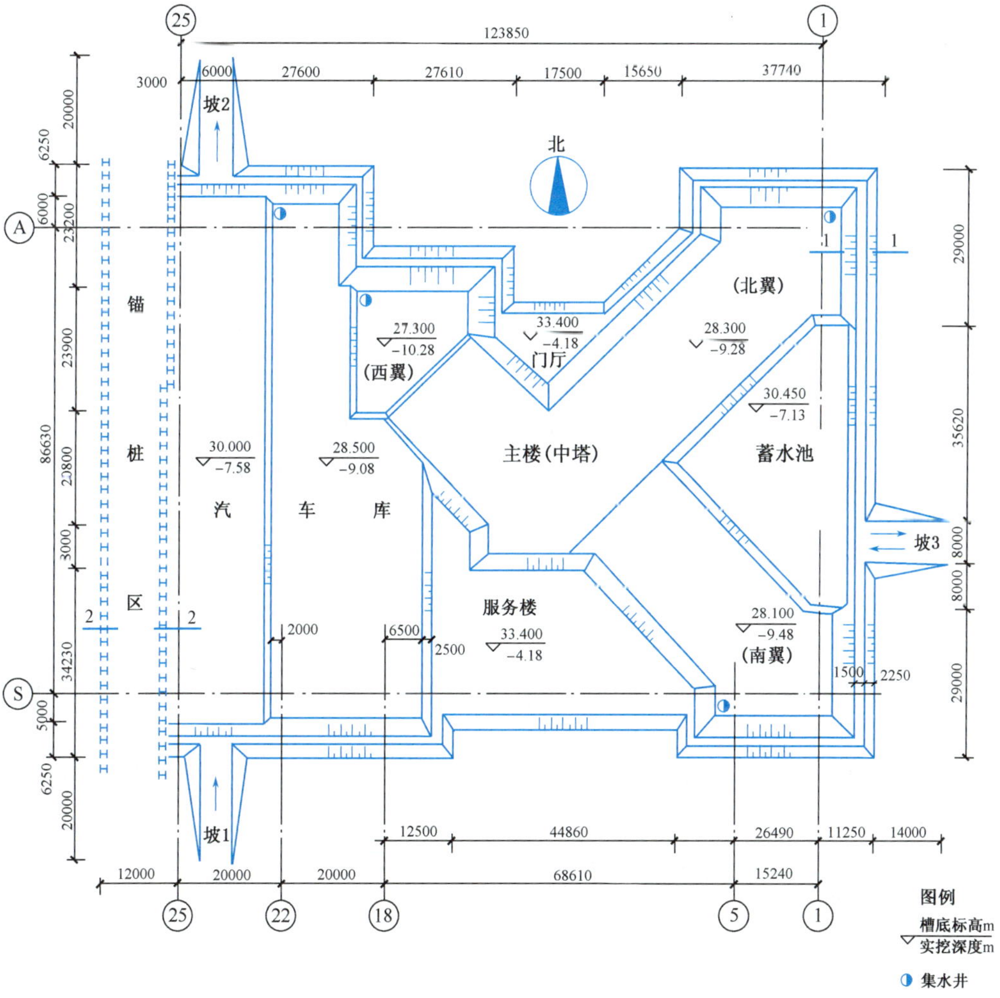

图 3-48 建筑组成与基槽开挖示意图

(2) 蓄水池：在主楼的东侧，开挖标高 30.45 m，实际挖深 7.13 m。

(3) 服务楼和门厅：分别在主楼的南北侧，开挖标高 33.40 m，实际挖深 4.18 m。

(4) 汽车库：在主楼的西侧，开挖标高分别为 30.00 m 和 28.50 m，实际挖深 7.58 m 和 9.08 m。

另外，在机械开挖标高以下还有若干柱基和条基，需配合人工开挖，将土送至机械开挖半径以内，由机械挖走。

2. 土方量和卸土场地

根据开挖的几何尺寸计算开挖土方量为 113979 m^2（包括坡道）；卸（弃）土场地暂定以下几处：

一区：卸土面积约 5000 m^2，卸土 45000 m^3，运距 1.5 km。

二区：卸土面积约 15000 m^2，卸土 43000 m^3，运距 6.6 km。

三区：某小区场地回填，卸土 15000 m^3，运距 2 km。

四区：卸土 5000 m^3，运距 12 km。

五区：现场东侧存土场，存土面积约 2000 m^2，存土 7000 m^3，运距 0.3 km。

3. 土质和水位情况

在挖深范围内，土质和水位分布情况如下。

(1) 37.58～36.00 m，即由自然地面挖深 1.58 m 以内为人工杂填土，大部分由粉质黏土组成，夹杂砖头、石块等，分布不均匀。

(2) 36.00～32.50 m，即挖深为 1.58～5.08 m 处，为黏质粉土，含水量为 18%～26%，呈饱和状态。

(3) 32.50～28.50 m，即挖深为 5.08～9.08 m 处，为粉质黏土组成的饱和土层，在 32.17 m附近还有层厚约 0.65 m 的滞水层，水量不大。

(4) 28.50 m 以下为中细砂。地下静止水位为 25.11～26.17 m 时，对施工无影响。

4. 工程特点

本工程具有基槽深，土方量大、工期紧以及土质情况复杂等特点。组织施工时，要针对这些特点，合理选择施工机械，精心安排工作面，采用多机组、多层段、多班次立体交叉流水作业，做到充分利用空间和时间，同时要制定两层施工的防陷措施，做好各工种、各工序的配合，保持多机组连续作业，确保 32 d 全部完成基槽土方 114000 m^3 的开挖，这体现了机械化施工高效率、高速度。

3.4.2.2 施工准备

1. 地上、地下障碍物清除

(1) 土方工程开工前应对施工现场地上、地下障碍物进行全面调查，并制定排障计划和处理方案。

(2) 基槽南部有平房三间，东部有原轻工展览馆旧基础，需在开工前拆除，基槽南侧的果树也要迁移。

(3) 基槽西侧有地下输水管和通信电缆各一条，埋深约 2 m，拟采用护坡桩保护，但必须经市政、电信部门派专人将埋深和走向探查清楚，树立明显标志后方可进行护坡桩施工。

2. 测量放线及测量桩、点的保护

(1) 土方工程开工前，红线桩及建筑物的定位桩需经市规划部门检验核准后方可动工。

(2) 土方工程开工前，要根据施工图纸及轴线桩测放基槽开挖上下口白灰线。

(3) 机械施工易碰压测量桩，因此，基槽开挖范围内所有轴线桩和水准点都要引出机械施工活动区域以外，并设置涂红白漆的钢筋支架以保护。

3. 现场道路和出入口

根据土建总平面布置，结合机械化施工的特点来确定现场施工道路和现场出入口。

(1) 现场道路分别设在基槽南北、东侧、距槽边线 15 m，路宽 6 m，路基采用 8 t 压路机压实后，铺垫砂石或碎石 30 cm 厚。

(2) 现场开设东、南、北三个出入口，要根据运土路线确定和调整出入方向，防止发生堵车现象。

4. 施工用水、用电及夜间施工照明

一般情况下，土建施工组织设计选定的水源、电源及水电线路均可满足土方工程机械化施工的要求，但机械施工单位应提出需用量计划，有条件时由土建负责安装。

(1) 冬施期间施工机械在班前需用 85 ℃以上热水预温。为防止现场和道路起尘污染环境，每班配备 4 t 洒水车一台，日用水量约 40 t，要在现场设置 50 mm 水管作为水源。

(2) 机械施工用电，主要是夜间照明和机械现场小修用电，可在基槽北侧、东侧土建已设现场临时用电线路上接引，但接线位置必须征得土建电工的同意或由土建电工做好接线闸箱。

夜间照明采用活动灯架，每个灯架安装碘钨灯 500～1000 W。每台挖土机配备活动灯架三个，其中槽底挖土工作面 1 个，槽上装车工作面 2 个。

卸土场可安装固定灯架，每平方米卸土面积安装 1 W 的照明灯。运土道路、现场出入口、坡道口及其他危险地段也要安装必要的散光灯和警戒灯。

机修用电主要是电焊机和电钻，耗电量不超过 30 kW。

5. 临时设施

挖土现场搭建木板房 60 m^2 作为职工休息室和工具室。搭建机修棚 20 m^2。

每个卸土场设休息室一间，如现场解决不了时，可用旧轿车拖斗代替。

6. 准备工程和工序

本工程虽于 2 月底开工，但施工现场仍有 40 cm 冻土层，必须采用破冻措施后方可挖土。

大面积破冻土采用带有松土器的推土机。小面积或含水量大，土质坚硬的冻土可将拉铲挖土机改装成重锤破冻，可破冻层厚 60 cm 以上。挖土过程中如遇旧基础或其他硬块，机械挖不动时，也可采用松土器或重锤破碎。

3.4.2.3 施工平面布置

土方工程机械化施工的施工平面布置除满足本专业的施工要求外，还要结合土建施工的施工总平面布置，为土建施工创造条件。本工程施工平面布置如图 3-49 所示。它包括施工场地、施工道路、现场出入口、水电及临时暂设、一层施工分段及施工机械布置。

3.4.2.4 主要施工方法

1. 基槽开挖

(1) 施工分层

当基槽开挖深度大于目前常用挖土机最大挖土深度时，可采用分层开挖。分层的主要依据是：基槽开挖深度，现有挖土机的合理挖土深度，土质、水位情况以及综合考虑基槽的其他要求和做法等。

本工程各组成部分的开挖深度，大部分超过常用反铲挖土机最大挖土深度，同时结合浅槽的标高，边坡的台阶做法以及挖土机的生产效率等，本工程拟分为两层开挖：第一层除服务楼、门厅挖至标高 33.400 m 外，其他部位均挖至标高 33.100 m，实际挖深 4.18 m 和 4.48 m，第二层在 33.10 m 基础上铺垫 30 cm 厚防陷层后，再分别挖至各自的槽底标高。实际挖深分别为汽车库 3.48 m 和 4.90 m，主楼中央塔楼和北翼 5.10 m，主楼西翼 6.10 m，南翼 5.30 m，蓄水池 2.95 m，如图 3-48 所示。

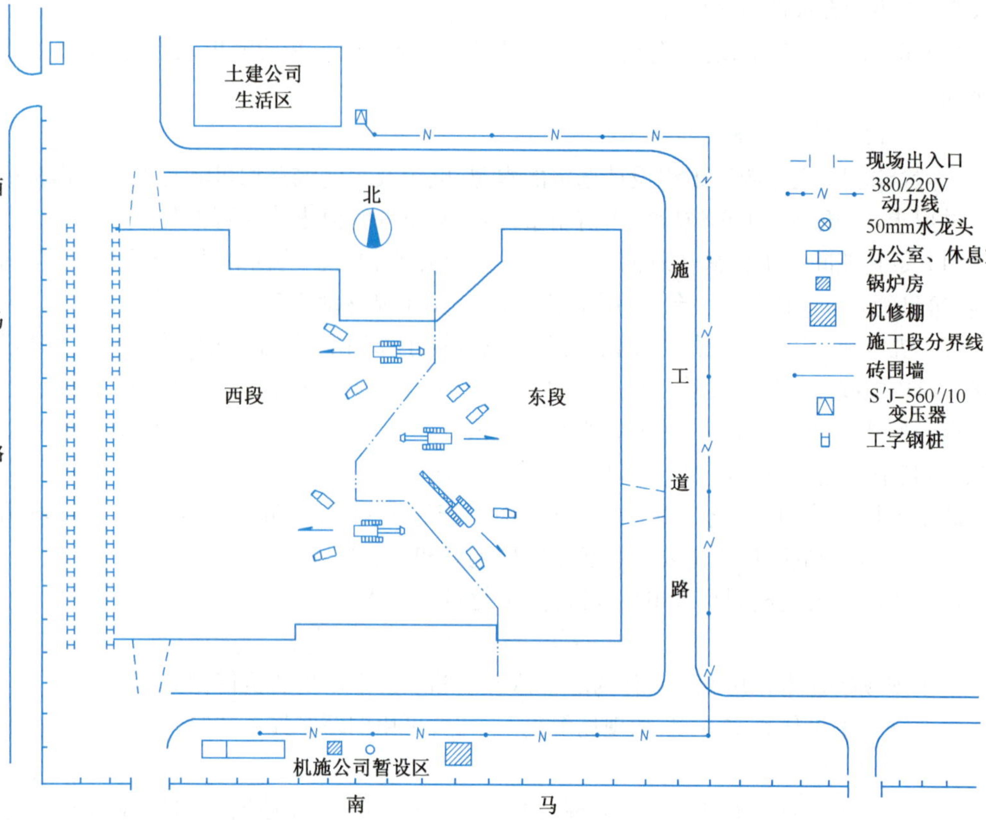

图 3-49　施工平面布置图

(2) 边坡确定

根据基槽开挖深度，土质和施工场地情况参照规范要求及有关规定确定边坡坡度。

根据本工程分层的开挖深度，第一层按 1∶0.50 放坡，第二层按 1∶0.75 放坡，层间加设 1.5 m 宽平台，如图 3-50 所示。

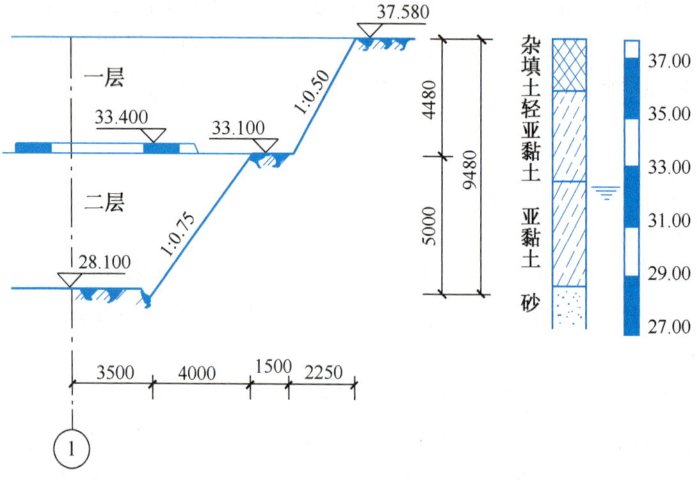

图 3-50　施工分层与土质分布图(即图 3-48 中 1-1 剖面)

基槽西侧因有地下管道和电缆，不能放坡，采用 I63a 钢桩护坡，做法如图 3－51 所示。

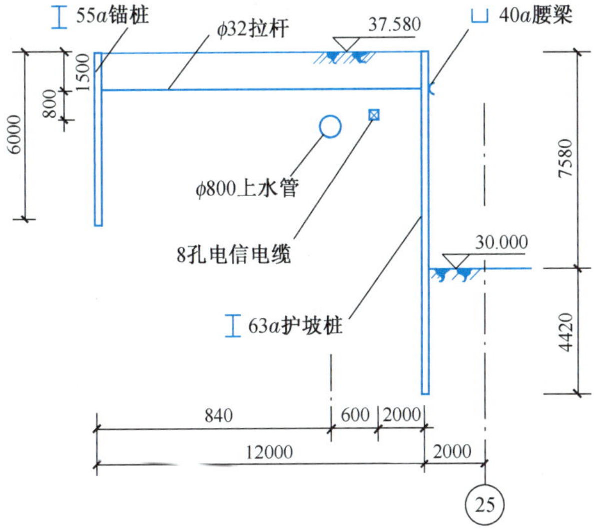

图 3－51　地下障碍与护坡桩图(即图 3－48 中 2－2 剖面)

考虑到本工程基槽挖深大、土的含水量大并有滞水层存在以及边坡使用期在一年以上等原因，为防止滞水，雨水冲刷以及冻融造成的边坡剥落和塌方，边坡坡面要采用挂金属网，外抹 3 cm 厚 M5 水泥砂浆的加固措施。金属网可采用 20 号铅丝网，用 ϕ10 mm 长 500 mm 钢筋嵌入土坡内固定，嵌入筋纵横间距 1.5 m。

(3) 坡道的开设

坡道的开设要根据机械配备、开行路线以及施工现场的情况而定，坡道开设是否合理是深基础土方施工成败的关键之一。坡道的宽度一般为 6～8 m，坡度为 1∶6～1∶10。坡道可开设在槽外或槽内，也可采用槽内外相结合的方法，其中槽内坡道可节省场地，但将给坡道处理带来困难。

考虑到本工程采用多机组、多层段流水作业，在场地允许的情况下，分别开设三个二层施工的坡道(图 3－48)，采用槽内外相结合的方法，即坡道 1、坡道 2 槽内 16 m 长，槽外 20 m 长，宽度 6 m，坡度 1∶8；坡道 3 槽内 20 m 长，槽外 15 m 长，宽度 8 m，坡度 1∶8。

基槽挖完后，除土建要求保留外，坡道都要加以处理；槽内部分要挖除，槽外部分要回填。

(4) 二层施工的防陷措施

施工分层要考虑水位和土质情况，分层底标高要高出水位 0.5 m 以上，也尽量不要落在细粉砂层和其他含水量大的软土层上。如不可避免地要落在不良土层时，要采取防陷措施。

细粉砂土层表层抗剪能力差，将造成汽车起步困难，可铺垫 10～20 cm 厚黏性土，以改良工作面的土质，因土层含水量大或其他软土层造成机械陷车时，可铺垫 30～50 cm 厚砂石或粗粒房渣土用来稳定工作面，铺垫厚度以土质、含水量以及工作面可能晾晒的时间来确定，也可铺垫木排、钢筋排、钢板等。

根据本工程土的含水量大而且呈湿—饱和状态的特点，除采用晾晒措施外，必须在二层开挖的停机面上铺垫 30 cm 厚的防陷层；土(料)源来自场地平整施工的旧路基、房渣土，不足部分可外运砂石进场。

为节省铺垫料，减少重复挖土土方量，非机械活动区域可不铺垫。

(5) 排水方法

确定排水方法前,要综合分析土质情况及其渗透系数,降低水位深度与出水量,基槽开挖深度和宽度以及场地情况等技术资料,并进行各种排水方法的经济效果对比。

本工程虽有滞水存在,但含水层较薄(0.65 m)而且出水量不大,又由于基槽开挖范围较大,采用其他排水降水方法将需要较多的费用。因此,采用明沟排水同时配合坡面挂网加固和铺垫防陷层等措施是可以满足施工需要的。具体做法是:在槽底边侧开挖深 50 cm、底宽 40 cm 的边沟,并设置若干集水井,位置如图 3-49 所示。集水井直径不小于 80 cm,深度不小于 1 m,井壁用木板或钢筋笼加固。每个集水井安装 50 mm 潜水泵或离心水泵 1 台,由于基槽较深,离心水泵的吸程一般不够,要搭设泵架,尽量降低水泵的吸水高度,发挥水泵效率。

槽上要铺设 ϕ300 mm 水泥管排水管道,将水排至污水或雨水管道内,防止排水回灌基槽。

2. 机械选择和配备

(1) 施工段的划分

为了合理选择配备施工机械,划分施工工作面,保持多机组连续作业,本工程以各建筑组成部分的平面尺寸、开挖深度、土方量以及坡道的位置为依据,划分为东、西两个施工段,东段包括主楼的中部、北翼、南翼和西翼的两层,蓄水池等。西段包括主楼的西翼一层、服务楼、汽车库。两个施工段的土方量大致相等,可以施工段为单位选择配备机械,组织施工流水。

(2) 机械选择

城市建设中深基础的基槽开挖,一般选择反铲挖土机。配备自卸汽车挖运施工;深而窄、土质条件差、不宜分层开挖的基槽,也可选择拉铲或抓铲挖土机配备自卸汽车挖运施工,但生产率比反铲挖土机低 20%~50%。

挖土机的选择主要以施工层、段的开挖深度,断面尺寸和土质情况为依据;而一个工程或一个施工段所配备的挖土机数最主要考虑工作面大小、土方量、施工进度要求、坡道及道路情况以及经济效果等因素。

本工程各层段的开挖深度除主楼西翼和南翼二层分别为 6.10 m 和 5.30 m 以外,其余均为 3.48~5.10 m。机械挖深土质折减系数取 0.85,同时结合工作面情况、施工进度要求及现有机械设备情况,西段选择 2 台反铲挖土机,东段选择 1 台反铲挖土机,1 台拉铲挖土机。

(3) 汽车的选择配备

运土汽车的选择配备主要考虑运土道路情况、运距、工作面以及与挖土机斗容量和生产效率相配套。每台挖土机配备汽车的数量按下式计算:

$$N = T/n + 1$$

式中:N 为汽车数量(辆);T 为汽车装、卸土每一循环所需时间(s 或 min);n 为挖土机每装一辆汽车所需时间(s 或 min);1 为挖土机旁保持两辆汽车的备份车辆(辆)。

编制施工方案对运土道路及汽车装卸土每一循环时间估计不足时,每台挖土机配备汽车的数量可参考表 3-14。施工中根据实际情况再作适当调整。

表 3-14　1 台挖土机配备汽车数量参考表

汽车	挖土机									
	斗容量 0.5～0.8 m^3，班产 350 m^3					斗容量 1～1.2 m^3，班产 500 m^3				
运距/km	3.5 t	5 t	6.5 t	8 t	10 t	3.5 t	6.5 t	8 t	12 t	15 t
0.5 以内	5	4	3	3	3	8	5	4	4	3
1 以内	6	5	4	4	3	9	6	5	4	4
1.5 以内	7	6	5	4	4	11	7	6	5	4
2 以内	8	6	5	5	4	12	8	7	5	5
2.5 以内	9	7	6	5	5	14	8	8	6	5
3 以内	10	7	3	6	5	15	9	9	6	5
4 以内	11	8	7	6	5	17	10	10	7	6
5 以内	12	9	7	6	6	19	12	11	7	7
6 以内	13	10	8	7	6	21	14	11	8	7
7 以内	14	11	9	8	7	23	15	12	9	8
8 以内	16	12	10	9	7	26	17	13	10	9
10 以内	19	14	11	10	8	31	18	14	11	10
13 以内	23	17	13	11	10	38	21	18	13	11
16 以内	28	20	16	13	12	46	26	21	15	13
20 以内	34	24	19	16	13	50	31	24	18	15

汽车容载量与挖土机的斗容量应成整倍数关系，以防止挖土机装半斗而影响生产效率。

东段一区、五区卸土场运距分别为 1.5 km 和 0.3 km，反铲挖土机运距 1.5 km，卸土每班配备 15 t 大翻斗汽车 5 辆。拉铲挖土机在一区，五区搭配卸土，每班配备 3.5 t 解放汽车 6 辆。

西段二区、三区、四区卸土场运距分别为 6.6 km、2 km 和 12 km。W-1001 反铲挖土机，每台班配备 15 t 大翻斗汽车 8 辆。

根据现场实际情况及时做好现场汽车的调度工作，是提高生产效率、确保施工进度的有力措施，当汽车不足时可增加近运距卸土。当个别挖土机因故障停机时，汽车可到其他挖土机处装车，采用远运距卸土。

推土机配合挖运施工，一般情况下，1 台挖土机配备 1 台推土机。

3. 施工顺序

土方工程的施工顺序既要考虑机械开行路线，也要满足土建施工的部位进度要求。根据这一原则和土建提出的主楼西翼提前完工的要求，一层施工，西段 2 台反铲挖土机分别就位于门厅和服务楼，由东向西顺序开挖。东段反铲挖土机就位于中楼由西向东，拉铲挖土机就位于主楼南翼由北向南顺序开挖（图 3-49），待门厅，主楼西翼、中楼一层和蓄水池南半部一层完工后，拉铲立即开设坡道 3，下槽开挖主楼西翼二层土方。这样，采用层段间立体交叉流水作业，既保证了主楼西翼提前完工的部位进度，又充分利用了空间，较长时间保持 4 台挖土机同时作业，对缩短工期具有重要意义。

西段二层，开设坡道 1、坡道 2、2 台反铲挖土机就位于汽车库东边线采用由东向西同步开挖的方法，尽量保持西侧通道，以利坡道 1、坡道 2 形成循环路线。当通道切断后，2 台反铲挖土机便各自成为独立的工作段，分别利用坡道 1、2 收尾。

东段二层的施工顺序是，由主楼三个翼楼的顶端向中间收拢，最后开挖蓄水池。

3.4.2.5 施工进度计划

综合本工程各层、段的机械配备、施工顺序和土建施工的部位进度要求，编制了施工进度计划表，见表 3－15。

表 3－15 施工进度计划表

施工段	施工部位	土方量	主楼施工机械					工作日进度															
			机号	班产量/m^3	班制	日产量/m^3	工作日	2	4	6	8	10	12	14	16	18	20	22	24	26	28	30	32
西段	门厅、服务楼主楼西翼一层	16012	1 号反铲	500	2	1000	8	—	—	—	—												
			2 号反铲	500	2	1000	8	—	—	—	—												
	汽车库一层	25834	1 号反铲	500	2	1000	13					—	—	—	—	—	—	—					
			2 号反铲	500	2	1000	13					—	—	—	—	—	—	—					
	汽车库二层	21471	1 号反铲	480	2	960	11												—	—	—	—	—
			2 号反铲	480	2	960	11												—	—	—	—	—
东段	主楼北翼、蓄水池一层	19850	3 号反铲	520	2	1040	19	—	—	—	—	—	—	—	—	—							
	主楼南翼一层	6400	4 号反铲	400	2	800	8	—	—	—	—												
	主楼北翼、蓄水池二层	13032	3 号反铲	500	2	1000	13										—	—	—	—	—	—	—
	主楼南翼二层	11380	4 号反铲	380	2	700	15					—	—	—	—	—	—	—					
	二层及坡道防陷层	2500	605L 装载机	500	1	500	5									—	—	—					

注：工作日进度不包括节假日、自然影响及其他因素造成的停工。

表 3－15 仅安排了机械挖土的进度计划。施工准备工作、护坡桩施工、坡面修整和加固，排水、槽底人工挖土等工序，要分别编制施工方案和进度计划，或随时配合机械挖土插入施工。

挖土机的班产量和日产量均为平均产量计划，考虑了不同施工部位，不同机型的产量差别，本工程采用双班作业。坡道的开设、二层铺垫防陷料都不占工期，可同机械挖土交叉作业，也可利用第三班作业。

3.4.2.6 劳动组织

本工程工地人员配备情况见表 3－16 和表 3－17。工地总人数为 106＋49＝155 人。

表 3－16 机上人员定员及配备表

机械及工种	机械台数	定员人数	班　制	配备人数	备　注
挖土机司机	4	2	2	16	定员为单机单班人员
推土机司机	6	2	2	24	

（续表）

机械及工种	机械台数	定员人数	班　制	配备人数	备　注
运土汽车司机	68	1	1	68	
油罐车司机	1	1	1	2	包括油工 1 人
工程车司机	1	1	2	2	
洒水车司机	1	1	2	2	
装载机司机	1	2	1	2	
合　计				106	

表 3-17　其他人员或工种配备表

工　种	每班定员	班　制	配备人数	备　注
工长	1	2	2	
测工	2	2	5	白班 3 人，夜班 2 人
计数工	3	2	6	记录汽车运土车数
机修工		1	7	大型、汽车修班各 3 人，电焊 1 人
电工	2	1	2	夜间值班，移照明
安全工	2	2	4	站路口，只会车辆
普工	10	2	20	汽车清槽
其他			3	
合　计			49	不包括清槽，修坡和排水工

3.4.2.7　质量要求和措施

1. 质量要求

(1) 一层开挖标高：门厅、服务楼允许偏差＋30 cm，其他部位允许偏差±15 cm。

(2) 二层开挖标高：主楼允许偏差＋30 cm，汽车库允许偏差±15 cm。

(3) 边坡和边线：允许偏差±25 cm，但边坡不得挖陡。

2. 质量措施

(1) 开工前要做好各级技术准备和技术交底工作。施工技术人员（工长）、测量工要熟悉图纸，掌握现场测量桩及水准点的位置尺寸，同土建代表办理验桩、验线手续。

(2) 施工中要配备专职测量工进行质量控制。要及时复撒灰线，将基槽开挖下口线测放到槽底。及时控制开挖标高，做到 5 m 扇形挖土工作面内，标高白灰点不少于 2 个。

(3) 认真执行开挖样板制，开挖边坡槽底时，由操作技术较好的工人开挖一段后，经测量工或质检人员，检查合格后作为样板，继续开挖。操作者换班时，要交接挖深、边坡、操作方法，以确保开挖质量。

(4) 开挖边坡时，尽量采用沟端开挖，挖土机的开行中心线要对准边坡下口线。要坚持先修坡后挖土的操作方法，特别是拉铲，否则将造成土斗翻滚，影响开挖质量。

(5) 机械挖土过程中，土建要配备足够的人工。一般每台挖土机要每班配备 4～5 人，随时配合清槽修坡，将土送至挖土机开挖半径内。这种方法既可一次交成品，确保工程质量，又可节省劳动力，降低工程成本。

(6) 服务楼、门厅一层开挖后即为设计槽底标高，要注意成品保护。如土建不能立即施工时，可预留 20 cm 保护层。

(7) 认真执行技术、质量管理制度。施工中要注意积累技术资料，如施工日记、设计变更、洽商记录、验桩验线记录等。土方工程竣工后要绘制竣工图，由土建代表和质量检查人员共同检查评定工程质量等级。

3.4.2.8 安全要求和措施

(1) 开工前要做好各级安全交底工作。根据本工程施工机械多，配合工种多，土质条件差以及运土路线复杂等特点，制订安全措施，组织职工贯彻落实，并定期开展安全活动。

(2) 要向全体职工做好现场地上、地下障碍物交底。基槽西侧边线外严禁挖土，其他部位除指定坡道位置外，也不准挖土。要注意对测量桩、点、树木以及地上物的保护，严禁机械碰轧。

(3) 现场施工机械多，配合工种多，特别是二层开挖，工作面较窄，各类机械，各工种要遵守安全操作规程，注意相互间的安全距离。施工机械不准撞击护坡桩、腰梁及拉杆。机械挖土与人工清槽修坡要采用轮换工作面作业，确保配合施工的安全。

(4) 挖、卸土场出入口要设安全岗，配备专人指挥车辆，汽车司机要遵守交通法规和有关规定。要按指定路线行驶，按指定地点卸土。

(5) 要遵守本地区、本工地有关环卫、市容、场容管理的有关规定。汽车驶出现场前要配备专人检查装土情况，关好车槽，拍实车槽内土方，以防途中撒土，影响市容。为防止汽车轮胎带土污染市容，现场出口铺设一段碎石路面，必要时要对轮胎进行冲洗。

(6) 本工程基槽挖深大，地质情况复杂，机械开挖边坡严禁挖陡，并及时进行坡面加固。要密切观察边坡段情况，发现问题及时采取防护措施。

距基槽边线 5 m 以内，不准机械行驶和停放，也不准堆放其他物品，以防边坡超载失稳。

(7) 坡道处理和收尾要设置机械就位平台，不得在斜坡道上就位挖土。

(8) 本工程土的含水量大，将给汽车卸土带来一定困难，可采用轮换工作面卸土和推土机推堆等措施，防止汽车陷车。卸土场要配备专人指挥卸土，清理车槽。

单元小结

本单元结合现行国家规范、规程对基坑(槽)土方量计算、基坑降水设计与施工、基坑支护、土方开挖、验槽以及土方回填等内容进行了详细介绍，并通过一个基坑施工方案案例阐述了深基坑施工方案的编制内容和方法。

自测与案例

一、单项选择题

1. 已知某基坑边坡的高度为 1 m，边坡宽度为 0.75 m，则该边坡系数为(　　)。

A. 0.75　　　　B. 0.8　　　　C. 1.25　　　　D. 1.34

2. 当沟槽宽大于 6 m 或土质不良时，轻型井点降水平面宜采用(　　)布置。

A. U 形　　　　B. 双排　　　　C. 环状　　　　D. 单排

3. 轻型井点使用时，一般应连续抽水。正常的出水规律是(　　)。

A. 先大后小，先浑后清　　　　B. 先小后大，先浑后清

C. 先大后小，先清后浑　　　　D. 先小后大，先清后浑

4. 在填方工程中，以下说法正确的是(　　)。

A. 必须采用同类土填筑　　　　B. 应由下至上分层铺填一次碾压

C. 当天填土，当天压实　　　　D. 基础墙两侧或四周应分别填筑

二、案例题

1. 图 3－52 为某建筑物的基础施工图，图中轴线为墙中心线，墙体为砖墙，室外地面标高－0.3 m。施工组织设计工作面从基础边留设 300 mm。试确定该基础人工挖三类干土的土方工程量。

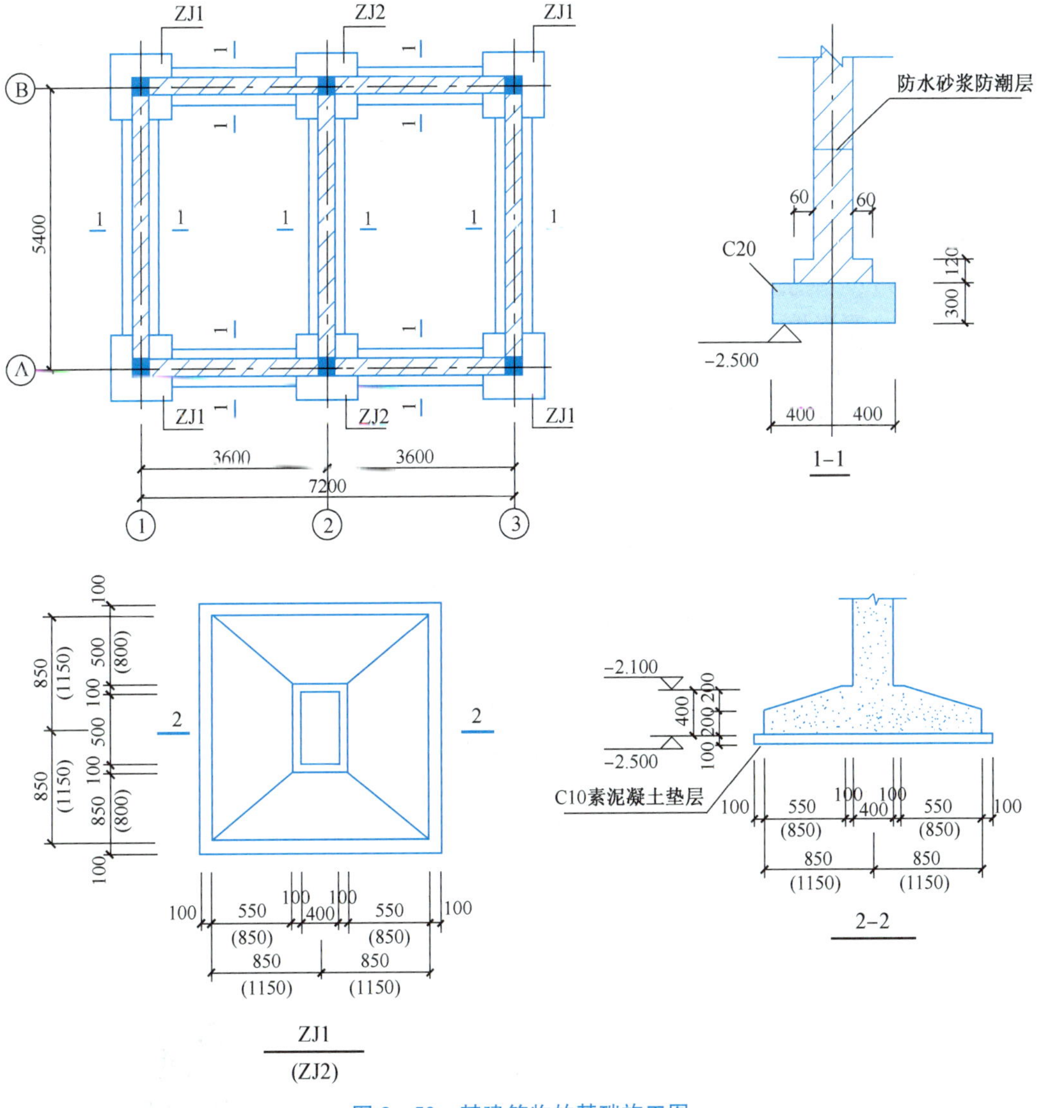

图 3－52　某建筑物的基础施工图

2. 已知某工程开挖一底面积为 30 m×50 m 的矩形基坑，坑深 4 m，地下水位在自然地面以下 0.5 m，土质为含黏土的中砂，不透水层在地面以下 20 m，含水层土的渗透系数为 18 m/d，基坑边坡的 1∶0.5 放坡。设井点系统距离基坑边缘取 1.0 m。要求进行轻型井点系统设计与布置，并绘制井点系统的平面和竖向布置图。

3. 某办公楼工程，地下一层，地上十二层，筏板基础，框架剪力墙结构。建设单位与某施工单位签订了承包合同。合同履行过程中，发生了下列事件：

基坑开挖完成后立即向监理单位申请验槽。总监理工程师随即组织设计和施工单位的技术人员进行了验槽。在验槽中：首先，验收小组经检验确认了该基坑不存在空穴、古墓、古井、防空掩体及其他地下埋设物；其次，根据勘察单位项目负责人的建议，验收小组仅核对基坑的位置之后就结束了验槽工作。施工单位随后进行了基础垫层施工。

(1) 基坑土方开挖是分部工程还是分项工程？

(2) 验槽的组织方式是否妥当？

(3) 基坑验槽还包括哪些内容？

4. 某施工单位中标承建过街地下通道工程，周边地下管线较复杂，设计采用明挖顺作法施工。通道基坑总长 80 m，宽 12 m，开挖深度 10 m。基坑围护结构采用 SMW 工法桩，基坑沿深度方向设有 2 道支撑，其中第一道支撑为钢筋混凝土支撑，第二道支撑为 ϕ 609×16 mm 钢管支撑(图 3 - 53)。基坑场地地层自上而下依次为：2 m 厚素填土、6 m 厚黏质粉土、10 m 厚砂质粉土。地下水位埋深约 1.5 m。在基坑内布置了 5 口管井降水。

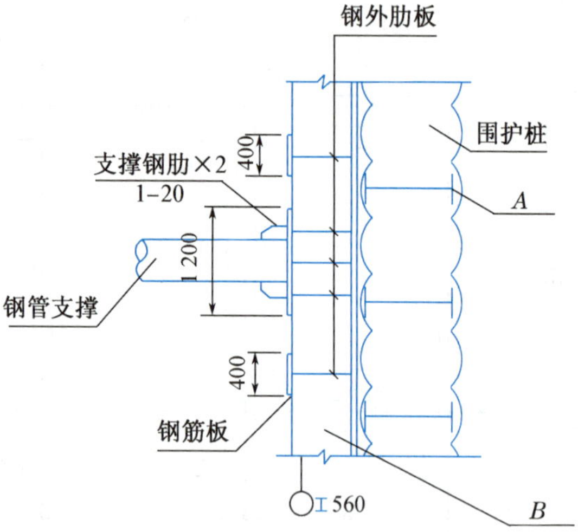

图 3 - 53　第二道支撑节点示意图

项目部选用坑内小挖机与坑外长臂挖机相结合的土方开挖方案。在挖土过程中发现围护结构有两处出现渗漏现象，渗漏水为清水，项目部立即采取堵漏措施予以处理，堵漏处理造成直接经济损失 20 万元，工期拖延 10 天，项目部为此向业主提出索赔。

(1) 给出图 3 - 53 中 A、B 构(部)件的名称，并分别简述其功用。

(2) 根据两类支撑的特点分析围护结构设置不同类型支撑的理由。

(3) 本项目基坑内管井属于什么类型？起什么作用？

(4) 给出项目部堵漏措施的具体步骤。

(5) 列出基坑围护结构施工的工程机械设备。

- 项目任务单
- 自测答案
- 单元作业
- 单元测验

单元 4
基础工程施工

引　言

基坑（槽）验槽合格后，应立即进行垫层和基础施工。在进行基础施工时，按工程施工质量验收规范要求精心组织钢筋、模板、混凝土工程施工，制订科学有效的保证质量和安全措施，认真精心施工，以确保优质、安全、高效益地完成工程施工任务。

学习目标

- ✓ 对独立基础、条形基础、筏形基础、箱型基础进行图纸交底；
- ✓ 对独立基础、条形基础、筏形基础、箱型基础进行钢筋配料、审查；
- ✓ 编写独立基础、条形基础、筏形基础、箱型基础分项工程施工方案；
- ✓ 指导独立基础、条形基础、筏形基础、箱型基础工程施工；
- ✓ 对独立基础、条形基础、筏形基础、箱型基础等进行质量检查验收。

本学习单元旨在培养学生识读独立基础、条形基础、筏形基础、箱型基础施工图、进行图纸交底、施工方案编制和基础施工及质量检查的能力，通过施工录像、现场参观、案例教学、任务驱动教学法等强化学生对常见浅基础施工知识的掌握，进一步培养学生进行独立基础、条形基础、筏形基础、箱型基础施工的综合职业能力。

4.1　基础工程图纸识读与钢筋下料

4.1.1　钢筋下料计算预备知识

微课+课件

钢筋下料长度基本/实用公式

4.1.1.1　钢筋配料单

钢筋配料单是根据施工图纸中钢筋的品种、规格及外形尺寸进行编号，同时计算出每一编号钢筋的需用数量及下料长度并用表格形式表达的单据或表册。表 4-1 为某办公楼梁 1 钢筋配料单。编制钢筋配料单的步骤如下：

（1）熟悉图纸，识读构件配筋图，弄清每一编号钢筋的品种、规格、形状和数量，及在构件中的位置和相互关系；

（2）熟悉有关国家规范和施工图集对钢筋混凝土构件配筋的一般规定，如保护层厚度、钢筋接头及钢筋弯钩、施工构造等；

（3）绘制钢筋简图，计算每种编号钢筋的下料长度；

（4）计算每种编号钢筋的需用数量；

（5）填写钢筋配料单。

➤**提示：**钢筋简图需要结合工程图纸和有关图集进行，只有正确理解图集施工构造和设计人员设计意图后才能正确绘制钢筋简图，进行钢筋下料长度的计算。钢筋下料长度的计算与工程造价息息相关。

表 4-1　钢筋配料单

构件名称	钢筋编号	简　图	直径/mm	钢　号	下料长度/mm	单位根数	合计根数	重量/kg
L_1 梁（共 5 根）	①		20	ϕ	6230	2	10	154
	②		10	ϕ	6110	2	10	37.6
	③	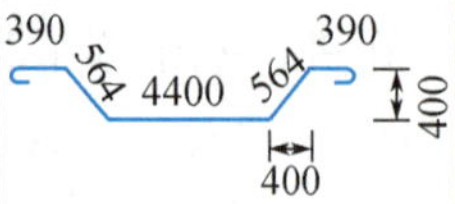	20	ϕ	6520	1	5	80
	④		20	ϕ	6520	1	5	80
	⑤		6	ϕ	1210	31	155	14.7

注：合计 ϕ6：41.7 kg；ϕ10：37.6 kg；ϕ20：314 kg。

4.1.1.2　钢筋混凝土构件配筋的一般规定

1. 混凝土保护层

混凝土保护层厚度是指最外层钢筋外边缘至混凝土表面的距离，除应符合表 4-2 规定混凝土保护层最小厚度外，受力钢筋的保护层厚度不应小于钢筋的公称直径。表中混凝土环境类别划分见表 4-3。

表 4-2　混凝土保护层最小厚度(mm)

环境类别	板、墙		梁、柱		基础梁（顶面和侧面）		独立基础、条形基础、筏形基础（顶面和侧面）	
	≤C25	≥C30	≤C25	≥C30	≤C25	≥C30	≤C25	≥C30
一	20	15	25	20	25	20	—	—
二 a	25	20	30	25	30	25	25	20
二 b	30	25	40	35	40	35	30	25
三 a	35	30	45	40	45	40	35	30

（续表）

环境类别	板、墙		梁、柱		基础梁（顶面和侧面）		独立基础、条形基础、筏形基础（顶面和侧面）	
	≤C25	≥C30	≤C25	≥C30	≤C25	≥C30	≤C25	≥C30
三 b	45	40	55	50	55	50	45	40

注：1. 表中混凝土保护层厚度指最外层钢筋外边缘至混凝土表面的距离，适用于设计使用年限为 50 年的混凝土结构。

2. 构件中受力钢筋的保护层厚度不应小于钢筋的公称直径 d。

3. 一类环境中，设计使用年限为 100 年的结构最外层钢筋的保护层厚度不应小于表中数值的 1.4 倍；二、三类环境中，设计使用年限为 100 年的结构应采取专门的有效措施。

4. 钢筋混凝土基础宜设置混凝土垫层，基础底部的钢筋的混凝土保护层厚度应从垫层顶面算起，且不应小于 40；无垫层时，不应小于 70。

5. 桩基承台及承台梁：承台底面钢筋的混凝土保护层厚度，当有混凝土垫层时，不应小于 50，无垫层时不应小于 70；此外尚不应小于桩头嵌入承台内的长度。

表 4－3　混凝土环境类别

环境类别	条　件
一	室内干燥环境；无侵蚀性静水浸没环境
二 a	室内潮湿环境；非严寒和非寒冷地区的露天环境；非严寒和非寒冷地区与无侵蚀性的水或土壤直接接触的环境；严寒和寒冷地区的冰冻线以下与无侵蚀性的水或土壤直接接触的环境
二 b	干湿交替环境；水位频繁变动环境；严寒和寒冷地区的露天环境；严寒和寒冷地区的冰冻线以上与无侵蚀性的水或土壤直接接触的环境
三 a	严寒和寒冷地区冬季水位变动区环境；受除冰盐影响环境；海风环境
三 b	盐渍土环境；受除冰盐影响环境；海岸环境
四	海水环境
五	受人为或自然的侵蚀性物质影响的环境

2. 钢筋锚固长度

微课＋课件

钢筋锚固和连接要求

混凝土与钢筋这两种材料结合在一起能够共同工作，除了两者具有相同的线膨胀系数外，主要由于混凝土硬化后，钢筋与混凝土之间具有良好的黏结力。

受力钢筋通过混凝土与钢筋的黏结将所受的力传递给混凝土所需的长度称为钢筋的锚固长度。受拉钢筋的基本锚固长度 l_{ab} 和抗震设计时受拉钢筋的基本锚固长度 l_{abE} 详见表 4－4 和表 4－5。受拉钢筋的锚固长度 l_a 和受拉钢筋抗震锚固长度 l_{aE} 详见表 4－6 和表4－7。

表 4－4　纵向受拉钢筋基本锚固长度 l_{ab}

钢筋种类	混凝土强度等级								
	C20	C25	C30	C35	C40	C45	C50	C55	≥C60
HPB300	$39d$	$34d$	$30d$	$28d$	$25d$	$24d$	$23d$	$22d$	$21d$
HRB335	$38d$	$33d$	$29d$	$27d$	$25d$	$23d$	$22d$	$21d$	$21d$

（续表）

钢筋种类	混凝土强度等级								
	C20	C25	C30	C35	C40	C45	C50	C55	≥C60
HRB400、HRBF400、RRB400	—	40*d*	35*d*	32*d*	29*d*	28*d*	27*d*	26*d*	25*d*
HRB500、HRBF500	—	48*d*	43*d*	39*d*	36*d*	34*d*	32*d*	31*d*	30*d*

表 4－5　抗震设计时受拉钢筋的基本锚固长度 l_{abE}

钢筋种类		混凝土程度等级								
		C20	C25	C30	C35	C40	C45	C50	C55	≥C60
HPB300	一、二级	45*d*	39*d*	35*d*	32*d*	29*d*	28*d*	26*d*	25*d*	24*d*
	三级	41*d*	36*d*	32*d*	29*d*	26*d*	25*d*	24*d*	23*d*	22*d*
HRB335	一、二级	44*d*	38*d*	33*d*	31*d*	29*d*	26*d*	25*d*	24*d*	24*d*
	三级	40*d*	35*d*	31*d*	28*d*	26*d*	24*d*	23*d*	22*d*	22*d*
BRB400 BRBF400	一、二级	—	46*d*	40*d*	37*d*	33*d*	32*d*	31*d*	30*d*	29*d*
	三级	—	42*d*	37*d*	34*d*	30*d*	29*d*	28*d*	27*d*	26*d*
HRB500 HRBF500	一、二级	—	55*d*	49*d*	45*d*	41*d*	39*d*	37*d*	36*d*	35*d*
	三级	—	50*d*	45*d*	41*d*	38*d*	36*d*	34*d*	33*d*	32*d*

注：① 四级抗震时，$l_{abE}=l_{ab}$。② 当锚固钢筋的保护层厚度不大于 5*d* 时，锚固钢筋长度范围内应设置横向构造钢筋，其直径不应小于 *d*/4(*d* 为锚固钢筋的最大直径)；对梁、柱等构件间距不应大于 5*d*，对板、墙等构件间距不应大于 10*d*，且均不应大于 100(*d* 为锚固钢筋的最小直径)。

表 4－6　受拉钢筋的锚固长度 l_a

钢筋种类	混凝土强度等级																
	C20	C25		C30		C35		C40		C45		C50		C55		≥C60	
	d≤25	*d*≤25	*d*>25	*d*≤25	*d*>25	*d*≤25	*d*>25	*d*≤25	*d*>25	*d*≤25	*d*>25	*d*≤25	*d*>25	*d*≤25	*d*>25	*d*≤25	*d*>25
HPB300	39*d*	34*d*	—	30*d*	—	28*d*	—	25*d*	—	24*d*	—	23*d*	—	22*d*	—	21*d*	—
HRB335	38*d*	33*d*	—	29*d*	—	27*d*	—	25*d*	—	23*d*	—	22*d*		21*d*	—	21*d*	—
HRB400、HRBF400 RRB400	—	40*d*	44*d*	35*d*	39*d*	32*d*	35*d*	29*d*	32*d*	28*d*	31*d*	27*d*	30*d*	26*d*	29*d*	25*d*	28*d*
HRB500、HRBF500	—	48*d*	53*d*	43*d*	47*d*	39*d*	43*d*	36*d*	40*d*	34*d*	37*d*	32*d*	35*d*	31*d*	34*d*	30*d*	33*d*

表 4－7　受拉钢筋抗震锚固长度 l_{aE}

钢筋种类及抗震等级		混凝土强度等级																
		C20	C25		C30		C35		C40		C45		C50		C55		≥C60	
		d≤25	*d*≤25	*d*>25	*d*≤25	*d*>25	*d*≤25	*d*>25	*d*≤25	*d*>25	*d*≤25	*d*>25	*d*≤25	*d*>25	*d*≤25	*d*>25	*d*≤25	*d*>25
HPB300	一、二级	45*d*	39*d*	—	35*d*	—	32*d*	—	29*d*	—	28*d*	—	26*d*	—	25*d*	—	24*d*	—
	三级	41*d*	36*d*	—	32*d*	—	29*d*	—	26*d*	—	25*d*	—	24*d*	—	23*d*	—	22*d*	—

（续表）

钢筋种类及抗震等级		混凝土强度等级																
		C20	C25		C30		C35		C40		C45		C50		C55		≥C60	
		$d \leqslant 25$	$d \leqslant 25$	$d>25$	$d \leqslant 25$	$d>25$	$d \leqslant 25$	$d>25$	$d \leqslant 25$	$d>25$	$d \leqslant 25$	$d>25$	$d \leqslant 25$	$d>25$	$d \leqslant 25$	$d>25$	$d \leqslant 25$	$d>25$
HRB335	一、二级	$44d$	$38d$	—	$33d$	—	$31d$	—	$29d$	—	$26d$	—	$25d$	—	$24d$	—	$24d$	—
	三级	$40d$	$35d$	—	$30d$	—	$28d$	—	$26d$	—	$24d$	—	$23d$	—	$22d$	—	$22d$	—
HRB400 HRBF400	一、二级	—	$46d$	$51d$	$40d$	$45d$	$37d$	$40d$	$33d$	$37d$	$32d$	$36d$	$31d$	$35d$	$30d$	$33d$	$29d$	$32d$
	三级	—	$42d$	$46d$	$37d$	$41d$	$34d$	$37d$	$30d$	$34d$	$29d$	$33d$	$28d$	$32d$	$27d$	$30d$	$26d$	$29d$
HRB500 HRBF500	一、二级	—	$55d$	$61d$	$49d$	$54d$	$45d$	$49d$	$41d$	$46d$	$39d$	$43d$	$37d$	$40d$	$36d$	$39d$	$35d$	$38d$
	三级	—	$50d$	$56d$	$45d$	$49d$	$41d$	$45d$	$38d$	$42d$	$36d$	$39d$	$34d$	$37d$	$33d$	$36d$	$32d$	$35d$

注：以下几点适用于表 4－6 和表 4－7。

① 当为环氧树脂涂层带肋钢筋时，表中数据应乘以 1.25。② 当纵向受拉钢筋在施工中易受扰动时，表中数据应乘以 1.1。③ 当锚固长度范围内纵向受拉钢筋周边保护层厚度为 $3d$、$5d$（d 为锚固钢筋的直径）时，表中数据分别乘以 0.8、0.7。中间按照内插值。④ 当纵向受拉普通钢筋锚固长度修正系数（注 1～3）多于一项时，可按连乘计算。⑤ 受拉钢筋的锚固长度 l_a、l_{aE} 计算值不应小于 200。⑥ 四级抗震时 $l_{aE}=l_a$。⑦ 当锚固钢筋的保护层厚度不大于 $5d$ 时，锚固钢筋长度范围内应设置横向构造钢筋，其直径不应小于 $d/4$（d 为锚固钢筋最大直径）；对梁、柱等构件间距不应大于 $5d$，对板、墙等构件间距不应大于 $10d$（d 为锚固钢筋的最小直径），且均不应大于 100 mm。⑧ HPB300 级钢筋末端应做 180°弯钩，弯钩满足钢筋弯曲一般规定要求。

3. 纵向钢筋的连接

由于施工现场钢筋有一定的规格，不可能正好是构件所需的钢筋长度，因此需要进行钢筋连接。钢筋的连接分为绑扎连接、机械连接和焊接连接。施工时连接接头应符合如下规定：

(1) 钢筋的接头宜设置在受力较小处，在同一根受力钢筋上宜少设接头；在同一跨或同一层高内的同一受力钢筋上宜少设接头，不宜设置两个或两个以上接头；在结构重要构件和关键部位不宜设置连接接头；接头末端至钢筋弯起点的距离不应小于钢筋直径的 10 倍。

(2)轴心受拉及小偏心受拉杆件的纵向受力钢筋不应采用绑扎搭接；受拉钢筋直径 $d>25$ mm 及受压钢筋直径 $d>28$ mm，不宜采用绑扎搭接接头。

(3) 抗震设计时纵向受力钢筋连接位置宜错开梁端、柱端箍筋加密区，如必须在此连接时应采用机械连接或焊接。

(4) 位于同一连接区段内的受拉钢筋搭接接头面积百分率（接头钢筋截面面积与全部钢筋截面面积之比）：对梁类、板类及墙类构件不宜大于 25%，对柱类构件不宜大于 50%，基础筏板不宜超过 50%。当工程中确有必要增大接头面积百分率时，对梁类构件，不应大于 50%。同一连接区段内纵向受拉钢筋绑扎搭接接头示意如图 4－1 所示。纵向受拉钢筋非抗震搭接长度和纵向受拉钢筋抗震搭接长度见表 4－8 和表 4－9。

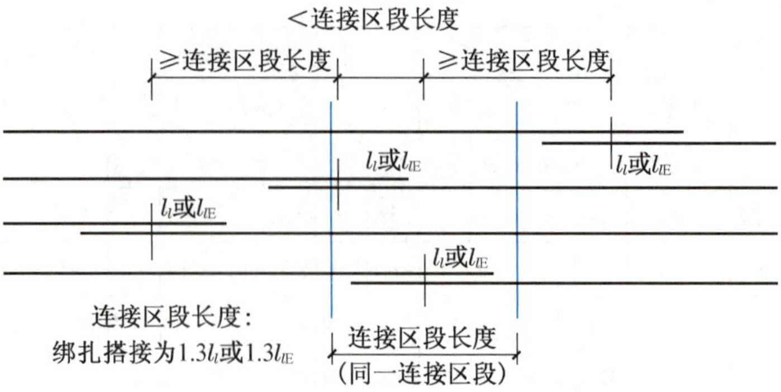

图 4-1　同一连接区段内纵向受拉钢筋绑扎搭接接头

(5) 构件中的纵向受压钢筋当采用搭接连接时，其搭接长度不应小于纵向受拉钢筋搭接长度的0.7倍，且不应小于200 mm。

(6) 梁、柱类构件的纵向受力钢筋搭接范围内箍筋的设置应符合设计要求；当设计无具体要求时，应符合下列规定：箍筋直径不小于 $d/4$(d 为搭接钢筋最大直径)，间距不应大于 100 mm 及 $5d$(d 为搭接钢筋最小直径)。当受压钢筋直径大于25 mm时，尚应在搭接接头两个端面外100 mm范围内各设置两道箍筋，如图 4-2 所示。

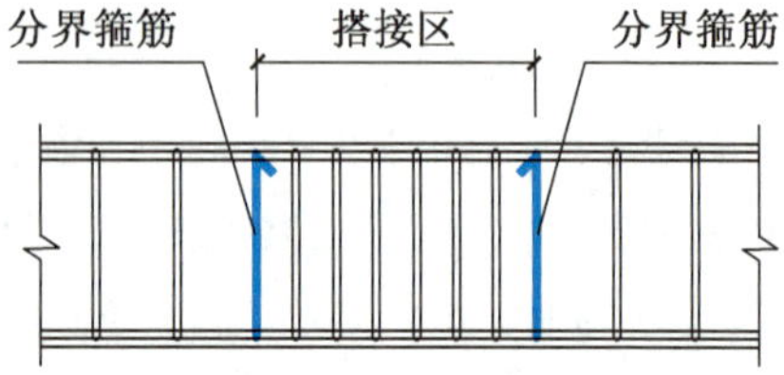

图 4-2　纵向受力钢筋搭接区箍筋构造

表 4-8　纵向受拉钢筋非抗震搭接长度 l_l

钢筋种类及同一区段内搭接钢筋面积百分率		混凝土强度等级																
		C20	C25		C30		C35		C40		C45		C50		C55		≥C60	
		$d\leqslant25$	$d\leqslant25$	$d>25$	$d\leqslant25$	$d>25$	$d\leqslant25$	$d>25$	$d\leqslant25$	$d>25$	$d\leqslant25$	$d>25$	$d\leqslant25$	$d>25$	$d\leqslant25$	$d>25$	$d\leqslant25$	$d>25$
HPB300	≤25%	47d	41d	—	36d	—	34d	—	30d	—	29d	—	28d	—	26d	—	25d	—
	50%	55d	48d	—	42d	—	39d	—	35d	—	34d	—	32d	—	31d	—	29d	—
	100%	62d	54d	—	48d	—	45d	—	40d	—	38d	—	37d	—	35d	—	34d	—
HRB335	≤25%	46d	40d	—	35d	—	32d	—	30d	—	28d	—	26d	—	25d	—	25d	—
	50%	53	46d	—	41d	—	38d	—	35d	—	32d	—	31d	—	29d	—	29d	—
	100%	61d	53	—	46d	—	43d	—	40d	—	37d	—	35d	—	34d	—	34d	—
HRB400 HRBF400 RRB400	≤25%	—	48d	53d	42d	47d	38d	42d	35d	38d	34d	37d	32d	36d	31d	35d	30d	34d
	50%	—	56d	62d	49d	55d	45d	49d	41d	45d	39d	43d	38d	42d	36d	41d	35d	39d
	100%	—	64d	70d	56d	62d	51d	56d	46d	51d	45d	50d	43d	48d	42d	46d	40d	45d
HRB500 HRBF500	≤25%	—	58d	64d	52d	56d	47d	52d	43d	48d	41d	44d	38d	42d	37d	41d	36d	40d
	50%	—	67d	74d	60d	66d	55d	60d	50d	56d	48d	52d	45d	49d	43d	48d	42d	46d
	100%	—	77d	85d	69d	75d	62d	69d	58d	64d	54d	59d	51d	56d	50d	54d	48d	53d

表 4-9　纵向受拉钢筋抗震搭接长度 l_{lE}

钢筋种类及同一区段内搭接钢筋面积百分率			混凝土强度等级																
			C20	C25		C30		C35		C40		C45		C50		C55		C60	
			d≤25	d≤25	d>25	d≤25	d>25	d≤25	d>25	d≤25	d>25	d≤25	d>25	d≤25	d>25	d≤25	d>25	d≤25	d>25
一、二级抗震等级	HPB300	≤25%	54d	47d	—	42d	—	38d	—	35d	—	34d	—	31d	—	30d	—	29d	—
		50%	63d	55d	—	49d	—	45d	—	41d	—	39d	—	36d	—	35d	—	34d	—
	HRB335	≤25%	53d	46d	—	40d	—	37d	—	35d	—	31d	—	30d	—	29d	—	29d	—
		50%	62d	53d	—	46d	—	43d	—	41d	—	36d	—	35d	—	34d	—	34d	—
	HRB400 HRBF400	≤25%	—	55d	61d	48d	54d	44d	48d	40d	44d	38d	43d	37d	42d	36d	40d	35d	38d
		50%	—	64d	71d	56d	63d	52d	56d	46d	52d	45d	50d	43d	49d	42d	46d	41d	45d
	HRB500 HRBF500	≤25%	—	66d	73d	59d	65d	54d	59d	49d	55d	47d	52d	44d	48d	43d	47d	42d	46d
		50%	—	77d	85d	69d	76d	63d	69d	57d	64d	55d	60d	52d	56d	50d	55d	49d	53d
三级抗震等级	HPB300	≤25%	49d	43d	—	38d	—	35d	—	31d	—	30d	—	29d	—	28d	—	26d	—
		50%	57d	50d	—	45d	—	41d	—	36d	—	35d	—	34d	—	32d	—	31d	—
	HRB335	≤25%	48d	42d	—	36d	—	34d	—	31d	—	29d	—	28d	—	26d	—	26d	—
		50%	56d	49d	—	42d	—	39d	—	36d	—	34d	—	32d	—	31d	—	31d	—
	HRB400 HRBF400	≤25%	—	50d	55d	44d	49d	41d	44d	36d	41d	35d	40d	34d	38d	32d	36d	31d	35d
		50%	—	59d	64d	52d	57d	48d	52d	42d	48d	41d	46d	39d	45d	38d	42d	36d	41d
	HRB500 HRBF500	≤25%	—	60d	67d	54d	59d	49d	54d	46d	50d	43d	47d	41d	44d	40d	43d	38d	42d
		50%	—	70d	78d	63d	69d	57d	63d	53d	59d	50d	55d	48d	52d	46d	50d	45d	49d

注：以下说明适用于表 4-8 和表 4-9。

① 两根不同直径钢筋搭接时，表中 d 取较细钢筋直径。② 当为环氧材脂涂层带动钢筋时，表中数据尚应乘以 1.25。③ 当纵向受拉钢筋在施工过程中易受扰动时，表中数据尚应乘以 1.1。④ 当搭接长度范围内纵向受力钢筋周边保护层厚度为 $3d$、$5d$（d 为搭接钢筋的直径）时，表中数据尚可分别乘以 0.8、0.7；中间时按内插值。⑤ 当上述修正系数（注②～注④）多于一项时，可按连乘计算。⑥ 任何情况下，搭接长度不应小于 300。⑦ 四级抗震等级时，$l_{lE}=l_l$，详见表 4-8。⑧ HPB300 级钢筋末端应做 180°弯钩，满足钢筋弯曲一般规定。

（7）同一构件中受力钢筋的机械连接接头或焊接接头宜相互错开，位于同一连接区段内的纵向受拉钢筋接头面积百分率不宜大于 50%，受压接头可不受限制；直接承受动力荷载的结构构件中，不宜采用焊接；当采用机械连接时，不应超过 50%。图 4-3 中 d 为相互

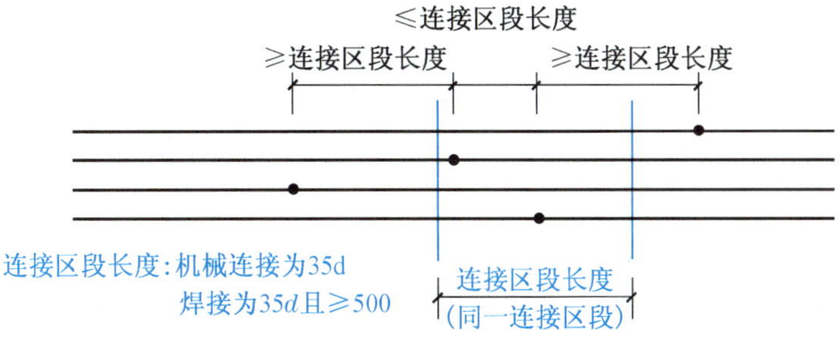

图 4-3　同一连接区段内纵向受拉钢筋机械连接、焊接接头

连接两根钢筋中较小直径；当同一构件内不同连接钢筋计算连接区段长度不同时取大值。

4.1.1.3 钢筋下料长度

在结构施工图纸中钢筋尺寸是钢筋外缘到外缘之间的量度长度称为外皮尺寸，如图 4-4 所示。在钢筋加工时钢筋弯曲或弯钩会使弯曲处内皮收缩、外皮延伸，轴线长度不变，弯曲处形成弯弧。

钢筋的下料尺寸就是钢筋中心线长度，如图 4-4 所示。钢筋下料长度应根据构件尺寸、混凝土保护层厚度，钢筋弯曲调整值和弯钩增加长度等规定综合考虑。

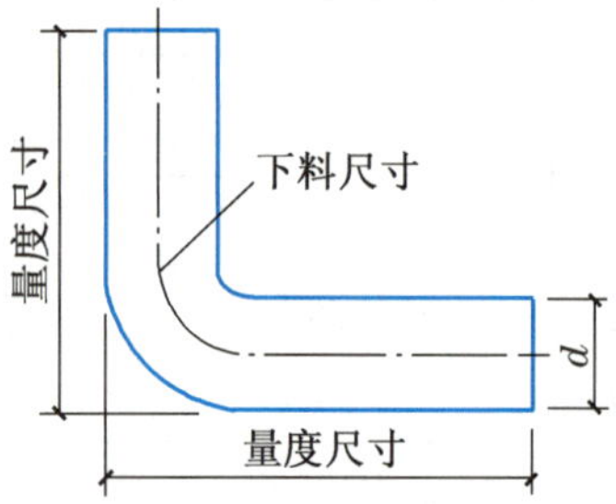

图 4-4 钢筋下料示意

钢筋外皮尺寸与下料长度之间的差值称为钢筋弯曲调整值，简称量度差值，其大小与钢筋直径、弯曲时弯弧内直径、弯钩角度等因素有关。

1. 钢筋弯曲一般规定

根据混凝土结构工程施工质量验收规范（GB50204—2015），钢筋弯曲应满足以下规定：

（1）光圆钢筋（HPB300 级）末端应作 180°弯钩，其弯弧内直径不应小于钢筋直径的 2.5 倍，弯钩的弯后平直部分长度不应小于钢筋直径的 3 倍[图 4-5(a)]。

（2）335 MPa 级、400 MPa 级带肋钢筋的弯弧内直径 D 不宜小于钢筋直径 d 的 4 倍，500 MPa 级带肋钢筋，当直径 $d \leqslant 28$ 时，弯弧内直径 D 不应小于钢筋直径的 6 倍，当直径 $d > 28$ 时，弯弧内直径 D 不应小于钢筋直径的 7 倍。

（3）钢筋作不大于 90°弯折时，弯折处的弯弧内直径 D 不应小于钢筋直径 d 的 5 倍[图 4-5(c)]。

- [规定规程]混凝土结构质量验收
- [现场视频]钢筋机械弯曲

（4）除焊接封闭环式箍筋外，箍筋的末端应作弯钩，弯钩形式应符合设计要求。当设计无具体要求时，箍筋弯钩的弯弧内直径尚不应小于受力钢筋直径。箍筋弯钩的弯折角度：一般结构不应小于 90°，有抗震等要求的结构应为 135°。箍筋弯后的平直部分长度：一般结构，不宜小于箍筋直径的 5 倍；有抗震等要求的结构，不应小于箍筋直径的 10 倍，且不应小于 75 mm。弯钩构造及弯后平直部分长度[图 4-5(b)]应符合设计要求。

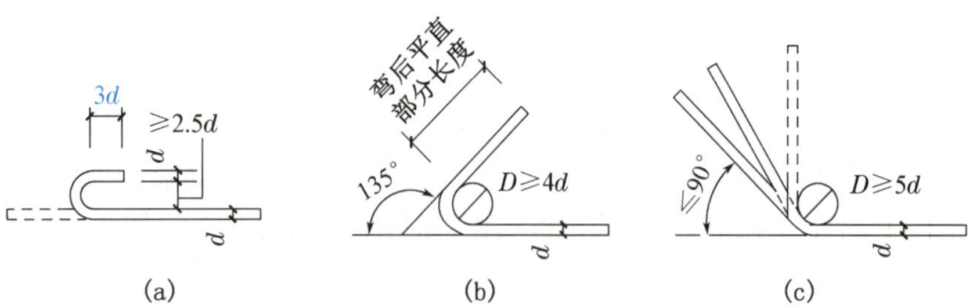

图 4-5 钢筋弯钩和弯折

（5）圆形箍筋的搭接长度不应小于其受拉锚固长度，且两末端弯钩的弯折角度不应小于 135°。弯折后平直段长度同前。

（6）梁、柱复合箍筋中的单肢箍筋两端弯钩的弯折角度均不应小于 135°，弯钩构造及弯折后平直部分长度如图 4-6 所示，具体采用何种形式由设计指定。

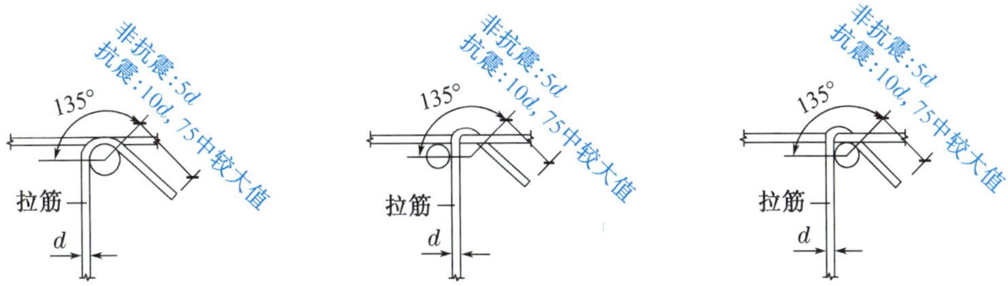

拉筋紧靠箍筋并钩住纵筋　　拉筋紧靠纵向钢筋并钩住箍筋　　拉筋同时钩住纵筋和箍筋

图4-6　拉筋弯钩构造

（非抗震设计时，当构件受扭，箍筋及拉筋弯钩平直段应为10*d*）

2. 钢筋弯曲调整值、弯钩增加长度、弯起钢筋斜长

根据理论（附录B）证明并结合实践经验，钢筋各种弯折角时的弯曲调整值理论计算和经验值见表4-10和表4-11。钢筋常用弯钩的增加长度见表4-12。

表4-10　钢筋弯曲调整值理论计算

序号	弯折角度	计算公式	弯弧内直径	弯曲调整值	备注
1	135°	$\Delta=0.822d-0.178D$	$D=2.5d$	$0.38d$	HPB300
			$D=4d$	$0.11d$	335 MPa级 400 MPa级
			$D=5d$	$-0.07d$	
2	90°	$\Delta=0.215D+1.215d$	$D=2.5d$	$1.75d$	HPB300
			$D=4d$	$2.08d$	335 MPa级 400 MPa级
			$D=5d$	$2.29d$	
3	30°	$\Delta=0.006D+0.274d$	$D=5d$	$0.3d$	
4	45°	$\Delta=0.022D+0.436d$	$D=5d$	$0.55d$	
5	60°	$\Delta=0.054D+0.631d$	$D=5d$	$0.9d$	

注：由于实际操作时并不能完全准确地按照有关规定的最小弯曲直径取用，有时偏大有时偏小，也有成型工具性能不一定满足规定要求。因此，除按照有理论计算弯曲调整值外，还可以根据当地实际情况或操作经验取值。

为计算方便，本书后面计算钢筋下料长度时，弯曲调整值统一按表4-11经验值取用。

表4-11　钢筋弯曲调整值经验值

钢筋弯曲角度	30°	45°	60°	90°	135°
钢筋弯曲调整值	$0.35d$	$0.5d$	$0.85d$	$2d$	$2.5d$

表4-12　钢筋弯钩增加长度

序号	弯钩形式	计算公式	弯弧内直径	l_p平直段长度	弯钩增加长度	说明
1	半圆弯钩（180°）	$1.071D+0.571d+l_p$	$D=2.5d$	$3d$	$6.25d$	HPB300，受力钢筋

(续表)

序号	弯钩形式	计算公式	弯弧内直径	l_p 平直段长度	弯钩增加长度	说明
2	斜弯钩(135°)	$0.678D+0.178d+l_p$	$D=5d$	$5d$	$8.568d$	一般结构,箍筋、拉筋
				$10d$	$13.568d$	抗震结构,箍筋、拉筋
			$D=4d$	$5d$	$7.89d$	一般结构,箍筋、拉筋
				$10d$	$12.89d$	抗震结构,箍筋、拉筋
			$D=2.5d$	$3d$	$4.873d$	HPB300,受力钢筋、拉筋
				$5d$	$6.873d$	一般结构,箍筋、拉筋 HPB300 级
				$10d$	$11.873d$	抗震结构,箍筋、拉筋 HPB300 级
3	直弯钩(90°)	$0.285D-0.215d+l_p$	$D=5d$	$5d$	$6.21d$	一般结构,箍筋、拉筋
			$D=2.5d$	$3d$	$3.498d$	HPB300,受力钢筋
				$5d$	$5.498d$	一般结构,箍筋、拉筋

注:① 弯钩的增加长度是指在钢筋构造长度基础上因弯钩需要增加钢筋下料的长度,证明见附录 B。
② 表中未作说明的钢筋均为 335 MPa 和 400 MPa 级。

根据设计需要,梁、板类构件常配置有一定数量的弯起钢筋,其弯起角度一般分为 30°、45°、60°三种,如图 4-7 所示。弯起钢筋直段的平直长度根据图纸标注的尺寸直接得到,弯起钢筋的斜段长度及中直段水平尺寸均需通过计算得到。一般采用直角三角形勾股定理计算。弯起钢筋的斜段长度计算见表 4-13。

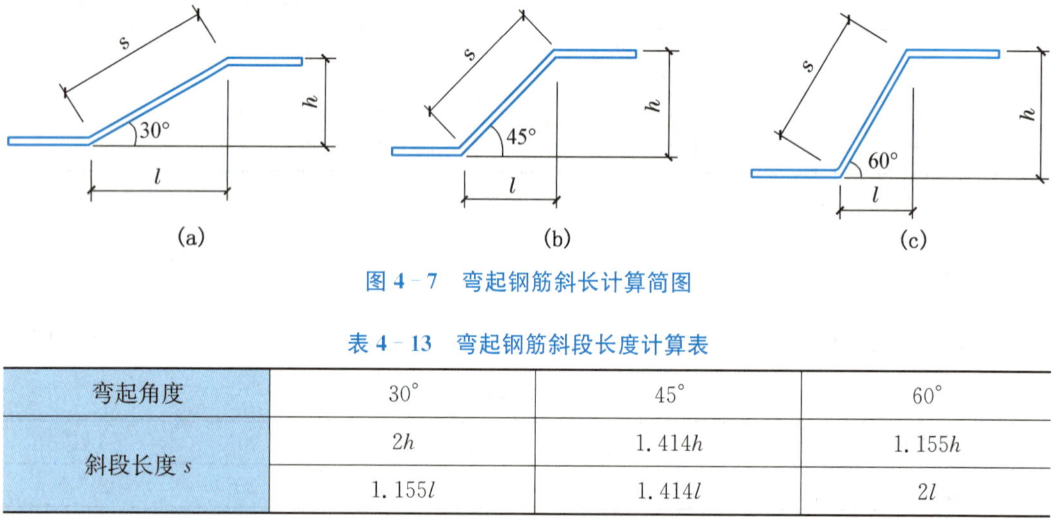

图 4-7 弯起钢筋斜长计算简图

表 4-13 弯起钢筋斜段长度计算表

弯起角度	30°	45°	60°
斜段长度 s	$2h$	$1.414h$	$1.155h$
	$1.155l$	$1.414l$	$2l$

注:s 为弯起钢筋斜段长度;h 为弯起钢筋弯起的垂直高度,是外包尺寸;l 为弯起钢筋斜段水平投影长度。

3. 钢筋下料长度计算

钢筋下料长度按以下公式计算:

直钢筋下料长度=构件长度-保护层厚度+弯钩增加长度;

弯起钢筋下料长度=直段长度+斜段长度+弯钩增加长度-弯曲调整值;

箍筋下料长度=箍筋外包周长+箍筋调整值。

箍筋调整值是弯钩增加长度和弯曲调整值两项之差或之和。钢筋需要搭接时，还应增加钢筋搭接长度。

(1) 直钢筋下料长度

图 4-8 中构件长为 l，保护层厚度 c，钢筋直径 d。若钢筋端部做 180°弯钩，如图 4-8(a) 所示，则钢筋下料长度为：

$$钢筋下料长度\ L=l-2c+2\times6.25d$$

若钢筋端部做 90°弯折，弯折长度 b，如图 4-8(b) 所示，则钢筋下料长度为：

$$钢筋下料长度\ L=l-2c+2b-2\times2d$$

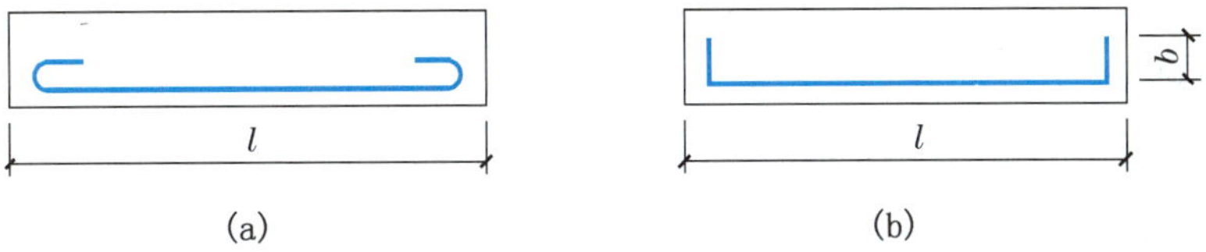

图 4-8 直钢筋下料长度

(2) 梁中箍筋下料长度计算

图示 4-9，梁截面尺寸 $b\times h$，保护层厚度 c，箍筋直径 d，根据附录 C，箍筋下料长度计算为：

L = 箍筋外包周长 + 箍筋调整值

$=2\times(b-2c)+2\times(h-2c)-3$ 个 90°量度差值 + 2 个 135°弯钩增加长度值

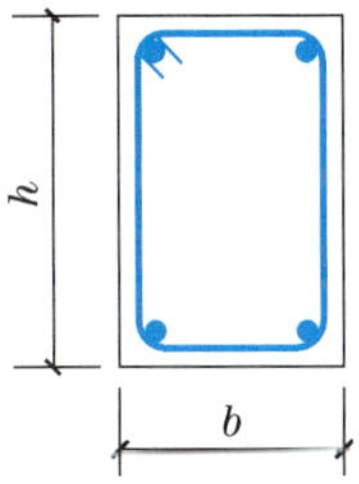

图 4-9 箍筋下料长度

① 非抗震结构(平直段取 $5d$)：

$L=2b+2h-8c+(8\sim10)d$ = 箍筋外包尺寸 $+(8\sim10)d$

当 $D=2.5d$ 时，括号中数值取 8；当 $D=4d$ 时，括号中数值取 9；当 $D=5d$ 时，括号中数值取 10。

② 抗震结构

a. 当平直段取 $10d$ 时，$L=2b+2h-8c+(18\sim20)d$ = 箍筋外包尺寸 $+(18\sim20)d$。

当 $D=2.5d$ 时，括号中数值取 18；当 $D=4d$ 时，括号中数值取 19；当 $D=5d$ 时，括号中数值取 20。

b. 当平直段取 75 mm 时，$L=2b+2h-8c+150+(0\sim2)d$ = 箍筋外包尺寸 $+150+(0\sim2)d$。

当 $D=2.5d$ 时，括号中数值取 2；当 $D=4d$ 时，括号中数值取 1；当 $D=5d$ 时，括号中数值取 0。

(3) 梁中拉筋下料长度(按照施工中常用的拉筋同时勾住纵筋和箍筋计算)

① 抗震结构：平直段取 $10d$ 时，$L=b-2c+(26\sim30)d$。

当 $D=2.5d$ 时，括号中数值取 $26d$；当 $D=4d$ 时，括号中数值取 $28d$；当 $D=5d$ 时，括号中数值取 $30d$。

② 非抗震结构：平直段取 $5d$ 时，$L=b-2c+(16\sim20)d$。

当 $D=2.5d$ 时，括号中数值取 $16d$；当 $D=4d$ 时，括号中数值取 $18d$；当 $D=5d$ 时，括号中数值取 $20d$。

4.1.2 独立基础工程图纸识读与钢筋下料

4.1.2.1 独立基础平面注写方法

在《结构施工图平面整体表示方法制图规则和构造详图》(16G101－3)(以下简称图集16G101－3)中，独立基础分为普通独立基础和杯口独立基础两类。普通独立基础又分为单柱独立基础、两柱无梁广义独立基础、两柱有梁广义独立基础和多柱双梁广义独立基础四种类型。如图4－10所示为某工程独立基础平法施工图示意。

- [微课]普通单柱独立基础平法识读与施工构造
- 建筑标准图集 16G101－3
- 建筑标准图集 18G901－3

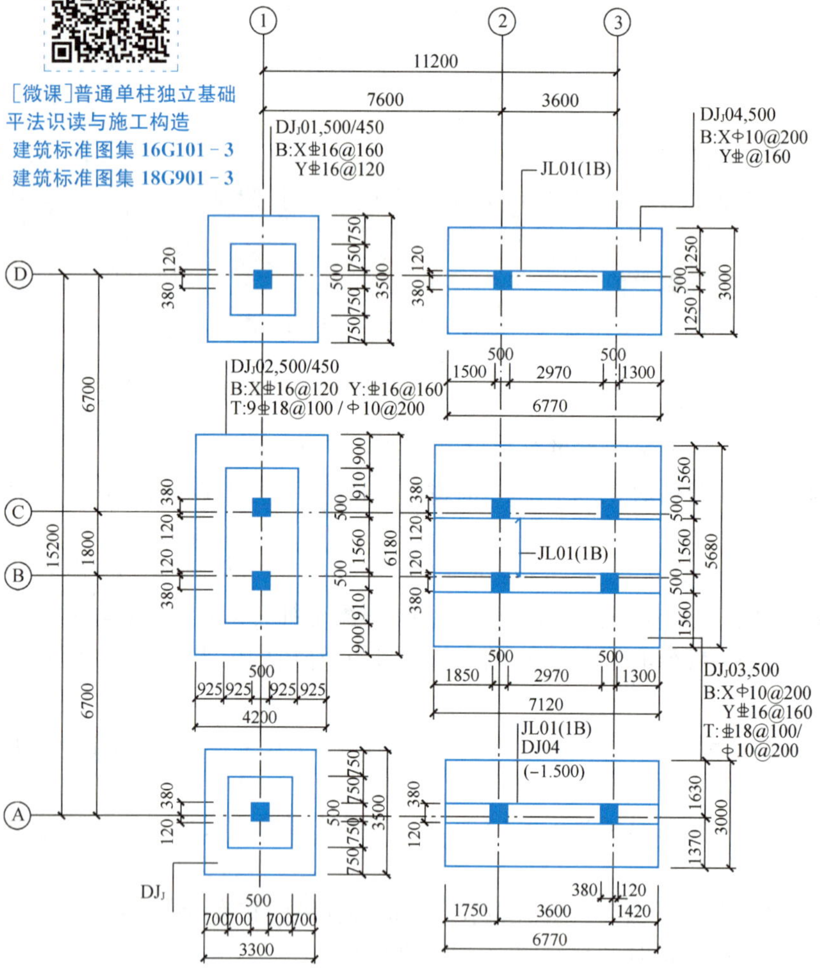

注：① 基础底面基准标高－2.000 m；±0.000 的绝对标高为 30.8 m；

② 未标注偏轴的 KZ 居轴线中布置；

③ 基础垫层100 厚 C15 混凝土，基础混凝土强度等级 C30。

图 4－10 某工程独立基础平法施工图示意

1. 单柱独立基础平面标注

单柱独立基础平面标注，分为集中标注和原位标注，如图 4－11(a)所示。集中标注内容包括基础编号、截面竖向尺寸、配筋三项必注内容，以及独立基础底面标高(与基础底面基准标高不同时)和必要的文字说明两项选注值。

(1) 基础编号。基础底板截面形状又分为阶形和坡形，各种独立基础编号见表 4－14。

表 4－14 独立基础编号

类型	基础底板截面形状	代号	序号	说明
普通独立基础	阶形	DJ_J	xx	1. 单阶截面即为平板独立基础； 2. 坡形截面基础底板可为四坡、三坡、双坡和单坡
	坡形	DJ_P	xx	
杯形独立基础	阶形	BJ_J	xx	
	坡形	BJ_P	xx	

（2）基础截面竖向尺寸。标注为 $h_1/h_2/h_3$，表示自下而上的基础截面竖向尺寸如图 4－12 所示。

（3）独立基础配筋：

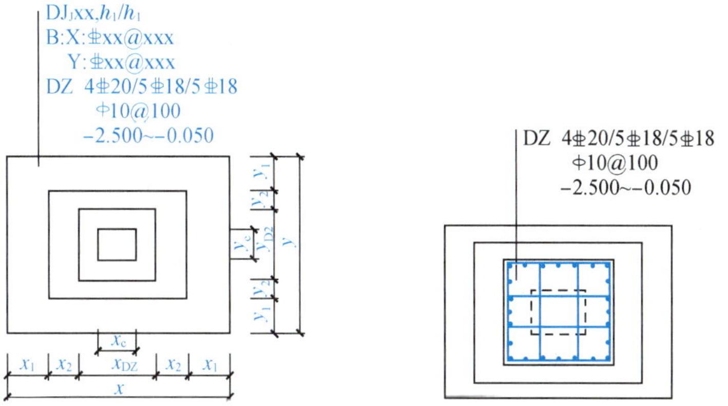

(a) 独立基础平面注写方法　　(b) 独立基础短柱配筋示意

图 4－11 独立基础平面注写方法

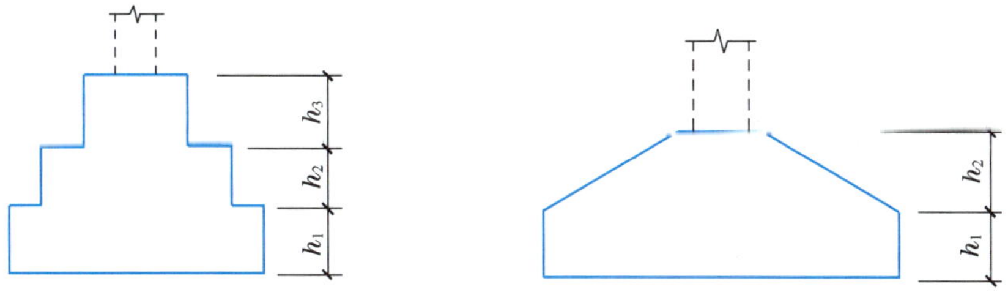

(a) 阶形截面竖向尺寸　　(b) 坡形截面竖向尺寸

图 4－12 独立基础竖向尺寸

① 独立基础底板配筋以 B 打头表示，X 向配筋以 X 打头，Y 向配筋以 Y 打头注写；当两向配筋相同时，则以 X&Y 打头注写。

② 普通独立基础深基础短柱，应注写短柱的竖向尺寸及配筋。当独立基础埋深较大，设置短柱，短柱配筋应注写在独立基础中。

以 DZ 代表普通独立基础短柱；先注写短柱纵筋，再注写箍筋，最后注写短柱标高范围。注写为：角筋/长边中部筋/短边中部筋，箍筋，短柱标高范围；当短柱截面为正方形时，注写为：角筋/x 边中部筋/y 边中部筋，箍筋，短柱标高范围。如图 4－11(b)所示。图中短柱配筋标注表示独立基础的短柱设置在－2.500～－0.050 高度范围内，配置竖向纵筋为 4⌀20 角筋、5⌀18x 边中部筋、5⌀18y 边中部筋，箍筋为⌀10@100。

(4) 注写独立基础底面标高(选注内容)当独立基础底面标高与基础底面基准标高不同时,应将独立基础底面标高直接注写在括号内。

(5) 必要的文字注解(选注内容)。当独立基础的设计有特殊要求时。宜增加必要的文字注解。

(6) 原位标注 x、y,x_c、y_c,x_i、y_i,$i=1,2,3\cdots$其中 x、y 为独立基础两向边长,x_c、y_c 为柱截面尺寸,x_i、y_i 为阶宽或坡形平面尺寸。

2. 双柱无梁独立基础

其平面标注方法与单柱独立基础基本相同,基础配筋除底板配筋外,可能还配有顶部钢筋,双柱无梁独立基础的顶部钢筋,通常对称分布在双柱中心线两侧,注写为"双柱间纵向受力钢筋/分布钢筋"(图 4－13),当纵向受力钢筋在基础底板顶面非满布时,应注明其总根数。

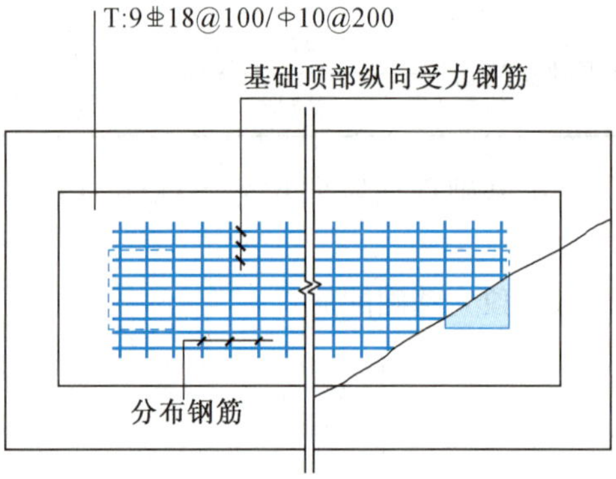

图 4－13　双柱无梁独立基础顶部配筋示意

T:9⌀18@100/Φ10@200:表示独立基础顶部配置 9 根 HRB400 级直径 18 mm 的纵向受力钢筋,间距 100 mm;分布筋为 HPB300 级,直径 10 mm,间距 200 mm。

微课＋课件

双柱无梁独立基础识读与施工构造

3. 双柱有梁独立基础

当双柱独立基础底板与基础梁结合时,形成双柱有梁独立基础,如图 4－14 所示。此时基础底板一般有短向的受力筋和长向的分布筋,基础底板的标注与条形基础底板相同。

基础梁的宽度宜比柱截面宽出不小于 100(每边不小于 50)。基础梁的注写规定与条形基础的基础梁注写规定相同,详见条形基础有关内容。

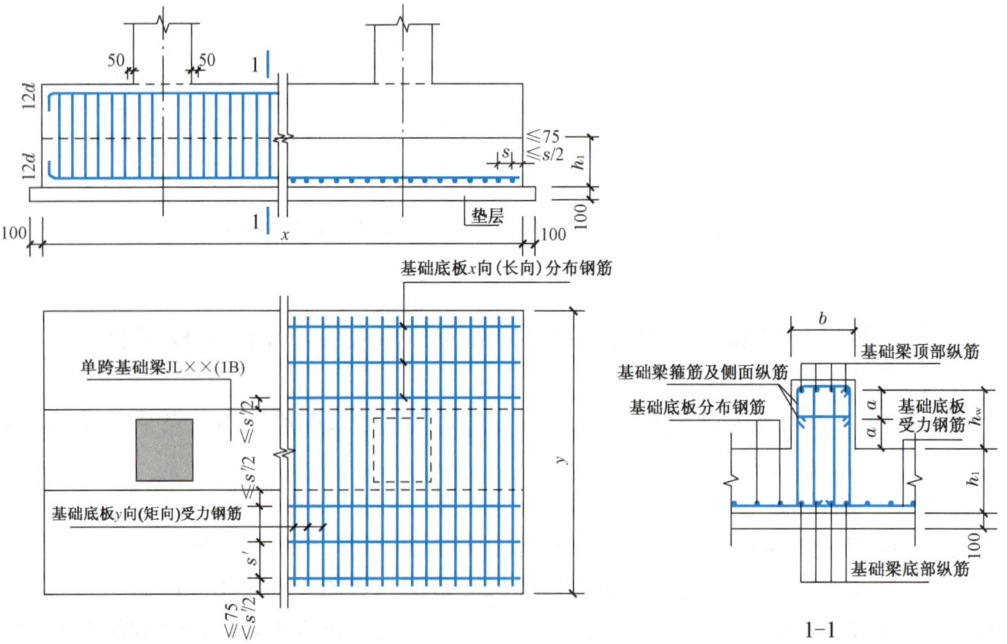

设置基础梁的双柱普通独立基础配筋构造

1-1
(a≤200)

图 4－14　双柱有梁独立基础配筋构造

4. 多柱独立基础

当多柱独立基础设置两道平行的基础梁时，与双柱有梁独立基础相比，除在双梁之间及梁长度范围内配置基础顶部钢筋不同外，其余完全相同。双梁之间及梁长度范围内基础顶部钢筋注写为“T:梁间受力钢筋/分布钢筋”，如图 4 - 15 所示。基础顶板钢筋有关构造与双柱无梁独立基础顶部钢筋类似。

平行设置两道基础梁的四柱独立基础底板配筋，也可按双梁条形基础底板配筋的注写规定。

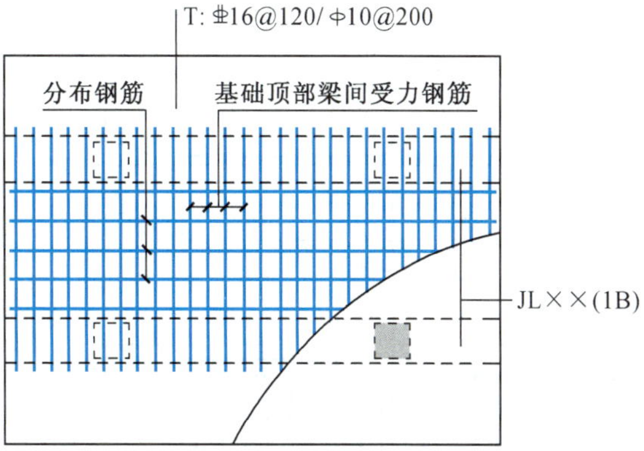

图 4 - 15　四柱独立基础顶部基础梁间配筋示意

T:16⌀16@120/⌀10@200：表示四柱独立基础顶部两道基础梁之间配置受力钢筋 HRB400 级，直径 16 mm，间距 120 mm；分布筋 HPB300 级，直径 10 mm，间距 200 mm。

4.1.2.2　独立基础底板施工构造

1. 基础底板钢筋位置

普通单柱独立基础底部双向交叉钢筋长向布置在下，短向布置在上。

➤**提示：**普通单柱独立基础在设计阶段按照双向板理论进行，双向配置钢筋均为受力筋。在独立基础配筋计算中，按照悬臂板理论求得支座根部弯矩，悬挑长度越长，弯矩越大，配筋越大。

2. 第一根钢筋起步距离

y 向第一根钢筋起步距离为 min(75,s/2)，x 向第一根钢筋起步距离为 min(75,s'/2)。其中 s 为 y 向钢筋间距，s'为 x 向钢筋间距。

3. 底板钢筋减短规定

对称独立基础当底板长度≥2.5 m 时，除外侧钢筋外，底板钢筋长度可减短相应方向基础边长的 10%，施工时交错布置，如图 4 - 16(a)所示。当非对称独立基础底板长度≥2.5 m 时，但该基础某侧从柱中心至基础底板边缘的距离小于 1.25 m 时，钢筋在该侧不应减短，如图 4 - 16(b)所示。

4. 双柱无梁独立基础底部与顶部配筋构造(图 4 - 17)

(1) 双柱独立基础底部双向交叉钢筋，施工时谁在上，谁在下，根据基础两个方向从柱外缘至基础外缘的延伸长度 e_x 和 e_y 的大小确定，两者中较大方向的钢筋在下，较小方向的钢筋在上。

(2) 双柱独立基础顶部双向交叉钢筋，柱间受力筋在下，分布筋在上。

(3) 顶部配置的钢筋长度确定。顶部配置的柱间受力筋长度是两柱内皮间净尺寸$+2l_a$；顶部分布钢筋长度根据受力钢筋确定，即受力筋间距×(受力筋根数－1)＋2×50，分布钢筋根数等于(受力筋长度－2×50)/分布钢筋间距＋1。

5. 双柱有梁独立基础

在施工时，双柱有梁独立基础底部短向受力钢筋设置在基础梁纵筋之下，与基础梁箍筋的下水平段位于同一层面，梁筋范围不再布置基础底板分布钢筋，分布钢筋不得缩短，分布钢筋起步距离为小于等于分布钢筋间距/2，如图 4 - 14 所示。基础梁外伸部位上下纵向钢筋端部弯折长度为 $12d$。

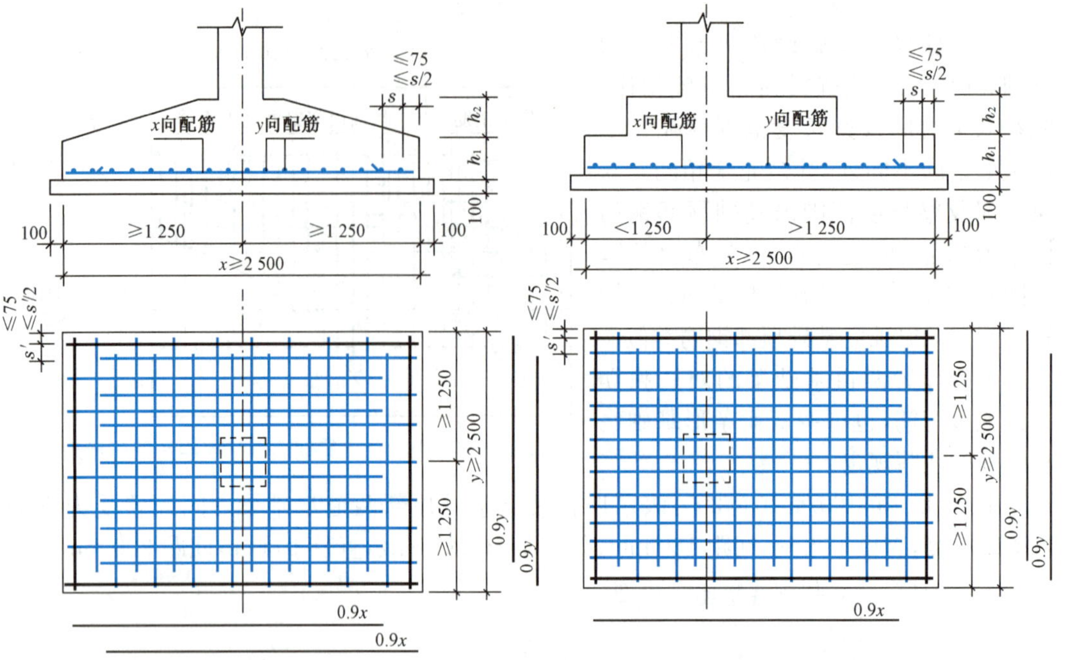

(a) 对称独立基础　　(b) 非对称独立基础

图 4－16　独立基础底板配筋减短构造

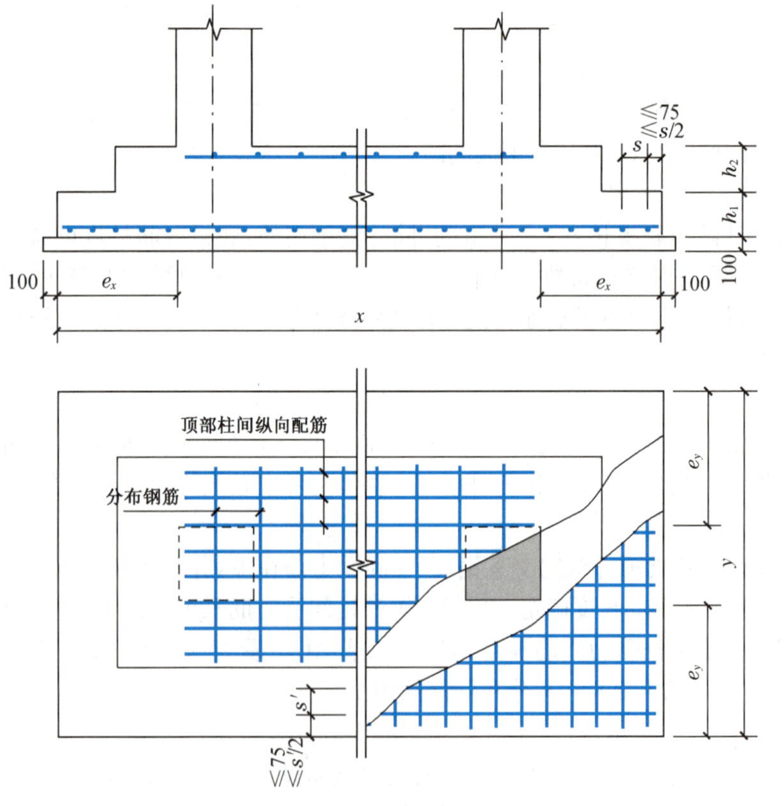

图 4－17　双柱无梁独立基础底部与顶部配筋构造

【工程案例 4-1】 计算图 4-18 DJ_J01 底板钢筋下料长度并编制钢筋配料单。基础设垫层，垫层混凝土 C15，基础混凝土 C30，基础钢筋保护层厚度取 40 mm。

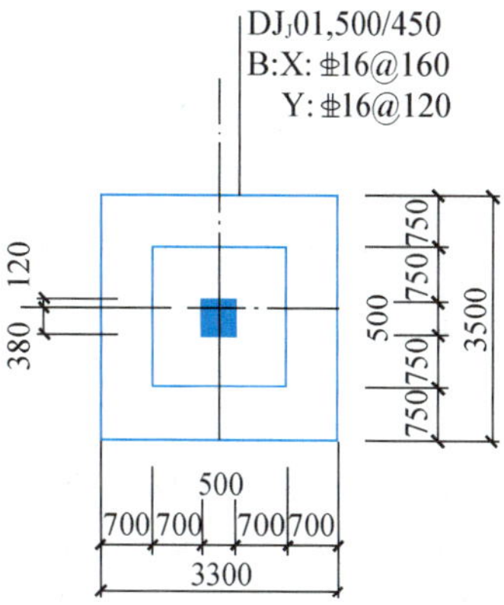

图 4-18 DJ_J01 基础

解：(1) X 向钢筋。因为 3300 mm>2500 mm，内侧钢筋减短。

长筋：$l_x=3300-2\times40=3220$ mm(2⌀16)

短筋：$l'_x=0.9\times3300=2970$ mm(20⌀16)

短筋根数 n_x：

$$n_x=\frac{L}{@}+1=\frac{3500-2\min(75,160/2)}{160}+1-2=20\text{ 根(取整)}$$

(2) Y 向钢筋。3500 mm>2500 mm，内侧钢筋减短。

长筋：$l_y=3500-2\times40=3420$ mm(2⌀16)

短筋：$l'_y=0.9\times3500=3150$ mm(26⌀16)

短筋根数 n_y：$n_y=\frac{L}{@}+1-\frac{3300-2\min(75,120/2)}{120}+1-2=26$ 根(取整)

由于 Y 向尺寸大于 X 向尺寸，施工时 Y 向钢筋在下，X 向钢筋在上。DJ01 钢筋配料单见表 4-15。

表 4-15 DJ_J01 钢筋配料单

构件名称	钢筋编号	简图	直径/mm	钢号	单根长度/m	根数/根	总长/m	重量/kg
DJ_J01	1	3220	16	⌀	3220	2	6.44	10.16
	2	2970	16	⌀	2970	20	59.4	93.73
	3	3420	16	⌀	3420	2	6.84	10.79
	4	3150	16	⌀	3150	26	81.90	129.24
	总重量：243.92 kg							

【工程案例 4-2】 计算图 4-19 所示基础底板和顶部钢筋下料长度，并编制钢筋配料单。基础设垫层，垫层混凝土 C15，基础混凝土 C30，基础钢筋保护层厚度取 40 mm。

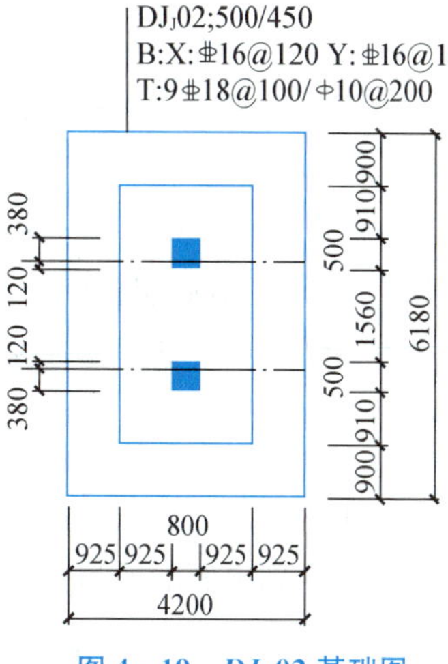

图 4-19 DJ_J02 基础图

解：(1) 基础底板钢筋下料计算

基础底板 X 向柱外缘至基础外缘的延伸长度为 925+925=1850 mm；

基础底板 Y 向柱外缘至基础外缘的延伸长度为 910+900=1810 mm<1850 mm；

施工时 X 向钢筋布置在下，Y 向钢筋布置在上。

① X 向钢筋。基础设垫层，保护层厚度取 40 mm，4200 mm>2500 mm，内侧钢筋减短。

长筋：$l_x=4200-2\times40=4120$ mm(2⌀16)

短筋：$l'_x=0.9\times4200=3780$ mm(50⌀16)

短筋根数 n_x：

$$n_x=\frac{L}{@}+1=\frac{6180-2\min(75,120/2)}{120}+1-2=50\text{ 根(取整)}$$

② Y 向钢筋。6180 mm>2500 mm,内侧钢筋减短。

长筋:$l_y=6180-2\times40=6100$ mm(2Φ16)

短筋:$l'_y=0.9\times6180=5562$ mm(25Φ16)

短筋根数 n_y:$n_y=\frac{L}{@}+1=\frac{4200-2\min(75,160/2)}{160}+1-2=25$ 根(取整)

(2) 基础顶部钢筋下料计算

施工时,顶部 Y 向受力钢筋在下,X 向分布钢筋在上。500 mm 的柱宽范围内布置 5 根受力筋(柱外缘内 50 mm 开始布置),柱外缘 50 mm 开始向外每侧对称布置 2 根受力筋。分布筋与受力钢筋垂直布置。

① 柱间受力钢筋

混凝土 C30,查表 4-6,锚固长度 $l_a=35d=35\times18=630$ mm

下料长度:$1560+2l_a=1560+2\times630=2820$ mm(9Φ18)。

② 分布钢筋

下料长度:$100\times(9-1)+2\times50+2\times6.25\times10=1025$ mm(15φ10)

根数:$\frac{2820-50\times2}{200}+1$(取整)=15 根

DJ02 钢筋配料单见表 4-16。

表 4-16　DJ_J02 钢筋配料单

构件名称	钢筋编号	简图	直径/mm	钢号	单根长度/m	单位根数	总长/m	重量/kg
DJ_J02	1	4120	16	Φ	4120	2	8.24	13.00
	2	3780	16	Φ	3780	50	189	236.7
	3	6100	16	Φ	6100	2	12.20	19.25
	4	5562	16	Φ	5562	25	139.1	219.5
	5	2820	18	Φ	2820	9	25.38	50.71
	6	1025	10	φ	1025	15	15.38	9.49
	总重量:Φ16:488.5 kg;Φ18:50.71 kg;φ10:9.49 kg							

4.1.2.3　柱插筋施工构造

微课+课件

基础插筋施工构造及钢筋下料

为了便于施工,底层柱中在基础施工时预先在基础中留设一定长度的钢筋称为基础插筋。柱插筋长度由基础顶面以上和基础范围内纵筋长度两部分组成。

1. 基础顶面以上纵筋构造

根据建筑施工图集 16G101-1,柱插筋在基础顶面以上的纵筋长度依据柱纵筋在基础顶面的非连接区段长度、钢筋连接方式、钢筋接头面积百分率等因素综合确定。

柱纵筋在基础顶面的非连接区段长度根据建筑物是否有地下室取值不同。当建筑物没有地下室时,基础顶面的非连接区段长度为柱净高的 1/3,即 $H_n/3$。当建筑物存在地下室时,基础顶面的非连接区段长度取 $H_n/6$、柱截面长边尺寸 h_c 和 500 mm 中的最大值。

H_n 为基础顶面到上层梁底面的垂直高度；当某柱东西南北 4 个方向梁底标高各不相同时，基础顶面到上层梁底面以下柱的净高取 4 个方向 H_{ni} 中的最大值 $H_{n,\max}$（图 4－20）。需要注意的是：当建筑物在基础顶面以上±0.000 以下存在基础联系梁时，且设计规定嵌固部位在基础联系梁顶面时，H_n 为基础联系梁顶面到上层梁底面的垂直高度。

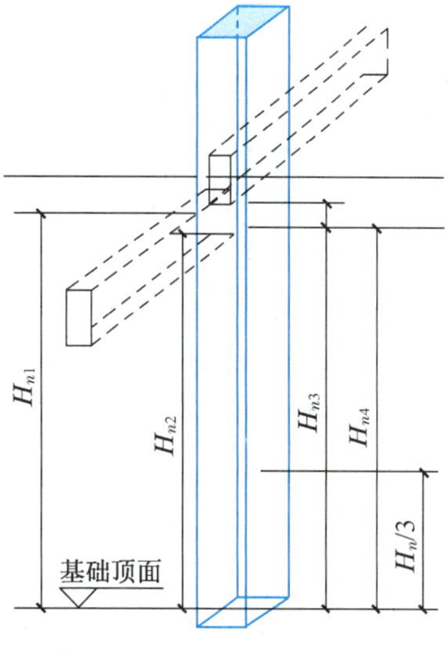

$H_n/3=\max(H_{n1},H_{n2},H_{n3},H_{n4})/3$

图 4－20　柱净高最大长度 $H_{n,\max}$

当建筑物没有地下室时，根据图 4－21 可以确定在不同连接方式、接头面积百分率分别为 100%、50%、25%时的基础顶面以上的纵筋长度。

当建筑物无地下室，钢筋接头面积百分率为 50%时，基础顶面以上的纵筋最小长度为：

绑扎搭接：短筋长度$=H_n/3+l_{lE}(l_l)$　　(4－1)

长筋长度$=$短筋长度$+2.3l_{lE}(l_l)$　(4－2)

机械连接或焊接：短筋长度$=H_n/3$　　(4－3)

长筋长度$=$短筋长度$+35d$[焊接时取 $\max(35d,500)$]　　(4－4)

d 为基础插筋中的最大直径。

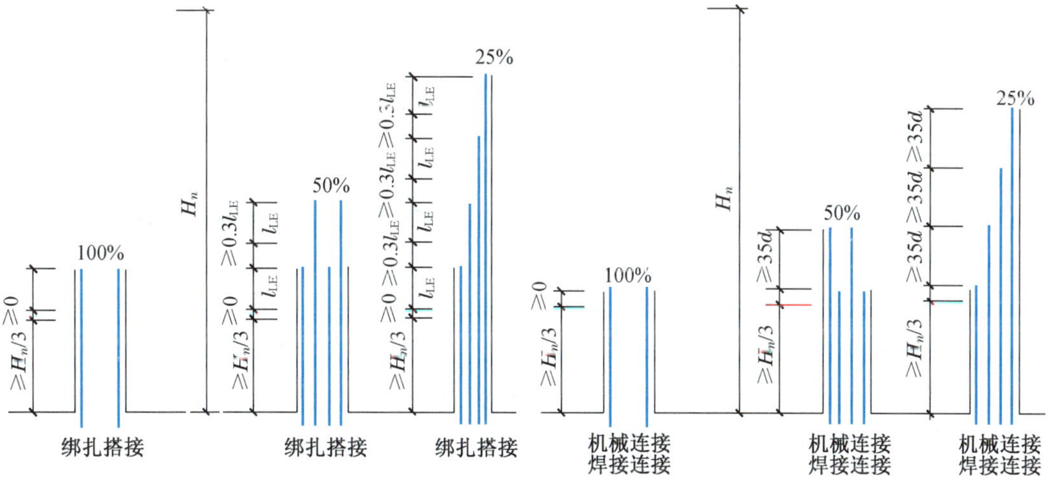

图 4－21　无地下室时基础顶面以上纵筋长度

当建筑物有地下室时，钢筋接头面积百分率为 50%时，基础顶面以上的纵筋最小长度只需要将公式(4－1)～公式(4－4)中的 $H_n/3$ 替换为 $\max(H_n/6,h_c,500)$ 即可，其中 h_c 为柱截面长边尺寸（圆柱为截面直径）。

2. 基础范围内纵筋构造

基础范围内纵筋长度，按照图 4－22 计算。

(1) 图中 h_j 为基础顶面至基础底面的高度。对于带基础梁的基础为基础梁顶面至基础梁底面的高度，当柱两侧基础梁标高不同时取较低标高。

(2) 柱纵筋插至基础底部并支在基础底板钢筋网片上，并做 90°弯折。当基础高度满足直锚时，弯折长度取 6d 和 150 mm 中的最大值，如图 4－22(a)和(b)所示；当基础高度不满足直锚时，弯折长度取 15d，同时基础插筋在基础内的直段长度应$\geqslant 0.6l_{abE}$且$\geqslant 20d$，d 为纵

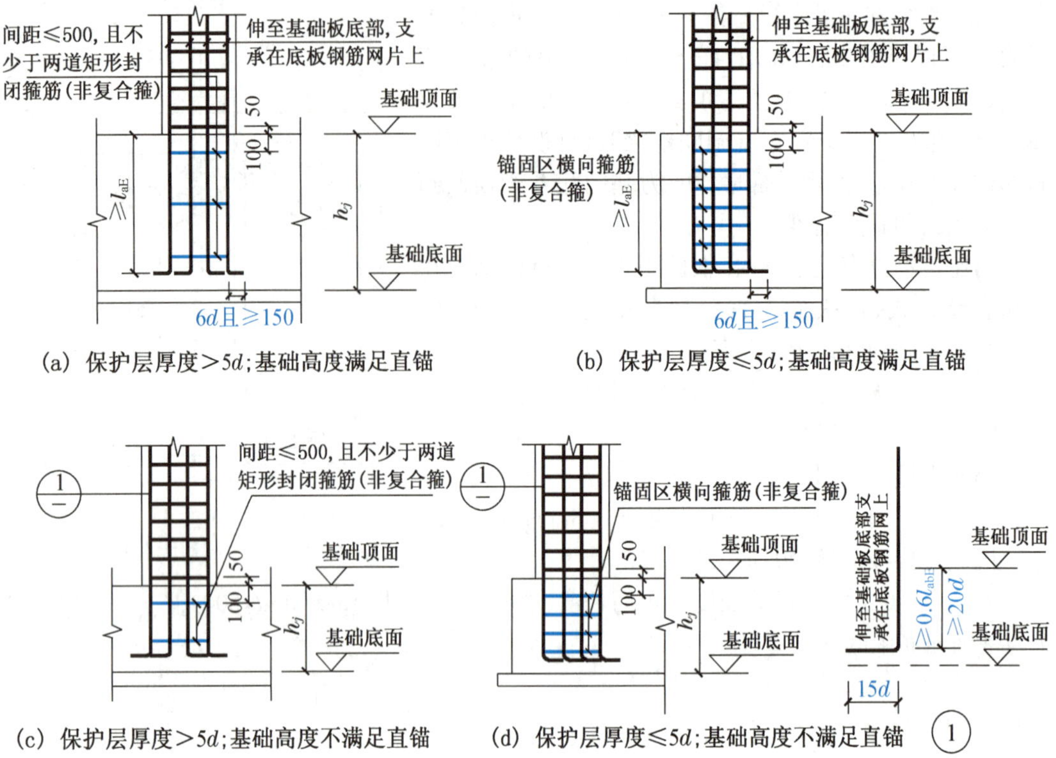

图 4－22　柱纵向钢筋在基础中构造

筋的直径，如图 4－22(c)和(d)所示。

纵筋在基础内的直段长度＝基础高度－基础底板保护层厚度－基础底板钢筋网直径。

(3) 基础范围内箍筋设置要求

当柱纵筋保护层厚度>5d(d 为纵筋最大直径)，在基础范围内设置间距≤500 mm，且不少于两道矩形封闭箍筋(非复合箍)，如图 4－22(a)和(c)所示；当柱纵筋保护层厚度≤5d(d 为纵筋最大直径)时，尚需增加锚固区横向箍筋(非复合箍)，图 4－22(b)和(d)所示。锚固区增加横向箍筋应满足直径≥$d/4$(d 为纵筋最大直径)，间距≤5d(d 纵筋最小直径)且≤100的要求。

在插筋保护层厚度不一致的情况下(如筏形基础中的边柱和角柱，梁板式筏形基础中的柱)，保护层厚度≤5d 的部位应增加锚固区横向钢(箍)筋，设计未注明时可参照图 4－23 和图 4－24 施工。

(4) 当柱为轴心受压或小偏心受压时，基础高度或基础顶面至中间层钢筋网片顶面(筏形基础)距离不小于 1200 mm 或者柱为大偏心受压时，基础高度或基础顶面至中间层钢筋网片顶面(筏形基础)距离不小于 1400 mm 时，可仅将四角的插筋伸至底板钢筋网上或者筏形基础中间层钢筋网片上(伸至底板钢筋网上的柱插筋之间的间距不应大于 1000 mm)，其他纵筋在基础顶面下满足锚固长度 l_a 或 l_{aE} 即可。

具体施工时，当基础高度或基础顶面至中间层钢筋网片顶面距离在 1200～1400 mm 时，柱插筋的锚固方式由设计指定；当基础高度或基础顶面至中间层钢筋网片顶面距离大于 1400 mm 时，可参照图 4－25(a)和(b)施工。

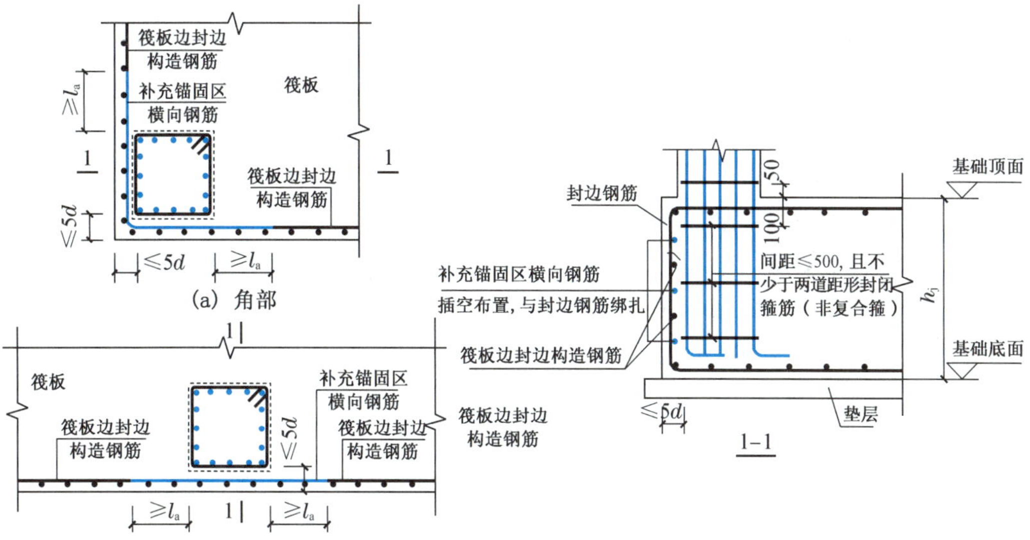

(a) 角部

(b) 边部

图4-23 板式筏形基础中柱插筋锚固区横向钢筋的排布构造

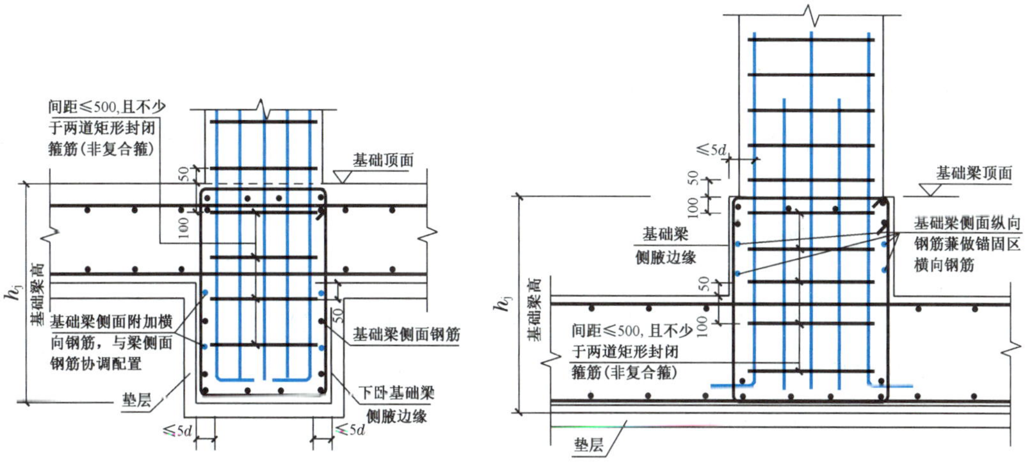

图4-24 梁板式筏形基础中柱插筋锚固区横向钢筋的排布构造

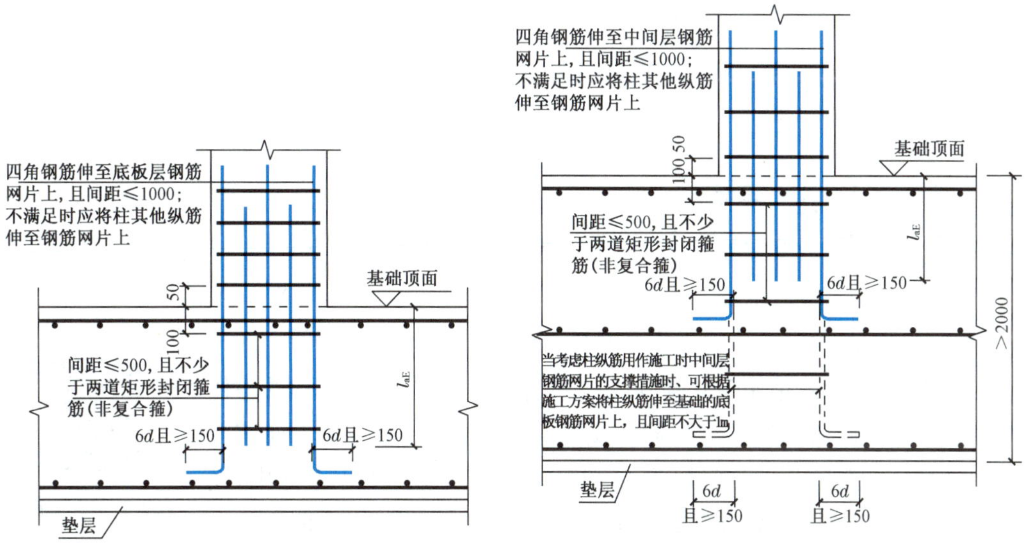

(a) 柱四角纵筋伸至底板钢筋网上

(b) 柱四角纵筋伸至筏形基础中间网片上

图4-25 柱插筋在基础中的排布构造

【工程案例 4－3】 某建筑底层框架柱，柱基础及框架柱配筋如图 4－26 所示。该建筑无地下室。基础抗震等级三级，环境类别二 a，基础和框架柱混凝土强度等级 C30。基础设 C15，100 厚混凝土垫层。基底标高－2.000 m，首层建筑梁顶标高为 3.000 m，首层框架梁截面尺寸为 250 mm×600 mm。若柱纵筋采用机械连接，接头面积百分率 50%。试计算：(1) 基础插筋下料长度及根数；(2) 插筋范围内的箍筋长度及根数。

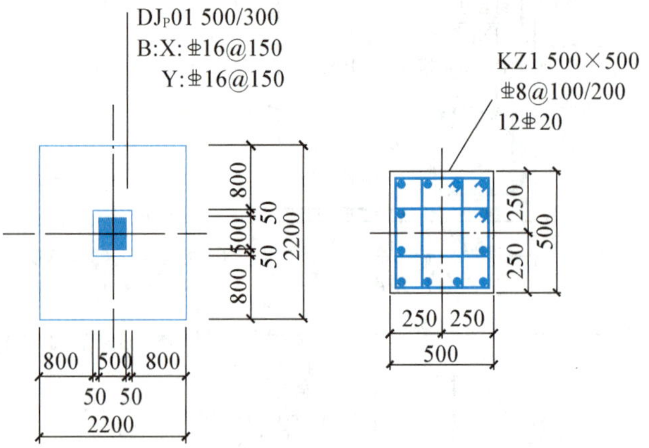

图 4－26　独立基础施工图及框架柱配筋

解：由题查表得，柱保护层 c＝25 mm，基础底板保护层厚度 40 mm，三级抗震，纵筋直径 d＝20 mm＜25 mm，HRB400 级钢筋，查表 4－7 得，$l_{aE}=37d$，纵筋保护层厚度大于 $5d$，修正系数 0.7。

基础内纵筋直段长度为 800－40－16－16＝728 mm；

修正后的锚固长度为 $0.7l_{aE}=0.7\times37\times20=518$ mm＜728 mm，基础高度满足直锚条件，则

弯折长度 $\max(6d,150)=\max(6\times20,150)=150$ mm。

柱净高 $H_n=3000+2000-800-600=3600$ mm。

(1) 短筋长度：$3600/3+728+150-2\times20=2038$ mm(6⌀20)

(2) 长筋长度：短筋长度＋$35d=2038+35\times20=2738$ mm(6⌀20)

(3) 箍筋长度：外箍长度：$L_1=2b+2h-8c+19d=500\times4-8\times25+19\times8=1952$ mm (15⌀8)；

内箍长度：L_2＝箍筋外包尺寸＋$19d=\left(\dfrac{500-25\times2-8\times2-4\times20}{3}+2\times20+8\times2\right)\times2+(500-25\times2)\times2+19\times8=1400$ mm(30⌀8 或 26⌀8)；

外箍根数：$2+\left(\dfrac{1200-50}{100}+1\right)=15$ 根；

内箍根数：$15\times2=30$ 根。

若考虑基础范围内为非复合箍，则内箍根数为 $13\times2=26$ 根。

钢筋配料单略。

4.1.2.4　基础联系梁图纸识读与施工构造

微课＋课件

基础联系梁图纸识读

当建筑基础形式采用独立基础或桩基础上时，为了增加基础的整体性，调节相邻基础的不均匀沉降通常设置基础联系梁，联系梁顶面宜与独立基础顶面位于同一标高，如图 4－27(a)所示。有些工程设计中，设计人员将基础联系梁设置在基础顶面以上±0.000 以下时，也可能兼做其他功能，如图 4－27(b)所示。

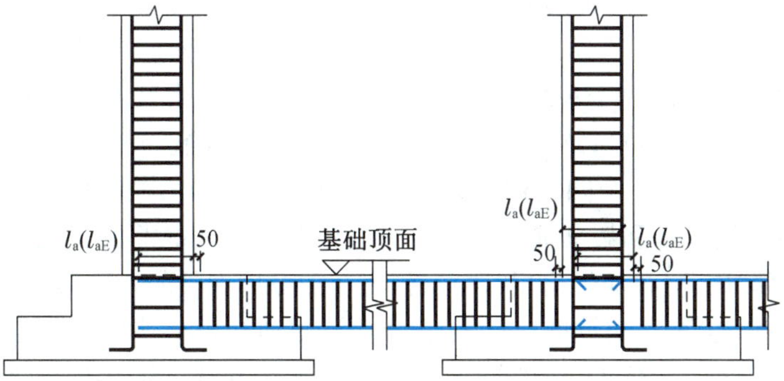

(a) 基础联系梁顶面与基础顶面相平

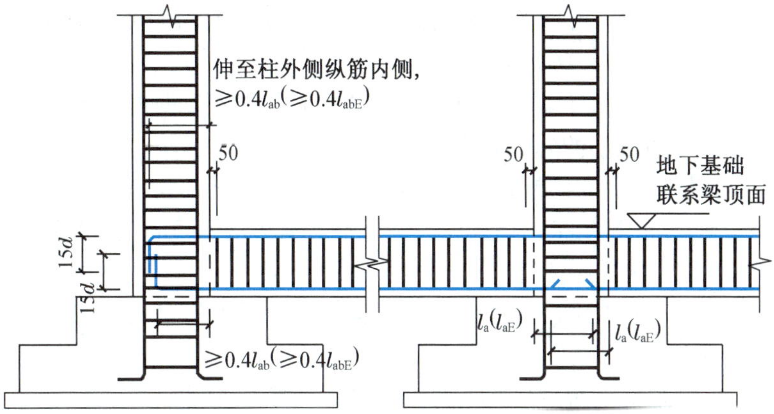

(b) 基础联系梁在基础顶面以上±0.000以下

图 4-27 基础联系梁施工构造

➤**提示：**当独立基础埋深较大，设计人员为了降低底层柱的计算高度。也会设置与柱相连的梁(不同时作为联系梁设计)，此时设计应将该梁定义为框架梁 KL，按框架梁构造施工；有些情况，设计为了布置上部墙体而设置了一些梁(不同时作为联系梁设计)，可视为直接以独立基础或桩基承台为支座的非框架梁，设计应注写为 L，按非框架梁进行施工，如图 4-28 所示。

1. 基础联系梁平法标注

基础联系梁的平法标注分为集中标注和原位标注，其标注方法与上层建筑的框架梁相同，这里仅作简单介绍。

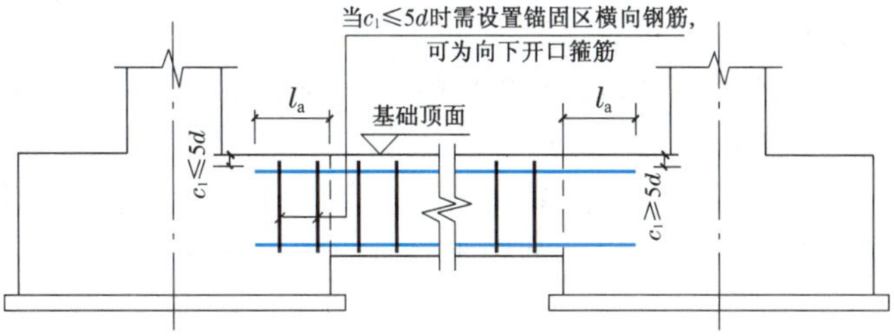

图 4-28 搁置在基础上的非框架梁
(d 为锚固纵筋直径)

(1) 编号。JLLxx(xx)、JLLxx(xxA)、JLLxx(xxB)，xx 表示序号，(xx)表示端部无外伸或无悬挑；(xxA)表示一端带外伸或悬挑，(xxB)表示表示两端带外伸或悬挑。

(2) 截面尺寸。$b\times h$ 无加腋；$b\times h$ $Yc_1\times c_2$ 有竖向加腋，c_1 为腋长，c_2 为腋高；$b\times h$ $PYc_1\times c_2$ 有水平加腋，c_1 为腋长，c_2 为腋高。

(3) 梁箍筋。必注值，注写箍筋级别、直径、加密区与非加密区间距(用"/"分开)及肢数(写在括号中)。当梁采用不同的箍筋间距和肢数时,也可分别注写梁支座端部箍筋和梁跨中部分的箍筋,但用"/"分开。端部箍筋在前,跨中部分的箍筋在"/"后。如:⌀8@100(4)/200(2)表示箍筋为 HRB400 级钢筋,直径 8 mm,加密区间距 100 mm,四肢箍,非加密区间距 200 mm,双肢箍;14⌀8@100(4)/200(2)表示箍筋为 HRB400 级钢筋,直径 8 mm,梁每跨两端各有 14 个四肢箍,箍筋间距 100,梁每跨跨中箍筋间距 200,双肢箍。

(4) 梁上部贯通纵筋和架立筋。当同排纵筋中既有贯通纵筋又有架立筋时,应用"+"将贯通纵筋(角部纵筋写在加号前)和架立筋(写在加号后面括号内)相连;当梁的上部纵筋和下部纵筋均为贯通筋时,可同时将梁上部、下部的贯通筋表示,用";"分隔开。

如:2⌀25+(4Φ12)表示梁上部配置 2 根直径为 25 mm 的 HRB400 级贯通纵筋,为角筋,4 根直径为 12 mm 的 HPB300 级架立筋;

3⌀22;3⌀25 表示梁上部配置 3 根直径为 22 mm 的 HRB400 级贯通纵筋,下部配置 3 根直径为 25 mm 的 HRB400 级贯通纵筋。

(5) 以 G 或 N 打头注写梁两侧面对称设置的纵向构造钢筋(当梁腹板净高 $h_w \geqslant$ 450 mm 时设置)或受扭纵筋的总配筋值。

➤**提示:** 构造钢筋的规格和数量是由结构设计师在施工图中标注的,施工部门照图施工即可。当设计图纸遗漏时,施工人员只能向设计师质询构造钢筋的规格和数量,而不能对构造钢筋进行自行设计。构造钢筋布置在梁的腹板区域。

受扭钢筋是按照《混凝土结构设计规范》根据抗扭计算而得到的钢筋,受扭钢筋应沿梁周边均匀对称布置。

(6) 选注基础联系梁顶面与基准标高的高差值,写在括号中。

(7) 当基础联系梁支座上部需要设置非贯通纵筋时,原位标注支座上部包括贯通纵筋和非贯通纵筋在内的全部纵向钢筋。

(8) 基础联系梁跨中下部纵筋除贯通纵筋外由原位标注说明。

2. 基础联系梁位于基础顶面以上±0.000 以下时施工构造及钢筋下料计算

当基础联系梁设置在基础顶面以上±0.000 以下时,以框架柱为支座。当上部结构按抗震设计时,为平衡柱底弯矩而设置的基础联系梁,应按抗震框架梁施工,抗震等级同上部框架,否则按照非抗震框架梁构造进行施工。基础联系梁施工构造如图 4-29 所示。

(1) 基础联系梁上部贯通纵筋能通则通,否则应在跨中 1/3 净跨范围交错连接,并应符合连接区段长度要求。

端支座上部纵筋锚固有直锚、弯锚和机械锚固。机械锚固详见图集 16G101-3,直锚、弯锚形式如图 4-30 所示。梁上部纵筋端支座锚固长度计算如下:

① 当端支座为宽支座时,即 l=柱宽-柱保护层-柱箍筋直径-柱纵筋直径 $\geqslant l_{aE}(l_a)$ 且 $\geqslant 0.5h_c+5d$ 时直锚,如图 4-30(a)所示,此时梁上部纵筋锚固长度取 $\max[l_{aE}(l_a), 0.5h_c+5d]$。

② 当端支座不是宽支座时,钢筋锚固采用机械锚固或弯锚形式,弯锚如图 4-30(b)、(c)所示。对于弯锚,锚固长度等于梁上部纵筋至柱纵筋内侧平直段(后简称平直段长度)+15d。平直段长度由计算求得,且 $\geqslant 0.4l_{abE}(0.4l_{ab})$。

微课+课件

基础联系梁施工构造

当梁上部纵筋有两排纵筋时,平直段长度[参照图 4-30(c)]如下计算:

梁上部第一排纵筋平直段 l_1=柱宽-柱保护层-柱箍筋直径-柱外侧纵筋直径-25;

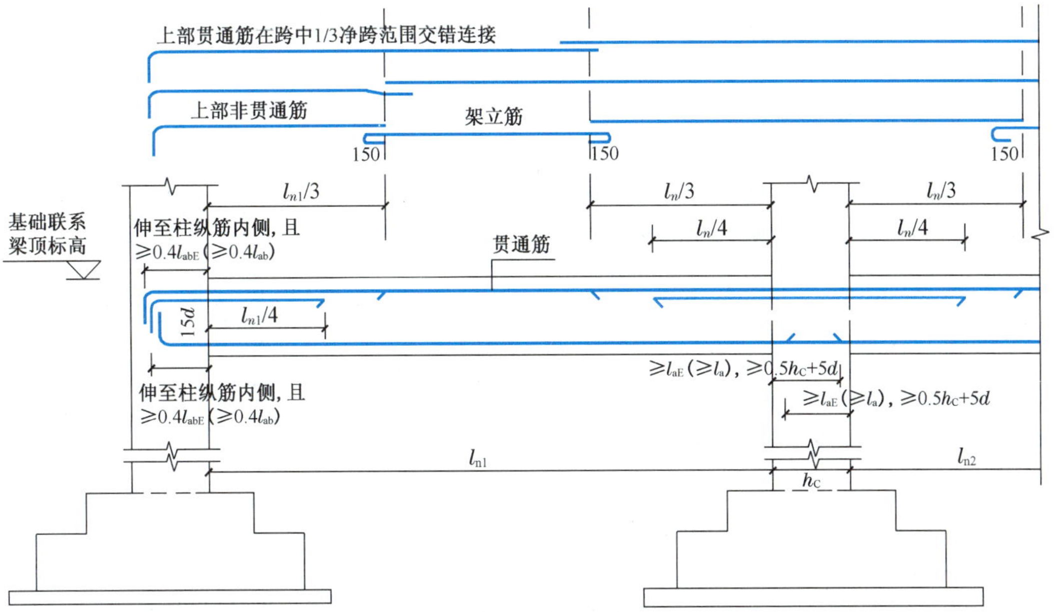

图 4-29　基础联系梁纵筋构造

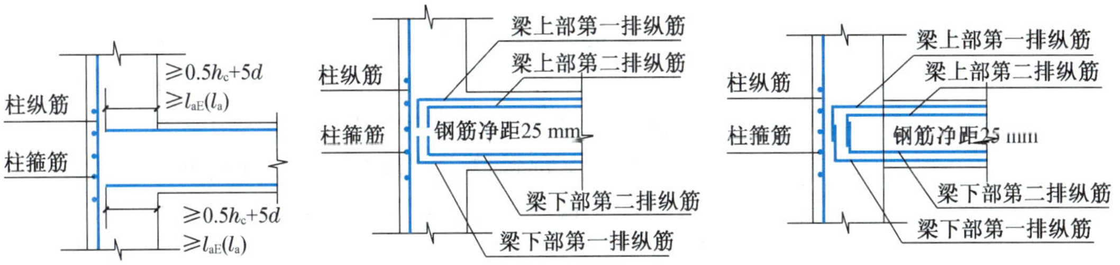

(a) 直锚　　(b) 弯锚1　　(c) 弯锚2

图 4-30　纵筋端支座锚固示意图

(当梁足够高,上下部纵筋弯折 15d 后钢筋不重叠用弯锚 1;否则用弯锚 2)

梁上部第二排纵筋平直段 $l_2=l_1-$梁上部第一排纵筋直径$-$梁下部第一排纵筋直径-25。

需要说明的是,考虑施工计算方便,也可做以下近似计算:

$l_1=$柱宽-80;$l_2=$柱宽-150。

本书为了让大家掌握钢筋施工排布构造,在后面的计算中按照经济原则计算钢筋下料。

(2) 当基础联系梁上部贯通纵筋采用搭接连接时,纵向受力纵筋搭接范围内应配置箍筋,其直径不小于 $d/4$(d 为搭接钢筋最大直径),间距不应大于 100 mm 及 $5d$(d 为搭接钢筋最小直径)。

因此上部贯通筋长度满足定尺长度时,钢筋长度等于通跨净跨长($\sum l_n$)+首、尾端支座锚固值,否则考虑接头位置在跨中 1/3 净跨范围连接。当采用搭接连接时尚应增加钢筋搭接长度。

(3) 基础联系梁上部非贯通纵筋。基础联系梁上部非贯通纵筋自柱边向跨内延伸长度第一排取净跨的 1/3,即 $l_n/3$,第二排取净跨的 1/4,即 $l_n/4$。l_n 分别取左右两净跨的最大值计算,即 $l_n=\max(l_{ni},l_{ni+1})$。则非贯通纵筋计算方法如下:

端支座第一排(第二排)非贯通筋长度:$l_{n_1}/3(l_{n_1}/4)+$端支座锚固长度;

中支座第一排(第二排)非贯通筋长度:$2\times l_n/3(2\times l_n/4)+$柱宽。

(4) 基础联系梁架立筋。当基础联系梁上部设置架立筋时,上部非贯通纵筋与架立筋的搭接长度为 150 mm。为防止端点扎丝脱漏，光面架立筋端部应设 180°弯钩。

➤**提示**：架立筋就是把箍筋架立起来所需要的贯穿箍筋角部的纵向构造钢筋。只有在箍筋肢数多余上部通长筋的根数时，才需要配置架立筋。架立筋的根数＝箍筋肢数－上部通长筋的根数。

（5）基础联系梁下部纵筋。基础联系梁下部纵筋按跨布置。下部纵筋在中间支座锚固长度为 $\max[l_{aE}(l_a), 0.5h_c+5d]$。梁下部纵筋也可在节点外搭接如图 4－31 所示。相邻跨钢筋直径不同时，搭接位置位于较小直径一跨。

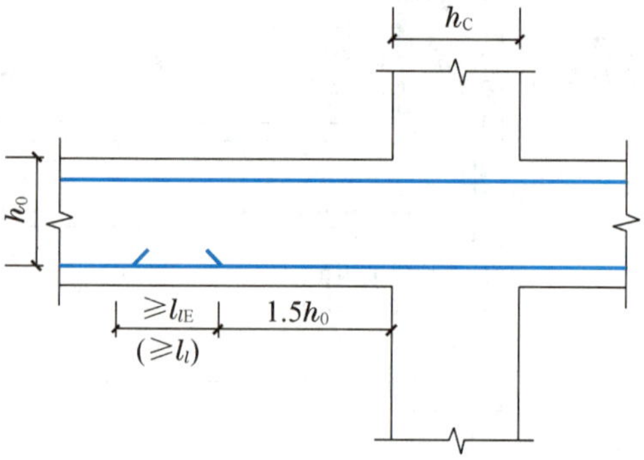

图 4－31　梁下部纵筋在节点外搭接

端支座纵筋锚固计算如下：

当端支座锚固采用直锚时，锚固长度为 $\max[l_{aE}(l_a), 0.5h_c+5d]$。

当端支座锚固采用弯锚时，下部纵筋伸至梁上部纵筋弯钩内侧或在柱外侧纵筋内侧，且 $\geqslant 0.4l_{abE}(0.4l_{ab})$。当梁下部纵筋有两排时，平直段长度[参照图 4－30(c)]如下计算：

梁下部第一排纵筋平直段 $l_3=l_1$－梁上部第一排纵筋直径；

梁下部第二排纵筋平直段 $l_4=l_2$－梁上部第二排纵筋直径。

当基础联系梁下部纵筋有贯通筋（满足定尺长度）时，钢筋长度等于通跨净跨长＋首、尾端支座锚固值；否则应考虑在支座两侧 1/3 净跨范围进行连接，且直径大的钢筋应伸入直径小的钢筋一侧连接。当采用搭接连接时尚应增加钢筋搭接长度。

基础联系梁下部纵筋各跨配置不同时，下部钢筋应按跨布置。钢筋长度等于净跨长＋左、右端支座锚固值。若单跨钢筋长度大于钢筋定尺长度时，应考虑在支座两侧 1/3 净跨范围进行钢筋连接。

（6）构造钢筋或受扭钢筋。当梁腹板高度 $h_w \geqslant 450$ mm 时，需要在梁的两个侧面沿高度配置纵向构造钢筋，间距 $\leqslant 200$ mm。构造钢筋伸入支座的锚固长度为 $15d$，每跨构造钢筋的计算长度＝净跨长度＋$2\times15d$。若计算钢筋长度超过钢筋定尺长度时，可考虑进行搭接连接，搭接长度按照 $15d$ 计算。

当梁中配置受扭钢筋时，受扭钢筋构造要求同梁下部钢筋。

（7）基础联系梁的箍筋。联系梁第一根箍筋从距柱边 50 mm 开始布置，若考虑抗震设计，两端按加密区箍筋布置，中间按照非加密区箍筋布置。

箍筋长度：按照前述计算。

加密区根数：若图中明确标注加密区根数，按照图示标注确定，此时加密区长度从柱边算起为 $(n-1)\times$加密区间距＋50；若图中无明确标注加密区根数，则加密区长度从柱边算起为：一级抗震，$\geqslant 2h$ 且 $\geqslant 500$ mm（h 为基础联系梁截面高度），二级～四级抗震 $\geqslant 1.5h$ 且 $\geqslant 500$ mm，此时：一端加密区箍筋根数为：（加密区长度－50）/加密区间距＋1；非加密区箍筋根数：（梁净距－2 倍加密区长度）/非加密箍筋间距－1。

3. 基础联系梁顶面与基础顶面相平时施工施工构造[图 4－27(a)]

一般情况下，梁中上下部纵筋均可在柱内采用直锚的形式进行钢筋锚固，不需弯锚。直锚长度 $\geqslant l_a(l_{aE})$，上部纵筋也可在跨中 1/3 范围内连接。下部纵筋也可在支座两侧 1/3 净跨范围进行钢筋连接。当采用搭接连接时，搭接长度范围内箍筋应加密。梁中箍筋构造同上一种基础联系梁，这里不再叙述。

【工程案例 4-4】 如图 4-32 所示基础联系梁，梁柱混凝土强度等级均为 C30，三级抗震等级，构件所处环境类别为二 a，框架柱纵筋均为 12⌀25，框架柱箍筋⌀10@100/200。现场有 9 m 和 12 m 规格的定尺钢筋，按考虑地震作用编制图示基础联系梁钢筋配料单。

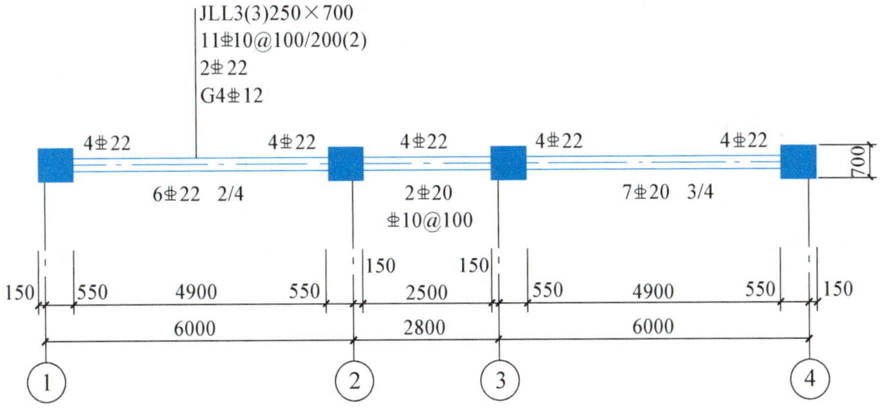

图 4-32 联系梁平法标注

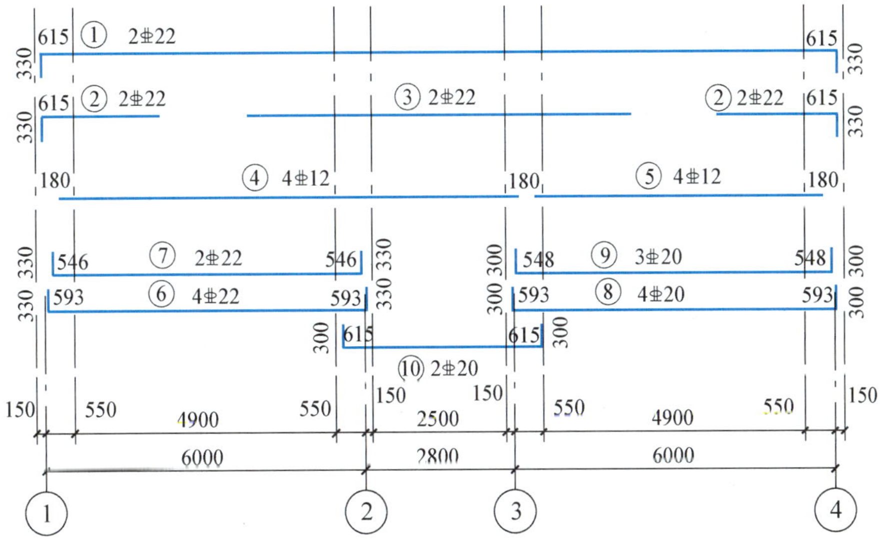

图 4-33 联系梁纵筋模拟初步放样

解：1. 钢筋锚固判断

混凝土 C30，三级抗震，HRB400 级钢筋，$d<25$ 查表 4-5 和表 4-7 得 $l_{abE}=l_{aE}=37d$，

$$l_{aE}=37d=\begin{cases}37\times 22=814\text{ mm}, d=22\text{ mm}\\ 37\times 20=740\text{ mm}, d=20\text{ mm}\end{cases}$$

(1) 端支座锚固判断

环境类别二 a，梁、柱保护层 25 mm，柱保护层＋柱箍筋直径＋柱纵筋直径＝25＋10＋25＝60 mm；

700－60＝640 mm＜814 mm，$d=22$ mm 的上下部纵筋均在①、④端支座弯锚；

700－60＝640 mm＜740 mm，$d=20$ mm 的下部纵筋在④端支座弯锚。

(2) 中间支座锚固判断

$$\max(l_{aE}, 0.5h_c+5d)=\begin{cases}\max(814, 0.5\times 700+5\times 22)=814\text{ mm}>640\text{ mm}\\ \max(740, 0.5\times 700+5\times 20)=740\text{ mm}>640\text{ mm}\end{cases}$$，则梁下部

纵筋在②、③中间支座均为弯锚。

(3) 弯锚平直段长度计算

由于各纵筋均在支座弯锚，弯折长度 $15d$，各纵筋在支座平直段长度计算如下：

$d=22$ mm 时，$0.4l_{abE}=0.4\times37\times22=325.6$ mm；

$d=20$ mm 时，$0.4l_{abE}=0.4\times37\times20=296$ mm；

①号筋、②号筋在①、④轴端支座平直段：$700-60-25=615$ mm$>0.4l_{abE}$，满足要求；

⑥号筋在①轴端支座平直段：$615-22=593$ mm$>0.4l_{abE}$，满足要求；

⑦号筋在①轴中支座平直段：$593-22-25=546$ mm$>0.4l_{abE}$，满足要求；

为简化计算，⑥号筋、⑦号筋在②轴中支座平直段取值分别同①轴端支座；

⑧号筋在④轴端支座平直段：$615-22=593$ mm$>0.4l_{abE}$，满足要求；

⑨号筋在④轴端支座平直段：$593-20-25=548$ mm$>0.4l_{abE}$，满足要求；

为简化计算，⑧号筋、⑨号筋在②轴中支座平直段取值分别同④轴端支座；

⑩号筋在②轴、③轴中支座平直段：$700-60-25=615$ mm$>0.4l_{abE}$，满足要求。

根据以上分析，钢筋模拟放样如图 4－33 所示。

2. 梁纵筋下料长度计算：

①号筋：$(330+615+4900+700)\times2+2500-4\times22=15502$ mm (2Φ22)

①号筋长度超过现场钢筋定尺长度，则需断开增加钢筋接头。为充分利用钢筋，现采用 12 m 和 3.502 m 长钢筋进行连接，接头位置位于③轴柱边右侧 2.299 m 处，在③～④轴跨中 1/3 净跨范围内满足要求。或①轴柱边左侧 2.299 m 处，在①～②轴跨中 1/3 净跨范围内满足要求如图 4－35。

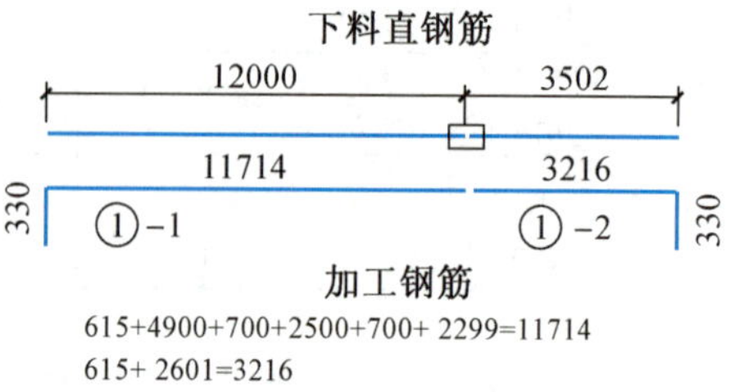

图 4－34　①号筋连接示意图

②号筋：$615+4900/3+330-2\times22=2534$ mm　(4Φ22)

③号筋：$4900/3+700+2500+700+4900/3=7166$ mm　(2Φ22)

④号筋：$180+4900+700+2500+180=8460$ mm　(4Φ12)

⑤号筋：$180+4900+180=5260$ mm　(4Φ12)

⑥号筋：$(330+593)\times2+4900-2\times22=6702$ mm　(4Φ22)

⑦号筋：$(330+546)\times2+4900-2\times22=6608$ mm　(2Φ22)

⑧号筋：$(300+593)\times2+4900-2\times20=6646$ mm　(4Φ20)

⑨号筋：$(300+548)\times2+4900-2\times20=6556$ mm　(3Φ20)

⑩号筋：$(300+615)\times2+2500-2\times20=4290$ mm　(2Φ20)

3. 梁箍筋下料长度及根数计算

$$L=2b+2h-8c+19d=2\times250+2\times700-8\times25+19\times10=1890\ \text{mm}$$

根数：$n=11\times4+\left(\dfrac{2500-50\times2}{100}+1\right)+\left(\dfrac{4900-50\times2-(11-1)\times100\times2}{200}-1\right)\times2=$ 95 根

4. 拉筋计算

按照构造要求，并考虑施工方便，构造钢筋选用与箍筋直径相同，间距 400 mm，拉筋长度为

$L=b-2c+28d=250-2\times25+28\times10=480$ mm

根数：$n=\left(\dfrac{2500-50\times2}{400}+1\right)+\left(\dfrac{4900-50\times2)}{400}+1\right)\times2=33$ 根，上下两排拉筋共 66 根。

JLL3(3)钢筋配料单见表 4－17。

表 4－17　JLL3(3)钢筋配料单

构件	编号	钢筋形式	直径	下料长度/mm	根数/个	总长/m	重量/kg
JLL3	①－1	330 11714	⌀22	12000	2	24.000	71.6
	①－2	3216 330	⌀22	3502	2	7.004	20.9
	②	330 2248	⌀22	2534	4	10.136	30.2
	③	7166	⌀22	7166	2	14.332	42.8
	④	8460	⌀12	8460	4	33.840	30.04
	⑤	5260	⌀12	5260	4	21.04	18.7
	⑥	330 6086 330	⌀22	6702	4	26.808	80.0
	⑦	330 5992 330	⌀22	6608	2	13.36	39.87
	⑧	300 6086 300	⌀20	6646	4	26.584	65.56
	⑨	300 5996 300	⌀20	6556	3	19.668	48.50
	⑩	300 3730 300	⌀20	4290	2	8.58	21.16
	⑪	100 650 200	⌀10	1890	95	179.55	110.78
		100 200	⌀10	480	66	31.68	19.55
	钢筋总重：⌀22：285.37 kg；⌀20：135.22 kg；⌀12：48.74 kg；⌀10：130.33 kg						

4.1.3　条形基础工程图纸识读与钢筋下料

微课＋课件

条形基础图纸识读

条形基础分为梁板式条形基础和板式条形基础两类，如图 4－35 所示。

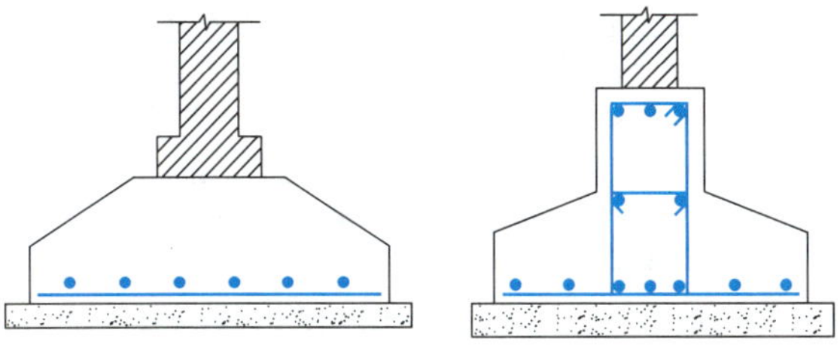

(a) 板式条形基础　　(b) 梁板式条形基础

图 4－35　条形基础示意

板式条形基础适用于钢筋混凝土剪力墙结构和砌体结构，梁板式条形基础适用于钢筋混凝土框架结构、框架—剪力墙结构、框支结构和钢结构。平法施工图将梁板式条形基础分解为基础梁和条形基础底板分别进行表达。

4.1.3.1　条形基础底板平法标注及施工构造

1. 条形基础底板平法标注

条形基础底板标注分为集中标注和原位标注。

集中标注内容为：条形基础底板编号、截面竖向尺寸、基础底板底部与顶部配筋三项必注内容，以及条形基础底板底面标高（与基础底面基准标高不同时），必要的文字注解两项选注内容。素混凝土条形基础底板的集中标注，除无底板配筋内容外，其形式、内容与钢筋混凝土条形基础底板相同。

条形基础底板编号见表 4－18。条形基础底板截面竖向尺寸标注为 $h_1/h_2/h_3$，表示自下而上的尺寸，如图 4－36 和图 4－37 所示。

表 4－18　条形基础底板编号

类型	基础底板截面形状	代号	序号	跨数及有否外伸
条形基础底板	坡形 阶形	TJB_P TJB_J	XX	(XX)端部无外伸 (XXA)一端有外伸 (XXB)两端有外伸

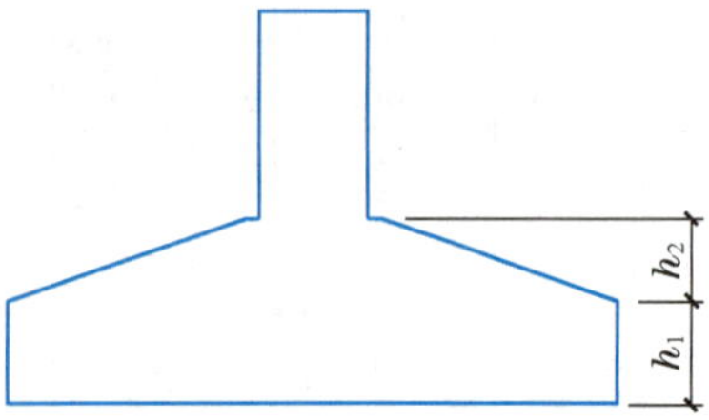

图 4－36　条形基础底板坡形截面竖向尺寸

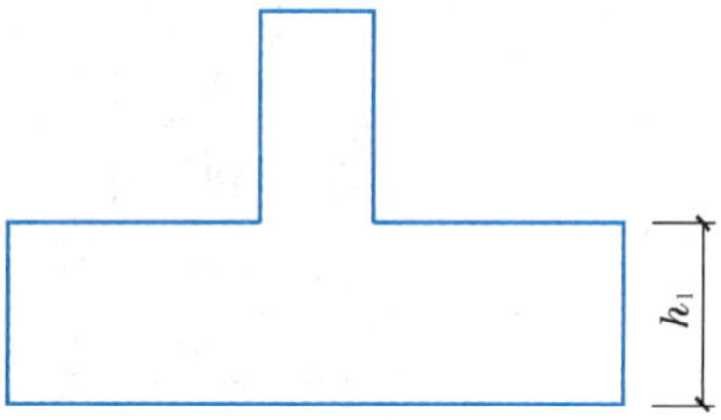

图 4－37　条形基础底板阶形截面竖向尺寸

基础底板配筋以 B 打头注写条形基础底板底部横向受力钢筋与分布筋，注写时，用“/”分隔横向受力筋与分布筋，如图 4－38 所示；当为双梁（或双墙）条形基础底板时，除在底板底部配置钢筋外，一般尚需在两根梁或两道墙之间的底板顶部配置钢筋，以 T 打头注写条形基础底板顶部的横向受力筋与分布筋，如 T:受力钢筋/分布筋，如图 4－39 所示。

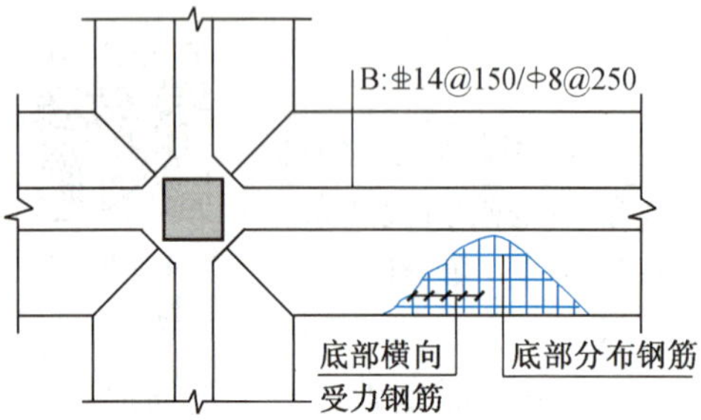

图 4－38　条形基础底板底部配筋示意图

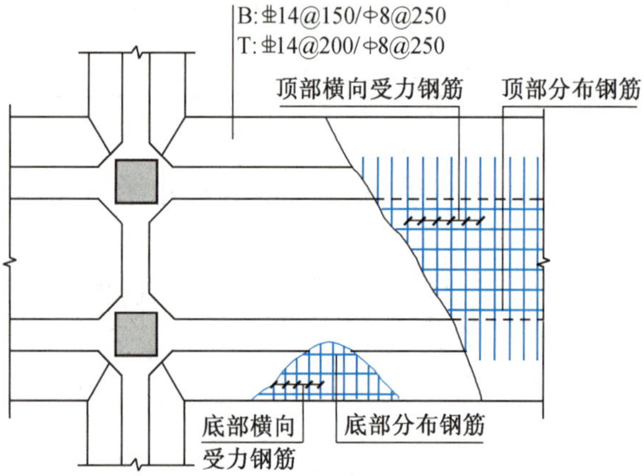

图 4－39　双梁条形基础底板顶部配筋示意

当条形基础底板配筋标注为：B:Φ 14 @150/φ 8 @250：表示条形基础底板底部配置 HRB400 级横向受力钢筋，直径为 14 mm，分布间距 150 mm；配置 HPB300 级分布钢筋，直径为 8 mm，分布间距为 250 mm。

原位标注条形基础底板的平面尺寸，用 b、b_i，$i=1,2,\cdots$表示。其中 b 为基础底板总宽度，b_i 为基础底板台阶的宽度，如图 4-40 所示。除此以外，当集中标注内容不适用于某跨或某外伸部位时，进行原位中注写修正内容，施工时“原位标注取值优先”。

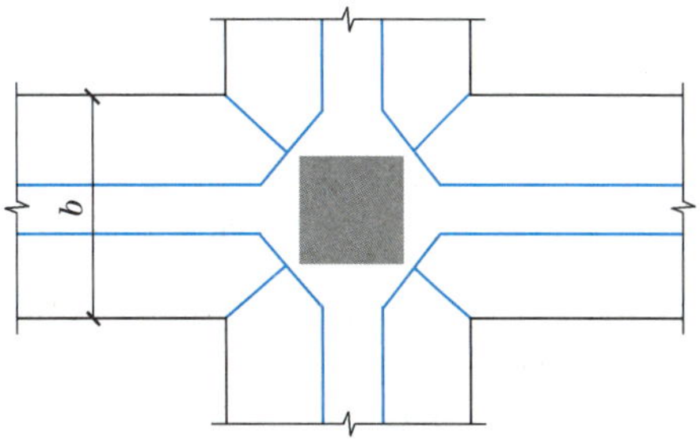

图 4-40　条基底板原位标注示意

2. 条形基础底板施工构造

(1) 根据条形基础底板的力学特征，底板短向是受力钢筋，先铺在下；长向是分布钢筋，后铺，在受力钢筋的上面。

微课+课件

条形基础底板施工构造

(2) 条形基础底板的宽度≥2.5 m时，除条形基础端部第一根钢筋和交接部位的钢筋外，底板受力钢筋的长度可减短基础宽度的10%，施工时交错排布，如图4-41所示。

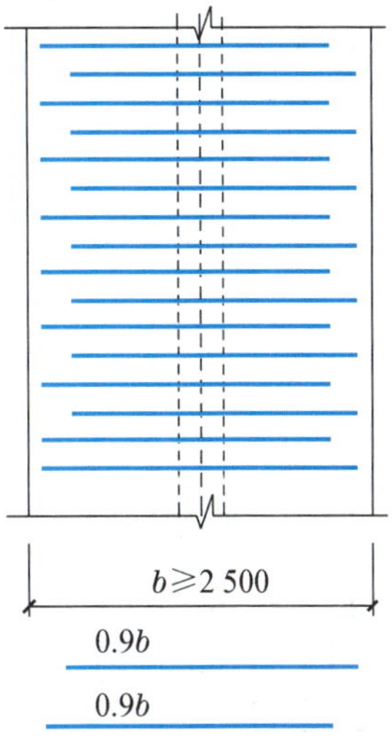

图 4-41　条基配筋减少 10% 构造

(3) 施工时条形基础钢筋可按下列要求排布，如图 4-42 所示。

① 外墙转角两个方向均应布置受力钢筋，不设置分布钢筋；

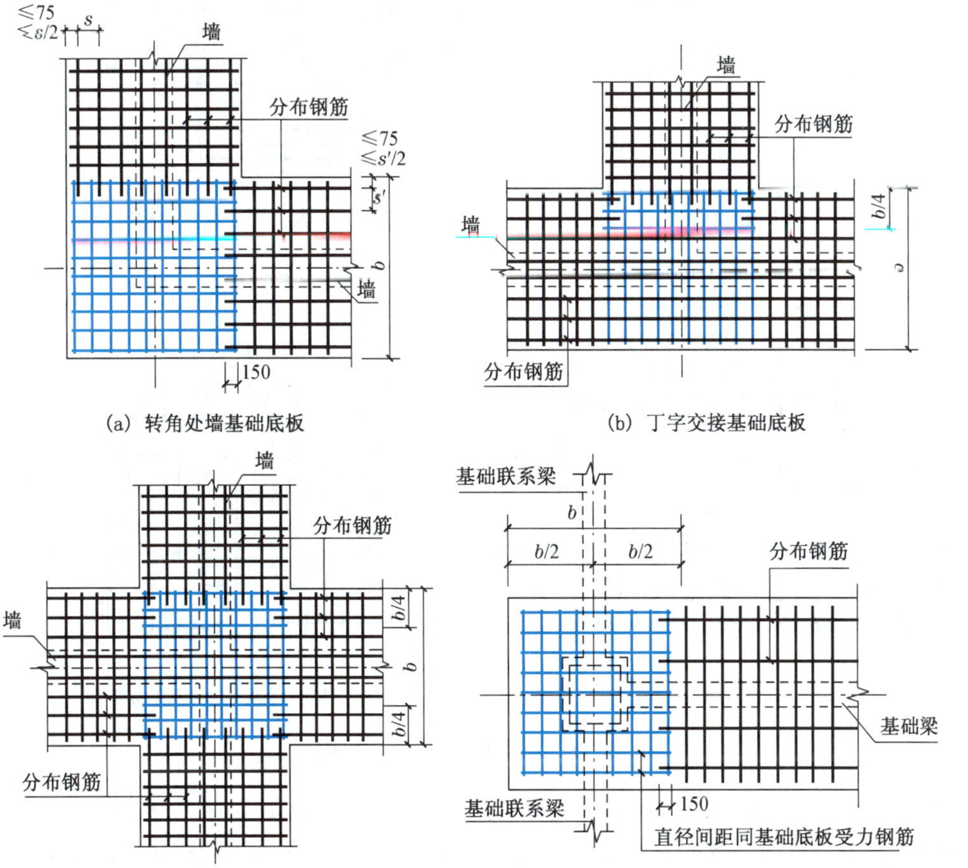

(a) 转角处墙基础底板　(b) 丁字交接基础底板

(c) 十字交接基础底板　(d) 条形基础无交接底板端部构造

图 4-42　条形基础底板配筋构造

② 外墙基础底板受力钢筋应拉通，分布钢筋应与角部另一方向的受力钢筋搭接150 mm；

③ 内墙基础底板受力钢筋伸入外墙基础底板的范围是外墙基础底板宽度的1/4。如果外墙是不对称基础，就伸到外墙基础中心到内侧边缘宽度的1/2；

④ 内墙十字相交的条形基础。较宽的基础连通设置，较窄的基础受力钢筋伸入较宽基础的范围是较宽基础宽度的1/4；如果较宽基础是双墙条形基础，则较窄的基础受力钢筋伸入双墙基础的范围是双墙基础一侧墙中线到该侧基础边缘的宽度的1/2。

⑤ 条形基础无交接时基础底板端部设置双向受力筋，如图4－42(d)所示。

(4) 当条形基础设有基础梁时，基础底板的分布钢筋在梁宽范围内不设置，第一根分布筋距离基础梁边为1/2分布筋间距，如图4－43(a)所示，梁板式条形基础配筋构造如图4－43(b)、(c)、(d)所示。

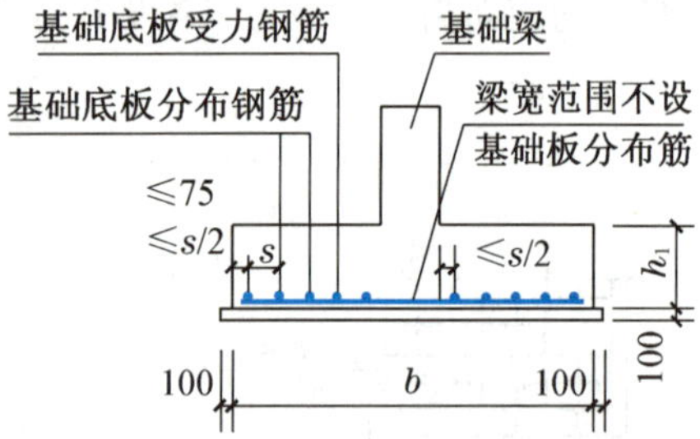

(a) 条形基础梁板交接区构造

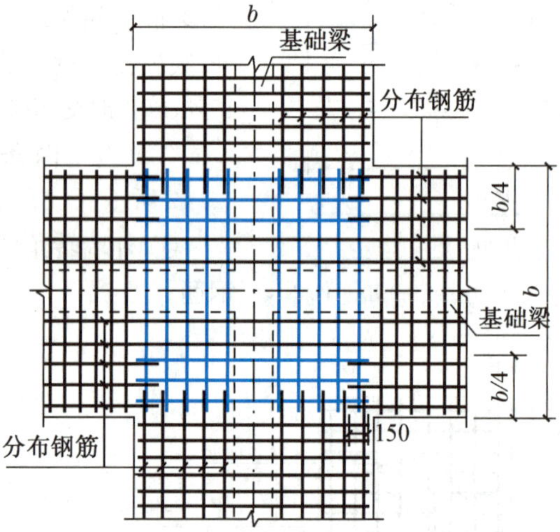

(b) 十字交接基础底板，也可用于转角梁板端部均有纵向延伸

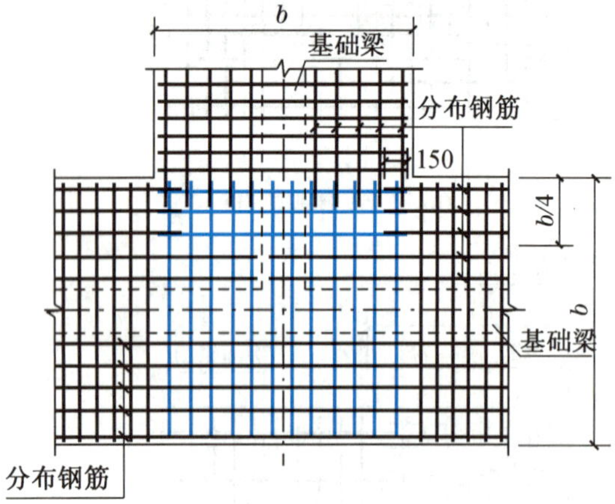

(c) 丁字交接基础底板

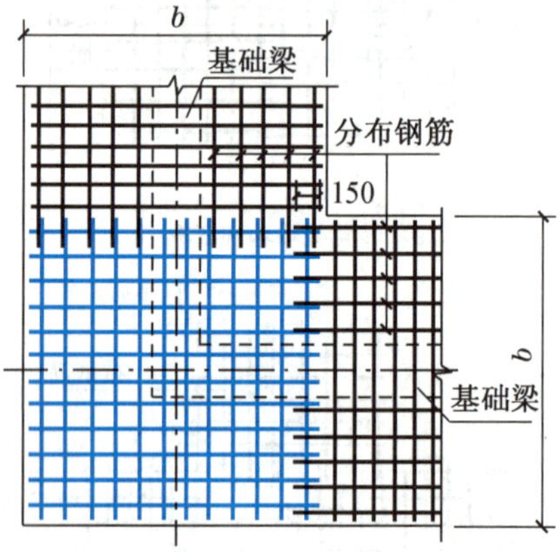

(d) 转角梁板端部无纵向延伸

图4－43 梁板式条形基础配筋构造

(5) 在实际工程中会有少数双墙或双梁条形基础，双墙或双梁条形基础往往在顶部两墙之间也会配置受力钢筋和分布钢筋，如图4－39所示。垂直于两道墙或梁的方向是受力

钢筋，布置在下层，分布筋与墙长方向平行，放在上部受力筋的上方。双墙或双梁条形基础的上部受力钢筋，可以做成门形，站立在基础垫层上；也可以做成一字筋，与分布筋绑扎后用马凳筋或采取其他措施将其架起。横向受力钢筋的锚固从墙边缘(或基础梁内边缘)算起。

(6) 当柱下条形基础板底不平时按照图 4－44(a)图施工，图中 α 取 45°或按设计取值。当墙下条形基础板底不平时，可按照图 4－44(b)、(c)施工。图中锚固长度均为 l_a。

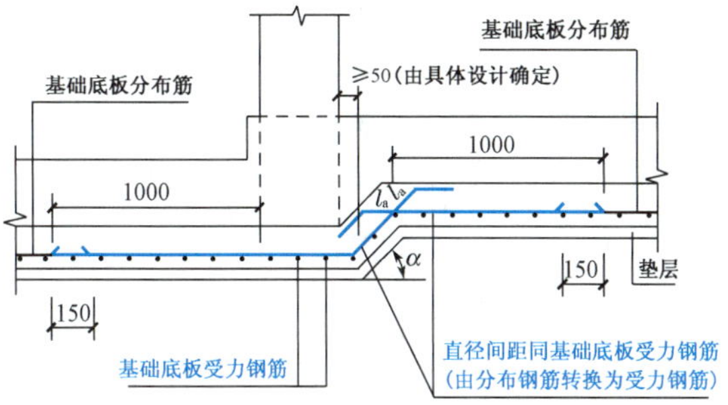

(a) 柱下条形基础板底不平构造

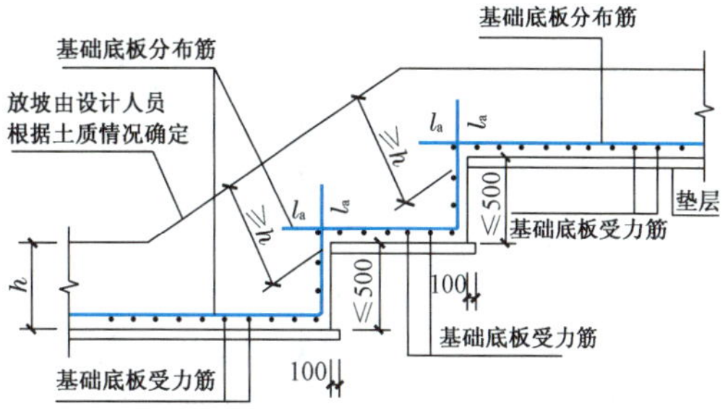

(b) 墙下条形基础板底不平构造(一)

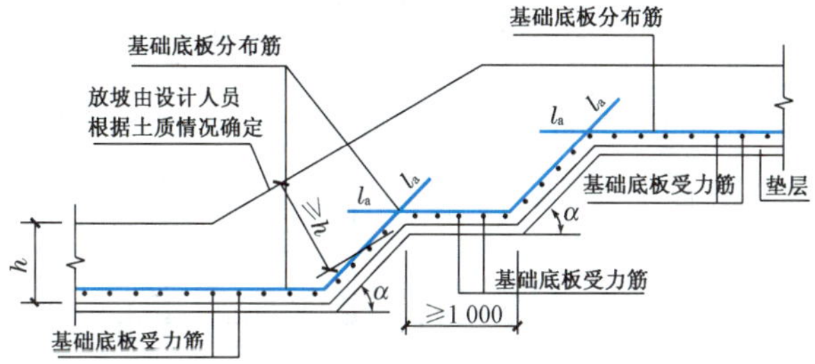

(c) 墙下条形基础板底不平构造(二)

图 4－44 条形基础底板板底不平构造

【工程案例 4－5】 结合图 4－45，计算底板钢筋下料长度，并编制钢筋配料单。已知基础设 100 厚 C15 混凝土垫层，基础混凝土等级为 C30，按照设计要求保护层统一取 40 mm。

解：读图可知，纵向Ⓐ轴和Ⓓ轴基础均为 $TJB_P3(8)$；Ⓑ、Ⓒ轴是双墙基础 $TJB_P4(8)$，①轴和⑨轴各有一道 $TJB_P1(3)$ 基础，②～⑧轴有 7 道 $TJB_P2(3)$ 基础。总共 4 个型号 12 道条形基础。本工程计算中设外墙基础底板受力钢筋全部通过，内墙在交接区钢筋布置为伸入外墙基础宽度的 1/4。内纵墙基础底板在交接区受力钢筋全部通过，内横墙在交接区伸入内纵墙基础宽度的 1/4。现以Ⓐ轴、①轴、②轴、Ⓑ轴、Ⓒ轴双墙基础为例计算钢筋下料长度。

解：1. Ⓐ轴和Ⓓ轴 $TJB_P3(8)$ 钢筋计算

以Ⓐ轴为例计算，再汇总Ⓐ轴和Ⓓ轴钢筋。

(1) 底板受力钢筋(⏀14@180)

长度：$l=1600-2\times40=1520$ mm；

根数：$n=\dfrac{L}{@}+1=\dfrac{33600+2\times900-2\times\min(75,180/2)}{180}+1=197$ 根(取整)；

则Ⓐ轴和Ⓓ轴受力钢筋长度为 1520 mm，共有 394 根。

(2) 底板分布钢筋(⏀8@250)

总根数：$n=\dfrac{L}{@}+1=\dfrac{1600-2\min(75,250/2)}{250}+1=7$ 根(取整)。

正交方向 TJBp2(3)底板受力钢筋伸入 TJBp3(8)的范围是 1600/4＝400 mm，与正交方向 TJBp2(3)、TJBp1(3)底板受力钢筋搭接 150 mm 的 TJBp3(8)分布钢筋根数：

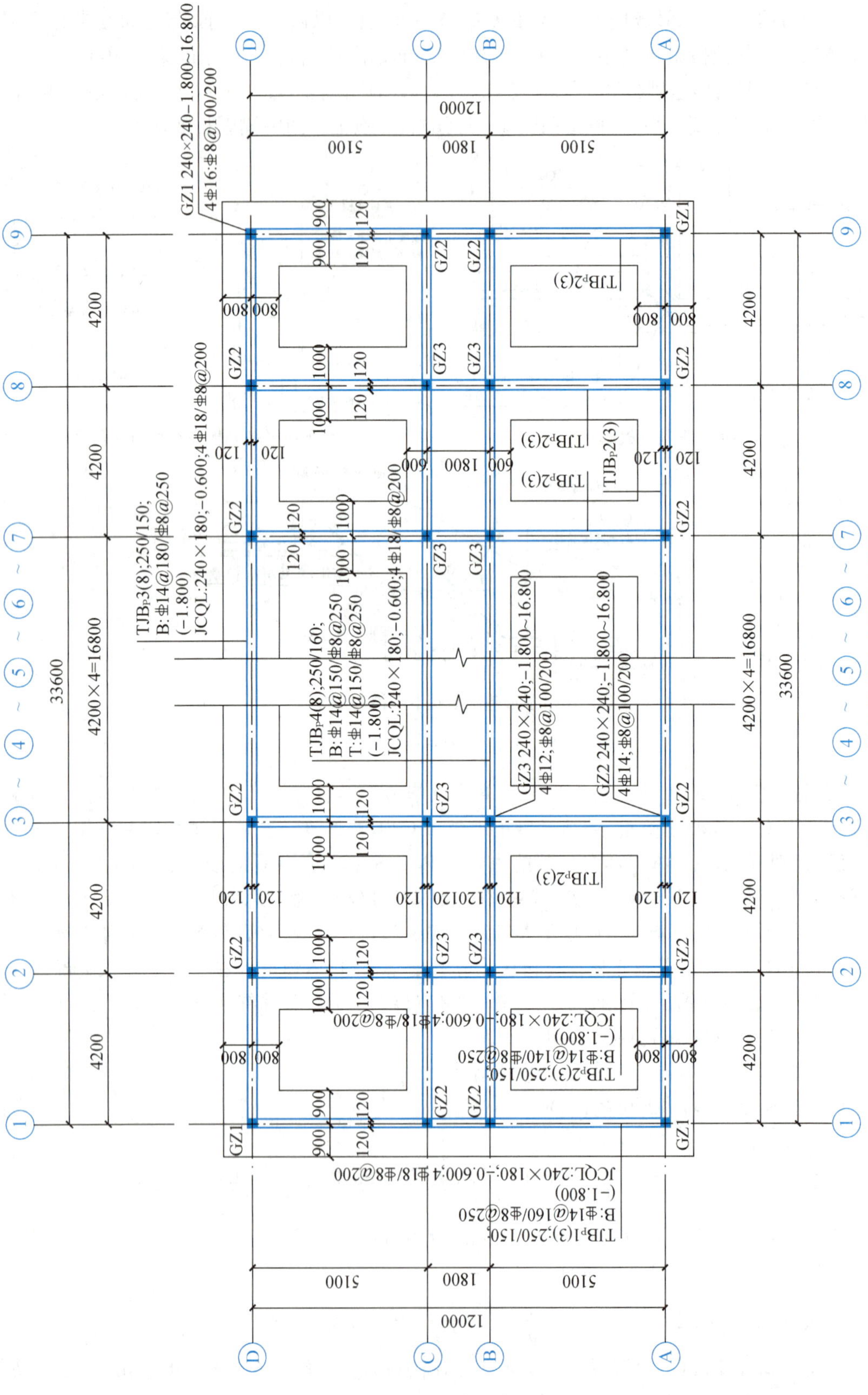

图 4-45 某教学楼基础平面布置图

(400−75)/250=2 根(取整)；

底板贯通分布钢筋长度：33600−2×900+2×(40+150)=32180 mm(5 根)。

若施工时按照 9 m 长钢筋截断，则增加的接头数量为 32180/9000−1=3(个)，每个接头搭接 150 mm，增加搭接后的钢筋用料长度为：32180+3×150=32630 mm，施工时单根钢筋下料时分为 3 根 9000 mm 和 1 根 5630 mm 钢筋。则Ⓐ轴和Ⓓ轴下料时共有 30 根 9000 mm长钢筋，10 根 5630 mm 钢筋。

底板非贯通分布钢筋长度(⏀8@250)：

在①～②和⑧～⑨轴之间的非贯通分布钢筋长度：

4200−900−1000+2×(40+150)=2680 mm(Ⓐ轴和Ⓓ轴共 8 根)

在②～8 各相邻轴线之间的非贯通分布钢筋长度均为：

4200−1000×2+2×(40+150)=2580 mm(Ⓐ轴和Ⓓ轴共 24 根)

2. ①轴和⑨轴 TJBp1(3)的钢筋计算：以①轴为例计算，再汇总①轴和⑨轴钢筋(⏀14@160)。

(1) 底板受力钢筋(⏀14@160)

根数：$n=\dfrac{L}{@}+1=\dfrac{12000+800\times2-2\times\min(75,160/2)}{160}+1=85$ 根(取整)；

长度：$l=1800-2\times40=1720$ mm(85 根)；

则①轴和⑨轴受力钢筋长度为 1720 mm，共有 170 根。

(2) 底板分布钢筋(⏀8@250)

总根数：$n=\dfrac{L}{@}+1=\dfrac{1800-2\min(75,250/2)}{250}+1=8$ 根(取整)。

正交方向 TJBp4(8)底板受力钢筋伸入 TJBp1(3)的范围是 1800/4=450 mm，与正交方向 TJBp4(8)底板受力钢筋搭接 150 mm 的 TJBp1(3)分布钢筋根数：

(450−75)/250=2 根(取整)；

底板贯通分布钢筋长度：12000−2×800+2×(40+150)=10780 mm(6 根)；

若施工时按照 9 m 长钢筋截断，则增加的接头数量为 10780/9000−1=1(个)，每个接头搭接 150 mm，增加搭接后的钢筋用料长度为 10780+150=10930 mm，施工时单根钢筋下料时分为 1 根 9000 mm 和 1 根 1930 mm 钢筋。则①轴和⑨轴下料时共有 12 根 9000 mm 长钢筋，12 根 1930 mm 钢筋。

在Ⓐ～Ⓑ、Ⓒ～Ⓓ各轴线之间的非贯通分布钢筋长度均为：

5100−800−600+2×(40+150)=4080 mm(①轴和⑨轴共 8 根)。

3. Ⓑ、Ⓒ轴双墙基础 TJBp4(8)的钢筋计算

(1) 底板受力钢筋(⏀14@150)　3000 mm>2500 mm，除交接区和第一根钢筋不减短外，其余钢筋可减短 10%，施工时交错布置。本工程按照Ⓑ、Ⓒ轴双墙基础受力筋拉通，与之垂直的内横墙基础伸入 $b/2$ 计算。

总根数：$n=\dfrac{L}{@}+1=\dfrac{33600-2\times900+2\times1800/4}{150}+1=219$ 根(取整)；

减短的钢筋根数计算：

$$n=\frac{L}{@}+1=\frac{4200-900-1000}{150}\times2+\frac{4200-1000-1000}{150}\times6=62\text{ 根(取整)；}$$

长筋长度：$l=3000-2\times40=2920$ mm(157 根)；

短筋长度：$l=3000\times0.9=2700$ mm(62 根)。

(2) 底板分布钢筋(⌀8@250)

总根数：$n=\frac{L}{@}+1=\frac{3000-2\min(75,250/2)}{250}+1=13$ 根(取整)；

正交方向②～⑧轴 TJBp2(3)底板受力钢筋伸入Ⓑ、Ⓒ轴 TJBp4(8)的范围是 600/2＝300 mm，与正交方向②～⑧轴 $TJB_P2(3)$底板受力钢筋搭接 150 mm 的Ⓑ、Ⓒ轴 TJBp4(8)分布钢筋根数：$n=\frac{300-75}{250}=1$ 根(取整)；

贯通分布钢筋长度：33600－2×900＋2×(40＋150)＝32180 mm(11 根)。

若施工时按照 9 m 长钢筋截断，则增加的接头数量为 32180/9000－1＝3(个)，每个接头搭接 150 mm，增加搭接后的钢筋用料长度为：32180＋3×150＝32630 mm，施工时单根钢筋下料时分为 3 根 9000 mm 和 1 根 5630 mm 钢筋。则Ⓐ轴和Ⓓ轴下料时共有 33 根 9000 mm长钢筋，11 根 5630 mm 钢筋。

在①～②和 8～9 轴之间的非贯通分布钢筋长度为：

4200－900－1000＋2×(40＋150)＝2680 mm，在①～②和⑧～⑨轴之间共有 4 根。

在②～⑧各相邻轴线之间的非贯通分布钢筋长度均为：

4200－1000×2＋2×(40＋150)＝2580 mm，在②～⑧之间共有 12 根。

(3) 双墙基础底板上部钢筋长度(⌀14@150)

混凝土 C30，HRB400 钢筋，查表 $l_a=35d=35\times14=490$ mm；

底板上部受力钢筋长度：1800－240＋2×490＝2540 mm；

底板上部受力钢筋根数：$n=\frac{L}{@}+1=\frac{33600-240-2\min(75,150/2)}{150}+1=223$(取整)。

(4) 双墙基础底板上部分布钢筋长度(⌀8@250)

分布钢筋根数：$n=\frac{L}{@}+1=\frac{1800-2\times120-2\times75}{250}+1=7$ 根(取整)；

分布钢筋长度：33600－240＝33360 mm。

若施工时按照 9 m 长钢筋截断，则增加的接头数量为 33360/9000－1＝3(个)，每个接头搭接 150 mm，增加搭接后的钢筋用料长度为：33360＋3×150＝33810 mm，施工时单根钢筋下料时分为 3 根 9000 mm 和 1 根 6810 mm 钢筋。则Ⓐ轴和Ⓓ轴下料时共有 21 根 9000 mm长钢筋，7 根 6810 mm 钢筋。

4. ②～⑧轴 7 道 $TJB_P2(3)$钢筋计算：以②轴为例计算，再汇总②～⑧轴钢筋。

(1) 底板受力钢筋(⌀14@140)

Ⓒ～Ⓓ轴之间受力钢筋根数：

$n=\frac{L}{@}+1=\frac{5100-800-600+1600/4+600/2}{140}+1=33$ 根(取整)；

长度：$l=2000-2\times40=1920$ mm(33 根)；

则②～⑧轴 7 道 $TJB_P2(3)$受力钢筋长度 1920 mm，共有 33×2×7＝462 根。

(2) 底板分布钢筋(⌀8@250)

Ⓒ～Ⓓ轴之间分布钢筋根数：

$n=\frac{L}{@}+1=\frac{2000-2\min(75,250/2)}{250}+1=9$ 根(取整)；

长度：5100－1600/2－600＋2×(40＋150)＝4080 mm(9 根)；

则②～⑧轴 7 道 $TJB_P2(3)$分布钢筋长度 4080 mm，共有 9×2×7＝126 根。

该工程的钢筋配料单见表 4－19，表中钢筋重量省略计算。

表 4－19　钢筋配料单

构件名称	基础编号	简图	直径/mm	钢号	长度/mm	单位根数	合计根数	备注
某办公楼条形基础	Ⓐ Ⓓ轴 TJB$_P$3(8)	1520	14	Φ	1520	197	394	板底受力筋
		9000	8	Φ	9000	15	30	板底贯通分布筋
		5630	8	Φ	5630	5	10	
		2680	8	Φ	2680	4	8	板底非贯通分布筋
		2580	8	Φ	2580	12	24	
	Ⓑ Ⓒ轴 TJB$_P$4(8)	2920	14	Φ	2920	157	157	板底受力筋
		2700	14	Φ	2700	62	62	
		9000	8	Φ	9000	33	33	板底贯通分布筋
		5630	8	Φ	5630	11	11	
		2680	8	Φ	2680	4	4	板底非贯通分布筋
		2580	8	Φ	2580	12	12	
		2540	14	Φ	2540	223	223	板顶受力筋
		9000	8	Φ	9000	21	21	顶部分布筋
		6810	8	Φ	6810	7	7	
	① ⑨轴 TJB$_P$1(3)	1720	14	Φ	1720	85	170	板底受力筋
		9000	8	Φ	9000	6	12	板底贯通分布筋
		1930	8	Φ	5630	6	12	
		4080	8	Φ	4080	4	8	板底非贯通分布筋
	②～⑧轴 TJB$_P$2(3)	1920	14	Φ	1920	66	462	板底受力筋
		4080	8	Φ	4080	18	126	板底非贯通分布筋

➤**提示：**在实际工程计算中，外墙的条形基础计算只有一个计算方法，即拉通外墙基础，打断内墙基础。而内墙的计算有两种方案，一种方案是拉通纵墙条形基础打断横墙条形基础，本例题即采用此方案；另一个方案是拉通横墙条形基础打断纵墙条形基础。

4.1.3.2　条形基础基础插筋

1. 墙身竖向分布钢筋在基础中的构造

墙身竖向分布钢筋在基础中的构造满足图 4－46 要求。

(1) 图中基础可以是条形基础、基础梁、筏形基础和桩基承台梁。图中 h_j 为基础顶面至基础底面的高度。墙下有基础梁时，h_j 为基础梁顶面至基础梁底面的高度；

(2) 当基础高度满足直锚，且竖向分布筋侧面保护层厚度＞5d 时，墙身竖向分布钢筋采用“隔二下一”伸至基础板底部并支在基础底板钢筋网片上，也可支承在筏形基础中间层钢筋网上（筏形基础板厚＞2000 mm），弯折长度取 6d 和 150 mm 中的最大值，如图 4－46

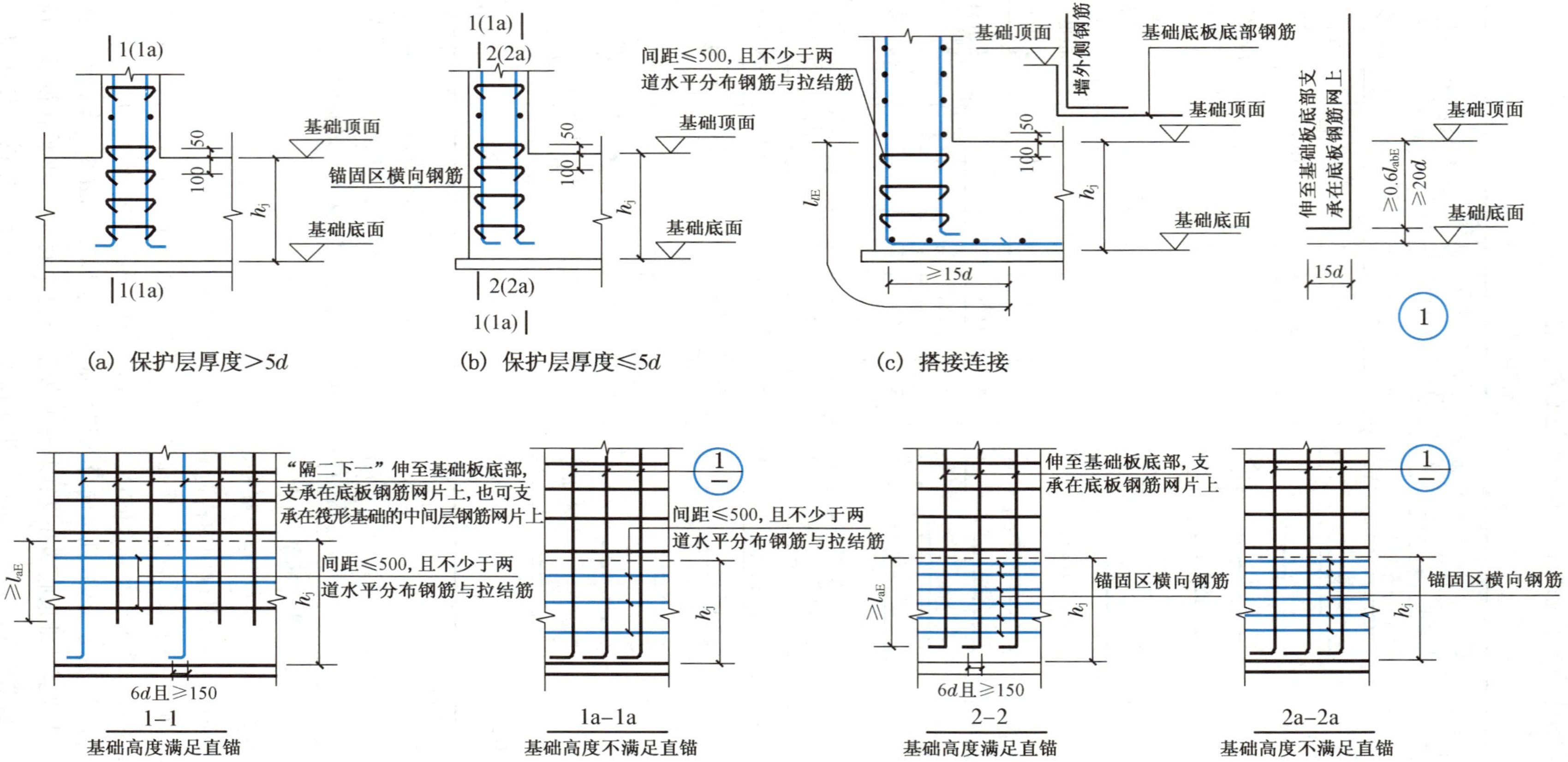

图 4-46 墙身竖向分布钢筋在基础中的构造
（d 为墙身竖向分布钢筋直径）

1-1剖面。1-1剖面图中当施工采取有效措施保证钢筋定位时，墙身竖向分布钢筋伸入基础长度满足直锚即可。

当基础高度满足直锚，竖向分布筋侧面保护层厚度≤5d时，墙身竖向分布钢筋全部伸至基础板底部并支在基础底板钢筋网片上，如图4-46中2-2剖面，弯折长度取6d和150 mm中的最大值。

当基础高度不满足直锚时，墙身竖向分布钢筋全部伸至基础板底部并支在基础底板钢筋网片上做90°弯折，弯折长度15d，同时满足直段长度≥0.6l_{abE}且≥20d，如图4-56 1a-1a和2a-2a剖面。

(3) 当墙身竖向分布钢筋在基础中锚固选用图4-46(c)搭接连接时，设计人员应在图中注明。

(4) 基础范围内水平分布钢筋和锚固区横向钢筋设置要求

当墙身竖向分布钢筋在基础中保护层厚度>5d，在基础范围内设置间距≤500 mm，且不少于两道水平分布钢筋与拉结筋，图4-46 1-1和1a-1a剖面；当墙身竖向分布钢筋在基础中保护层厚度≤5d，在基础范围内尚需增加锚固区横向钢筋。锚固区横向钢筋应满足直径≥d/4(d为纵筋最大直径)，间距≤10d(d纵筋最小直径)且≤100的要求，如图4-46中2-2和2a-2a剖面；

当墙身竖向分布钢筋在基础中保护层厚度不一致的情况下(如分布筋部分位于梁中，部分位于板内)，保护层厚度≤5d的部分应增加锚固区横向钢筋。

2. 边缘构件纵向钢筋在基础中的构造

边缘构件纵向钢筋在基础中的构造如图4-47所示。

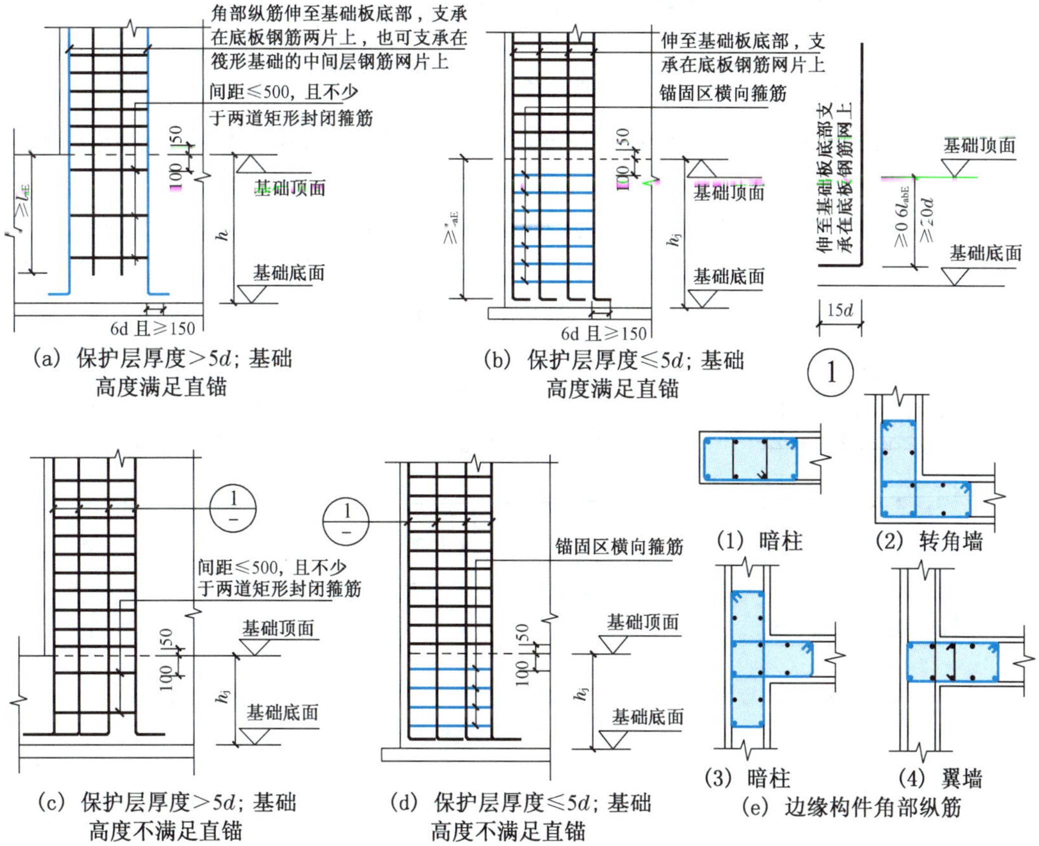

图4-47 边缘构件纵向钢筋在基础中的构造

(图中d为边缘构件纵筋直径)

(1) 当基础高度满足直锚，且边缘构件纵筋保护层厚度>5d时，边缘构件角部纵筋伸至基础板底部并支在基础底板钢筋网片上，也可支承在筏形基础中间层钢筋网上(筏形基础板厚>2000 mm)，并做弯折，弯折长度取6d和150 mm中的最大值；其余纵筋伸入基础满足直锚长度即可，如图4-47(a)图所示。

伸至钢筋网上的边缘构件角部纵筋(不包含端柱)之间间距不应大于500，不满足时应将边缘构件其他纵筋伸至钢筋网上。边缘构件角部纵筋(不包含端柱)如图4-47(e)中边缘构件阴影区角部纵筋，图示为蓝色点状钢筋，图中蓝色的箍筋为在基础高度范围内采用的箍筋形式。

当基础高度满足直锚，边缘构件纵筋保护层厚度≤5d时，边缘构件纵筋全部伸至基础板底部并支在基础底板钢筋网片上，并做弯折，弯折长度取6d和150 mm中的最大值，如图4-47(b)所示。

当基础高度不满足直锚时，边缘构件纵筋全部伸至基础板底部并支在基础底板钢筋网片上做90°弯折，弯折长度15d，同时满足直段长度≥0.6l_{abE}且≥20d，如图4-47(c)、(d)所示。

(3) 基础范围内箍筋和锚固区横向箍筋设置要求

当边缘构件纵筋在基础中保护层厚度>5d，在基础范围内设置间距≤500 mm，且不少于两道矩形封闭箍筋；如图4-47(a)、(c)所示；当边缘构件纵筋在基础中保护层厚度≤5d，在基础范围内尚需增加锚固区横向箍筋，如图4-47(b)、(d)所示。锚固区横向钢筋应满足直径≥d/4(d为纵筋最大直径)，间距≤10d(d纵筋最小直径)且≤100的要求。

当边缘构件(包括端柱)一侧纵筋位于基础外边缘(保护层厚度≤5d，且基础高度满足直锚)时，边缘构件内所有纵筋均按图4-47(b)图施工。端柱锚固区横向钢筋按照图4-22要求设置，其他情况端柱中的纵筋按照图4-22要求。

4.1.4 筏形基础工程图纸识读与钢筋下料

多层和高层建筑，当采用条形基础不能满足建筑上部结构的容许变形和地基承载力时，或当建筑物要求基础具有足够刚度以调节不均匀下沉时，采用筏形基础。

筏形基础像一个倒置的楼盖，又称为满堂基础。筏形基础分为板式和梁板式两大类，如图4-48所示。它广泛用于地基承载能力差，荷载较大的多层或高层住宅、办公楼等民用建筑。梁板式筏形基础一般由基础(主)梁、基础次梁、基础平板组成。

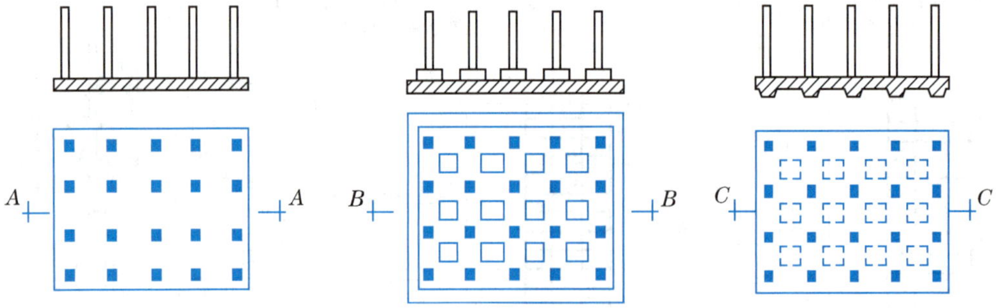

(a) 平板式　　(b) 上翻梁式　　(c) 下翻梁式

图4-48　筏形基础

梁板式筏形基础根据梁底和基础板底的位置关系分为“高板位”（梁顶与板顶一平）、“低板位”（梁底与板底一平）以及“中板位”（板在梁的中部）三种类型，如图 4－49 所示。梁板式筏形基础由基础主梁、基础次梁、基础平板等构成。

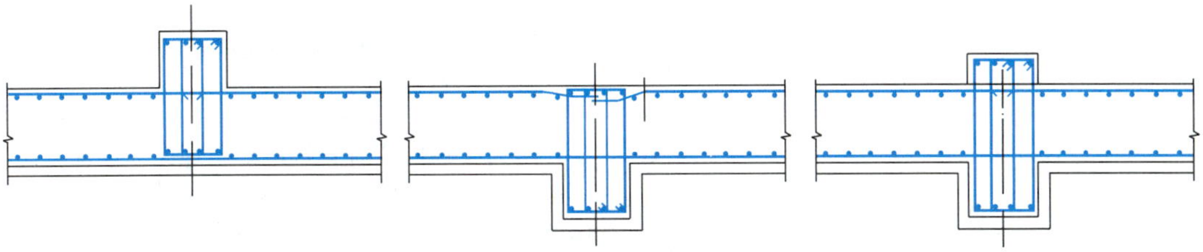

(a) 低板位　　(b) 高板位　　(c) 中板位

图 4－49　梁板式筏形基础类型

4.1.4.1　梁板式筏形基础基础主梁平法标注及施工构造

微课+课件

基础梁平法识读和施工构造

1. 基础梁平面注写方式

基础梁是指在墙下或柱下条形基础以及筏形基础中的基础主梁。由于承受地基反力作用，与上部结构楼层梁相比，基础梁一般也称为“反梁”。

基础梁的平面注写方式分为集中标注和原位标注。其具体标注详见表 4－20。

表 4－20　基础梁平面注写方式

类别	数据项	注写形式	表达内容	示例及备注
集中标注	梁编号	JLxx(xx) JLxx(xA) JLxx(xB)	代号、序号、跨数及外伸状况	JL1(3) JL2(2A)一端外伸 JL3(3B)两端外伸
	截面尺寸	$b\times h$，$b\times h\ Yc_1\times c_2$	梁宽×梁高，加腋用 $Yc_1\times c_2$，c_1 为腋长，c_2 为腋高	300×800，300×800Y500×300
	箍筋	xx Φ xx @ xxx/xxx (x)	箍筋道数、钢筋级别、直径、第一种间距/第二种间距、肢数	11Φ12@150/200(4)两种间距 8Φ16@100/10Φ12@150/200(6)三种间距
	纵向钢筋	B:xΦxx;T:xΦxx	底部(B)、顶部(T)贯通纵筋根数、钢筋级别、根数	B:4Φ25;T:4Φ20 底部贯通纵筋不应少于梁底部受力钢筋总截面面积的 1/3。当跨中底部贯通纵筋根数少于箍筋肢数时，增加架立筋，用“+”连接，架立筋写在( )中
	侧面纵向钢筋	NxΦxx	梁两侧面对称布置纵向钢筋总根数	当梁腹板高度大于 450 mm 时设置构造钢筋。拉筋直径除注明者外均为 8 mm，间距为箍筋间距的 2 倍。当构件受扭时，需配受扭钢筋
	梁底面标高高差	(x,xxx)	基础梁底面相对于筏形基础平板底面标高的高差	
	必要文字说明			

（续表）

类别	数据项	注写形式	表达内容	示例及备注
原位标注	支座区域底部钢筋	x⌀ xx	包括贯通筋和非贯通筋在内的全部纵筋；	多于一排用/分隔，同排中有两种直径用+连接；竖向加腋梁加腋部位钢筋，需在设置加腋的支座处以 Y 打头注写在括号内
	附加箍筋或(反扣)吊筋	x⌀ xx(x)	附加箍筋或(反扣)吊筋总根数、钢筋级别、直径(肢数)	两向基础梁十字交叉，但交叉位置无柱时，直接在刚度较大的基础梁上标注总配筋值(肢数在括号中)；多数相同时可以集中说明
	外伸部位变截面高度	若外伸端部变截面，在原位注写 $b\times h_1/h_2$，h_1 为根部高度，h_2 为尽端高度		
	原位注写修正内容	当集中标注某项内容不适用于某跨或外伸部分时，原位注写，施工时原位标注优先		

2. 施工构造

(1) 基础梁上部贯通纵筋能通则通，不能满足钢筋定尺要求时，可在距柱根 1/4 净跨范围内采用搭接连接、机械连接或焊接，同一连接区段内接头面积百分率不宜大于 50%，当钢筋长度可穿过一连接区到下一连接区并满足连接要求时，宜穿越设置，如图 4 - 50 所示。

(2) 基础梁下部贯通纵筋能通则通，不能满足钢筋定尺要求时，可在跨中 1/3 净跨范围内采用搭接、机械连接或焊接，同一连接区段内接头面积百分率不宜大于 50%，如图 4 - 50 所示。当两相邻跨底部贯通纵筋配置不同时，应将配置较大一跨的底部贯通纵筋越过其标注的跨度终点或起点，伸至配置较小的邻跨的跨中连接区连接。

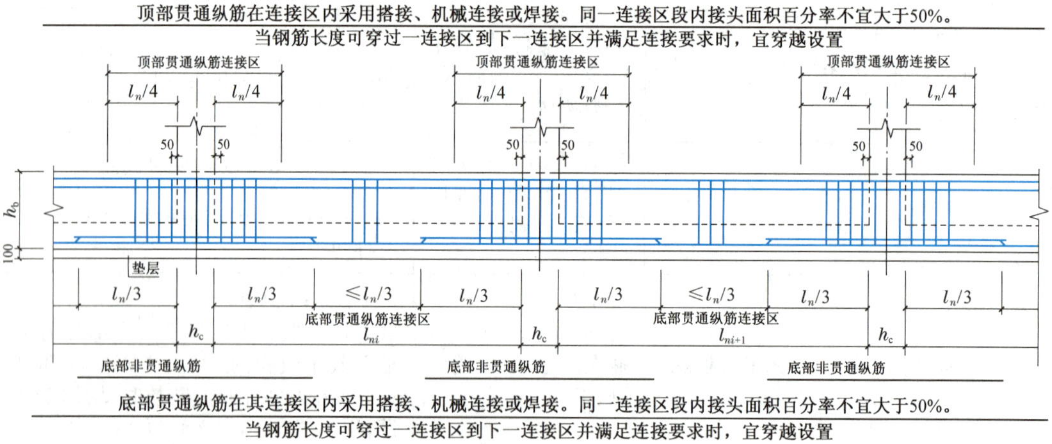

图 4 - 50　基础梁纵向钢筋与箍筋构造(节点区按第一种箍筋设置)

(3) 基础梁下部非贯通纵筋不多于两排时，中间支座非贯通纵筋自柱边向跨内延伸长度统一取净跨的 1/3，即 $l_n/3$，$l_n=\max(l_{ni}、l_{ni+1})$。第三排非贯通纵筋向跨内的延伸长度由设计者注明，如图 4 - 50 所示。若基础梁有外伸端，端支座非贯通纵筋自柱边向跨内延伸长度取 $\max(l_{n1}/3, l'_n)$，l'_n为外伸端净长，如图 4 - 51(a)、(b)所示。

(4) 基础梁箍筋自柱边 50 mm 处开始布置，在梁柱节点区中的箍筋按照梁端第一种箍筋增加设置(不计入总道数)。在两向基础梁相交位置，无论该位置上有无框架柱，均有一向

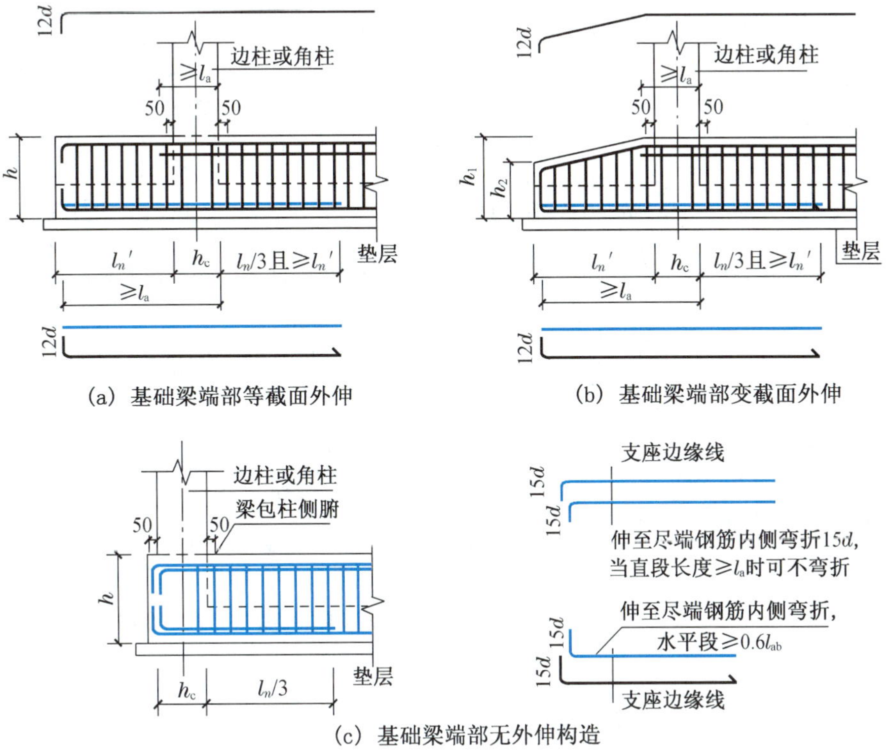

图 4－51 基础梁端部构造

截面较高的基础梁箍筋贯通设置，当两向基础梁等高时，则选择跨度较小的基础梁箍筋贯通设置，当两向基础梁等高且跨度相同时，则任选一向基础梁的箍筋贯通设置。

(5) 基础梁宽度一般比柱截面宽至少 100 mm(每边至少 50 mm)。当具体设计不满足以上要求时，施工时按照图 4－52 规定增设梁包柱侧腋。

当基础梁与柱等宽或柱与梁在某一侧面相平时，存在因梁纵筋与柱纵筋同在一个平面内导致直通交叉遇阻情况，此时应适当调整基础梁宽度使柱纵筋直通锚固。

当柱与基础梁结合部位的梁顶面高度不同时，梁包柱侧腋顶面应与较高基础梁的梁顶面一平，侧腋顶面至较低梁顶面高差内的侧腋，可参照角柱或丁字交叉基础梁包柱侧腋构造进行施工。

微课+课件

梁包柱侧腋及反扣筋构造

(6) 基础梁端部外伸部位钢筋构造如图 4－51(a)、(b)所示。基础梁端部有外伸时，外伸端上部第一排钢筋伸至梁端并向下弯折 $12d$，第二排钢筋自边柱内缘向外伸部位延伸锚固长度 l_a。

当从柱内边算起的梁端部外伸长度不满足直锚要求时，基础梁下部钢筋应伸至端部后向上弯折 $15d$，且从柱内边算水平段长度 $\geqslant 0.6l_{ab}$。否则第一排钢筋伸至端部向上弯折 $12d$，第二排钢筋伸至梁端部。外伸梁箍筋按照第一种箍筋设置。

(7) 当基础梁端部无外伸时，基础梁纵筋伸至尽端钢筋内侧弯折 $15d$，水平段 $\geqslant 0.6l_{ab}$。当直段长度 $\geqslant l_a$ 时，可不弯折，如图 4－51(c)所示。

(8) 基础梁侧面构造纵筋搭接长度为 $15d$。十字相交基础梁，当相交位置有柱时，侧面构造纵筋锚入梁包柱侧腋 $15d$，如图 4－53(a)所示；当无柱时侧面构造纵筋锚入交叉梁内 $15d$，如图 4－53(b)所示；丁字相交的基础梁当相交位置无柱时，横梁外侧的构造纵筋应贯

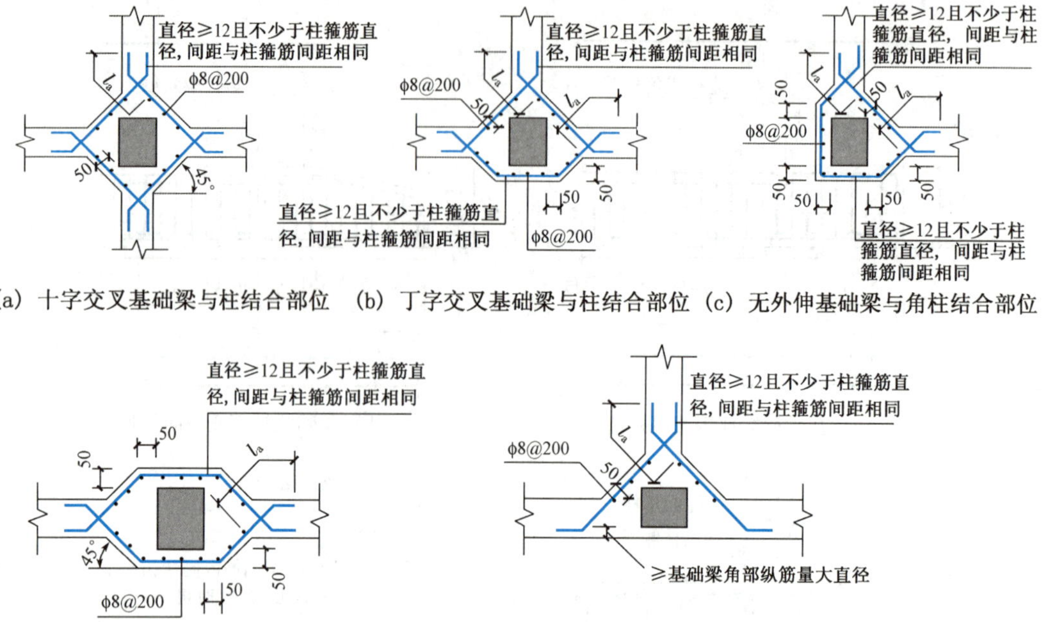

(a) 十字交叉基础梁与柱结合部位 (b) 丁字交叉基础梁与柱结合部位 (c) 无外伸基础梁与角柱结合部位

(d) 基础梁中心穿柱与柱结合部位 (e) 基础梁偏心穿柱与柱结合部位

图 4-52 梁包柱侧腋构造

通，横梁内侧的构造纵筋锚入交叉梁内 15d，如图 4-53(c)所示；丁字相交的基础梁当相交位置有柱时，如图 4-53(d)所示。梁侧面构造钢筋之间的拉筋直径除注明者外均为 8 mm，间距为箍筋间距的 2 倍，当设有多排拉筋时，上下排拉筋竖向错开设置。

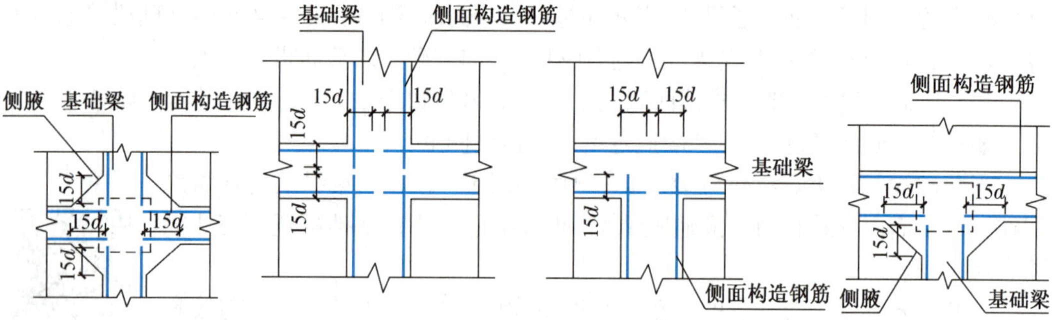

(a) (b) (c) (d)

图 4-53 侧面构造钢筋构造

(9) 原位标注的附加箍筋和附加吊筋构造如图 4-54 所示。

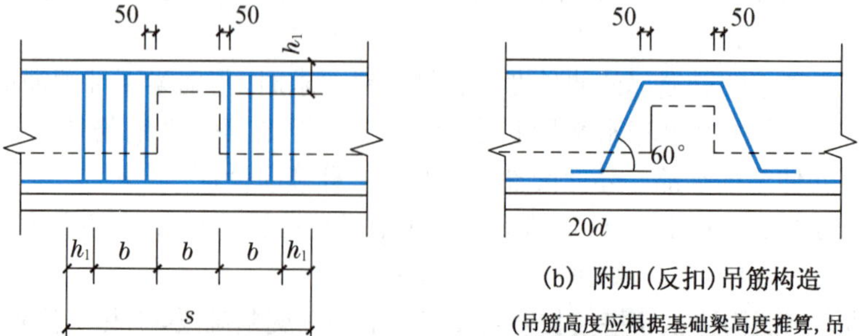

该区域内梁箍筋照设
(附加箍筋最大布置范围，但非必须布满)

(a) 附加箍筋构造

(b) 附加(反扣)吊筋构造

(吊筋高度应根据基础梁高度推算，吊筋顶部平直段与基础梁顶部纵筋净距应满足规范要求，当净距不足时应置于下一排)

图 4-54 附加箍筋和附加吊筋构造

（10）梁底、梁顶有高差以及柱两边梁宽不同时的钢筋构造如图 4－55 所示。

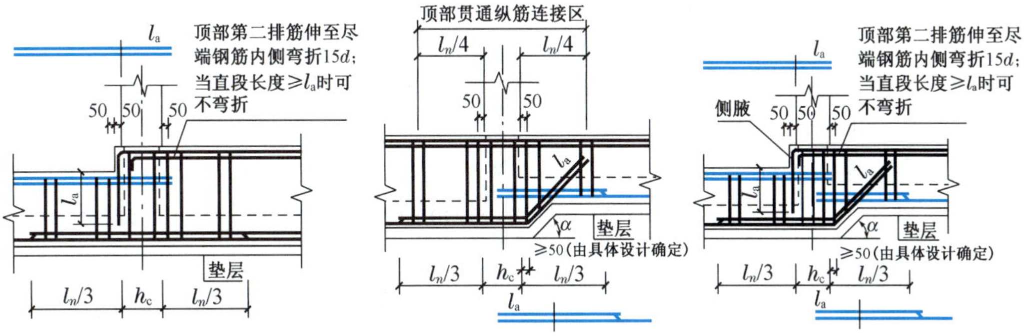

（a）梁顶有高差钢筋构造　（b）梁底有高差　（c）梁顶、梁底均有高差

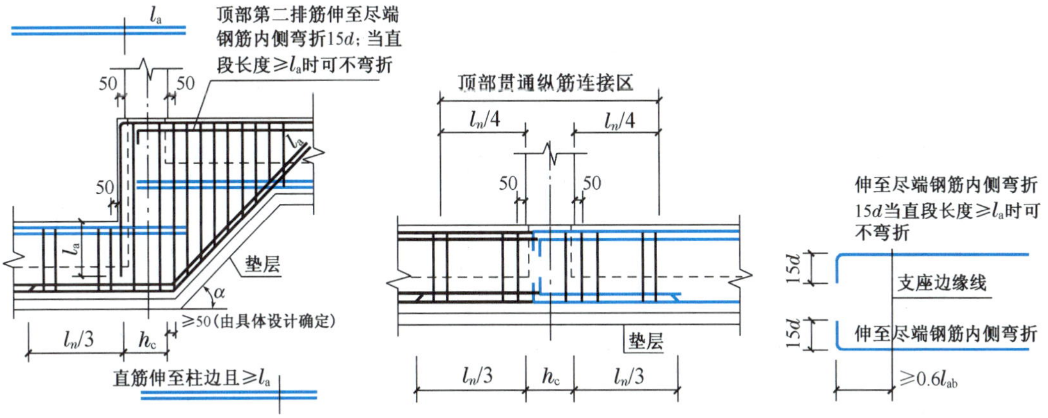

（d）梁顶、梁底均有高差（仅用于条形基础）　（e）柱两边梁宽不同钢筋构造

图 4－55　梁底、梁顶有高差以及柱两边梁宽不同时的钢筋构造

（图中梁底高差坡度 α 可取 30°、45°或 60°）

【工程案例 4－6】　图 4－56 为某工程梁板式条形基础，基础设垫层，垫层混凝土等级 C15，基础梁和框架柱混凝土强度等级 C30，框架柱截面尺寸 400 mm×400 mm，基础所处环境类别为二 a。按照设计要求，基础梁保护层 40 mm。现有 9 m 和 12 m 定尺钢筋，设钢筋连接采用机械连接，接头面积百分率 50%。请结合施工构造计算基础梁钢筋下料长度。

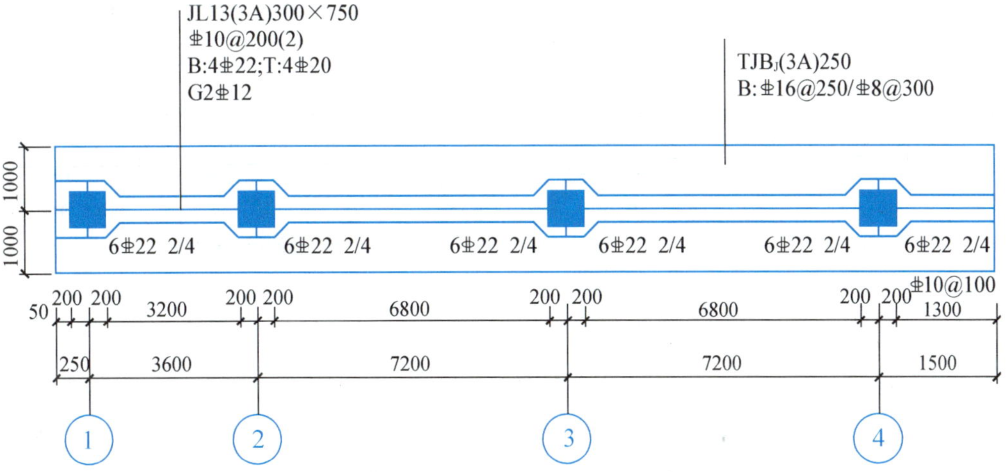

图 4－56　基础梁平法标注

解：1. 梁纵筋弯折及锚固计算

混凝土强度等级 C30，HRB400 钢筋，$d<25$ mm，查表 4-6 得 $l_a=35d$，$l_a=35d/_{d=20(22)}=700(770)$mm。

(1) 无外伸端：因为 450 mm 均小于直锚长度 l_a，则上下纵筋均弯折 15d，$15d/_{d=20(22)}=15\times20(22)=300(330)$mm；

(2) 外伸端：$l_a=770(700)$mm$<400+1300=1700$ mm，除下部第二排纵筋外，上下纵筋均弯折 12d，$12d/_{d=20(22)}=12\times20(22)=240(264)$mm；外伸端下部第二排非贯通纵筋伸至端部不需弯折。

(3) 构造钢筋支座锚固：构造钢筋支座锚固以及搭接长度均为 15d，$15d=15\times12=180$ mm。

2. 按照基础梁施工构造绘制纵向钢筋模拟初步放样如图 4-57 所示。

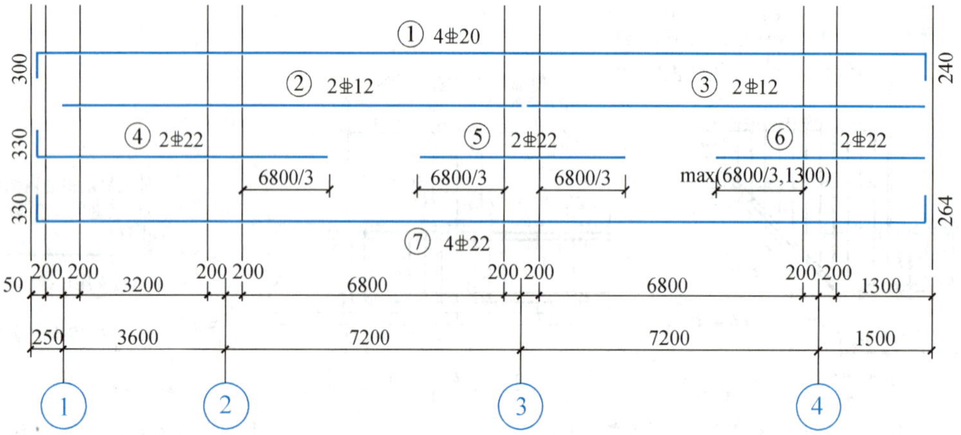

图 4-57　基础梁纵向钢筋模拟初步放样

3. 梁纵筋下料长度计算

①号筋：$300+(250-40)+3600+7200+7200+(1500-40)+240-4\times20=20130$ mm

超过定尺长度，钢筋进行连接。为充分利用钢筋长度，同时满足接头面积百分率要求，现有 2 根钢筋拟采用 12 m 和 8.130 m 长钢筋进行连接，通过计算连接位置在③轴右侧 730 mm 处，满足断点位置位于支座外 1/4 净跨范围(6800/4=1700 mm)的要求，如图 4-58(a)所示。

另外 2 根钢筋在距③轴左侧 6800/4+200=1900 mm 处连接，满足钢筋连接要求，如图 4-58(b)所示。

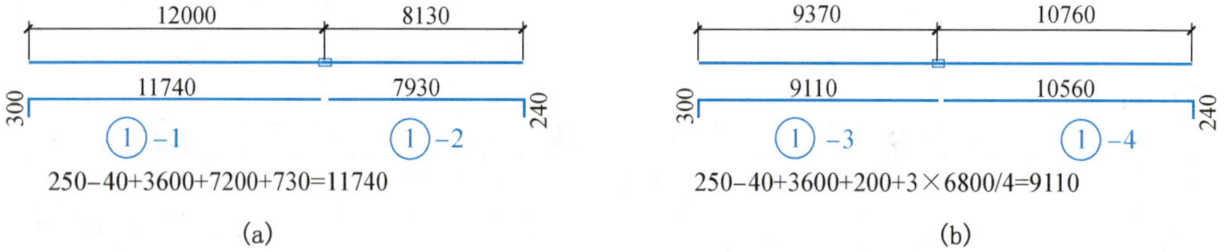

图 4-58　①号钢筋下料示意

①-1 筋：12000 mm　(2⌀20)

①-2 筋：$20130-12000=8130$ mm　(2⌀20)

①-3 筋：$250-40+3600+200+3\times6800/4+300-2\times20=9370$ mm　(2⌀20)

①-4 筋：20130－9370＝10760 mm （2Φ20）

②号筋：3600＋7200－(200＋50＋100)×2＋180×2＝10460 mm （2Φ12）

③号筋：7200－(200＋50＋100)＋180＋1500－40＝8490 mm （2Φ12）

④号筋：330＋(250－40)＋3600＋200＋max(3200/3，6800/3)－2×22＝6563 mm （2Φ22）

⑤号筋：2×max(3200/3，6800/3)＋400＝4933 mm （2Φ22）

⑥号筋：1300－40＋400＋6800/3＝3927 mm （2Φ22）

⑦号筋：330＋(250－40)＋3600＋7200＋7200＋(1500－40)＋264－4×22＝20176 mm （4Φ22）

超过定尺长度，钢筋进行连接。为满足钢筋连接区段和接头面积百分率要求。现有 2 根钢筋拟采用如图 4－59(a)所示进行连接，连接点分别在②、③右侧 2467 mm 处，正好在②～③ 轴跨中 1/3 净跨 6800/3＝2267 mm 处。

另外 2 根钢筋采用图 4－59(b)进行连接，与上 2 根钢筋断点错开一个连接区段长度 $35d$＝35×22＝770 mm，满足钢筋连接要求。

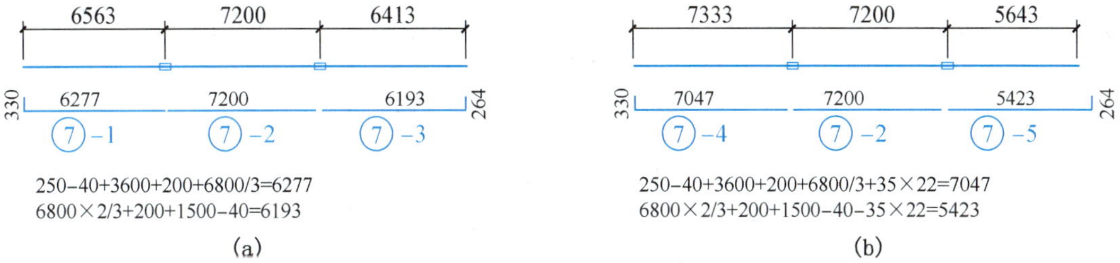

图 4－59 ⑦号钢筋下料示意

则有

⑦-1 筋：250－40＋3600＋200＋6800/3＋330－2×22＝6563 mm （2Φ22）

⑦-2 筋：7200 mm （4Φ22）

⑦-3 筋：6800×2/3＋200＋1500－40－2×22＝6413 mm （2Φ22）

⑦-4 筋：6563＋770＝7333 mm （2Φ22）

⑦-5 筋：6413－770＝5643 mm （2Φ22）

4. 箍筋计算(Φ10@200 和Φ10@100)(按非抗震计算，弯折平直段长度取 $5d$)

$$L=2b+2h-8c+9d=2\times300+2\times750-8\times40+9\times10=1870\text{ mm}$$

箍筋根数：

$$n=\frac{250+3600+7200+7200-200-50-40-50}{200}+1+\frac{1500+200-50-40-50}{100}+1=$$

108(取整)根

5. 拉筋计算

根据构造要求，拉筋取为Φ8@400 和Φ8@200(外伸端)

长度＝300－2×40＋$18d$＝364 mm(按非抗震计算，弯折平直段长度取 $5d$)，根数为：

$$n=\frac{250+3600+7200+7200-200-50-40-50}{400}+1+\frac{1500+200-50-40-50}{200}+1=$$

55(取整)根

6. 基础梁钢筋配料单略。

4.1.4.2 梁板式筏形基础基础次梁平法标注及施工构造

微课+课件

基础次梁施工构造

1. 基础次梁平面注写

基础次梁的平面注写除编号不同外，其他均与基础梁基本相同，基础次梁编号为 JCL。

2. 基础次梁施工构造

(1) 基础次梁上部贯通纵筋能通则通，不能满足钢筋定尺要求时，可在距基础主梁边 1/4 净跨范围内采用搭接连接、机械连接或焊接，同一连接区段内接头面积百分率不宜大于 50%，当钢筋长度可穿过一连接区到下一连接区并满足连接要求时，宜穿越设置，如图4-60所示。

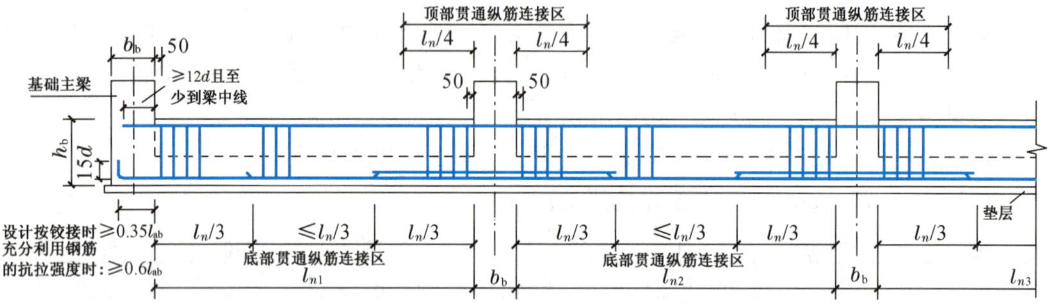

图 4-60 基础次梁纵向钢筋与箍筋施工构造

(2) 基础次梁下部贯通纵筋能通则通，不能满足钢筋定尺要求时，可在跨中 1/3 净跨范围内采用搭接、机械连接或焊接，同一连接区段内接头面积百分率不宜大于 50%，如图 4-60 所示。当两相邻跨底部贯通纵筋配置不同时，应将配置较大一跨的底部贯通纵筋越过其标注的跨度终点或起点，伸至配置较小的邻跨的跨中连接区连接。

(3) 基础次梁下部非贯通纵筋不多于两排时，中间支座非贯通纵筋自主梁边向跨内延伸长度统一取净跨的 1/3，即 $l_n/3$，$l_n=\max(l_{ni}、l_{ni+1})$。如图 4-60 所示。若基础梁有外伸端，端支座处非贯通纵筋自主梁边向跨内延伸长度取 $\max(l_{n1}/3, l_n')$，l_n'为外伸端净长，如图 4-61 所示。

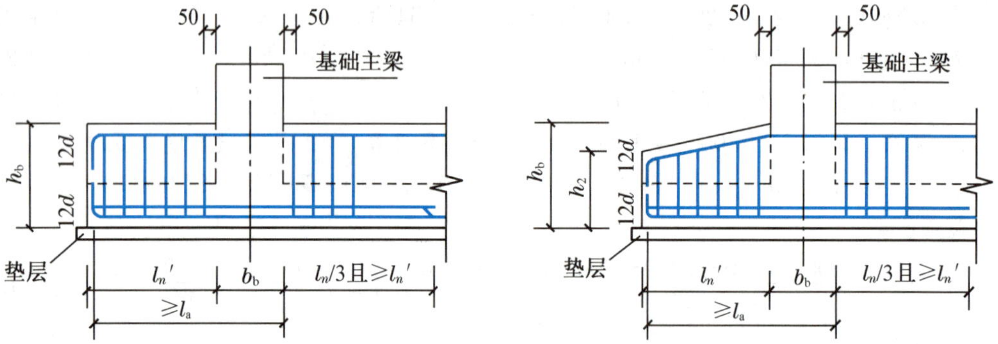

(a) 端部等截面外伸构造　　(b) 端部变截面外伸构造

图 4-61 基础次梁端部外伸构造

(4) 基础次梁下部纵筋在无外伸端锚固如图 4-60 所示。上部纵筋在主梁内锚固≥12d 且至少到梁中心线。下部纵筋伸至尽端主梁纵筋内侧弯折 15d，且从主梁内边算起水平段长度由设计指定，当设计按铰接时≥0.35l_{ab}；当充分利用钢筋的抗拉强度时≥0.6l_{ab}。

(5) 基础次梁端部外伸部位纵筋构造见图 4-61 所示。基础次梁外伸端上部纵筋伸至梁端向下弯折 12d。

当从主梁内边算起的外伸长度不满足直锚时，基础次梁下部纵筋应伸至尽端弯折 15d，且从主梁内边算起水平段长度≥0.6l_{ab}。否则基础次梁下部第一排纵筋伸至端部向上弯折12d，第二排纵筋伸至端部第一排纵筋内侧。

（6）基础次梁箍筋按照主梁之间的净跨布置，支座范围内按照主梁箍筋进行布置。

（7）基础次梁梁底、梁顶有高差以及支座两边梁宽不同时的钢筋相关构造如图 4－62 所示。

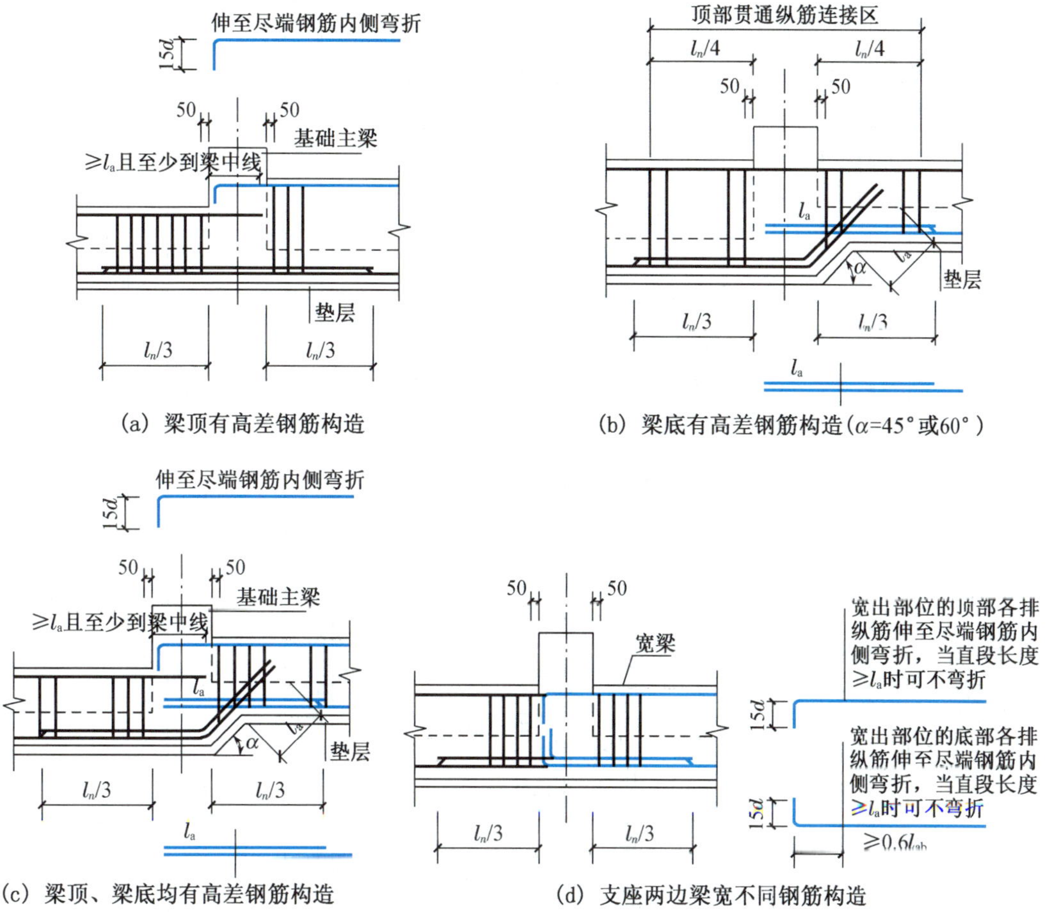

图 4－62 基础次梁有高差以及支座两边梁宽不同时钢筋构造

【工程案例 4－7】 如图 4－63 所示为某工程梁板式筏形基础布置图，图 4－64 为该工程首层柱配筋图。工程室内外高差 0.45 m，基础埋深 1.600 m，筏板厚度 300 mm，梁板底平，标高为－1.600 m。筏板基础的混凝土强度等级为 C30，下设 100 厚垫层。筏板侧边设置一道 HPB300 级直径 12 mm 的通长构造钢筋，框架柱截面尺寸为 600 mm×600 mm，设计规定梁、板保护层为 40 mm。外伸端采用 U 形钢筋封边构造，U 形筋另外计算，本题不计。若现场有定尺钢筋 9 m。试根据图中平法标注信息及施工构造进行：

1. JL3(5B)钢筋下料计算；

2. JCL1(3)的钢筋下料计算(次梁下部钢筋端部设计按铰接)；

3. ③轴与Ⓓ轴结合部位加腋钢筋计算。

解：1. 基础梁计算方法同梁板式条形基础中的基础梁，为节省篇幅，请读者自行完成。

2. JCL1(3)钢筋下料计算

根据施工图纸及施工构造，JCL1(3)计算简图及钢筋模拟放样见图 4－65。

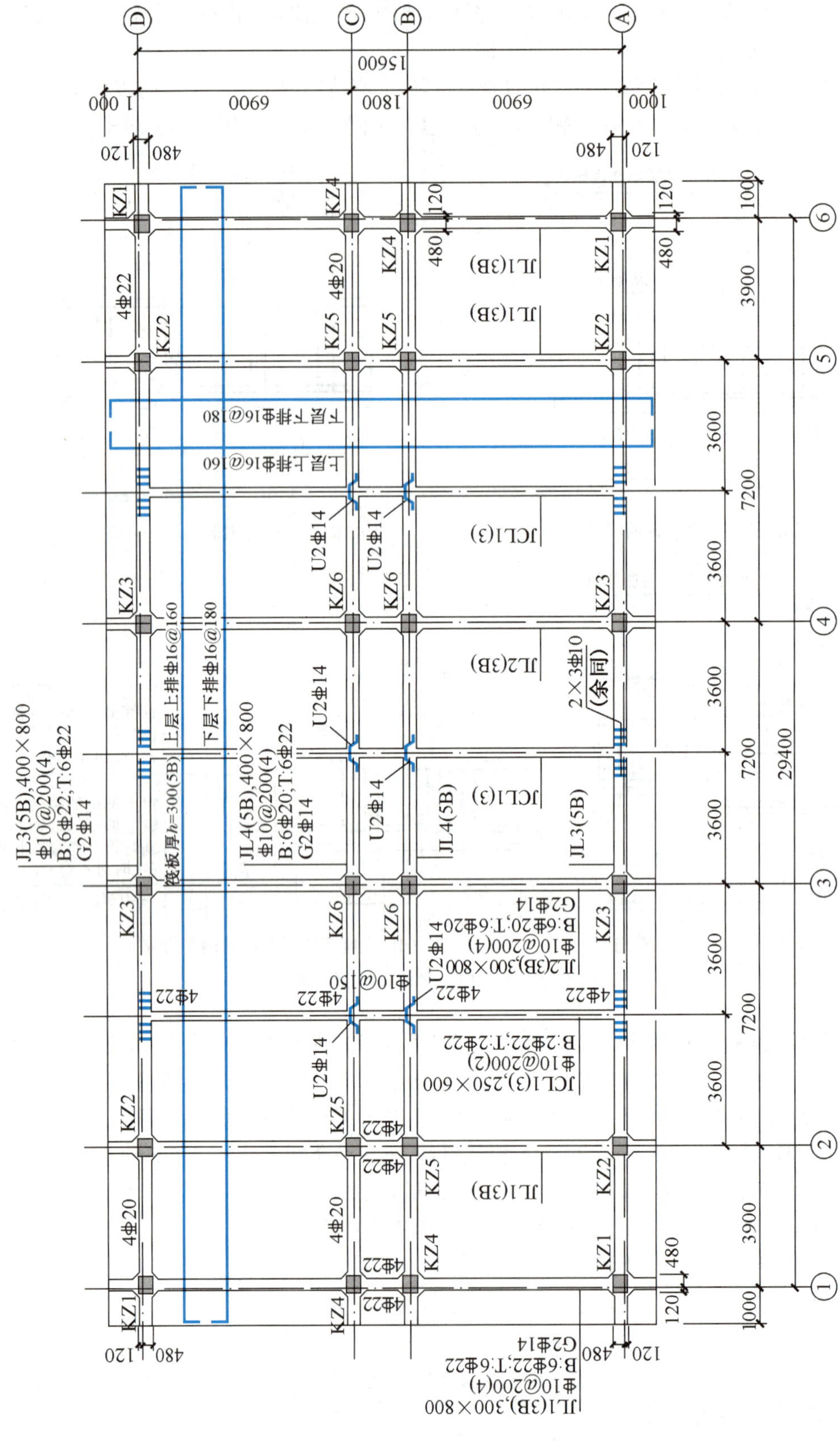

图 4－63　梁板式筏形基础布置图

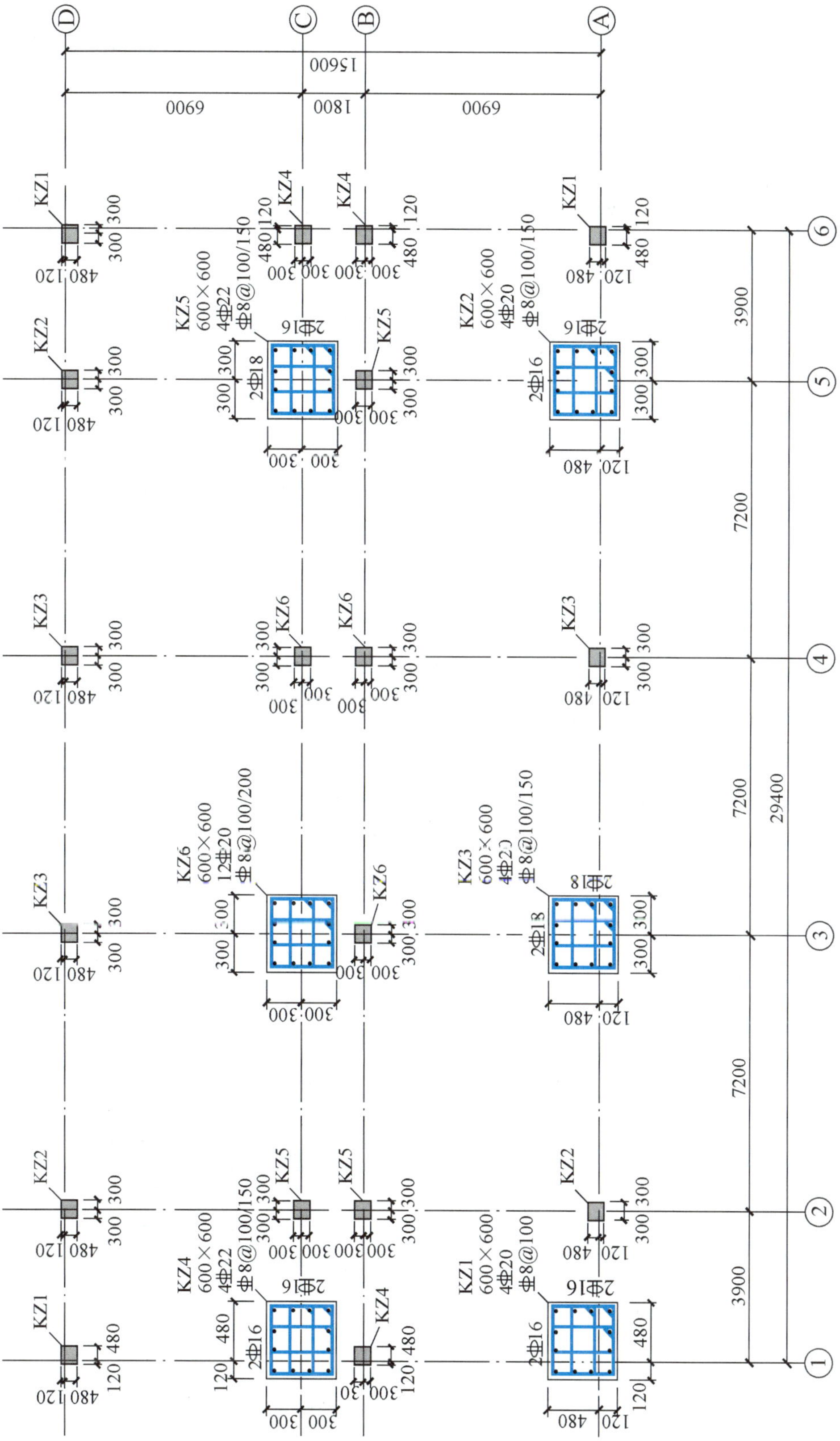

A
B
C
D
1
2
3
4
5
6
15600
6900
1800
6900
3900
7200
7200
7200
3900
29400
KZ1
KZ2
KZ3
KZ4
KZ5
KZ6
KZ1 600×600 4⌀20 ⌀8@100 2⌀16
KZ2 600×600 4⌀20 ⌀8@100/150 2⌀16
KZ3 600×600 ⌀8@100/150 2⌀18
KZ4 600×600 4⌀22 ⌀8@100/150 2⌀16
KZ5 600×600 4⌀22 ⌀8@100/150 2⌀16 2⌀18
KZ6 600×600 12⌀20 ⌀8@100/200

图4-64 首层柱配筋图

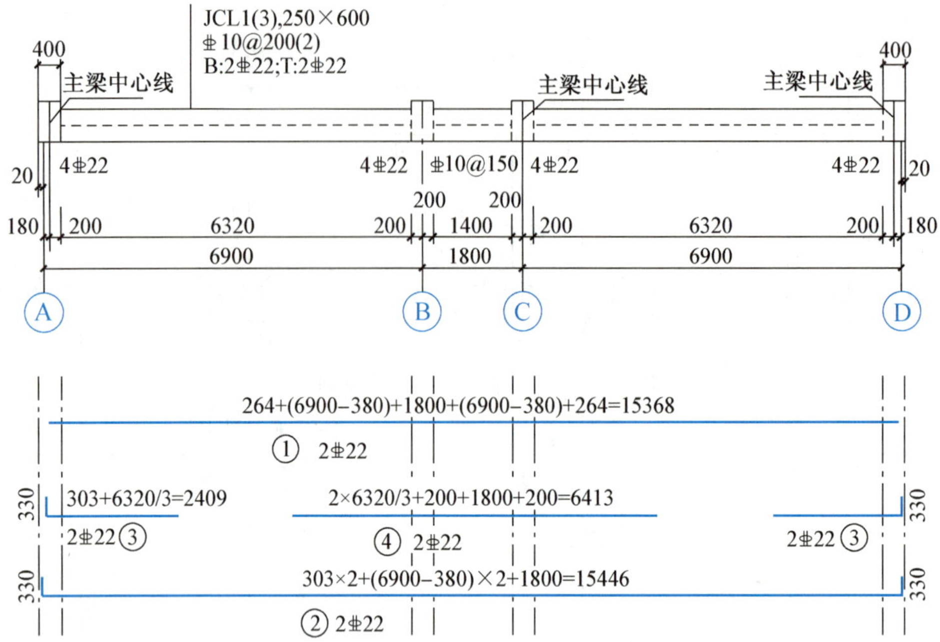

图 4-65　基础次梁计算简图及纵筋模拟放样

(1) 梁纵筋计算

C30，$d=22$，查表 4-4 和表 4-6 得，$l_a=l_{ab}=35d$，保护层 $c=40$；

上部纵筋支座锚固：$\max(12d,0.5b_b)=\max(12\times22=264,0.5\times400)=264$ mm；

下部纵筋支座锚固：平直段$+15d$

$0.35l_{ab}=0.35\times35d=0.35\times35\times22=269.5$ mm；

$400-40-22-10-25=303$ mm>223.3 mm 取平直段为 303 mm；

下部非贯通纵筋从向跨内延伸长度：$l_n/3=6320/3=2107$ mm；

①号筋：$264+(6900-380)+1800+(6900-380)+264=15368$ mm　　(2⌀22)；

超过定尺长度，钢筋进行连接。为充分利用钢筋长度，同时满足接头面积百分率要求，现用 1 根钢筋拟采用 9 m 和 6.368 m 长钢筋进行连接，通过计算连接位置在距Ⓒ轴右侧 416 mm 处，满足断点位置位于支座外 1/4 净跨范围内的 $6320/4=1580$ mm 的要求，如图 4-66(a)所示。另外 1 根在距Ⓑ轴左侧 416 mm 处连接。

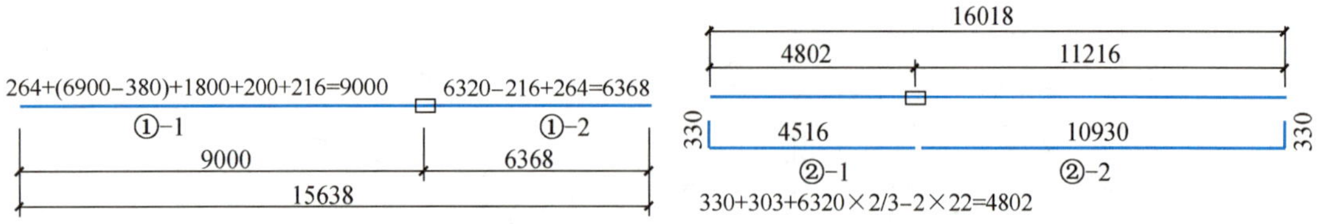

(a) ①号筋下料简图　　(b) ②号筋下料简图

图 4-66　①、②号钢筋下料计算

②号筋：$330\times2+303\times2+(6900-380)\times2+1800-4\times22=16018$ mm　　(2⌀22)

超过定尺长度，钢筋进行连接。现有 1 根钢筋在距Ⓑ轴左侧 $6320/3+200=2307$ mm

处连接，如图 4-66(b)所示。另外 1 根在距Ⓒ轴右侧 6320/3+200=2307 mm 处连接。

③号筋：330+303+6320/3−2×22=2695 mm (4Φ22)

④号筋：6320×2/3+200+1800+200=6413 mm (2Φ22)

(2) 箍筋计算(Φ10@200 和Φ10@150)

箍筋长度：2×250+2×600−8×40+9×10=1470 mm

箍筋根数：$\left(\frac{6320-50\times2}{200}+1\right)\times2+\left(\frac{1400-50\times2}{150}+1\right)=74$ 根(取整)

3. ③轴与Ⓓ轴结合部位加腋钢筋计算

柱子截面 600 mm×600 mm，左右梁宽 400 mm，上下梁宽 300 mm，侧腋距柱角 50 mm，如图 4-67 所示。

(1) 侧腋水平筋(Φ12@100)

每边侧腋净长度：$(100+150+50\sqrt{2})\sqrt{2}=454$ mm

自侧腋八字倒角起锚入梁内 l_a，C30，HRB400 级钢筋。

$l_a=35d=35\times12=420$ mm

单根侧腋水平筋长度：

454+2×420=1294 mm

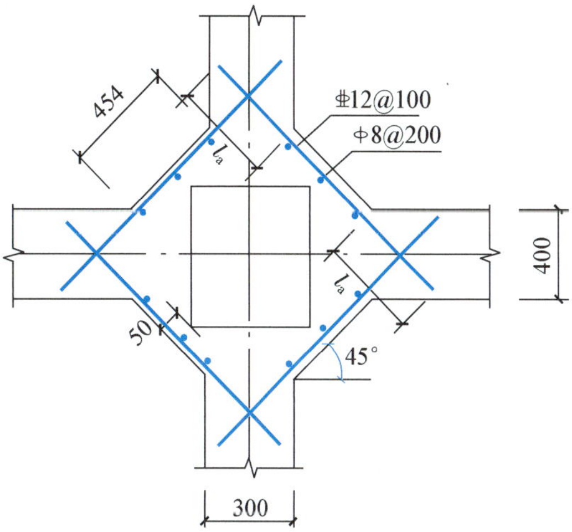

图 4-67 侧腋构造

筏板厚度内不设水平筋，则需要的根数：

$$n=\frac{L}{@}+1=\frac{800-40-300}{100}+1=6\text{ 根(取整)}$$

有 4 条边，共有 4×6=24 根，6 根柱子就需要 124 根。

(2) 侧腋竖向钢筋(ϕ8@200)

竖向钢筋根数：$n=\frac{L}{@}+1=\frac{454}{200}+1=4$ 根(取整)

4 条边 16 根，6 根柱子需要 96 根。

竖向钢筋高度：800−40×2+80+6.25×8−2×8=834 mm

4.1.4.3 梁板式筏形基础基础平板平法标注及施工构造

1. 基础平板平法标注

微课+课件

梁平板平法表达

梁板式筏形基础平板 LPB 的平面注写，分板底部与板顶部贯通纵筋的集中标注与板底部附加非贯通纵筋的原位标注两部分。梁板式基础平板标注示意如图 4-68 所示。

基础平板集中标注和原位标注内容及注写形式见表4-21。集中标注在所表达的板区双向均为第一跨（X 与 Y 向）的板上引出（从左至右为 X 向，从下至上为 Y 向）。在进行板区划分时，板厚度相同，底部贯通纵筋和顶部贯通纵筋配置相同时为一板区，否则为另一板区。

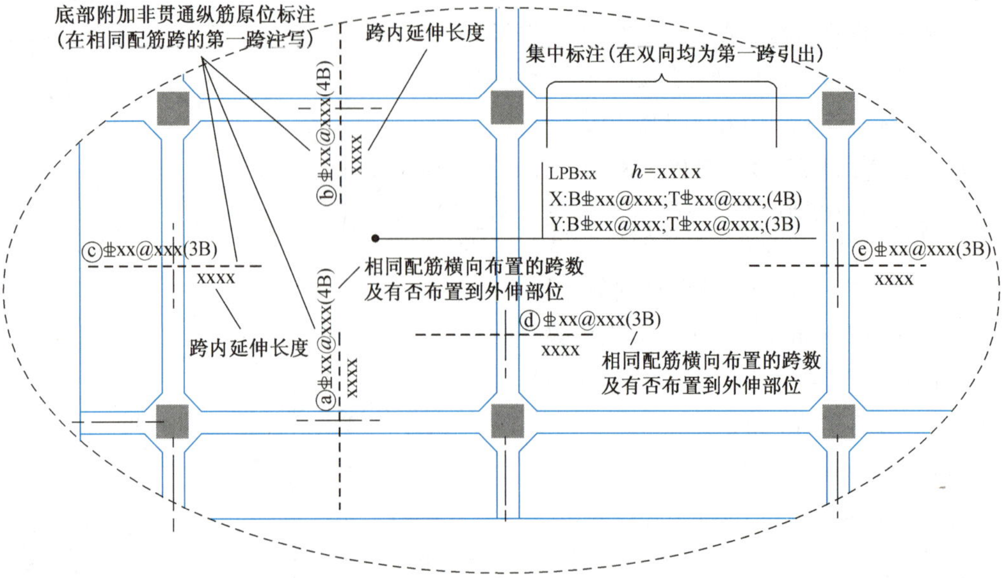

图 4-68 梁板式基础平板标注示意图

表 4-21 梁板式筏形基础平板集中标注和原位标注

类别	注写形式	表达内容	示例及备注
集中标注	LPBxx	基础平板编号,包括代号与序号	LPB1 梁板式基础平板 1
	h=xxx	基础平板厚度	h=300 基础平板厚度 300 mm
	X:BΦ xx@xxx; TΦ xx@xx; (x,xA,xB) Y:BΦ xx@xxx; TΦ xx@xxx; (x,xA,xB)	X 向与 Y 向底部与顶部贯通纵筋强度等级、直径、间距(总长度:跨数及有无延伸) 用 B 标注板底部贯通纵筋,以 T 标注板顶部贯通纵筋;底部贯通纵筋应有不少于 1/3 贯通全跨,顶部纵筋应全跨贯通	X:BΦ 22@150;TΦ 20@150;(5B) Y:BΦ 20@200;TΦ 18@200;(7A) 当贯通纵筋在跨内有两种不同间距时,先注写跨内两端的第一种间距,并在前面注写根数,再注写跨中第二种间距。如: X:B 12Φ 22@200/150; T 10Φ 20@200/150;(5B)
原位标注	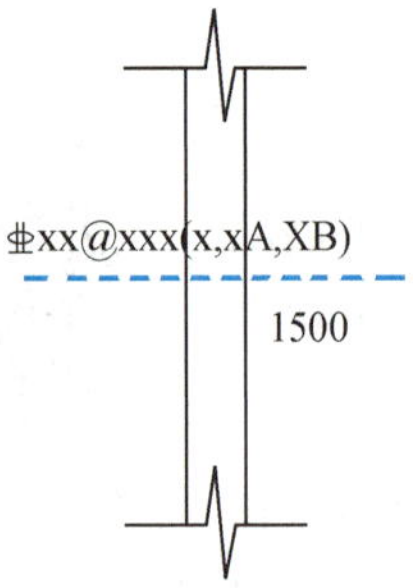	用中粗虚线注写底部非贯通纵筋强度等级、直径、间距(相同配筋横向布置的跨数及是否布置在外伸部位);自梁中心线分别向两边跨内的延伸长度值; 当向两侧对称延伸时,仅在一侧注写延伸长度值;外伸部位一侧的延伸长度可以不标注	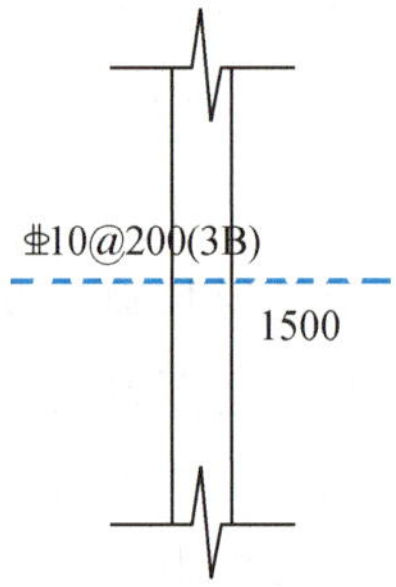 原位标注应在基础梁下相同配筋跨的第一跨下注写
	修正内容	某部位与原位标注不同的内容	原位标注优先

（续表）

类别	注写形式	表达内容	示例及备注
	在图中注明的其他内容	1. 当在基础平板周边侧面设置纵向构造钢筋时，应在图中注明； 2. 应注明基础平板外伸部位的封边方式，当采用 U 形钢筋封边时应注明规格、直径及间距； 3. 基础平板外伸部位变截面高度时，注明外伸部位 h_1（根部高度）/h_2（尽端高度）； 4. 基础平板厚度大于 2 m 时，应注明在平板中部的水平构造钢筋； 5. 当在板中采用拉筋时，注明拉筋的配置及布置方式（双向或梅花双向）； 6. 注明混凝土垫层厚度及强度等级； 7. 平板阳角部位设置放射筋时，注明放射筋强度、直径、根数、设置方式	

2. 施工构造

（1）基础平板底部贯通纵筋与非贯通纵筋布置

微课＋课件

梁平板施工构造

隔一布一。示例：当原位注写底部附加非贯通纵筋注写为⌀22@250；底部该跨范围集中标注的底部贯通纵筋为 B⌀22@250(5)时，施工时按照底部贯通纵筋与非贯通钢筋"隔一布一"的方式排布钢筋，如图 4－69(a)所示。

隔一布二。示例：当原位注写底部附加非贯通钢筋注写为⌀20@100/200；底部该跨范围集中标注的底部贯通纵筋为 B⌀20@300(3)时，施工时按照底部贯通纵筋与非贯通钢筋"隔一布二"的方式排布钢筋，如图 4－69(b)所示。

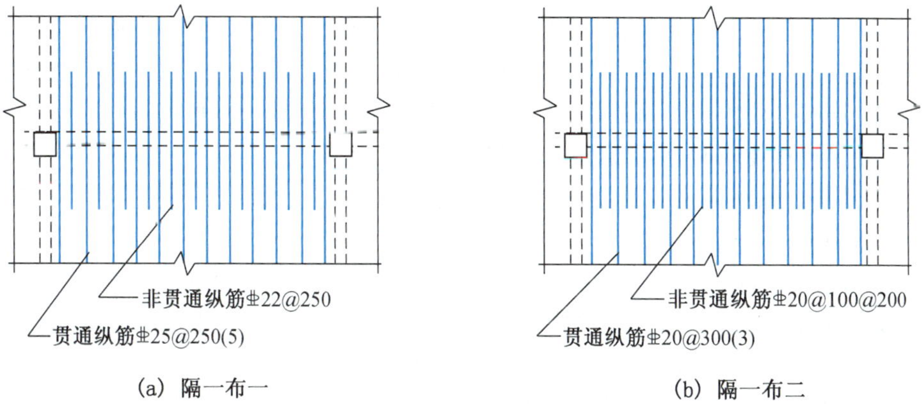

图 4－69　基础底板底部贯通钢筋与非贯通钢筋布置示意

（2）基础平板钢筋构造

梁板式筏形基础平板钢筋构造分为柱下区域和跨中区域两种部位。柱下区域和跨中区域的长度由设计注明。柱下区域钢筋构造如图 4－70 所示，跨中区域钢筋构造如图 4－71 所示。

① 基础平板顶部贯通纵筋能通则通，不能满足钢筋定尺要求时，可在距基础主梁（墙）边 1/4 净跨范围内采用搭接连接、机械连接或焊接，同一连接区段内接头面积百分率不宜大于 50%，当钢筋长度可穿过一连接区到下一连接区并满足连接要求时，宜穿越设置，如图 4－70 和 4－71 所示。

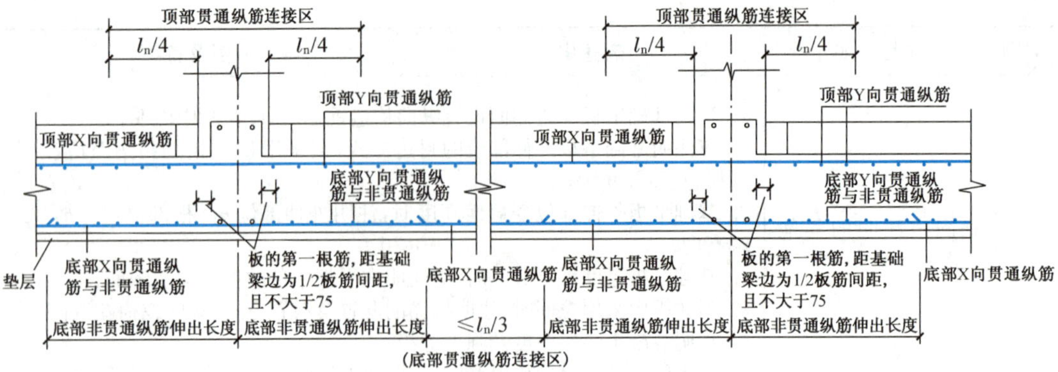

图 4-70　基础平板柱下区域钢筋构造

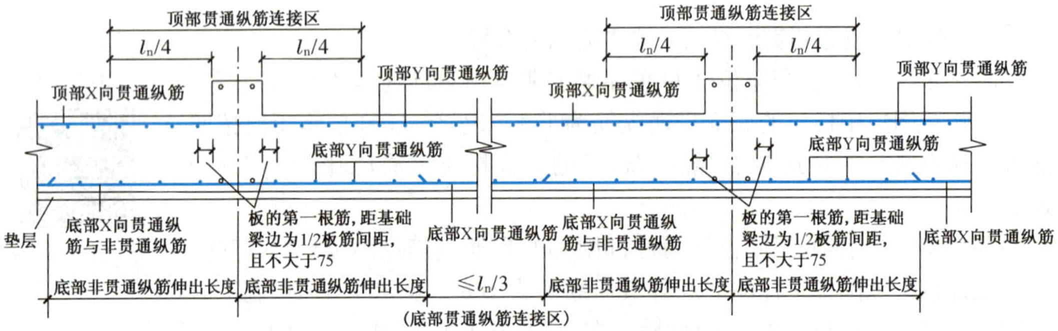

图 4-71　基础平板跨中区域钢筋构造

② 基础平板下部贯通纵筋能通则通，不能满足钢筋定尺要求时，可在底部贯通纵筋连接区范围连接(≤1/3 净跨)，底部贯通纵筋连接区范围等于轴跨减去两边非贯通纵筋伸出长度。同一连接区段内接头面积百分率不宜大于 50%，当钢筋长度可穿过一连接区到下一连接区并满足连接要求时，宜穿越设置，如图 4-70 和图 4-71 所示。当两相邻跨底部贯通纵筋配置不同时，如果板底一平，则配置较大的板跨的底部贯通纵筋须越过板区分界线伸至毗邻板跨跨中连接区域连接。

③ 基础平板底部非贯通钢筋的延伸长度根据原位标注的延伸长度确定。

④ 基础平板端部外伸部位钢筋构造如图 4-72(a)、(b)所示。上部纵筋一部分在基础主梁(墙)内锚固≥12d 且至少到支座中线，一部分伸至尽端向下弯折 12d，具体钢筋数量由设计指定；下部纵筋当从基础主梁(墙)内边算起的外伸长度不满足直锚要求时，基础平板下部纵筋应伸至端部后弯折 15d，且从基础主梁(墙)内边算起水平段长度应≥0.6l_{ab}，否则应伸至外伸端头向上弯折 12d。外伸端上下纵筋应同时满足封边构造如图 4-73(a)、(b)所示。

⑤ 基础平板端部无外伸构造见图 4-72(c)所示。上部纵筋在基础主梁(墙)内锚固≥12d 且至少到支座中线；下部纵筋伸至基础主梁(墙)纵筋内侧弯折 15d，且从基础主梁(墙)内边算起水平段长度当设计按铰接时≥0.35l_{ab}；当充分利用钢筋的抗拉强度时≥0.6l_{ab}。

⑥ 基础平板和基础梁同一层面的交叉钢筋，何向纵筋在下，何向纵筋在上，应按具体设计说明。一般情况下，基础平板板底短跨纵筋布置在下，长跨纵筋布置在上；板顶短跨纵筋布置在上，长跨纵筋布置在下；基础平板纵筋均在基础梁纵筋之下布置。

一般情况下，对于同一层面的基础梁纵筋，受力较小(跨度大)的梁纵筋均在受力较大

(跨度小)的梁纵筋下交叉布置,次梁纵筋在主梁纵筋下布置。

⑦ 当基础板厚>2000 mm时,宜在板厚方向间距不超过1000 mm设置与板面平行的构造钢筋网片,且按设计设置,中层筋端头构造如图4-74所示。

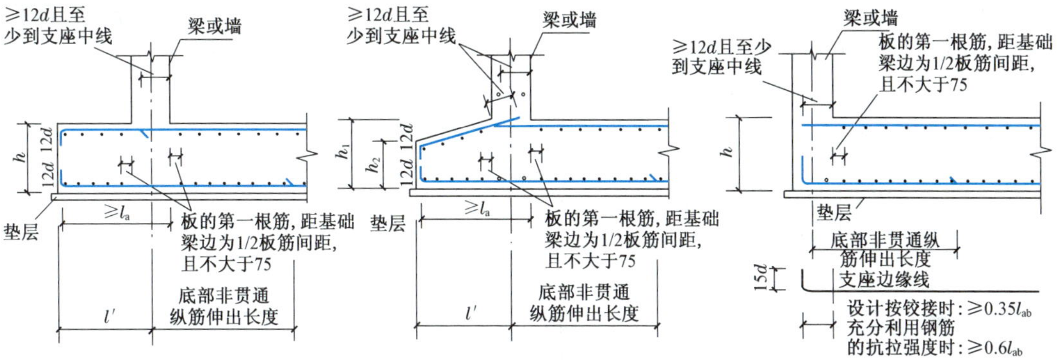

(a) 端部等截面外伸　(b) 端部变截面外伸　(c) 端部无外伸

图4-72　基础平板*LPB*端部外伸与无外伸钢筋构造

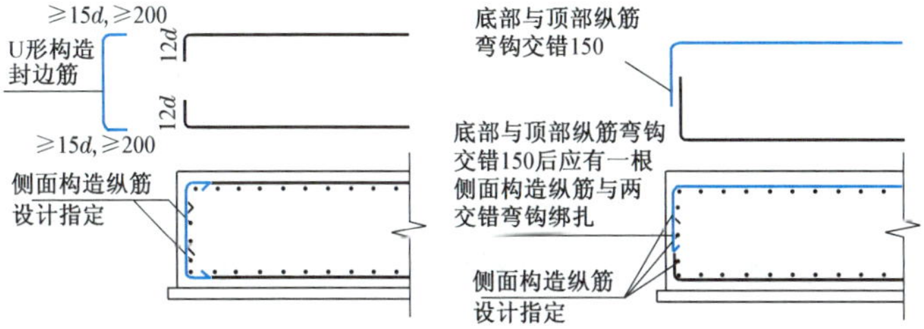

(a) U形筋构造封边方式　(b) 纵筋弯钩交错封边方式

图4-73　板边缘侧面封边构造

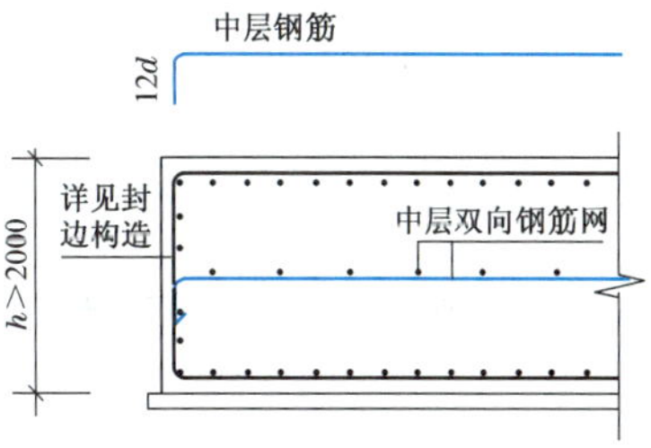

图4-74　中层筋端头构造

⑧ 基础平板板底、板顶有高差相关构造如图4-75所示。

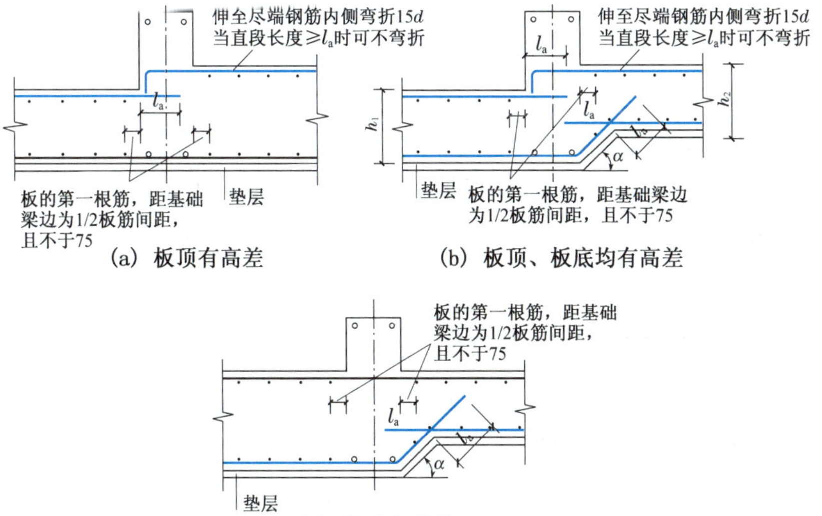

(a) 板顶有高差　(b) 板顶、板底均有高差

(c) 板底有高差

图4-75　基础平板板底、板顶有高差构造

【工程案例 4－8】 图示 4－76 为某筏形基础布置图。基础混凝土强度 C30，基础所处环境类别为二 a，基础梁侧面保护层 25 mm，筏形基础顶面和侧面保护层 20 mm，基础底部钢筋保护层 40 mm。框架柱截面尺寸 500 mm×500 mm，钢筋接头面积百分率为 50%，图中未注明的基础主梁均为轴线居中。设计规定基础平板外伸端采用交错封边，外伸端上部贯通纵筋全部伸至端部。无外伸端下部纵筋端部按铰接计算，其他标注见图所示。现场有 9 m 和 12 m 定尺钢筋。试编制该基础平板钢筋配料单。

微课+课件

梁平板钢筋下料

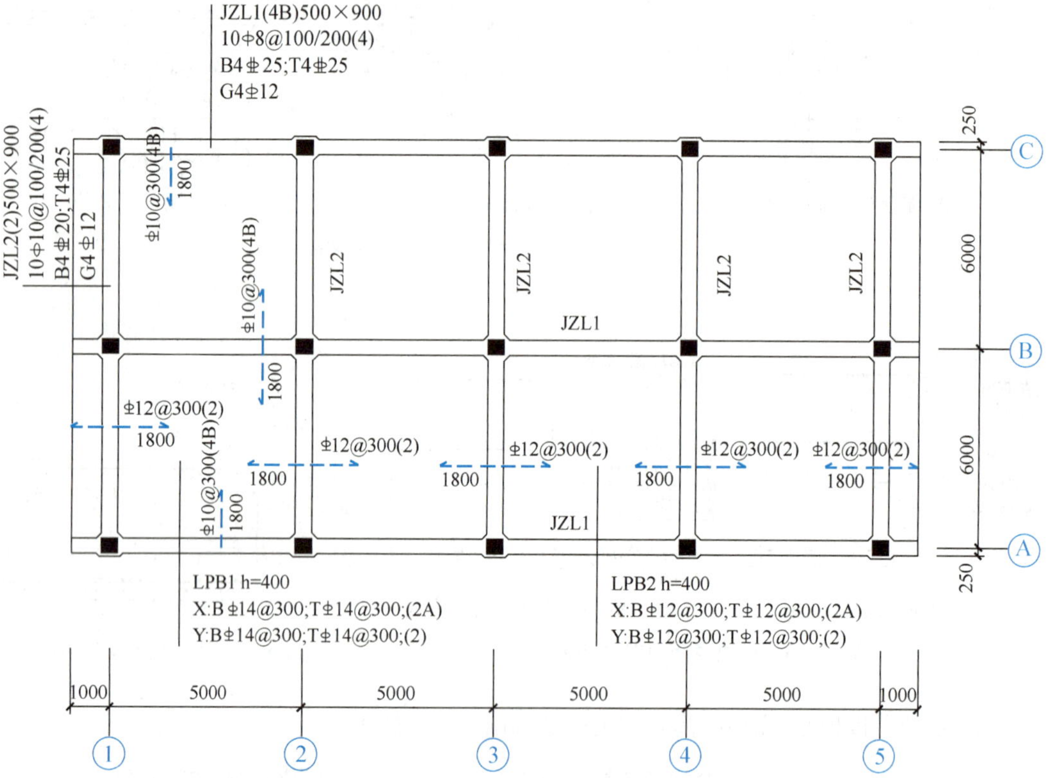

图 4－76　筏板基础平面布置图

解：

1. 基础板边锚固计算见表 4－22。

根据题目要求，C30 混凝土，钢筋 HRB335 级，$d<25$ mm，查表得 $l_{ab}=l_a=29d$，外伸端交错 150 mm 封边，则上下部钢筋弯折最小长度(400－20－40－150)/2＋150＝245 mm。

表 4－22　基础板边锚固计算

计算部位	①轴线左侧(LPB1 X 向钢筋)	⑤轴线右侧(LPB2 X 向钢筋)
外伸端	1. 下部贯通纵筋 $l_a=29d=29\times14=406$ mm＜1000＋250＝1250 mm，则弯折 $12d$；$12d=12\times14=168$ mm＜245 mm 取 245 mm； 2. 下部非贯通纵筋 $12d=12\times12=144$ mm； 3. 同理上部贯通纵筋弯折 245 mm	1. 下部贯通纵筋 $l_a=29d=29\times12=348$ mm＜1000＋250＝1250 mm，则弯折 $12d$；$12d=12\times12=144$ mm＜245 mm 取 245 mm； 2. 下部非贯通纵筋 $12d=12\times12=144$ mm； 3. 同理上部贯通纵筋弯折 245 mm

（续表）

计算部位	①轴线左侧(LPB1 X向钢筋)	⑤轴线右侧(LPB2 X向钢筋)
无外伸端	ⒶⒸ轴(LPB1 Y向钢筋) 1. 上部贯通纵筋 max($12d$,500/2)=max(12×14,500/2)=250 mm； 2. 下部贯通纵筋 $15d$=15×14=210 mm，平直段 500−25−8−25−25=417 mm>$0.35l_{ab}$=0.35×29×14=142.1 mm，则平直段长度取 417 mm； 3. 下部非贯通纵筋 $15d$=15×10=150 mm	ⒶⒸ轴(LPB2 Y向钢筋) 1. 上部贯通纵筋 max($12d$,500/2)=max(12×12,500/2)=250 mm； 2. 下部贯通纵筋 $15d$=15×12=180 mm，平直段 500−25−8−25−25=417 mm>$0.35l_{ab}$=0.35×29×12=121.8 mm，则平直段长度取 417 mm； 3. 下部非贯通纵筋 $15d$=15×10=150 mm
中间支座	上部贯通纵筋在③支座锚固：max($12d$,500/2) LPB1 d=14，max($12d$,500/2)=250 mm； LPB2 d=12，max($12d$,500/2)=250 mm	

2. 基础平板钢筋模拟放样如图 4-77 所示。

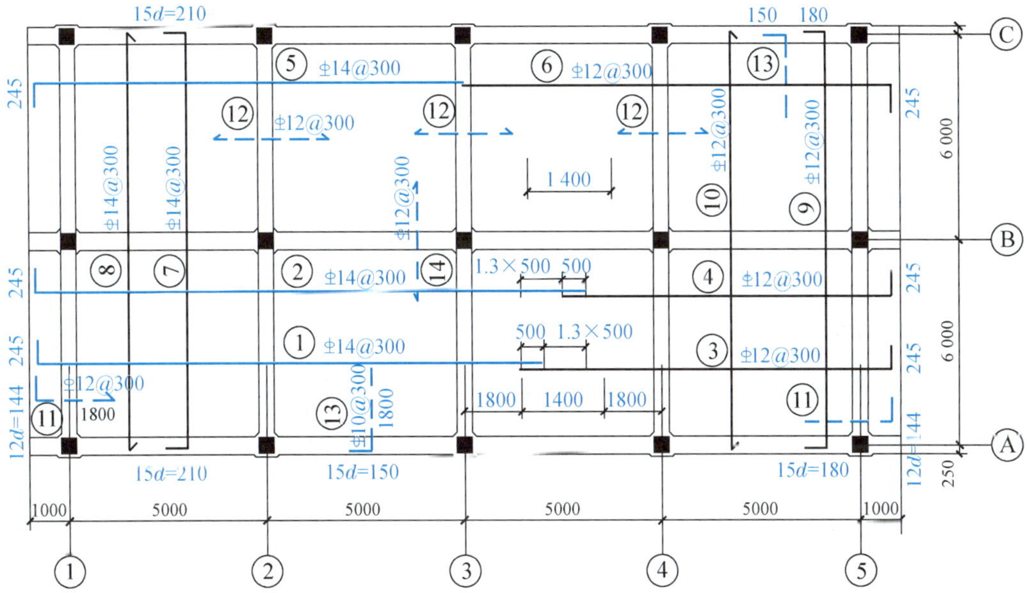

图 4-77 基础平板钢筋模拟放样

图 4-77 中 LPB1 X 向贯通纵筋⌀14@300 跨过③轴到③～④轴与 LPB2 X 向贯通纵筋⌀12@300 钢筋在跨中 1400 mm 范围内进行搭接。LPB1 板底 X 向贯通纵筋分为①和②号钢筋，LPB2 板底 X 向贯通纵筋分为③和④号钢筋。

搭接长度计算：C30，$d\leqslant 25$，查表得搭接长度 $l_l=41d$ 且≥300 mm。

直径 12 mm 和 14 mm 钢筋搭接以及直径 12 mm 钢筋自身搭接时，搭接长度：

$l_l=41d=41\times 12=492$ mm>300 mm，为便于施工取 500 mm；

直径 14 mm 钢筋搭接时 $l_l=41d=41\times 14=574$ mm>300 mm，为便于施工取 600 mm。

3. 钢筋根数计算

(1) LPB1、LPB2 板底 X 向钢筋根数(①+②和③+④号筋)

与梁平行的板筋第一根从距梁边 min(75，板筋间距/2)开始布置。则 LPB1、LPB2 X 向贯通钢筋各有：

$$n=\frac{L}{@}+1=\left(\frac{6000-250\times 2-2\min(75,300/2)}{300}+1\right)\times 2=19\times 2=38\ 根$$

LPB1、LPB2 板底贯通纵筋和非贯通纵筋采用“隔一布一”方式布置，则非贯通纵筋(⑪和⑫号筋)有 36 根。

(2) LPB1、LPB2 板底 Y 向钢筋(⑦和⑨号筋)

LPB1、LPB2 板底 Y 向贯通纵筋各有：

$$n=\frac{L}{@}+1=\left(\frac{5000-250\times2-2\min(75,300/2)}{300}+1\right)\times2+\left(\frac{1000-250-2\min(75,300/2)}{300}+1\right)$$
$$=16\times2+3=35\text{ 根}$$

LPB1、LPB2 板底 Y 向贯通纵筋和非贯通纵筋采用“隔一布一”方式布置，则非贯通纵筋(⑬和⑭号筋)有 32 根。

(3) LPB1、LPB2 板顶 X 向钢筋(⑤和⑥号筋)

$$n=\frac{L}{@}+1=\left(\frac{6000-250\times2-2\min(75,300/2)}{300}+1\right)\times2=38\text{ 根}$$

则 LPB1、LPB2 板顶 X 向钢筋各有 38 根。

(4) LPB1、LPB2 板顶 Y 向钢筋(⑧和⑩号筋)

$$n=\frac{L}{@}+1=\left(\frac{5000-250\times2-2\min(75,300/2)}{300}+1\right)\times2+\frac{1000-250-2\min(75,300/2)}{300}+1=35\text{ 根}$$

则 LPB1、LPB2 板顶 Y 向钢筋各有 35 根。

4. 基础平板钢筋下料计算

①号贯通纵筋长度 245+1000−20+5000×2+1800+500−2×14=13497 mm(19⌀14)

超过定尺长度，增加一个搭接长度 600 mm，则单根钢筋实际长度为 13497+600=14097 mm，19 根钢筋下料长度如图 4-78(a)所示，接头位于②轴右侧 2803 mm 处，在②～③轴跨中 1400 mm 范围内。

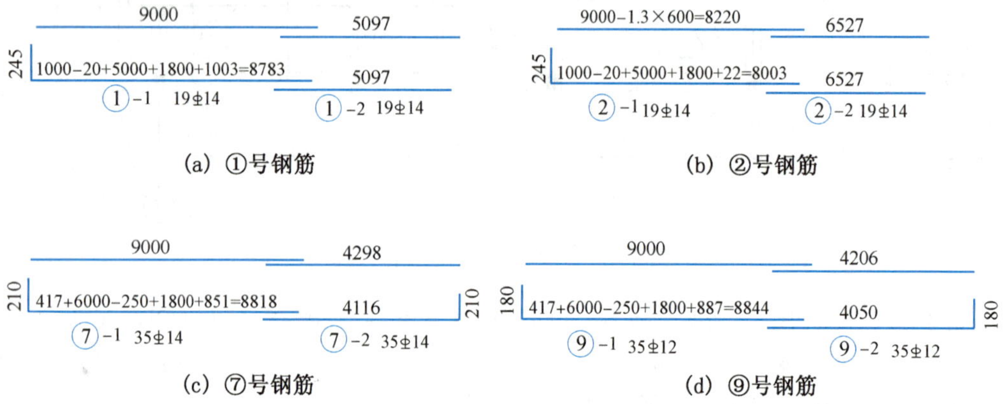

图 4-78 钢筋下料示意

②贯通纵筋长度与①号钢筋错开一个连接区段长度，则有

14097+1.3×500=14747 mm (19⌀14)

钢筋下料长度如图 4-78(b)所示，接头位于②轴右侧 2023 mm 处，在②～③轴跨中 1400 mm 范围内。

③号钢筋：245+1000−20+5000+1800+1400−2×12=9401 mm(19⌀12)。

④号钢筋：9401−1.3×500=8751(19⌀12)。

⑤号钢筋：245+1000−20+5000+5000−2×14=11197 mm(38⌀14)。

⑥号钢筋：245+1000−20+5000+5000−2×12=11201 mm(38⌀12)。

⑦号钢筋：(210＋417)×2－4×14＋12000－500＝12698 mm(35⚳14)。

超过定尺长度，增加一个搭接长度 600 mm，则单根钢筋实际长度为 12698＋600＝13298 mm，钢筋下料长度如图 4－78(c)所示，接头位于Ⓑ轴上方或下方 2651 mm 处，在Ⓑ～Ⓒ轴或Ⓐ～Ⓑ跨中连接区范围内，满足要求。

⑧号钢筋：12000 mm(35⚳14)。

⑨号钢筋：(210＋417)×2－4×12＋12000－500＝12706 mm(35⚳12)。

超过定尺长度，增加一个搭接长度 500 mm，则单根钢筋实际长度为 12706＋500＝13206 mm，钢筋下料长度如图 4－78(d)所示，接头位于Ⓑ轴上方或下方 2677 mm 处，在Ⓑ～Ⓒ轴或Ⓐ～Ⓑ跨中连接区范围内，满足要求。

⑩号钢筋：12000 mm(35⚳12)。

⑪号钢筋：144＋1000－20＋1800－2×12＝2892 mm(72⚳12)(①和⑤轴线 36×2＝72 根)。

⑫号钢筋：1800×2＝3600 mm(108⚳12)(②、③、④轴线，36×3－108 根)。

⑬号钢筋：150＋(1800－250)＋417－2×10＝2097 mm(128⚳10)(Ⓐ和Ⓒ轴线 32×2×2＝128 根)。

⑭号钢筋：1800×2＝3600 mm(64⚳10)(Ⓑ轴线 32×2＝64 根)。

5. 钢筋配料单(略)

4.1.4.4 平板式筏形基础平法标注及施工构造

平板式筏形基础平面注写有两种：一是划分为柱下板带 ZXB 和跨中板带 KZB 进行表达；二是按基础平板 BPB 进行表达。当整片板式筏形基础配筋比较规律时，宜采用基础平板表达方式。

1. 柱下板带 ZXB 和跨中板带 KZB 平面注写及施工构造

(1) 柱下板带 ZXB 和跨中板带 KZB 平面注写方式

柱下板带 ZXB(看作无箍筋的宽扁梁)和跨中板带 KZB 平面注写，分集中标注与原位标注两部分内容，如图 4－79 所示。柱下板带和跨中板带集中标注与原位标注内容见表 4－23。

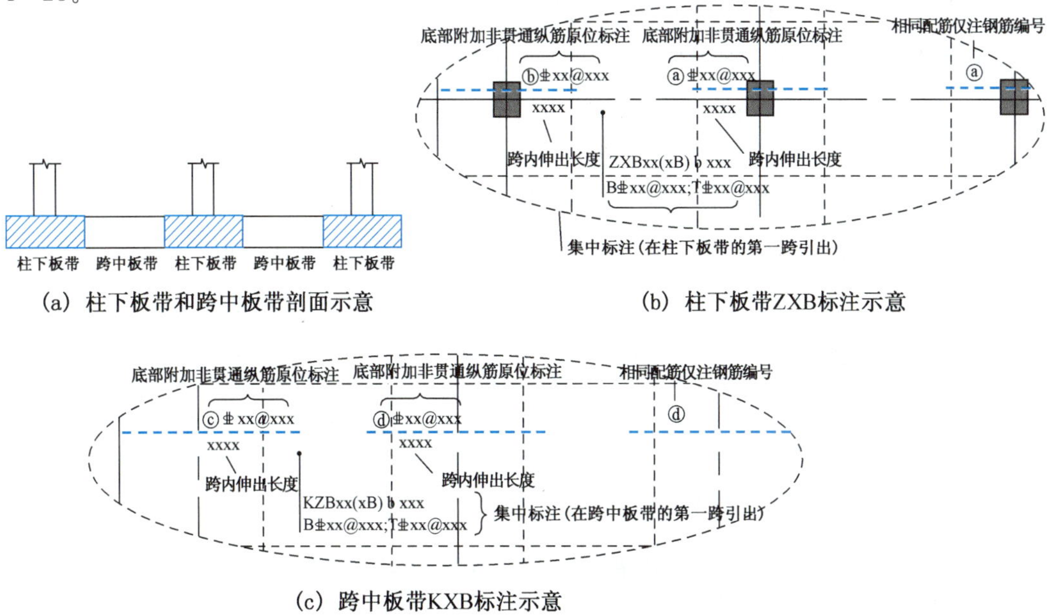

(a) 柱下板带和跨中板带剖面示意　　(b) 柱下板带ZXB标注示意

(c) 跨中板带KXB标注示意

图 4－79　平板式筏形基础柱下板带和跨中板带标注示意图

表 4-23 柱下板带和跨中板带集中标注和原位标注

注写形式	表达内容	附加说明
ZXBxx(x,xA,xB) KXBxx(x,xA,xB)	柱下板带或跨中板带编号，包括代号、序号(跨数及外伸状况)	(x)无外伸，(xA)一端外伸，(xB)两端外伸
b=xxx	板带宽度(在图中应注明板厚)	板带宽度取值与设置部位应符合规范要求
B⏀ xx@xxx; T⏀ xx@xx;	底部与顶部贯通纵筋强度等级、直径、间距	底部贯通纵筋应有不少于1/3贯通全跨，注意与非贯通纵筋组合设置的具体要求
板底部附加非贯通纵筋原位标注说明：		
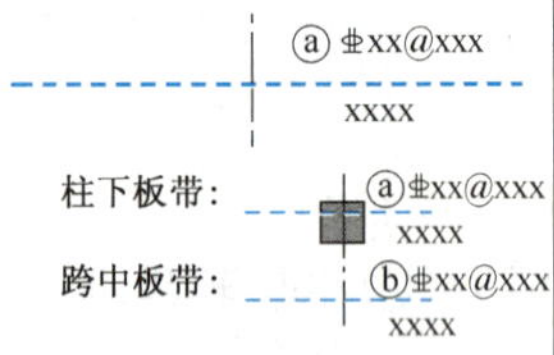	底部非贯通纵筋强度等级、直径、间距；自柱中线分别向两边跨内的伸出长度值	同一板带中其他非贯通纵筋可仅在中粗虚线上注明编号。向两侧对称延伸时，仅在一侧注写伸出长度值。向外伸部位伸出长度与方式按标准构造
修正内容原位标注	某部位与原位标注不同的内容	原位标注修正内容取值优先
注：1. 相同的柱下或跨中板带只标注一处，其他仅标注编号； 2. 其他修正说明同梁板式筏形基础		

(2) 柱下板带 ZXB 和跨中板带 KZB 施工构造

柱下板带 ZXB 和跨中板带 KZB 施工构造如图 4-80 和图 4-81 所示。

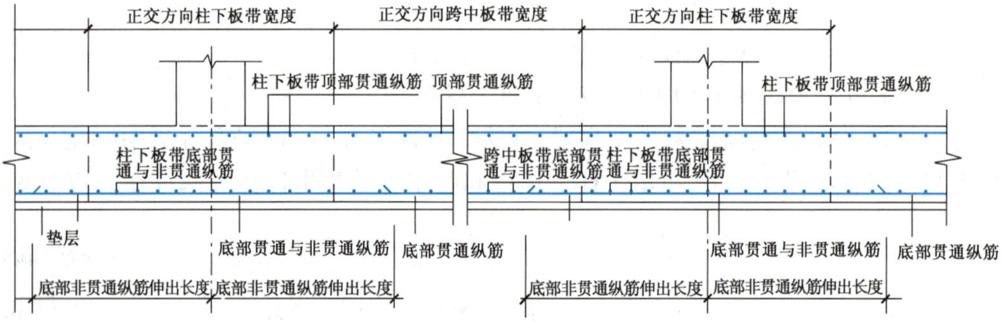

图 4-80 平板式筏形基础柱下板带 ZXB 纵向钢筋构造

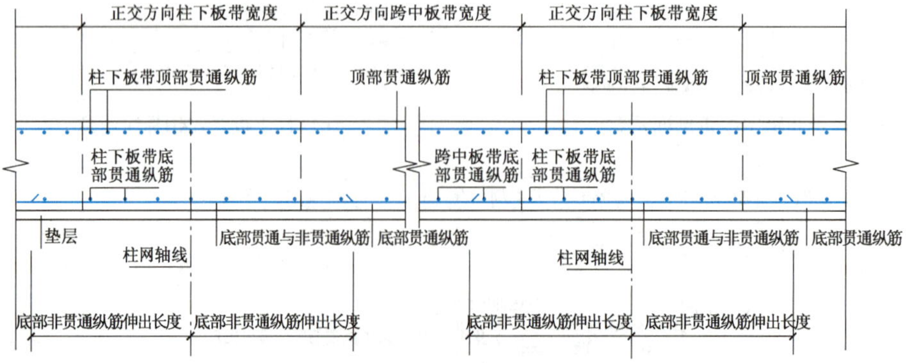

图 4-81 平板式筏形基础跨中板带 KZB 纵向钢筋构造

① 柱下板带与跨中板带的底部贯通纵筋能通则通，不能满足钢筋定尺要求时，可在跨中 1/3 净跨长度范围内连接，连接要求满足规范规定。不同配置的底部贯通纵筋，配置较大的一跨的底部贯通纵筋需越过其标注的跨数终点或起点伸至毗邻板跨跨中连接区连接。

② 柱下板带与跨中板带的顶部贯通纵筋能通则通，不能满足钢筋定尺要求时，可在柱网轴线附近 1/4 净跨长度范围内连接，连接要求满足规范规定。

③ 基础顶面同一层面的交叉钢筋，何向纵筋在下，何向纵筋在上，应按具体设计说明。

④ 柱下板带、跨中板带同一层面的交叉钢筋，何向纵筋在下，何向纵筋在上，应按具体设计说明。

⑤ 平板式筏形基础柱下板带与跨中板带的底部非贯通纵筋伸出长度由设计注明，根据据原位标注的延伸长度确定。

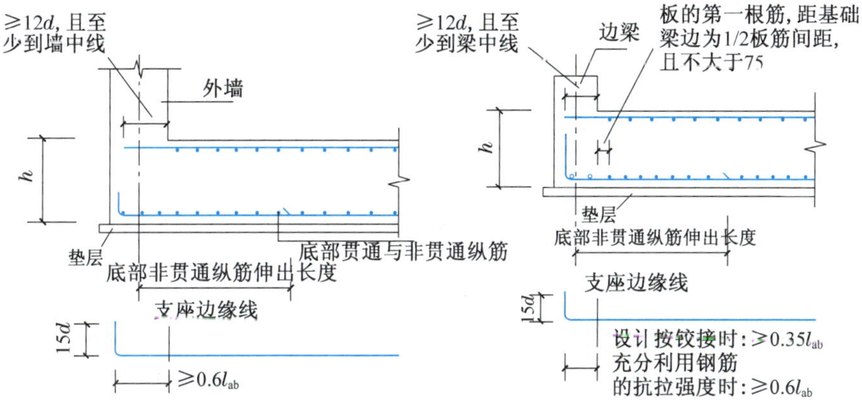

(a) 端部支座为外墙　(b) 端部支座为边梁

图 4－82　端部无外伸部位钢筋构造

⑥ 平板式筏形基础端部无外伸部位钢筋构造如图 4－82 所示；图 4－82(a)中，当设计指定采用墙外侧纵筋与底板纵筋搭接做法时，基础底板下部钢筋弯折段应伸至基础顶面标高处。外伸部位钢筋构造如图 4－83 所示，外伸边封边构造如图 4－73 所示。中层钢筋端头构造如图 4－74 所示。

⑦ 变截面部位钢筋构造如图 4－84 所示，变截面中层钢筋构造如图 4－85 所示。

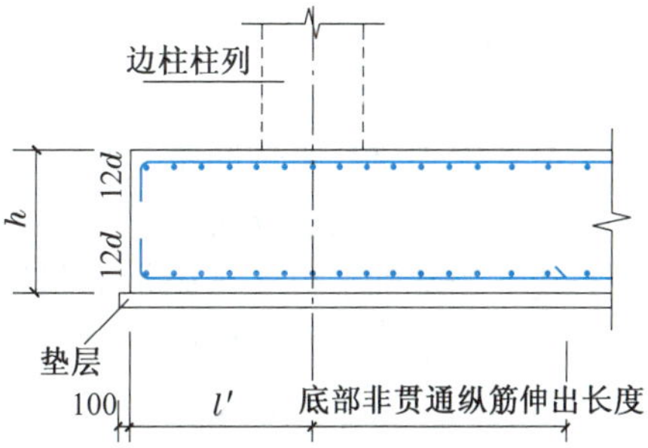

图 4－83　端部外伸部位钢筋构造

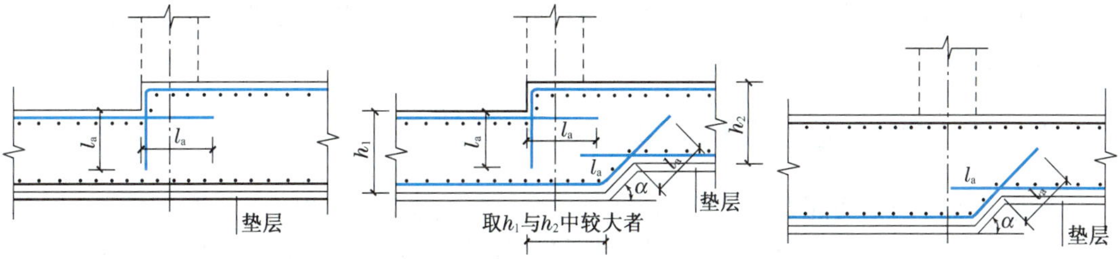

(a) 板顶有高差　(b) 板顶、板底均有高差　(c) 板底有高差

图 4－84　变截面部位钢筋构造

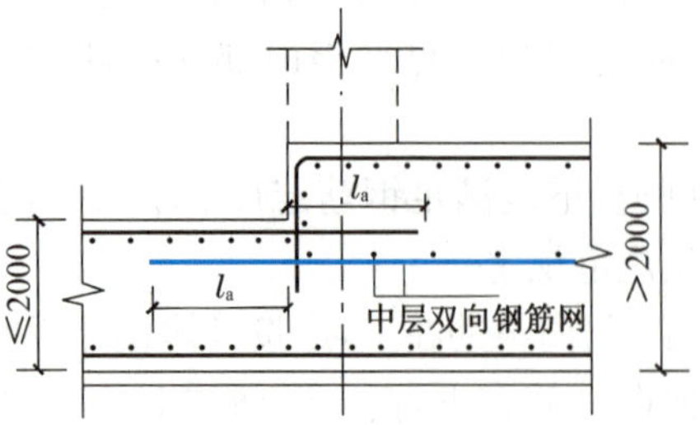

(a) 板顶有高差

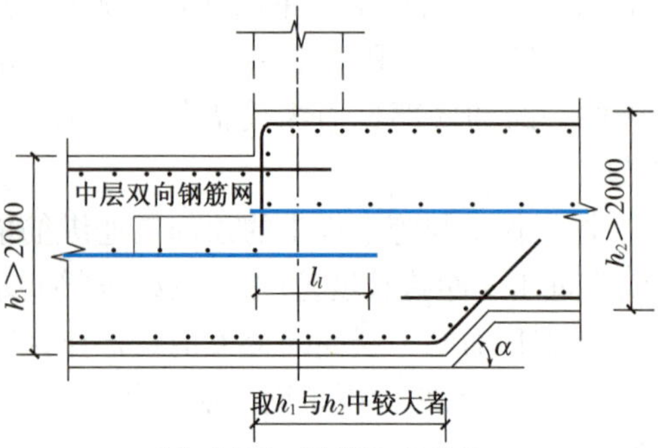

(b) 板顶、板底均有高差

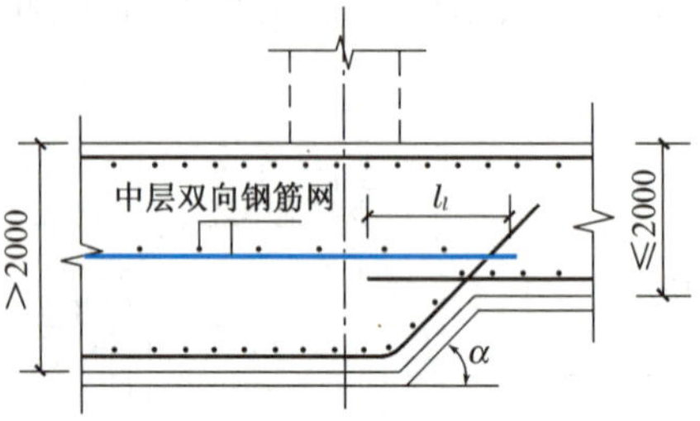

(c) 板底有高差

图 4-85　变截面中层钢筋构造

2. 平板式筏形基础平板 BPB 平面注写及施工构造

(1) 平板式筏形基础平板 BPB 平面注写方式

平板式筏形基础平板 BPB 分为集中标注和原位标注。集中标注平面注写除编号为 BPB 外,其余均与梁板式筏型基础基础平板 LPB 相同。

当某向底部贯通纵筋与顶部贯通纵筋的配置,在跨内有两种不同间距时,先注写跨内两端的第一种间距,并在前面注写纵筋根数,再注写跨中部的第二种间距,两者用"/"分隔。如:*X*:B12⌀22@150/200;T10⌀20@150/200;表示基础平板 *X* 向底部配置⌀22 的贯通纵筋,跨两端间距为 150 各配 12 根,跨中间距 200;*X* 向顶部配置⌀20 的贯通纵筋,跨两端间距为 150 各配 10 根,跨中间距 200。

原位标注主要表达横跨柱中心线下的底部附加非贯通纵筋,标注方法同 LPB。当某些柱中心线下的基础平板底部附加非贯通纵筋横向配置相同时(底部、顶部贯通纵筋可以不同),可仅在一条中心线下做原位注写,并在其他柱中心线上注明"该柱中心线下的底部附加非贯通纵筋同 XX 柱中心线"。

(2) 平板式筏形基础平板 BPB 施工构造

平板式筏形基础平板 BPB 柱下区域和跨中区域施工构造如图 4-86 和图 4-87 所示。其底部和顶部以及贯通纵筋构造以及非贯通纵筋、端部无外伸和外伸部位以及变截面相关构造等同前述。

4.1.5　箱形基础工程图纸识读与钢筋下料

箱形基础是由钢筋混凝土底板、顶板、外墙和一定数量的内隔墙构成一封闭空间的整体箱体(图 4-88),基础中空部分可在内隔墙开门洞作地下室。它具有整体性好,刚度大,不均匀沉降小及抗震能力强等特点。适用于地基土软、建筑平面形状简单、荷载较大或上部结构分布不均的高层建筑。

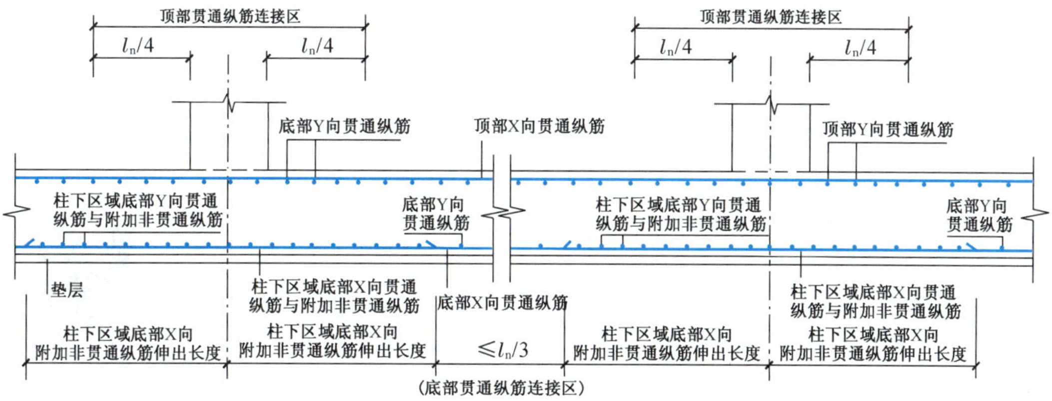

图 4-86 平板式筏形基础 BPB 钢筋构造(柱下区域)

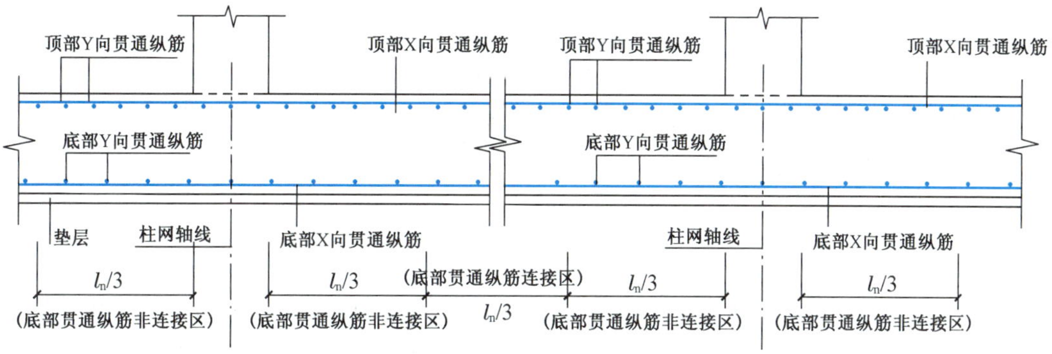

图 4-87 平板式筏形基础 BPB 钢筋构造(跨中区域)

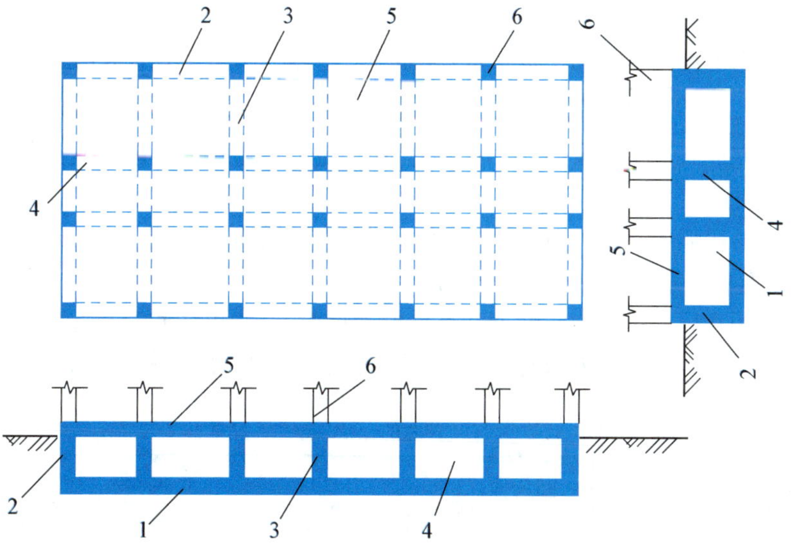

1—底板;2—外墙;3—内横隔墙;4—内纵隔墙;5—顶板;6—柱

图 4-88 箱形基础

箱形基础构件分为箱形基础底板、顶板、中层楼板、箱基外墙、内墙、墙梁、箱基洞口上下过梁等。

箱形基础底板平法表达和施工同筏形基础;除箱基外墙可按地下室外墙施工外,其余构件均可参照地上剪力墙结构,这里均不再叙述。

4.2 基础钢筋工程施工

4.2.1 钢筋加工

微课+课件

钢筋加工

钢筋加工一般集中在车间采用流水作业法进行，然后运至工地进行安装和绑扎。钢筋加工主要包括调直、除锈、切断、弯曲、连接等工序。

4.2.1.1 钢筋调直

主要通过调直机、卷扬机张拉。调直机调直时同时可以除锈和切断钢筋。

4.2.1.2 钢筋除锈

一般通过两个途径：一是在钢筋冷拉或调直过程中除锈，二是机械方法除锈，如电动除锈机除锈。此外，还可以采用手工除锈（用钢丝刷、砂盘）、喷砂和酸洗除锈等。

4.2.1.3 钢筋的切断

主要用切断机和手动剪切器。钢筋切断参照钢筋配料单进行。

4.2.1.4 钢筋弯曲

钢筋弯曲前对形状复杂的钢筋（如弯起钢筋），根据钢筋配料单上标明的尺寸，用石笔将各弯曲点位置划出，然后通过机械弯曲或人工弯曲（钢筋直径在 12 mm 以下）完成，钢筋弯曲满足规范规定的有关要求，具体参照本教材 4.1.1.3 有关内容。

4.2.1.5 钢筋连接

钢筋连接满足规范规定的连接要求，具体参照本教材 4.1.1.2 有关内容。

4.2.1.6 钢筋加工质量检查

钢筋加工完成后进行质量检查，主控项目和一般项目的检查满足以下要求。

（1）主控项目

钢筋弯折的弯弧内直径、弯折后平直段长度、箍筋、拉筋的末端弯钩规定应符合前述 4.1.1.3 中钢筋弯曲一般规定的要求，不再重述。

盘卷钢筋调直后应进行力学性能和重量偏差检验，其强度应符合国家现行有关标准的规定，其断后伸长率、重量偏差应符合表 4-24 的规定。力学性能和重量偏差检验应符合下列规定：

表 4-24 盘卷钢筋调直后的断后伸长率、重量偏差要求

<table>
<tr><th rowspan="2">钢筋牌号</th><th rowspan="2">断后伸长率
A/%</th><th colspan="2">重量偏差/%</th></tr>
<tr><th>直径 6～12 mm</th><th>直径 14～16 mm</th></tr>
<tr><td>HPB300</td><td>≥21</td><td>≥−10</td><td>—</td></tr>
<tr><td>HRB335、HRBF335</td><td>≥16</td><td rowspan="4">≥−8</td><td rowspan="4">≥−6</td></tr>
<tr><td>HRB 400、HRBF 400</td><td>≥15</td></tr>
<tr><td>RRB400</td><td>≥13</td></tr>
<tr><td>HRB 500、HRBF 500</td><td>≥14</td></tr>
</table>

注：断后伸长率 A 的量测标距为 5 倍钢筋直径。

① 应对 3 个试件先进行重量偏差检验，再取其中 2 个试件进行力学性能检验。

② 重量偏差=(3 个调直钢筋试件的实际重量之和－3 个调直钢筋试件理论钢筋重量之和)/3 个调直钢筋试件理论钢筋重量之和。

③ 检验重量偏差时，试件切口应平滑并与长度方向垂直，其长度不应小于 500 mm；长度和重量的量测精度分别不应低于 1 mm 和 1 g。

当采用无延伸功能的机械设备调直的钢筋，可不进行本条规定的检验。

(2) 一般项目

钢筋加工的形状、尺寸应符合设计要求，其偏差应符合表 4－25 的规定。

表 4－25　钢筋加工的允许偏差

项目	允许偏差/mm	质量检查
受力钢筋顺长度方向全长的净尺寸	±10	同一设备加工的同一类型钢筋，每工作班抽查不应少于 3 件；检验方法：尺量
弯起钢筋的弯折位置	±20	
箍筋外廓尺寸	±5	

4.2.2　钢筋安装与绑扎

1. 施工工艺

微课+课件

钢筋绑扎施工工艺及钢筋排放

(1) 单层钢筋基础

单层钢筋基础包括未配置顶层钢筋的独立基础和板式条形基础。其主要施工工艺流程如下：基础垫层清理→画线(底板钢筋位置线、中线、边线、洞口位置线)→钢筋半成品运输到位→布放钢筋→钢筋绑扎→垫块→插筋设置→钢筋质量检查→下一道工序。

(2) 双层钢筋基础

双层钢筋基础包括配置顶层钢筋的独立基础、板式条形基础和板式筏形基础。其主要施工工艺流程如下：基础垫层清理→画线→钢筋半成品运输到位→布放下层钢筋网→绑扎下层钢筋网→垫块→放钢筋撑脚→布放并绑扎上层钢筋网→垫块→插筋设置→钢筋质量检查→下一道工序。

(3) 有基础梁基础

有基础梁基础包括梁板式条形基础和梁板式筏型基础。其主要施工工艺流程如下：基础垫层清理→画线→钢筋半成品运输到位→布放下层钢筋网→绑扎下层钢筋网→基础梁钢筋安装→(放钢筋撑脚→布放并绑扎上层钢筋网)→垫块→插筋设置→质量检查。

2. 施工要点

(1) 基础钢筋位置摆放正确。

(2) 基础底板钢筋的弯钩应朝上，不要倒向一边；但双层钢筋网的上层钢筋弯钩应朝下。

(3) 钢筋网的绑扎。四周两行钢筋交叉点应每点扎牢，中间部分交叉点可相隔交错扎牢，但必须保证受力钢筋不发生位移。双向主筋的钢筋网，则须将全部钢筋相交点扎牢。绑扎时应注意相邻绑扎点的铁丝扣要成八字形，以免网片歪斜变形。

(4) 绑扎马凳筋。基础底板采用双层钢筋网时，当板厚小于 1 m 时，在上层钢筋网下面应设置钢筋撑脚或混凝土撑脚，以保证钢筋位置正确。

钢筋撑脚的形式与尺寸如图 4－89 所示，每隔 1 m 放置一个。其直径选用：当板厚 $h \leqslant 300$ mm 时为 8～10 mm；当板厚 $h=300 \sim 500$ mm 时为 12～14 mm；当板厚 $h>500$ mm 时为 16～18 mm。

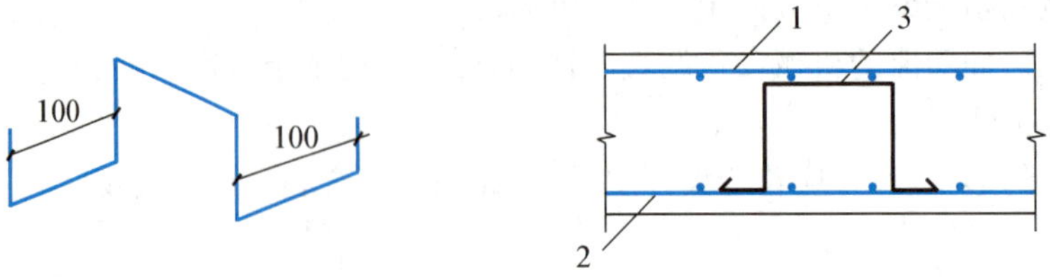

(a) 钢筋撑脚　　(b) 撑脚位置

1—上层钢筋网；2—下层钢筋网；3—撑脚

图 4－89　钢筋撑脚

筏型基础底板上层的水平钢筋网，常悬空搁置，高差大，且单根钢筋重量较大。为保证钢筋位置，当基础底板高度在 1 m 以内，可按常规用"⎽⎾⏋⎽"形马凳筋来支承固定。当高度在 1 m 以上，宜采用型钢焊制的支架或混凝土支柱或利用基础内的钢管脚手架，在适当标高焊上型钢横担，或利用桩头钢筋用废短钢筋组成骨架来支承上层钢筋网片的重量和上部操作平台上的施工荷载，图 4－90 中用角钢和桩头钢筋做支撑。

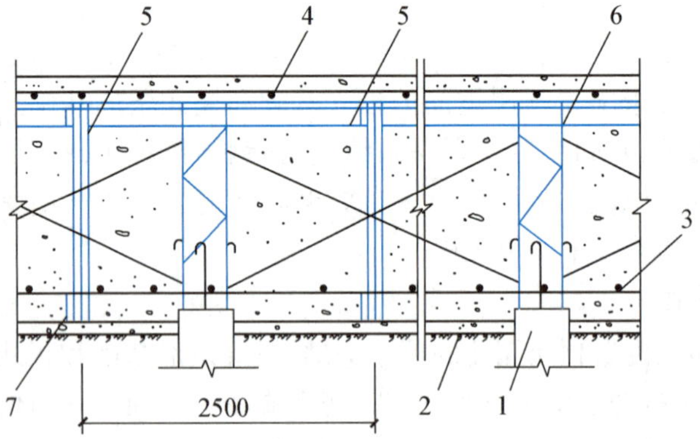

1—灌注桩；2—垫层；3—底层钢筋；4—顶层钢筋

5—$L75$ mm×6 mm 角钢支承架；6—$\phi 25$ 钢筋支承架；7—垫层上预埋短钢筋头或角钢

图 4－90　钢筋网的支承

钢筋支撑设置好后，按照钢筋布置原则，依次布置和绑扎上层钢筋网片钢筋，同时钢筋应满足接头面积百分率和钢筋连接要求。

(5) 绑扎基础梁钢筋。基础梁钢筋工艺流程：画梁箍筋间距→摆放箍筋→穿梁底层纵筋→穿梁上层纵筋→绑扎钢筋骨架→撤支架就位骨架。骨架上部纵筋与箍筋绑扎应牢固、到位，使骨架不发生倾斜、松动。箍筋与主筋应相互垂直，梁箍筋的弯钩应放在受压区，并沿整个梁长交错布置。纵横向梁筋骨架就位前要垫好梁筋及基础底板下层筋的保护层垫块。

(6) 绑扎柱、墙体插筋及其他。根据放好的柱和墙体位置线，将柱和墙体插筋绑扎就位，并与底板钢筋固定牢靠，钢筋接头要求满足有关要求；根据设计要求设置保护层垫块，保护层垫块一般按照间距 1000 mm 左右呈梅花形布置。

控制保护层厚度的垫块有水泥砂浆垫块或塑料卡。水泥砂浆垫块的厚度应等于保护层厚度。垫块的平面尺寸，当保护层厚度小于等于 20 mm 时为 30 mm×30 mm，大于 20 mm 时为 50 mm×50 mm。当在垂直方向使用垫块时，可在垫块中埋入 20 号铁丝。塑料卡的形状有塑料垫块和塑料环圈。目前施工中多用塑料卡和混凝土垫块。

对有放射筋的基础，按照设计要求做好放射筋的布放和绑扎。

(7) 钢筋绑扎好后应做好成品保护，有防水层的基础应注意保护防水层。

4.2.3 钢筋安装质量检查

4.2.3.1 主控项目

(1) 钢筋安装时，受力钢筋的牌号、规格和数量必须符合设计要求。

(2) 钢筋应安装牢固。受力钢筋的安装位置、锚固方式应符合设计要求。

4.2.3.2 一般项目

钢筋安装偏差及检验方法应符合表 4－26 的规定，受力钢筋保护层厚度的合格点率应达到 90%及以上，且不得有超过表中数值 1.5 倍的尺寸偏差。

表 4－26 钢筋安装位置的允许偏差和检验方法

项目			允许偏差/mm	检验方法
绑扎钢筋网	长、宽		±10	尺量
	网眼尺寸		±20	尺量连续三档，取最大值
绑扎钢筋骨架	长		±10	尺量
	宽、高		±5	尺量
纵向受力钢筋	锚固长度		−20	尺量
	间距		±10	尺量两端、中间各一点，取最大值
	排距		±5	
	保护层厚度	基础	±10	尺量
		柱、梁	±5	尺量
		板、墙、壳	±3	尺量
绑扎箍筋、横向钢筋间距			±20	尺量连续三档，取最大值
钢筋弯起点位置			20	尺量
预埋件	中心线位置		5	尺量
	水平高差		+3,0	塞尺检查

注：检查中心线位置时，应沿纵、横两个方向量测，并取其中的较大值。

4.3 基础模板工程施工

模板是使混凝土构件按几何尺寸成型的模型板，施工中要求能保证结构和构件的形状、位置、尺寸的准确；具有足够的强度、刚度和稳定性；装拆方便能多次周转使用；接缝严密不漏浆。

模板的种类按材料分：有木模板、土模板、胶合模板、钢木模板、钢模板、塑料模板、铸铝合金模板、玻璃钢模板等。基础常用木模板、胶合模板和钢模板等。

4.3.1 独立基础模板

4.3.1.1 木模板

木模板一般用拼板拼装形成。拼板一般用宽度小于 200 mm 的木板，再用 25 mm×25 mm 的木档钉成。侧模厚度一般为采用 20～30 mm，底板厚度为 40～50 mm。

1. 阶形基础的模板

微课+课件

独立基础模板

阶形基础的模板每一台阶模板由四块侧板拼钉而成，其中两块侧板的尺寸与相应的台阶侧面尺寸相等；另两块侧板长度应比相应的台阶侧面长度大 150～200 mm，高度与其相等。四块侧板用木档拼成方框。上台阶模板的其中两块侧板的最下一块拼板要加长，以便搁置在下层台阶模板上，下层台阶模板的四周要设斜撑及平撑支撑住。斜撑和平撑一端钉在侧板的木档（排骨档）上；另一端顶紧在木桩上。上台阶模板的四周也要用斜撑和平撑支撑住，斜撑和平撑的一端钉在上台阶侧板的木档上，另一端可钉在下台阶侧板的木档顶上（图 4－91）。

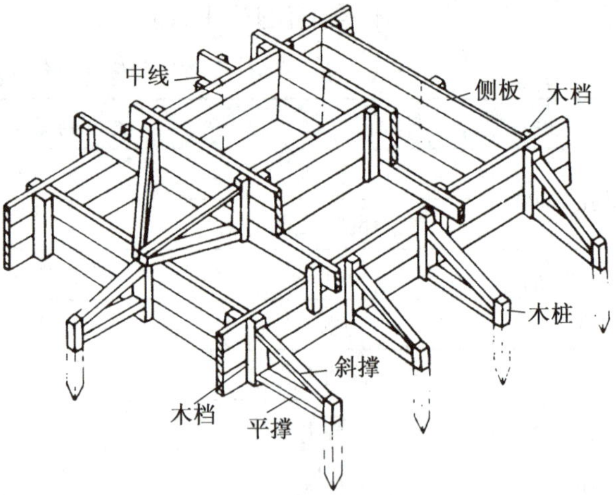

图 4－91　阶形独立基础模板

模板安装前，垫层清理完毕后在其上弹出基础中心线、基础边线、台阶位置线、柱边线等，同时在侧板内侧划出中线。安装时，先把下台阶模板放在基坑底，模板中心线对准基础中心线，并用水平尺校正其标高，在模板周围钉上木桩，在木桩与侧板之间，用斜撑和平撑进行支撑，然后把钢筋网放入模板内，再把上台阶模板放在下台阶模板上，两者中线互相对准，并用斜撑和平撑加以钉牢。

4.3.1.2 覆塑胶合模板

基础模板由胶合模板和方木组成。覆塑胶合模板有单面覆塑和双面覆塑。模板有不同的规格，常用尺寸为 1220 mm×2440 mm 和 920 mm×1840 mm，模板厚度有 10 mm、12 mm、15 mm、18 mm 等。模板使用前刷隔离剂。方木常用尺寸有 60 mm×90 mm、40 mm×60 mm、50 mm×50 mm、50 mm×80 mm 等，方木间距需要通过施工计算确定，一般常用 300～600 mm。

覆塑胶合模板支设与固定同木模板。如图 4－92 所示为覆塑胶合模板支设施工图。

锥形基础坡度≤30°时，用钢丝网（间距 300 mm），防止混凝土下坠，上口设井字木控制钢筋位置。坡度＞30°时，用斜模板支护，并用螺栓与底板筋拉紧，防止上浮，模板上部设透气及振捣孔。

(a) 阶梯型独立基础

(b) 坡形独立基础

图 4－92　覆塑胶合模板施工图

4.3.1.3　组合钢模板

基础模板实训视频

组合钢模板的部件有钢模板、连接件和支撑件三部分组成。钢模板主要类型有平面模板、阳角模板、阴角模板、连接角模;连接件主要有 *U* 形卡、*L* 形插销、钩头螺栓、紧固螺栓、扣件、对拉螺栓等;支撑件包括梁卡具、柱箍、桁架、支柱、斜撑等。在实际工程施工中,工地上通常采用钢管脚手架来代替一些支撑件。组合钢模板常用部件如图 4－93 所示。

钢模板由面板、边肋、端肋、纵横肋组成,面板和边肋、端肋常用 2.5～3.0 mm 厚的钢板轧制而成,纵横肋则采用 3 mm 厚扁钢与面板及边框焊接而成。钢模的厚度有 55 mm 和 70 mm。为便于钢模之间的连接,边框上都有连接孔,且无论长短孔距均保持一致,以便拼接顺利。

平面模板应用于各种平面结构。平面模板宽度有 100 mm、150 mm、200 mm、250 mm 和 300 mm 五种规格;长度上有 450 mm、600 mm、750 mm、900 mm、1200 mm 和1500 mm 六种,因此可组成 5×6＝30 种规格的钢模。平面模板的代号以字母 *P* 开头表示种类,用长宽尺寸组成的四位数字表示规格。如宽 300 mm、长 1500 mm 的平面模板代号为 P3015。

转角模板分为阴角模板、阳角模板和连接角模三种。阴、阳角模是指混凝土成型后的转折处为阴角或阳角的模板。模板的转折处做成弧形,起连接两侧平模的作用。连接角模是直接将互成直角的平模连接固定,其本身并不与混凝土接触。阴、阳角模长度与平面模板一致。阴角模有 150 mm×150 mm 和 150 mm×100 mm 两种肢长,代号以字母 E 开头,如肢长为 150 mm×150 mm,长为 900 mm 的阴角模代号为 E1509;阳角模以 Y 表示,肢长有 100 mm ×100 mm 和 50 mm×50 mm 两种,如肢长为 50 mm×50 mm,长为 750 mm 的代号为 Y0507;连接角模以 J 表示,长为 900 mm 的角模其代号为 J0009。

U 形卡和 L 形插销是用于将模板纵横向自由连接的配件。U 形卡可将相邻模板锁位并夹紧,保证相邻模板不错位,并使接缝紧密;L 形插销插入横肋的插销孔内,可增强模板纵向接缝的刚度,也可防止水平模板拆卸时模板一齐掉下来。其安装间距不大于 300 mm,纵向连接两者间隔使用。另外,大片模板组装时采用钢楞或钢管,用扣件和钩头螺栓连接固定。

对拉螺栓用于拉结两侧模板,保证两侧模板的间距,使其能够承受混凝土侧压力及其他荷载;"3"形扣件用于钢(木)楞与钢(木)楞之间的紧固连接,与其他构件一起将模板拼装连接成整体。

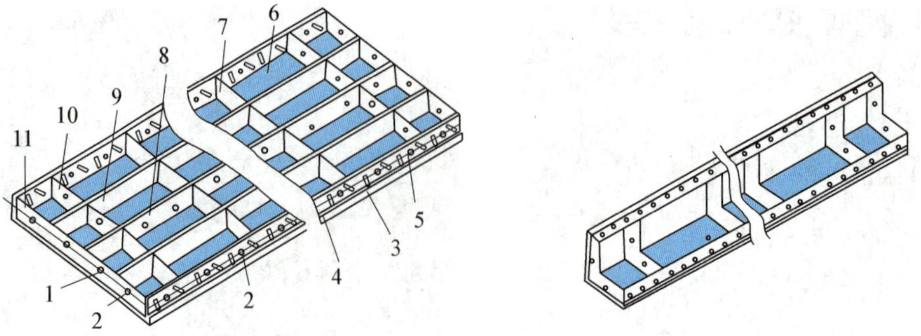

(a) 平面模板　　(b) 阴角模板

1—*L* 形插销；2—*U* 形卡孔；3—凸鼓；4—凸棱；5—边肋；
6—面板；7—无孔横肋；8—有孔纵肋；9—无孔纵肋；
10—有孔横肋；11—端肋

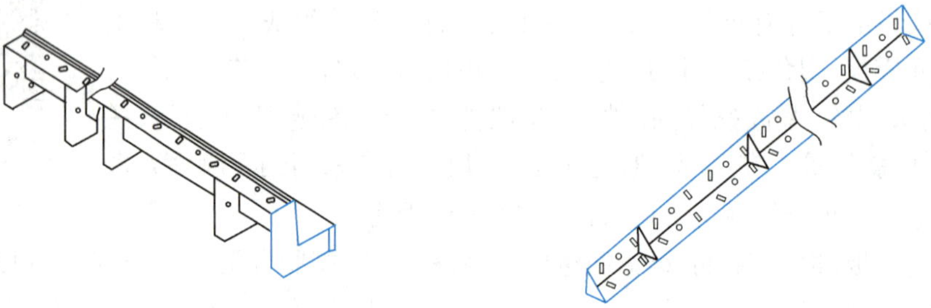

(c) 阳角模板　　(d) 连接角模

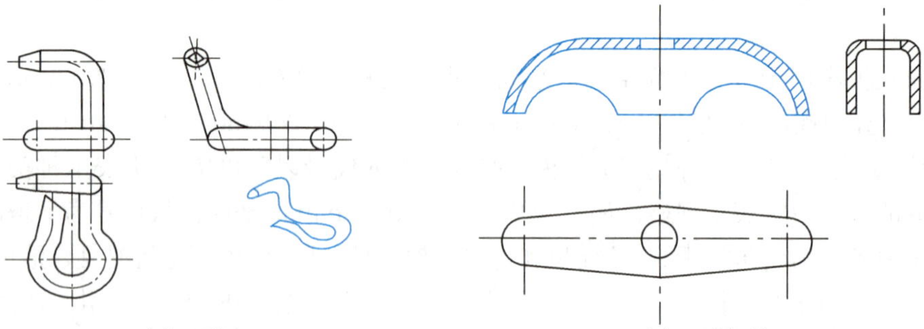

(e) U形卡　　(f) 3形扣件

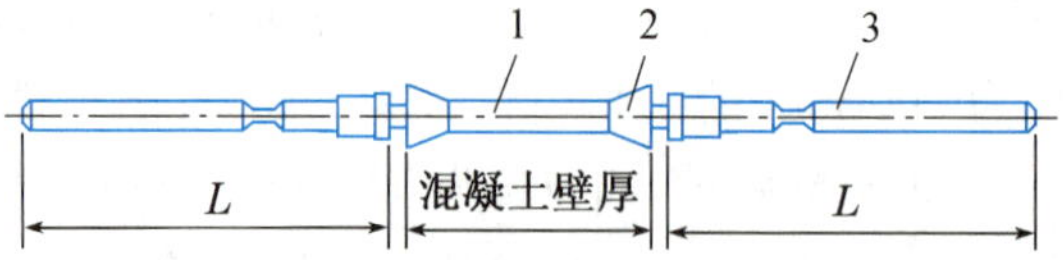

(g) 对拉螺栓

1—内拉杆；2—顶帽；3—外拉杆

图 4-93　组合钢模板常用部件

独立基础各台阶的模板用平面模板和连接角模连接成方框，模板宜横排，不足部分改用竖排组拼。模板高度方向如用两块以上模板组拼时，一般应用竖向钢楞连固，其接缝齐平布置时，竖楞间距一般宜为 750 mm；当接缝错开布置时，竖楞间距最大可为 1200 mm。横楞、竖楞可采用 $\phi48\times3.6$ 的钢管，四角交点用钢管扣件连接固定，如图 4-94 所示。

图 4－94　扣件

阶形基础，可分次支模。上台阶的模板可用抬杠固定在下台阶模板上，抬杠可用钢楞。最下一层台阶模板，当基础大放脚不厚时，可采用在基底上设锚固桩或斜撑支撑或者用钢楞加固，当基础大放脚较厚时，应按计算设置对拉螺栓。图 4－95 为坡形独立基础支模示意图。基础施工缝通常留设在基础顶面，待基础混凝土凝固满足强度要求后再支设柱模板，如图 4－96 所示。

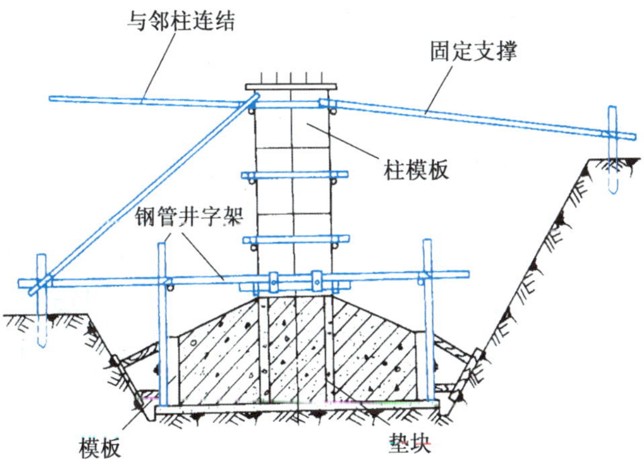

图 4－95　坡形独立基础支模示意图

图 4－96　独立基础支模工程图

4.3.2　条形基础模板

微课＋课件

条形基础模板

条形基础模板一般由侧板、斜撑、平撑组成，侧板可用长条木板加钉竖向木档拼制，也可用短条木板加横向木档拼成斜撑和平撑钉在木桩（或垫木）与木档之间（图 4－97）。

（1）板式条形基础模板安装时，先在基槽底弹出基础边线，再把侧板对准边线垂直竖立，同时用水平尺校正侧板顶面水平，无误后，用斜撑和平撑钉牢。如基础较长，则先立基础两端的两块侧板，校正后，再在侧板上口拉通线、依照通线再立中间的侧板。当

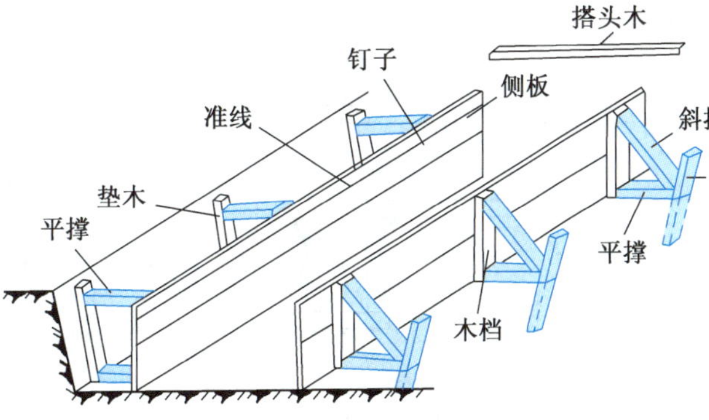

图 4－97　条形基础模板

侧板高度大于基础台阶高度时，可在侧板内侧按台阶高度弹准线，并每隔 2 m 左右在准线上钉圆钉，作为浇筑混凝土的标志。为了防止浇筑时模板变形，保证基础宽度的准确，应每隔一定距离在侧板上口钉上搭头木。

(2) 带有基础梁的条形基础，轿杠布置在侧板上口，用斜撑，吊木将侧板吊在轿杠上。在基槽两边铺设通长的垫板，将轿杠两端搁置在其上，并加垫木楔，以便调整侧板标高(图 4-98)。

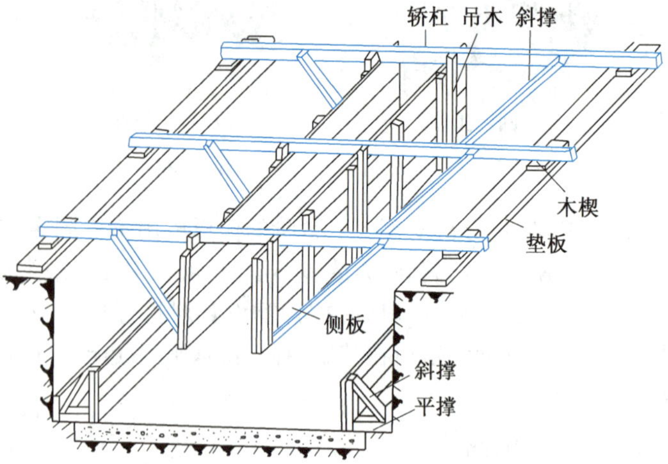

图 4-98　有地梁的条形基础模板

安装时，先按前述方法将基槽中的下部模板安装好，拼好地梁侧板，外侧钉上吊木(间距 800～1200 mm)，将侧板放入基槽内。在基槽两边地面上铺好垫板，把轿杠搁置于垫板上，并在两端垫上木楔。将基础梁边线引到轿杠上，拉上通线，再按通线将侧板吊木逐个钉在轿杠上，用线坠校正侧板的垂直，再用斜撑固定，最后用木楔调整侧板上口标高。

4.3.3　筏形基础模板

微课+课件

筏形基础模板

(1) 平板式筏形基础，只需支设基础平板侧模、斜撑、木桩即可，侧模的支设可用木模、胶合模板或砖胎膜。

(2) 高板位梁板式筏形基础，梁侧模采取在垫层上两侧砌半砖形成砖胎膜来代替钢、木或胶合侧模(图 4-99)。

(3) 低板位梁板式筏形基础，根据结构情况和施工具体条件及要求采用以下两种方法：

① 先在垫层上绑扎底板、梁的钢筋和上部柱或墙插筋，先浇筑底板混凝土，待达到 25% 以上强度后，再在底板上支梁侧模板，浇筑完梁部分混凝土；

② 采用底板和梁钢筋、模板一次同时支好，梁侧模板用混凝土支墩或钢支脚支承，并固定牢固，混凝土一次连续浇筑完成。梁板式筏形基础当梁在底板上时，模板采用吊模方式，可支承在钢支撑架上，用钢管脚手架固定，如图 4-100 所示。

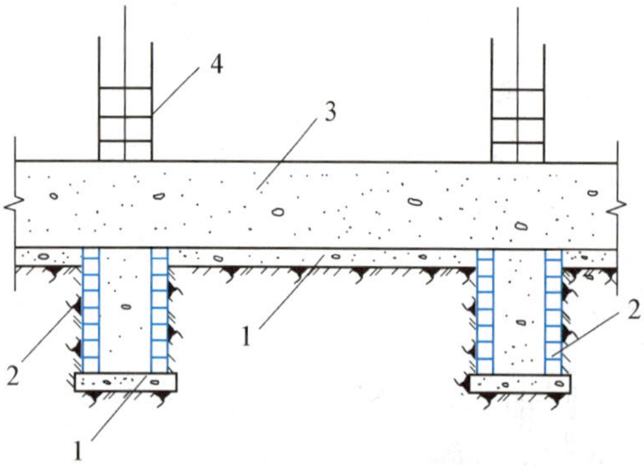

1—垫层；2—砖胎膜；3—底板；4—柱钢筋

图 4-99　梁板式筏形基础砖胎膜

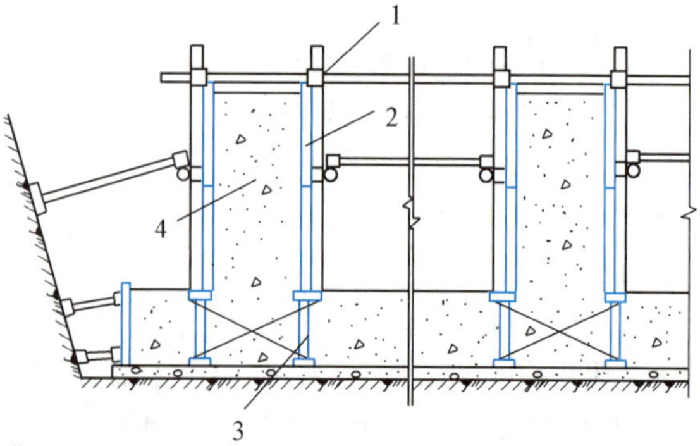

1—钢管支架；2—组合钢模板；3—钢支撑架；4—基础梁

图 4-100　梁板式筏形基础钢管支架支模

4.3.4 模板安装质量检查

微课+课件

模板安装工程质量检查与验收

4.3.4.1 一般规定

(1) 模板工程应编制施工方案。

(2) 模板及支架应根据安装、使用和拆除工况进行设计，并应满足承载力、刚度和整体稳固性要求。

(3) 模板及支架的拆除应符合现行国家标准《混凝土结构工程施工规范》(GB 50666—2011)的规定和施工方案的要求。

4.3.4.2 主控项目

(1) 模板及支架用材料的技术指标应符合国家现行有关标准的规定。进场时应抽样检验模板和支架材料的外观、规格和尺寸。

(2) 现浇混凝土结构模板及支架的安装质量，应符合国家现行有关标准的规定和施工方案的要求。

(3) 后浇带处的模板及支架应独立设置。

(4) 支架竖杆或竖向模板安装在土层上时，应符合下列规定：

① 土层应坚实、平整，其承载力或密实度应符合施工方案的要求；

② 应有防水、排水措施；对冻胀性土，应有预防冻融措施；

③ 支架竖杆下应有底座或垫板。

4.3.4.3 一般项目

(1) 模板安装应符合下列规定：模板的接缝应严密；模板内不应有杂物、积水或冰雪等；模板与混凝土的接触面应平整、清洁；用作模板的地坪、胎膜等应平整、清洁，不应有影响构件质量的下沉、裂缝、起砂或起鼓；对清水混凝土及装饰混凝土构件，应使用能达到设计效果的模板。

(2) 隔离剂的品种和涂刷方法应符合施工方案的要求。隔离剂不得影响结构性能及装饰施工；不得玷污钢筋、预应力筋、预埋件和混凝土接槎处；不得对环境造成污染。

(3) 模板的起拱应符合现行国家标准《混凝土结构工程施工规范》(GB 50666—2011)的规定，并应符合设计及施工方案的要求。

(4) 现浇混凝土结构多层连续支模应符合施工方案的规定。上下层模板支架的竖杆宜对准。竖杆下垫板的设置应符合施工方案的要求。

(5) 固定在模板上的预埋件和预留孔洞不得遗漏，且应安装牢固。有抗渗要求的混凝土结构中的预埋件，应按设计及施工方案的要求采取防渗措施。预埋件和预留孔洞的位置应满足设计和施工方案的要求。当设计无具体要求时，其位置偏差应符合表4-27的规定。

表4-27 预埋件和预留孔洞的允许偏差

项目		允许偏差/mm
预埋钢板中心线位置		3
预埋管、预留孔中心线位置		3
插筋	中心线位置	5
	外露长度	+10,0

（续表）

项目		允许偏差/mm
预埋螺栓	中心线位置	2
	外露长度	+10,0
预留洞	中心线位置	10
	尺寸	+10,0

注:检查中心线位置时,应没纵、横两个方向量测,并取其中的较大值。

（6）现浇结构模板安装的偏差及检验方法应符合表 4－28 的规定。

表 4－28　现浇结构模板安装的允许偏差及检验方法

项目		允许偏差/mm	检验方法
轴线位置		5	尺量
底模上表面标高		±5	水准仪或拉线、尺量
截面内部尺寸	基础	±10	尺量
	柱、墙、梁	±5	尺量
	楼梯相邻踏步高差	5	
层高垂直度	不大于 6 m	8	经纬仪或吊线、尺量
	大于 6 m	10	经纬仪或吊线、尺量
相邻两板表面高低差		2	尺量
表面平整度		5	2 m 靠尺和塞尺检查

注:检查轴线位置时,应沿纵、横两个方向量测,并取其中的较大值。

4.4　基础混凝土施工

混凝土的浇筑对于混凝土的密实性、结构的整体性和构件的尺寸准确性都起着决定性的作用,故在混凝土浇筑过程中,需采取一系列技术措施来保证混凝土工程的质量。

4.4.1　浇筑前准备工作

混凝土浇筑前做好混凝土配制及运输工作。并在浇筑前检查模板的标高、尺寸、位置、强度、刚度等内容是否满足要求,模板接缝是否严密;钢筋及预埋件的数量、型号、规格、摆放位置、保护层厚度等是否满足要求,并做好隐蔽工程;模板中的垃圾应清理干净;木模板应浇水湿润,同时做好基坑周围及坑内排水设施才能浇筑混凝土。

微课＋课件

混凝土工程施工

4.4.2　混凝土施工要点

（1）浇筑前准备工作→混凝土浇筑→混凝土振捣→混凝土养护→模板拆除→下一道工序。

（2）浇筑混凝土前由施工现场专业工长填写“混凝土浇灌申请书”，报建设（监理）单位批准。由混凝土搅拌站按照配合比配制混凝土，用搅拌运输车运输到施工现场。

（3）混凝土搅拌完毕后需运输到施工现场进行浇筑，混凝土在运输过程中应保持其均匀性，不分层、不离析、不漏浆，运输到规定地点后应具有规定的坍落度，并保证有充足的时间进行浇筑和振捣。若混凝土到达浇筑地点后已出现离析或初凝现象，则必须在浇筑点进行二次搅拌。

（4）混凝土应以最少的转运次数和最短的时间，从搅拌地点运至浇筑现场。混凝土运输、输送入模的过程应保证混凝土连续浇筑，从运输到输送入模的延续时间不宜超过表4－29规定。

表4－29 运输到输送入模的延续时间（min）

条件	气温	
	≤25 ℃	＞25 ℃
不掺外加剂	90	60
掺外加剂	150	120

注：掺早强型减水剂、早强剂的混凝土以及有特殊要求的混凝土，应根据试验及施工要求按试验确定允许时间。

（5）混凝土的浇筑工作需连续进行，最好不中途停歇，如必须停歇时，其间歇时间应尽量缩短，并应在前层混凝土初凝前完成次层混凝土的浇筑。混凝土运输、输送入模及其间歇总的时间限值不得超过表4－30的规定，否则应设置施工缝。

表4－30 混凝土运输、输送入模及其间歇总的时间限值（min）

条件	气温	
	≤25 ℃	＞25 ℃
不掺外加剂	180	150
掺外加剂	240	210

（6）为防止混凝土离析，粗骨料粒径大于25 mm的混凝土，浇筑高度不应超过3 m，粗骨料粒径小于等于25 mm的混凝土，浇筑高度不应超过6 m。否则应沿串筒、溜槽、溜管下落，以保证混凝土的自由落差不大于2 m，并应保证混凝土出口的下落方向垂直。

（7）台阶式基础施工时，可按台阶分层一次浇筑完毕，不允许留设施工缝。每浇筑完成一台阶应稍停30～60 min，使其初步获得沉实，再浇筑上层台阶。每层混凝土要一次卸足，顺序是先边角后中间，务必使砂浆充满模板。

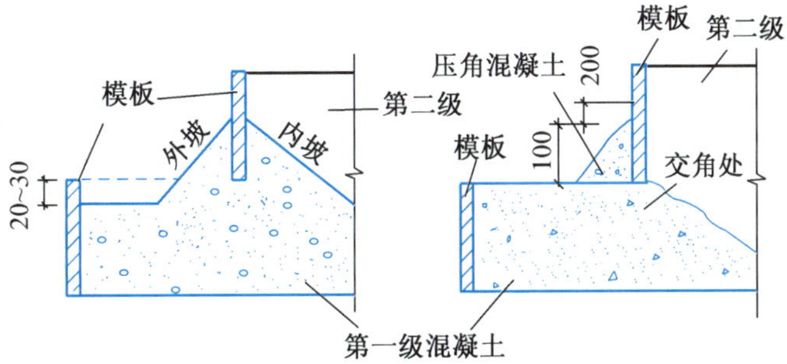

图4－101 台阶式柱基础交角处混凝土浇筑方法示意图

规范规程

混凝土结构工程施工规范

(8) 浇筑台阶式柱基时，为防止垂直交角处可能出现吊脚(上层台阶与下口混凝土脱空)现象，可采取如下措施：

① 在第一级混凝土捣固下沉 2～3 cm 后暂不填平，继续浇筑第二级，先用铁锹沿第二级模板底圈做成内外坡，然后再分层浇筑，外圈边坡的混凝土于第二级振捣过程中自动摊平，待第二级混凝土浇筑后，再将第一级混凝土齐模板顶边拍实抹平(图 4－101)。

② 捣完第一级后拍平表面，在第二级模板外先压以 20 cm×10 cm 的压角混凝土并加以捣实后，再继续浇筑第二级。待压角混凝土接近初凝时，将其铲平重新搅拌利用。

③ 如条件许可，宜采用柱基流水作业方式，即顺序先浇一排柱基第一级混凝土，再回转依次浇第二级。这样对已浇好的第一级将有一个下沉的时间，但必须保证在第一级混凝土初凝前完成第二级混凝土的浇筑。

(9) 对于锥型基础，应注意保持锥体斜面坡度的正确，斜面部分的模板应随混凝土浇捣分段支设并顶压紧，以防模板上浮变形，边角处的混凝土必须捣实。严禁斜面部分不支模只用铁锹拍实。

(10) 现浇柱下基础时，要特别注意插筋的位置，防止移位和倾斜，发现偏差及时纠正。在浇筑开始时，先满铺一层 5～10 cm 厚的混凝土并捣实，使柱子插筋下段和钢筋网片的位置基本固定，然后对称浇筑。

(11) 条形基础由于基础较长，浇筑前，应根据混凝土基础顶面的标高在两侧模板上弹出标高线；如采用原槽土模时，应在基槽两侧的土壁上交错打入长 10 cm 左右的标杆，并露出 2～3 cm，标杆面与基础顶面标高平，标杆之间距离约 3 m。

条形基础浇筑混凝土时，应根据基础深度分段分层连续浇筑混凝土，一般不设施工缝。各段、层间应相互衔接，每段间浇注长度控制在 2～3 m 距离，做到逐段逐层呈阶梯形推进。

(12) 筏形基础施工中由于混凝土用量比较大，基础的整体性要求高，一般按大体积混凝土施工。施工时要求混凝土连续浇筑，一气呵成。施工工艺上应做到分层浇筑、分层捣实，但又必须保证上下层混凝土在初凝之前结合好，不致形成施工缝。

(13) 大体积混凝土浇筑应根据整体性要求、结构大小、钢筋疏密、混凝土供应等具体情况，选用如下三种浇筑方案。

① 全面分层[图 4－102(a)]：在整个基础内全面分层浇筑混凝土，要做到第一层全面浇筑完毕回来浇筑第二层时，第一层浇筑的混凝土还未初凝内，如此逐层进行，直至浇筑好。这种方案适用于结构的平面尺寸不太大，施工时从短边开始，沿长边进行较适宜。

② 分段分层[图 4－102(b)]：适宜于厚度不太大而面积或长度较大的结构。混凝土从底层开始浇筑，进行一定距离后回来浇筑第二层，如此依次向前浇筑以上各分层。

③ 斜面分层[图 4－102(c)]：适用于结构的长度超过厚度的三倍。振捣工作应从浇筑层的下端开始，逐渐上移，以保证混凝土施工质量。

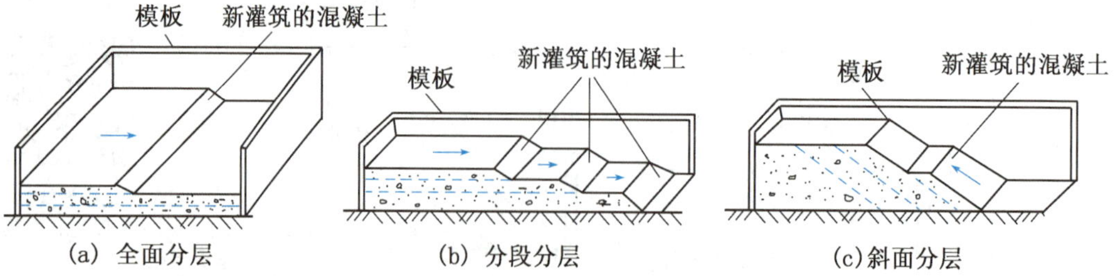

图 4－102 大体积混凝土浇筑方案

(14) 混凝土施工时具体每层的厚度与振捣方法、配筋状况、结构部位、混凝土性质等因素有关，其最大厚度不得超过表 4－31 的规定。

表 4－31　混凝土浇筑分层厚度(mm)

捣实混凝土的方法		浇筑层的厚度
插入式振捣		振捣器作用部分长度的 1.25 倍
表面振动		200
人工捣固	在基础、无筋混凝土或配筋稀疏的结构中	250
	在梁、墙板、柱结构中	200
	在配筋密列的结构中	150
轻骨料混凝土	插入式振捣器	300
	表面振动(振动时需加荷)	200

(15) 由于大体积混凝土用量大，混凝土入模分层浇筑振捣后其表面常聚积一层游离水(浮浆层)，它对混凝土危害极大，不但会损害各层之间的黏结力，造成混凝土强度不均，影响混凝土强度，并极易出现夹层、沉降缝和表面塑性裂缝，因此在浇筑过程中必须妥善处理，排除泌水，以提高混凝土质量，常用处理方法如图 4－103 所示。

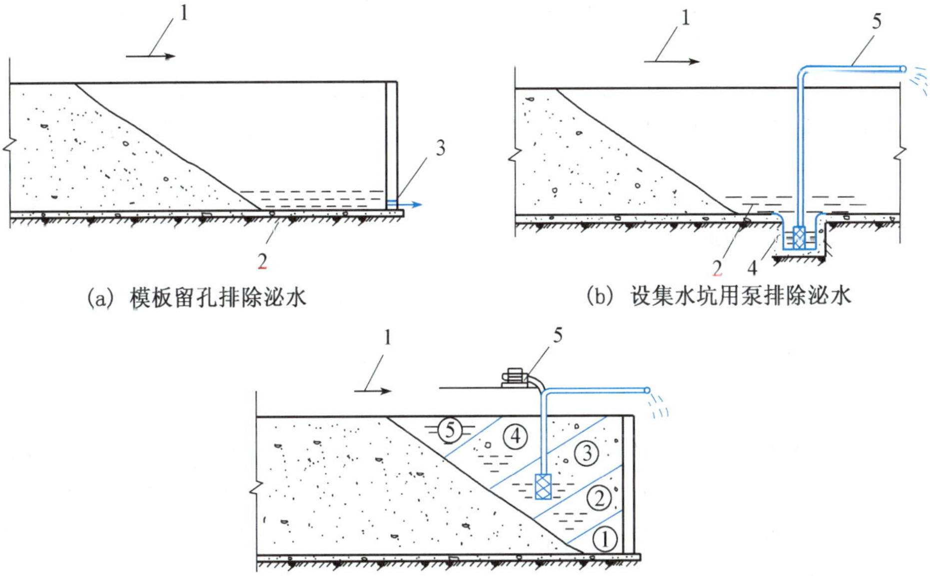

(a) 模板留孔排除泌水　　(b) 设集水坑用泵排除泌水

(c) 用软轴水泵排除泌水

1—浇筑方向；2—泌水；3—模板留孔；4—集水坑；5—软轴水泵
①、②、③、④、⑤—浇筑次序

图 4－103　混凝土泌水处理

(16) 混凝土浇筑完后振捣多采用插入式振动器振捣。使用插入式振动器时，要做到“快插慢拔”。一般每个插入点的振捣时间为 20～30 s，而且以混凝土表面呈现浮浆，不再出现气泡，表面不再沉落为准。分层浇筑混凝土振捣上层时，应插入下层混凝 50 mm 左右，以消除两层混凝土之间的接缝，同时必须在下层混凝土初凝以前完成上层混凝土的浇筑。

(17) 振捣时插点排列要均匀，可采用“行列式”或“交错式”的次序移动，且不得混用，以免漏振。振捣插点间距不应大于振捣棒作用半径的 1.4 倍。布置插点时，振动器与模板的距离不应大于振动器作用半径的 0.5 倍，并应避免碰撞模板，钢筋、预埋件等。

(18) 混凝土浇筑完毕要进行多次搓平，保证混凝土表面不产生裂纹，具体方法是振捣完后先用长刮杠刮平，待表面收浆后，用木抹刀搓平表面，并覆盖塑料布以防表面出现裂缝，在终凝前掀开塑料布再进行搓平，要求搓压三遍，最后一遍抹压要掌握好时间，以终凝前为准，终凝时间可用手压法把握。

(19) 混凝土浇筑完毕 12 h 内以内，应进行覆盖和洒水养护。一般每天不少于 2 次洒水，对于采用硅酸盐水泥、普通硅酸盐水泥或矿渣硅酸盐水泥拌制的混凝土，不应少于 $7d$，对掺用缓凝型外加剂、大掺量矿物掺合料配置的混凝土、抗渗性混凝土、强度等级 C60 以上的混凝土不应少于 $14d$，必要时采取保温措施。对于一些表面积较大或难以覆盖浇水养护的工程，可采用塑料薄膜养护。

(20) 混凝土强度达到 1.2 MPa 以上时，方可行人和进行下道工序。待混凝土达到设计强度的 25%以上时可拆除侧模，当混凝土达到设计强度的 30%时应进行基坑回填，回填时在四周同时进行，并按照基底排水方向由高到低进行。

(21) 现浇结构的模板及其支架拆除时的混凝土强度应符合设计要求；当设计无具体要求时应符合下列规定：侧模在混凝土强度能保证其表面及棱角不受损伤方可拆除；当梁跨度 ≤8 m，在混凝土强度大于等于设计的混凝土立方体抗压强度标准值的 75%后底模方可拆除；当梁跨度 >8 m，以及悬臂构件，在混凝土强度符合大于等于设计的混凝土立方体抗压强度标准值的 100%后方底模可拆除。

拆模前应设专人检查混凝土强度，拆除时采用撬棍从一侧顺序拆除，不得采用大锤砸或撬棍乱撬，以免造成混凝土棱角破坏。模板拆下后应及时加以清理和修整，按种类和尺寸堆放，以便重复使用。

4.4.3 施工缝施工

微课+课件

施工缝施工

由于施工技术和施工组织上的原因，不能连续将结构整体浇筑完成，并且间歇的时间预计将超出规定的时间时，应预先选定适当的部位设置施工缝。

4.4.3.1 施工缝留设

施工缝的位置应设置在结构受剪力较小且便于施工的部位。留缝应符合下列规定：

(1) 柱、墙水平施工缝可留设在基础、楼层结构顶面，柱施工缝与结构上表面的距离宜为 0～100 mm，墙施工缝与结构上表面的距离宜为 0～300 mm；外墙水平施工缝形式及构造如图 4-104 所示。

(2) 柱、墙水平施工缝也可留设在楼层结构底面，施工缝与结构下表面的距离宜为 0～50 mm；当板下有梁托时，可留设在梁托下 0～20 mm。

(3) 筏形基础垂直施工缝应留设在平行于平板式基础短边的任何位置且不应留设在柱角范围。梁板式基础垂直施工缝应留设在次梁跨度中间的 1/3 范围内。

(4) 墙垂直施工缝宜留置在门洞口过梁跨中 1/3 范围内，也可留在纵横墙的交接处。

(5) 楼梯垂直施工缝垂直留设在楼梯段跨中 1/3 无负弯矩的范围，且留槎垂直于模板面。

(6) 设备基础水平施工缝应低于地脚螺栓底端，与地脚螺栓底端的距离应大于 150 mm；当地脚螺栓直径小于 30 mm 时，水平施工缝可留设在深度不小于地脚螺栓埋入混凝土部分总长度的 3/4 处；设备基础垂直施工缝与地脚螺栓中心线的距离不应小于 250 mm，且不应小于螺栓直径的 5 倍。

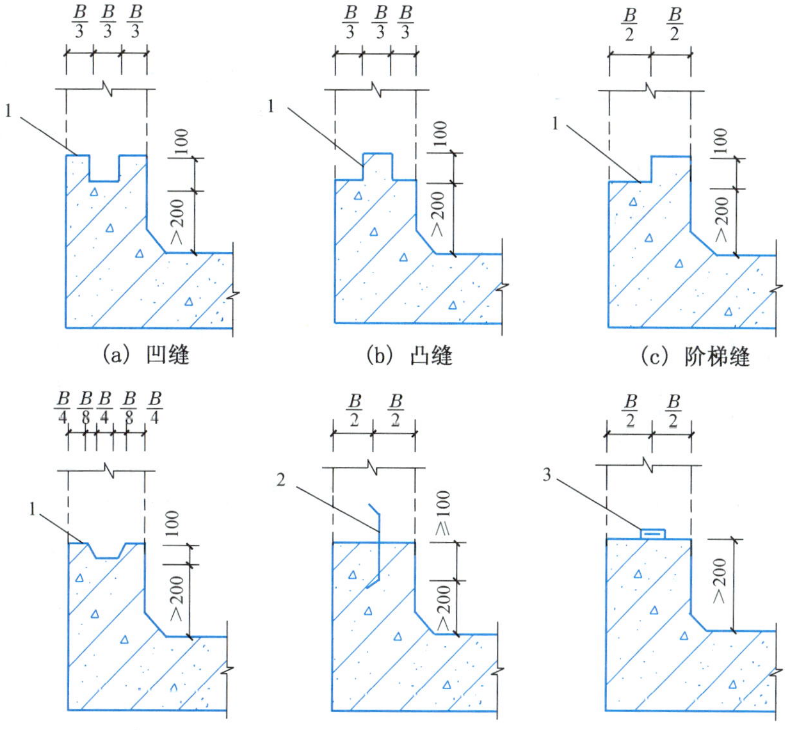

(a) 凹缝　(b) 凸缝　(c) 阶梯缝

(d) 楔形缝　(e) 嵌止水带平缝　(f) 嵌BW条平缝

1—施工缝；2—止水钢板；3—止水条

图 4-104　外墙水平施工缝形式及构造

4.4.3.2　施工缝的处理

所有水平施工缝应保持水平，并做成毛面，垂直缝处应支模浇筑，施工缝处的钢筋均应留出，不得截断；施工缝位置附近回弯钢筋时，要做到钢筋周围的混凝土不松动和损坏。钢筋上的油污、水泥砂浆及浮锈等杂物也应清除；在施工缝处继续浇筑混凝土时，已浇筑的混凝土抗压强度不应小于 1.2 N/mm^2。混凝土达到 1.2 N/mm^2 的时间，可通过试验决定，同时，必须对施工缝进行必要的处理；在已硬化的混凝土表面上继续浇筑混凝土前，应清除垃圾、水泥薄膜、表面上松动砂石和软弱混凝土层，同时还应加以凿毛，用水冲洗干净并充分湿润，一般不宜少于 24 h，残留在混凝土表面的积水应予清除；在浇筑前，水平施工缝宜先铺上 10～15 mm 厚的水泥砂浆一层，其配合比与混凝土内的砂浆成分相同；从施工缝处开始继续浇筑时，要注意避免直接靠近缝边下料。机械振捣前，宜向施工缝处逐渐推进，并距 80～100 cm 处停止振捣，但应加强对施工缝接缝的捣实工作，使其紧密结合。

4.4.4　后浇带施工

微课+课件

后浇带施工

(1) 当筏形基础长度很长(40 m 以上)，应考虑在中部适当部位留设贯通后浇带，以避免出现温度、收缩裂缝和便于进行施工分段流水作业。

(2) 基础底板留筋方式和宽度如图 4-105(a)、(b)所示；基础梁后浇带留筋方式和宽度如图 4-106(a)、(b)所示。当地下水位较高且有较大压力时，后浇带下抗水压垫层、后浇带超前止水构造如图 4－107(a)、(b)所示。

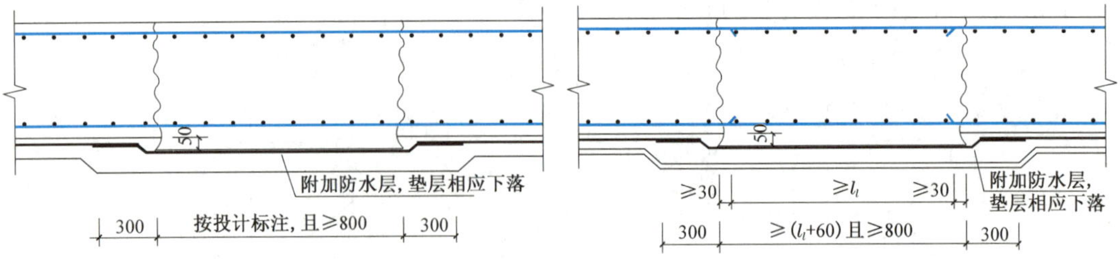

(a) 贯通留筋　　(b) 100%搭接留筋

图 4－105　基础底板后浇带 HJD 构造

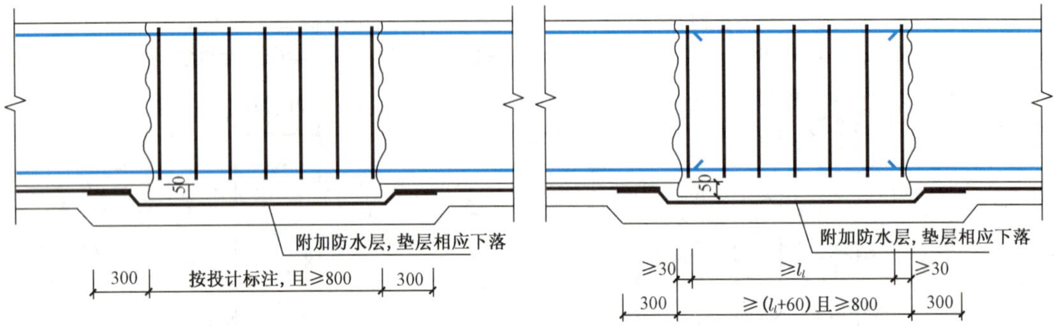

(a) 贯通留筋　　(b) 100%搭接留筋

图 4－106　基础梁后浇带 HJD 构造

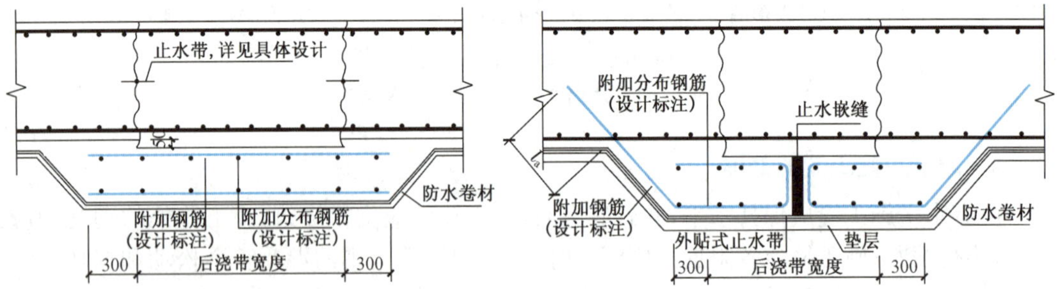

(a) 后浇带HJD下抗水压垫层构造　　(b) 后浇带HJD超前止水构造

图 4－107　基础底板和基础梁后浇带构造

(3) 后浇带的断面形式如图 4－108 所示。后浇带的断面形式应考虑浇注混凝土后连接牢固，一般应避免留直缝。对于板，可留斜缝；对于梁及基础，可留企口缝，可根据结构断面情况确定。对有防水抗渗要求的地下室还应留设止水带，以防后浇带处渗水。

(4) 基础后浇带处的垫层应加厚，加厚范围如图 4－107～图 4－109 所示。垫层顶面应做防水层。当外墙留设后浇带时，外墙外侧在上述范围内也应作防水层，并用强度等级为 M5 的水泥砂浆砌半砖厚保护。

(5) 后浇带宽度一般为 800～1000 mm。通过后浇带的板、墙钢筋宜断开搭接，以便两部分的混凝土各自自由收缩；梁主筋断开问题较多，可不断开。

(6) 伸缩后浇带混凝土宜在其两侧混凝土浇灌完毕 2 个月后，用高于两侧强度一级或两级的半干硬性混凝土或微膨胀混凝土(掺水泥用量 12%的 U 形膨胀剂，简称 UEA)灌筑密实，使连成整体，并做好混凝土振捣。后浇带混凝土要加强养护，养护时间一般至少 14 d。

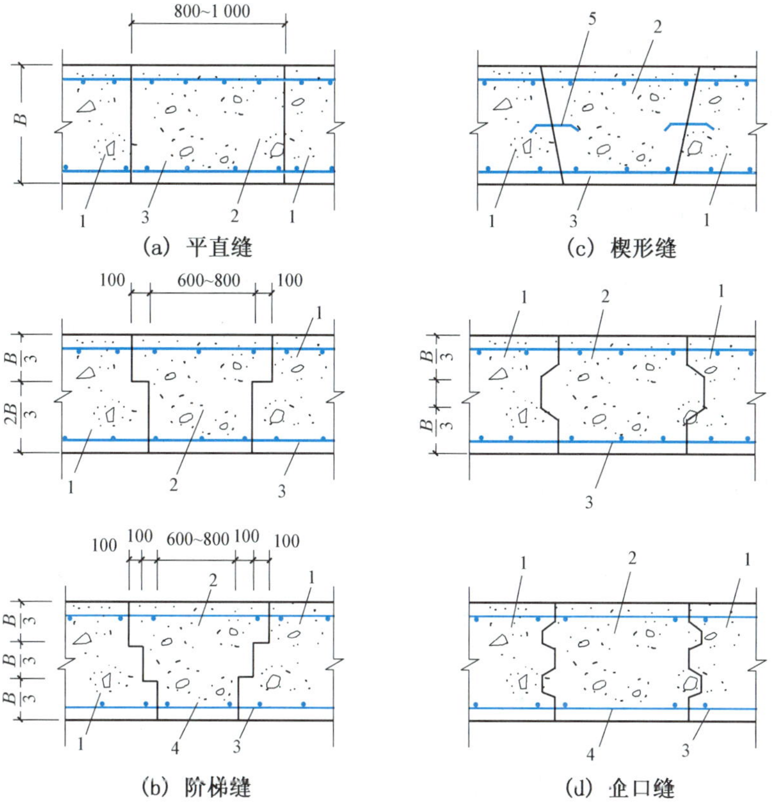

1—先浇混凝土；2—后浇混凝土；3—主筋；4—附加钢筋；5—钢板止水带

图 4-108　后浇带形式

(7) 带裙房的高层建筑筏形基础，当高层建筑与相连的裙房之间不设置沉降缝时，宜在裙房一侧设置沉降后浇带，当沉降实测值和计算确定的后期沉降差满足设计要求后，方可进行后浇带混凝土浇筑。当高层建筑基础面积满足地基承载力和变形要求时，后浇带宜设置在与高层建筑相邻裙房的第一跨内。

(8) 基础后浇带的浇筑，考虑到补偿收缩混凝土的膨胀效应，当后浇带的长度大于 50 m 时，混凝土要分两次浇筑，时间间隔为 5～7d。混凝土浇筑后，在硬化前 1～2 h，应抹压，以防裂缝的产生。

(9) 后浇带施工时两侧可采用钢筋支架单层钢丝网或单层钢板网隔断，网眼不宜太大，防止漏浆。若网眼过大，可在网外粘贴一层塑料薄膜，并支挡固定好，保证不跑浆。

(10) 对采用钢丝网模板的垂直施工缝，当混凝土达到初凝时用压力水冲洗，清除浮浆、碎片并使冲洗部位露出骨料，同时将钢丝网片冲洗干净。当混凝土终凝后，薄膜可撕去，钢筋支架亦可拆除，铅丝网可拆除或留在混凝土内。当后浇混凝土时，应将其表面浮浆剔除。在后浇带混凝土浇筑前应清理表面。

4.4.5　大体积混凝土裂缝的防止

规范规程

大体积混凝土施工标准

按照规范，大体积混凝土是指混凝土结构实体最小几何尺寸不小于 1 m 的大体量混凝土或预计会因混凝土胶凝材料水化引起的温度变化和收缩变化而导致有害裂缝产生混凝土。大体积混凝土施工中裂缝的防止与控制是施工中的重点和难点。筏形基础、箱型基础由于结构截面大，水泥用量大，一般属于大体积混凝土施工。

【相关知识】

判断是否属于大体积混凝土既要考虑厚度，又要考虑水泥品种、强度等级、每立方米水泥用量等因素，比较准确的方法是通过计算水泥水化热所引起的混凝土的温升值与环境温度的差值大小来判别，一般来说，当其差值小于 25 ℃时，其所产生的温度应力将会小于混凝土本身的抗拉强度，不会造成混凝土的开裂，当差值大于 25 ℃时，其所产生的温度应力在可能大于混凝土本身的抗拉强度，造成混凝土的开裂，此时就可判定该混凝土属大体积混凝土。

4.4.5.1 裂缝类型及原因分析

大体积混凝土出现的裂缝按照深度不同分为表面裂缝、深层裂缝和贯穿裂缝三种。表面裂缝主要是温度裂缝，一般危害较小，但是影响外观质量；深层裂缝部分地切断了结构断面，对结构耐久性有一定影响；贯穿裂缝是由混凝土表面裂缝发展为深层裂缝，最终形成贯穿裂缝，它切断了结构的断面，可能破坏结构的整体性和稳定性，其危害性是较严重的。裂缝发生的原因有以下五种：

(1) 水泥水化热影响。水泥在水化过程中产生了大量的热量，因而使混凝土内部的温度升高。当混凝土内部与表面温差过大时，就会产生温度应力和温度变形。温差越大，温度变形就越大。当温度应力超过混凝土内外的约束力时，就会产生裂缝。混凝土越厚，水泥用量越大，混凝土内部温度越高。

(2) 内外约束条件的影响。混凝土在早期温度上升时，产生的膨胀受到约束而形成压应力。当温度下降，则产生较大的拉应力。另外，混凝土内部由于水泥的水化热而形成中心温度高，热膨胀大，因而在中心区产生压应力，在表面产生拉应力。若拉应力超过混凝土的抗拉强度，混凝土将会开裂。

(3) 外界温度变化的影响。大体积混凝土在施工阶段，常受外界气温的影响。混凝土内部温度是由水泥水化热引起的绝热温度、浇筑温度和散热温度的叠加。当气温下降，特别是气温骤降，大大增加内外温差，产生温度应力，使混凝土开裂。

(4) 混凝土收缩变形。混凝土中 80%的水分要蒸发，只有 20%的水分是水泥硬化所必需的。随混凝土的逐渐干燥而使 20%的吸附水逸出，就会出现干燥裂缝，表面干燥收缩快，中心干燥收缩慢。由于表面的干缩收到中心部位混凝土的约束，因而会在表面产生拉应力并导致开裂。设计上，在混凝土表面设置抗裂钢筋网片可有效防止混凝土收缩产生的裂缝。

(5) 混凝土沉陷裂缝

支架、支撑变形下沉会引发结构裂缝，过早拆模易使未达到强度的混凝土结构发生裂缝和破损。

4.4.5.2 控制裂缝开展的方法

为了控制现浇钢筋混凝土贯穿裂缝的开展常采用以下三种方法：

(1) “放”的方法。减小约束体与被约束体之间的相互制约，以设置永久性伸缩缝的方法，将超长的现浇钢筋混凝土结构分成若干段，以期释放大部分变形，减小约束应力。

(2) “抗”的方法。采取措施减小被约束体与约束体之间的相对温差，改善配筋，减少混凝土收缩，提高混凝土抗拉强度等，以抵抗温度收缩变形和约束应力。

(3) “抗”“放”结合的方法。在施工期间设置作为临时伸缩缝的“后浇带”，将结构分成若干段，可有效削减温度收缩应力。在施工后期，将若干段浇筑成整体，以承受约束应力。

除采用“后浇带”方法外，在某些工程中还采用“跳仓法”施工。即将整个结构按垂直施工缝分段，间隔一段，浇筑一段。跳仓的最大分块尺寸不宜大于 40 m，跳仓间隔施工的时间不宜小于 $7d$ 的间歇后再浇筑成整体，这样可削弱一部分施工初期的温差和收缩作用。跳仓接缝处按施工缝的要求设置和处理。

4.3.5.3 防止温度和收缩裂缝的技术措施

1. 控制混凝土温升

(1) 选用中热或低热的水泥品种，可减少水化热，使混凝土减少升温，大体积混凝土施工常用矿渣硅酸盐水泥。为减少水泥用量，降低水化热，利用混凝土的后期强度，并专门进行混凝土配合比设计，征得设计单位同意，混凝土可采用后期 60d 或 90d 强度替代 28d 设计强度，这样可使混凝土的水泥用量减少 40～70 kg/m^3 左右，混凝土的水化热温升相应减少 4～7 ℃。

(2) 外掺剂：在混凝土中可掺加复合型外加剂和粉煤灰，以减少绝对用水量和水泥用量，改善混凝土和易性与可泵性，延长缓凝时间。耐久性要求较高或寒冷地区的大体积混凝土，宜采用引气剂或引气减水剂。

(3) 粗细骨料选择：采用以自然连续级配的粗骨料配制混凝土，因其具有较好的和易性、较少的用水量和水泥用量以及较高的抗压强度。粗骨料宜为 5～31.5 mm，并应连续级配，含泥量不应大于 1%，应选用非碱活性的粗骨料。细骨料的宜用以中粗砂，细度模数宜大于 2.3，含泥量不应大于 3%。

(4) 控制新鲜混凝土的出机温度。混凝土中的各种原材料，尤其是石子与水，对出机温度影响最大。在气温较高时，宜在砂石堆场设置简易遮阳棚，必要时可采用向骨料喷水等措施。

(5) 控制浇筑入模温度。入模温度过高会引起较大的干缩以及给混凝土的浇筑带来不利的影响，混凝土入模温度不宜大于 30 ℃，混凝土浇筑体最大温升值不宜大于 50 ℃。

➤**提示：**夏季施工时，在泵送时采取降温措施，防止混凝土入模温度升高。如在搅拌筒上搭设遮阳棚，在水平输送管道上加铺草包喷水。冬季施工时，对结构厚度在 1.0 m 以上的大体积混凝土，一般宜在正温搅拌和正温浇筑，并靠自身的水化热进行蓄热保温。

2. 延缓混凝土降温速率

大体积混凝土浇筑后，为了减少升温阶段内外温差，防止产生裂缝，给予正当的保温养护和潮湿养护很重要。在潮湿条件下可防止混凝土表面脱水产生干缩裂缝，使水泥顺利进行水化，提高混凝土的极限拉伸值。对混凝土进行保湿和保温养护，可使混凝土的水化热降温速率延缓，减小结构内外温差，防止产生过大的温度应力和产生温度裂缝。

对大面积的底板面，一般可采用先铺一层塑料薄膜后铺二层草包做保温保湿养护。草包应叠缝。养护必须根据混凝土内表温差和降温速率，及时调整养护措施。

蓄水养护亦是一种较好的方法，但水温应是混凝土中心最高温度减去允许的内外温差。

根据工程的具体情况，尽可能多养护一段时间，一般保湿养护持续时间不宜少于 14 d。拆模后应立即用土或再覆盖草包保护，同时预防近期骤冷气候影响，以便控制内表温差，防止混凝土早期和中期裂缝。

3. 减少混凝土收缩，提高混凝土的极限拉伸值

(1) 混凝土配合比

采用集料泵送混凝土，砂率应为38%～45%，在满足可泵性前提下，尽量降低砂率。坍落度在满足泵送条件下尽量选用小值，以减少收缩变形，坍落度不宜大于180 mm。

(2) 混凝土的施工

混凝土浇筑顺序的安排，采用薄层连续浇筑，以利散热，不出现冷缝为原则；采用二次振捣工艺，以提高混凝土密实度和抗拉强度，对大面积的板面要进行拍打振实，去除浮浆，实行二次抹面，以减少表面收缩裂缝；混凝土在浇筑振捣过程中的泌水应予以排除，根据土建工程大体积混凝土的特点和施工经验，监测混凝土中心与表面的温差值，用测温技术进行信息化施工，全面了解混凝土在强度发展过程中内部的温度场分布状况，并且根据温度梯度变化情况，定性、定量地指导施工，控制降温速率，控制裂缝的出现。

4. 设计构造上的改善

在底板外约束较大的部位应设置滑动层，在结构应力集中的部位，宜加抗裂钢筋，作局部加强处理，在必须分段施工的水平施工缝部位增设暗梁，防止裂缝开展等。

5. 施工监测

为了解大体积混凝土水化热造成不同深度处温度场的变化规律，随时监测混凝土内部温度情况，以便有效地采取相应技术措施确保工程质量，采用在混凝土内不同部位埋设温度传感器，用混凝土温度监测仪，进行施工全过程的跟踪和监测。

4.4.6 混凝土施工质量检查

规范规程

混凝土结构工程施工质量验收规范

对混凝土的质量检查应贯穿于工程施工的全过程，从混凝土的原材料、混凝土拌合物、混凝土施工几方面做好对混凝土分项工程施工的质量检查。

4.4.6.1 原材料

1. 主控项目

水泥进场时，应对其品种、代号、强度等级、包装或散装编号、出厂日期等进行检查，并应对水泥的强度、安定性和凝结时间进行检验，检验结果应符合现行国家标准《通用硅酸盐水泥》(GB 175)等的相关规定。

混凝土外加剂进场时，应对其品种、性能、出厂日期等进行检查，并应对外加剂的相关性能指标进行检验，检验结果应符合现行国家标准《混凝土外加剂》(GB 8076)和《混凝土外加剂应用技术规范》(GB 50119)等的规定。

2. 一般项目

混凝土用矿物掺合料进场时，应对其品种、技术指标、出厂日期等进行检查，并应对矿物掺合料的相关技术指标进行检验，检验结果应符合国家现行有关标准的规定。

混凝土原材料中的粗骨料、细骨料质量应符合现行行业标准《普通混凝土用砂、石质量及检验方法标准》(JGJ52)的规定，使用经过净化处理的海砂应符合现行行业标准《海砂混凝土应用技术规范》(JGJ 206)的规定，再生混凝土骨料应符合现行国家标准《混凝土用再生粗骨料》(GB/T 25177)和《混凝土和砂浆用再生细骨料》(GB/T 25176)的规定。

混凝土拌制及养护用水应符合现行行业标准《混凝土用水标准》(JGJ 63)的规定。采用饮用水时，可不检验；采用中水、搅拌站清洗水、施工现场循环水等其他水源时，应对其成分进行检验。

4.4.6.2 混凝土搅拌物

1. 主控项目

预拌混凝土进场时，其质量应符合现行国家标准《预拌混凝土》(GB/T 14902)的规定；混凝土拌合物不应离析；混凝土中氯离子含量和碱总含量应符合现行国家标准《混凝土结构设计规范》(GB 50010)的规定和设计要求；首次使用的混凝土配合比应进行开盘鉴定，其原材料、强度、凝结时间、稠度等应满足设计配合比的要求。

2. 一般项目

混凝土拌合物稠度应满足施工方案的要求，混凝土坍落度、维勃稠度允许偏差满足表 4-32 规定；混凝土有耐久性指标要求时，应在施工现场随机抽取试件进行耐久性检验，其检验结果应符合国家现行有关标准的规定和设计要求；混凝土有抗冻要求时，应在施工现场进行混凝土含气量检验，其检验结果应符合国家现行有关标准的规定和设计要求。

表 4-32 混凝土坍落度、维勃稠度允许偏差

坍落度/mm		维勃稠度/s	
设计值/mm	允许偏差/mm	设计值/s	允许偏差/s
≤40	±10	≥11	±3
50～90	±20	10～6	±2
≥100	±30	≤5	±1

4.4.6.3 混凝土施工

1. 主控项目

混凝土的强度等级必须符合设计要求。用于检验混凝土强度的试件应在浇筑地点随机抽取。

2. 一般项目

后浇带的留设位置应符合设计要求。后浇带和施工缝的留设及处理方法应符合施工方案要求。

混凝土浇筑完毕后应及时进行养护，养护时间以及养护方法应符合施工方案要求。

4.4.7 现浇结构质量检查验收

混凝土结构构件拆模后，应由监理单位、施工单位对外观质量及允许偏差进行检查，做出记录，并应及时按施工技术方案对缺陷进行处理。现浇结构外观质量缺陷应根据其对结构性能和使用功能影响的严重程度按照表 4-33 确定。

表 4-33 现浇结构外观质量缺陷

名称	现象	严重缺陷	一般缺陷
露筋	构件内钢筋未被混凝土包裹而外露	纵向受力钢筋有露筋	其他钢筋有少量露筋
蜂窝	混凝土表面缺少水泥砂浆而形成石子外露	构件主要受力部位有蜂窝	其他部位有少量蜂窝

（续表）

名称	现象	严重缺陷	一般缺陷
孔洞	混凝土中孔穴深度和长度均超过保护层厚度	构件主要受力部位有孔洞	其他部位有少量孔洞
夹渣	混凝土中夹有杂物且深度超过保护层厚度	构件主要受力部位有夹渣	其他部位有少量夹渣
疏松	混凝土中局部不密实	构件主要受力部位有疏松	其他部位有少量疏松
裂缝	缝隙从混凝土表面延伸至混凝土内部	构件主要受力部位有影响结构性能或使用功能的裂缝	其他部位有少量不影响结构性能或使用功能的裂缝
连接部位缺陷	构件连接处混凝土缺陷及连接钢筋、连接件松动	连接部位有影响结构传力性能的缺陷	连接部位有基本不影响结构传力性能的缺陷
外形缺陷	缺棱掉角、棱角不直、翘曲不平、飞边凸肋等	清水混凝土构件有影响使用功能或装饰效果的外形缺陷	其他混凝土构件有不影响使用功能的外形缺陷
外表缺陷	构件表面麻面、掉皮、起砂、玷污等	具有重要装饰效果的清水混凝土表面有外表缺陷	其他混凝土构件有不影响使用功能的外表缺陷

4.4.7.1 外观质量

1. 主控项目

现浇结构的外观质量不应有严重缺陷。对已经出现的严重缺陷，应由施工单位提出技术处理方案，并经监理单位认可后进行处理。对裂缝或连接部位的严重缺陷及其他影响结构安全的严重缺陷，技术处理方案尚应经设计单位认可。对经处理的部位，应重新检查验收。

2. 一般项目

现浇结构的外观质量不应有一般缺陷。对已经出现的一般缺陷，应由施工单位按技术处理方案进行处理，并重新检查验收。

4.4.7.2 位置及尺寸偏差

1. 主控项目

现浇结构不应有影响结构性能和使用功能的尺寸偏差。混凝土设备基础不应有影响结构性能和设备安装的尺寸偏差。

对超过尺寸允许偏差且影响结构性能和安装、使用功能的部位，应由施工单位提出技术处理方案，并经监理单位、设计单位认可后进行处理。对经处理的部位，应重新检查验收。

2. 一般项目

现浇结构拆模后的位置和尺寸偏差应符合表 4－34 的规定。现浇设备基础的位置和尺寸应符合设计和设备安装的要求，其位置和尺寸偏差及检验方法应符合表 4－35 的规定。

表 4－34 现浇结构尺寸允许偏差和检验方法

项目		允许偏差/mm	检验方法
轴线位置	整体基础	15	经纬仪及尺量
	独立基础	10	
	墙、柱、梁	8	

（续表）

项目			允许偏差/mm	检验方法
垂直度	层高	≤6 m	10	经纬仪或吊线、尺量
		>6 m	12	经纬仪或吊线、尺量
	全高(*H*)≤300		*H*/30000+20	经纬仪、尺量
	全高(*H*)>300		*H*/10000 且≤80	经纬仪、尺量
标高	层高		±10	水准仪或拉线、尺量
	全高		±30	
截面尺寸	基础		+15,−10	尺量
	柱、梁、板、墙		+10,−5	
	楼梯相邻踏步高差		6	
电梯井	中心位置		10	尺量
	长、宽尺寸		+25,0	
表面平整度			8	2 m 靠尺和塞尺检查
预埋件中心线位置	预埋板		10	尺量
	预埋螺栓		5	
	预埋管		5	
	其他		10	
预留洞、孔中心线位置			15	尺量

注：1. 检查柱轴线、中心线位置时，应沿纵、横两个方向量测，并取其中的较大值；
2. *H* 为全高，单位为 mm。

表 4-25　现浇设备基础位置和尺寸允许偏差及检验方法

项目		允许偏差/mm	检验方法
坐标位置		20	经纬仪及尺量
不同平面的标高		0,−20	水准仪或拉线、尺量
平面外形尺寸		±20	尺量
凸台上平面外形尺寸		0,−20	尺量
凹槽尺寸		+20,0	尺量
平面水平度	每米	5	水平尺、塞尺检查
	全长	10	水准仪或拉线、尺量
垂直度	每米	5	经纬仪或吊线、尺量
	全高	10	经纬仪或吊线、尺量
预埋地脚螺栓	中心位置	2	尺量
	顶标高	+20,0	水准仪或拉线、尺量
	中心距	±2	尺量
	垂直度	5	吊线、尺量

（续表）

项目		允许偏差/mm	检验方法
预埋地脚螺栓孔	中心线位置	10	尺量
	截面尺寸	+20,0	尺量
	深度	+20,0	尺量
	垂直度	h/100，且≤10	吊线、尺量
预埋活动地脚螺栓锚板	标高	+20,0	水准仪或拉线、尺量
	中心线位置	5	尺量
	带槽锚板平整度	5	直尺、塞尺检查
	带螺纹孔锚板平整度	2	直尺、塞尺检查

注：检查坐标、中心线位置时，应沿纵、横两个方向量测，并取其中偏差的较大值；h 为预埋地脚螺栓孔孔深，单位为 mm。

4.5 基础子分部质量检查验收

4.5.1 钢筋混凝土扩展基础

规范规程

建筑地基基础工程施工质量验收标准

（1）施工前应对放线尺寸进行检验。

（2）施工中应对钢筋、模板、混凝土、轴线等进行检验。

（3）施工结束后，应对混凝土强度、轴线位置、基础顶面标高进行检验。

（4）钢筋混凝土扩展基础质量检验标准应符合表 4-36 的规定。

表 4-36 钢筋混凝土扩展基础质量检验标准(mm)

项	序	检查项目	允许偏差或允许值		检验方法
			单位	数值	
主控项目	1	混凝土强度	不小于设计值		28d 试块强度
	2	轴线位置	mm	≤15	经纬仪或用钢尺量
一般项目	1	L(或 B)≤30	mm	±5	用钢尺量
		30<L(或 B)≤60	mm	±10	
		60<L(或 B)≤90	mm	±15	
		L(或 B)>90	mm	±20	
	2	基础顶面标高	mm	±15	水准测量

4.5.2 筏形与箱形基础

（1）施工前应对放线尺寸进行检验。

（2）施工中应对轴线、预埋件、预留洞中心线位置、钢筋位置及钢筋保护层厚度进行检验。

(3) 施工结束后，应对筏形和箱形基础的混凝土强度、轴线位置、基础顶面标高及平整度进行验收。

(4) 筏形和箱形基础质量检验标准应符合表 4－37 的规定。

表 4－37　筏形和箱形基础质量检验标准

项	序	检查项目	允许偏差或允许值		检验方法
			单位	数值	
主控项目	1	混凝土强度	不小于设计值		28d 试块强度
	2	轴线位置	mm	≤15	经纬仪或用钢尺量
一般项目	1	基础顶面标高	mm	±15	水准测量
	2	平整度	mm	±10	用 2 m 靠尺
	3	尺寸	mm	＋15，－10	用钢尺量
	4	预埋件中心位置	mm	≤10	
	5	预埋洞中心线位置	mm	≤15	

(5) 大体积混凝土施工过程中应检查混凝土的坍落度、配合比、浇筑的分层厚度、坡度以及测温点的设置，上下两层的浇筑搭接时间不应超过混凝土的初凝时间。养护时混凝土结构构件表面以内 50～100 mm 位置处的温度与混凝土结构构件内部的温度差值不宜大于 25 ℃，且与混凝土结构构件表面温度的差值不宜大于 25 ℃。

4.6　基础施工方案编制案例

4.6.1　编制依据

某综合办公楼工程总承包工程合同文件；某综合办公楼地下室施工图及现行规范和图集(具体略)。

4.6.2　工程概况

1. 设计概况

本工程为某综合办公商住小区 5＃楼，剪力墙结构。建筑面积 23050 m^2，30 层，地下一层车库；1～3 层办公；4～30 层为住宅楼。

基础底板尺寸 41.5 m(南北方向)×64.9 m(东西方向)，底板设 800 mm 宽后浇带，将底板分成两部分。基础底板厚 1.6 m，其他部分为 0.4 m，属于大体积混凝土。主楼底板板底标高为－7.55 m(混凝土约 1400 m^3)，人防部分为－5.95 m(混凝土约 750 m^3)。

混凝土总量约为 2150 m^3，基础底板混凝土等级 C30(P8 防水)，加强带混凝土 C40，P8，地下室墙、柱 C40，地下室外墙 C40，P8。基础底板和地下室外墙混凝土保护层最小厚度室内面 20 mm，迎水面 50 mm。

2. 施工概况

本工程位于辽宁省，该地区冬季较为严寒难以进行施工。根据总进度计划安排，底板混凝土浇筑时间在9月。伸缩后浇带在两侧主体完成60 d后浇筑，沉降后浇带在结构封顶沉降稳定后进行。

底板施工主要钢筋工程、模板工程、混凝土工程，其中底板混凝土工程属于大体积混凝土施工，也是本工程施工的重点、难点之一，需要从混凝土施工的部署、混凝土的原材选择和优化配合比、混凝土的供应、搅拌、测温、防裂、控温养护等方面，采取先进的施工技术和措施来确保混凝土的施工质量。

4.6.3 施工部署

根据现场实际情况，本工程底板以后浇带为界限划分为两个流水施工段，如图4-109所示。

1. 施工进度

(1) 混凝土工程

合理安排进度计划，将浇筑量较大的Ⅰ段底板混凝土浇筑日期安排在9月中旬进行。各段混凝土浇筑计划见表4-38。

表4-38 混凝土浇筑计划

浇筑区域	施工段面积/(m^2)	混凝土量/(m^3)	混凝土等级	浇筑时间/(h)	计划投入混凝土泵	浇筑进度/(m^3·h)
Ⅰ段	1350	约1614	C30,P8	54	1台地泵	30～40
Ⅱ段	1200	约490	C30,P8	17	1台地泵	30～40

注：底板总面积约2550 m^2，其中后浇带面积约72 m^2。

(2) 钢筋工程

本工程底板钢筋用量约320 t，其中措施钢筋用量约30 t。各段钢筋绑扎按五天考虑。整个底板钢筋绑扎时各段穿插流水施工。

2. 施工安排

(1) 施工段内工序安排

垫层施工→导墙砌筑→防水层施工→防水保护层施工→放线、验线→电梯井、集水坑底部钢筋→底板钢筋→墙柱插筋→钢筋验收→边模、电梯井、集水坑等模板验收→后浇带收口网、施工缝止水带、止水钢板等安装验收→测温导线埋设→混凝土浇筑→底板养护、测温。

(2) 混凝土施工安排

底板大体积混凝土施工采用以后浇带为界限划分施工区，分段连续施工的施工工艺，每段施工区按由深到浅沿同一水平方向进行浇筑，总体浇筑方向由内侧开始，向外侧浇筑。一次浇筑到顶，不留水平施工缝。总浇筑顺序为Ⅰ→Ⅱ。

(3) 原材选择和优化配合比

原材选择：选用低水化热的水泥品种，使用粒径较大、级配良好的粗细骨料，控制砂石含泥量。

优化配合比：掺加粉煤灰等掺合料或掺加相应的减水剂、缓凝剂，改善和易性、降低水灰比，以达到减少水泥用量、降低水化热的目的。

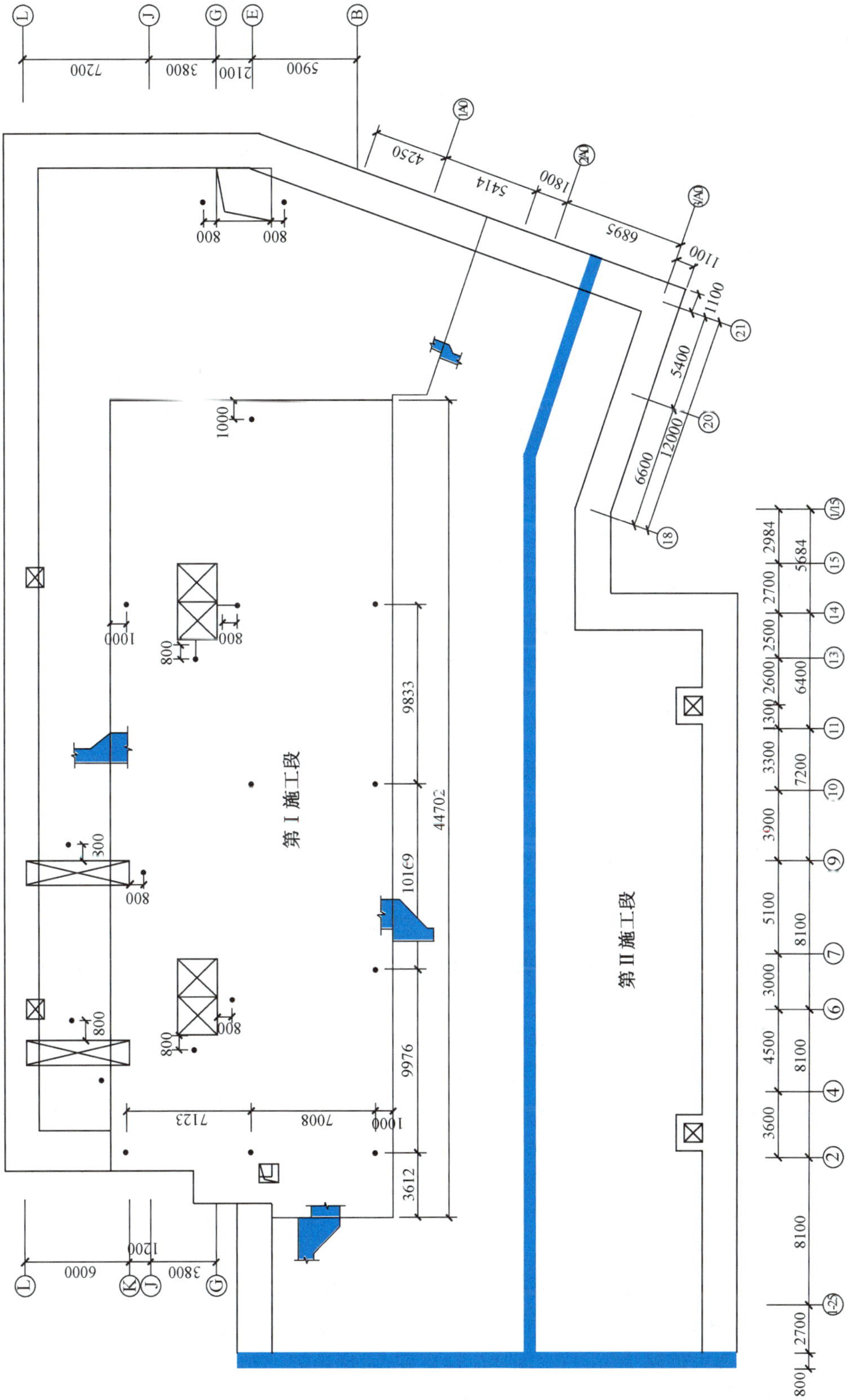

图 4-109 施工段及测温点布置图

(4) 混凝土的浇筑

底板大体积混凝土采用斜面分层浇筑、分层捣实的施工技术。浇筑时，由混凝土地泵配合布料杆布料，振捣时要保证上下层混凝土在初凝之前结合好，不致形成施工缝。另外设明排水系统抽除泌水。

(5) 混凝土的测温

采用电子测温技术，对混凝土进行温度监测。混凝土的内外温差控制在 25 ℃以内，必须 24 h 进行测温，安排专人负责。

(6) 防裂控温养护

加强施工中的温度控制。混凝土浇筑后，做好混凝土的保温保湿养护，缓缓降温，减小温度应力。

3. 施工要点

(1) 基础底板混凝土量较大，主楼部分浇筑量约为 1614 m^3，确保混凝土连续浇筑和振捣充分是施工要点之一。

(2) 底板大体积混凝土易受温差影响产生裂缝，故大体积混凝土测温、控制混凝土温差、混凝土的养护和保护等措施是混凝土浇筑完后的要点。

(3) 集水坑、电梯基坑等基础处混凝土的浇筑。此处底板比其他底板标高低，结合处浇筑难度较大，必须控制混凝土冷缝的产生，同时由于存在底板厚度不一致的情况，因此在混凝土浇筑过程中，这些区域是施工控制的重点区域。

(4) 基础底板预留了后浇带，后浇带处的防水措施、混凝土浇筑时后浇带处的"快易"收口网隔挡措施、后浇带浇筑后的保护都要重点控制。

4.6.4 施工准备

1. 技术准备

(1) 材料要求

① 提前与材料供应商联系，对混凝土所用材料提出要求，采用低碱原料，控制混凝土的碱含量<3 kg/m^3，减少碱骨料反应。

② 水泥：满足强度和耐久性等要求的前提下，选用低热水泥，严禁使用安定性不合格的水泥；由于水泥用量大，因此要加强水泥进场的检验和试配工作。本工程选用低碱P. O42.5水泥。

③ 骨料：粗骨料用碎石，应采取连续级配或合理的掺配比例，粒径为 5～20 mm，不得含有有机杂质，其含泥量应不大于 1%，含泥量不大于 0.5%。细骨料选用中砂，含泥量应不大于 2%，含泥量不大于 1%。其细度控制在 2.6～2.8 为宜；细砂 0.3 mm 筛孔的通过率为 15%～30%；0.15 mm 筛孔的通过率为 5%～10%。

④ 粉煤灰：为了增加混凝土的和易性，降低水化热，可掺入取代水泥用量不大于 20%左右的粉煤灰。粉煤灰烧失量应小于 15%，SO_3 应少于 3%，SiO_2 应大于 40%；不得使用高钙灰，并应对水泥安定性无不利影响。

⑤ 外加剂：为了满足和易性和减缓水泥早期水化热发热量的要求，宜在混凝土中掺入适量的缓凝型减水剂，如 NF-4 泵送剂等。同时为满足混凝土抗渗要求，必须掺加防水剂、膨胀剂等，防水剂要求低碱无氯，与水泥适应性良好，质量稳定。

⑥ 每一段的混凝土原材料必须一致。必须统一协调，原材料统一进货、统一配合比，确保混凝土拌合料一致。

⑦ 材料检验：对所使用材料应严格按照有关规范要求进行检验和试验，把好材料质量关。

（2）混凝土试配

① 底板浇筑前搅拌站必须进行混凝土的试配，重点解决混凝土施工中粉煤灰、外加剂掺量控制和降低混凝土水化热问题。混凝土配料的比例应以减少水化热为原则。

② 应加入适量的缓凝剂和减水剂以减缓水化热的集中释放。加入大掺量粉煤灰替代部分的水泥，通过试配，混凝土必须在 28 d 内达到其设计强度。

③ 混凝土配合比应根据使用的材料通过多次试配确定。水泥用量不得少于280 kg/m^3，水灰比应不大于 0.5。砂率应控制在 35%～45%，坍落度应根据配合比要求严加控制，达到混凝土泵送坍落度的要求，坍落度的增加应通过调整砂率和掺用减水剂或高效减水剂解决，严禁在现场随意加水以增大坍落度。混凝土初凝时间应为 4～6 h，终凝时间 7～8 h，坍落度 120±20 mm。

（3）技术交底

① 提前组织技术、施工人员审核图纸，并向施工班组做技术交底。预先与现场混凝土搅拌站办理混凝土申请，申请单的内容包括：混凝土强度及抗渗等级、混凝土的特殊要求、使用部位、方量、坍落度、初凝终凝时间、掺合料和浇筑时间等。搅拌站需提前对操作工人进行配合比交底，当因原料改变等原因而导致配合比变化时需立即通知操作人员。

② 在施工前责任工程师必须对施工人员准备及任务的划分进行详细的、有针对性的交底。交底的内容包括施工方案和设计规范确定的混凝土浇筑平面布置、浇筑方向、操作要点、施工注意事项及混凝土施工质量、安全、工期、文明施工等要求。还应根据实际情况具体分析，包括如何分班交接，另外注意混凝土工人不要过于疲劳，在交底中交代清楚每班工作多长时间、多少工作量、什么时间交班等。

2. 资源准备

（1）混凝土搅拌站管理

搅拌站供应混凝土时必须满足以下要求：

混凝土搅拌站需提前把试配结果报送到项目部。混凝土用料、掺和料和外加剂等的性能或种类，必须是经权威检测机构认可的厂家生产的已检测合格的产品。混凝土配合比、原材技术指标必须符合设计、规范及现场施工要求，必须经过项目部认可后方可使用。

在每次浇筑混凝土前，必须提前准备好浇筑的原材料，因现场场地有限不能满足一次囤足底板浇注所需原料，项目合约物资等部门应提前与原料供应商联系，现场设专人调度，保证在底板浇注过程中原材料及时供应。

为保证混凝土的供应，底板混凝土浇筑时，搅拌站要在现场设专人调度，并且项目部设专人到搅拌站，监督搅拌站的供应情况。

（2）管理人员安排

大体积混凝土施工由于施工难度较大，协调管理要求很高，必须做好施工管理的组织安排，明确每个管理成员在施工准备、混凝土场内外运输、混凝土布料、浇筑、养护、测温、试验等各阶段、各方面的职责，使职责明确，责任到位，使每一个施工环节都有人管理协调。

项目部安排包括分包单位在内的白班、夜班两套人员，管理、监督控制混凝土的施工过程、施工顺序、底板混凝土的施工质量，保证混凝土 24 h 不间断作业。

（3）劳动力准备

底板施工需配备的劳动力包括有：钢筋工、模板工、测温工、混凝土工等。其中底板混凝土浇筑时候需要：混凝土搅拌人员、运输人员、泵工、拆接泵管工、摊铺工、振动棒操作工、混凝土面收光抹面工、卸料工、钢筋维护工、模板维护工、预留预埋件维护工等，另外配备焊工、水工、电工、机械工、抽水工等。

底板施工是本工程的关键，必须对所有工人做好入场教育，特殊工种持证上岗，施工前做好思想动员等工作。

(4) 材料准备

提前提出各专业详细材料计划，以保证底板的顺利施工。除混凝土原材料外，措施用材也需提前考虑，特别是混凝土养护所需的塑料薄膜、阻燃草帘、洒水胶皮管和其他材料进场，要提前准备好防雨物资和排水设备，并在混凝土浇筑前到场。

3. 混凝土浇筑现场准备

(1) 隐蔽验收

做好底板钢筋的隐蔽验收以及预留与预埋设施的检查，并办理验收手续，隐蔽验收通过方可进行混凝土施工。

做好测量准备：测量仪器有全站仪、经纬仪，水准仪，50 m 钢卷尺，5 m 标尺等(以上仪器应进行检验并合格)。依据现场引入的水准点用水平仪和钢尺引测至基坑内，基础底板施工的标高控制点引至距底板结构上标高 500 mm，以便混凝土浇筑时控制标高。预先弹出轴线和墙柱边线、电梯基坑线、集水井坑线等，墙柱插筋和地脚螺栓预埋前将其边线用红漆标于底板上层筋，以保证其位置正确。

(2) 交通供电

设专人疏导交通，要考虑各种因素对施工的影响，防止交通原因造成混凝土原料供应问题，提前与交管、城管及供水供电部门沟通联系，避免临时停水停电对混凝土浇筑造成影响。

(3) 输送泵的布置

根据现场实际情况，合理规划现场浇筑平面图。

(4) 泵管的布置

泵管从输送泵接出，沿基坑边坡向下接至底板面，再沿底板钢筋网片水平接至浇筑区。按确定好的浇筑路线布置好泵管，检查输送泵的性能情况，确保处于良好状态。

4.6.5 施工测量

1. 标高的测设

依据现场引入的水准点用水准仪和标尺将底板标高引测至基坑边，用红三角标识，标出绝对标高和相对标高，基础底板施工的标高控制点引至基坑内侧护坡桩表面，以便于引测。

2. 轴线投测

待细石混凝土防水保护层凝固能上人后，将电子经纬仪架设在基坑边上的轴线控制桩位上，经对中、整平后，后视同一方向桩(轴线标志)，将控制轴线投设到作业面上，然后以投设到作业面上的控制轴线为基准。按施工图纸，架仪器或丈量放出其他轴线并以轴线放出内外墙、柱基、基础梁、集水坑、电梯坑、洞口边线及其他细部线。丈量放细部线前，架仪器复测基坑内作业面的轴线控制桩精度，确认准确无误后再放细部线。当平面或每一施工段测量放线完后，测量责任师必须进行自检，再由质量责任师查验合格后，填写楼层平面放线记录表报请监理验线，以便能及时验证各轴线的正确。

4.6.6 钢筋工程

1. 钢筋绑扎流程图

钢筋绑扎流程如图 4－110 所示。

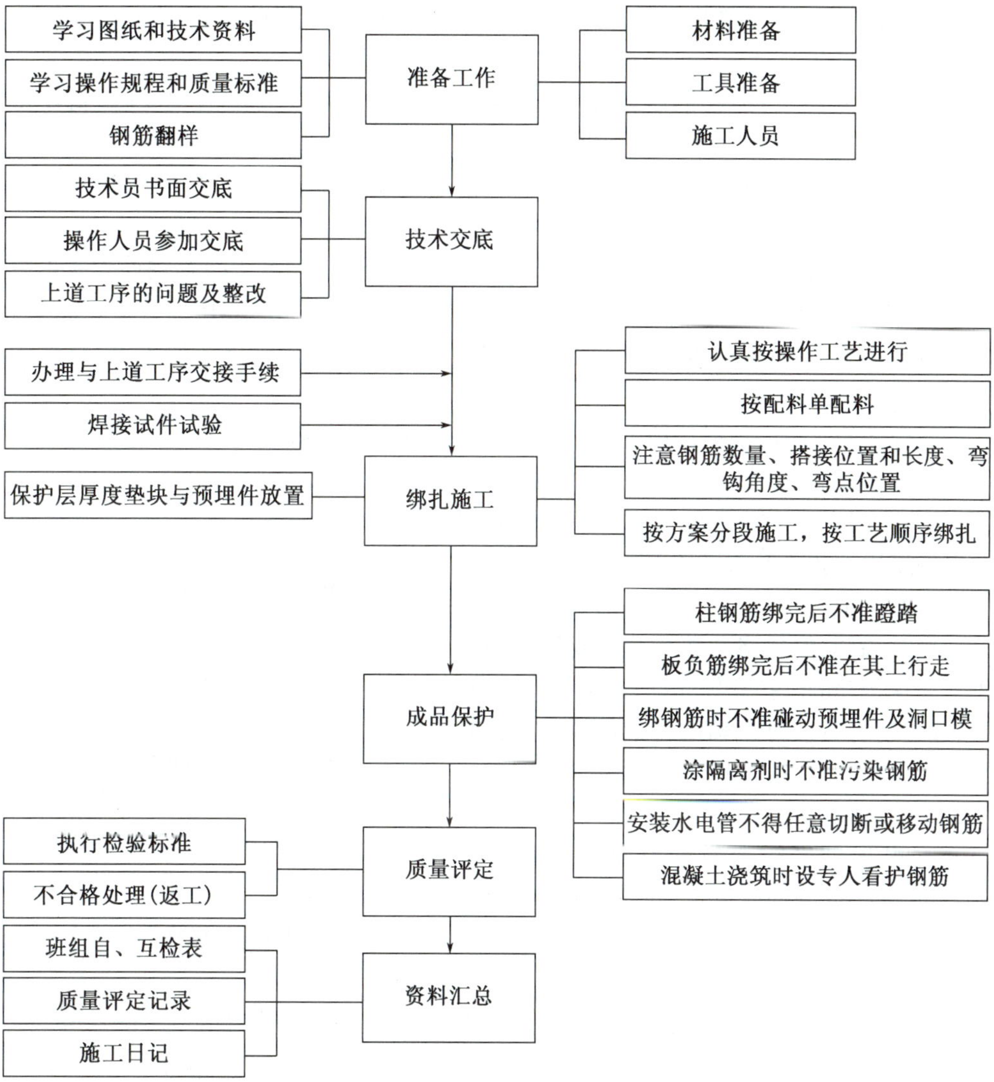

图 4－110 钢筋绑扎流程图

2. 钢筋加工

本工程底板钢筋连接采用滚轧直螺纹连接形式(钢筋直径不小于 18 mm)。

(1) 钢筋连接套筒

进场的钢筋连接套筒应有产品检验合格证,外径、长度、螺纹牙型及精度等重要的尺寸应满足规范要求,钢筋连接套筒不得有表面裂纹及内纹、不得有严重的锈蚀,套筒应有保护端盖,严禁套筒内进入杂物。

(2) 钢筋滚压直螺纹接头

① 工艺流程如下:

钢筋下料 → 钢筋套丝 → 直螺纹检验 → 戴保护帽 → 分类堆放 → 现场钢筋连接 → 连接质量检查 → 施工现场的检验与验收

② 操作要点

钢筋下料：钢筋下料应根据钢筋下料单进行，钢筋下料采用切割机断料，不得用热加工方法切断，钢筋端面宜平整并与钢筋轴线垂直，不得有马蹄形或扭曲；钢筋端部不得有弯曲，出现弯曲时应调直。

钢筋直螺纹加工：加工钢筋直螺纹时，应采用水溶性切削润滑液；当气温低于 0 ℃时，应掺入 15%～20%亚硝酸钠不得用机油做润滑液或不加润滑液套丝。加工钢筋直螺纹丝头的锥度、牙螺距等必须与连接套的锥度、牙形、螺距一致，且经配套的量规检测合格。

直螺纹检验：操作工人应相对固定，按要求用螺纹规检查，逐个检查钢筋丝头的外观质量，并对已自检合格的丝头按要求进行批量随机抽检 10%且不少于 10 个，用螺纹规检查。如有一个丝头不合格，既对该批全数检查，不合格的丝头应重新加工，合格后方可使用。

检验合格的丝头应加以保护，在其头加带保护帽或用套筒拧紧，按规格分类堆放整齐。

钢筋连接：把装好连接套筒的一端钢筋拧到被连接钢筋上，然后用扳手拧紧钢筋，使两根钢筋对顶紧，使套筒两端外露的丝扣不超过 1 个完整扣，连接即告完成，随后立即画上记号，以便质检人员抽查，并做好抽查记录。连接时，钢筋的规格和连接套的规格应一致，并确保钢筋和连接套的丝扣完好无损；必须用力矩扳手拧紧接头；连接钢筋时应对正轴线将钢筋拧入连接套，然后用力矩扳手拧紧，拧紧后的接头应做好标记。

3. 底板钢筋绑扎

本工程基础底板为筏形基础，板厚：主楼部分 1600 mm，车库部分 400 mm。钢筋直径主要有 18 mm 和 25 mm。

(1)工艺流程

工艺流程如图 4-111 所示。

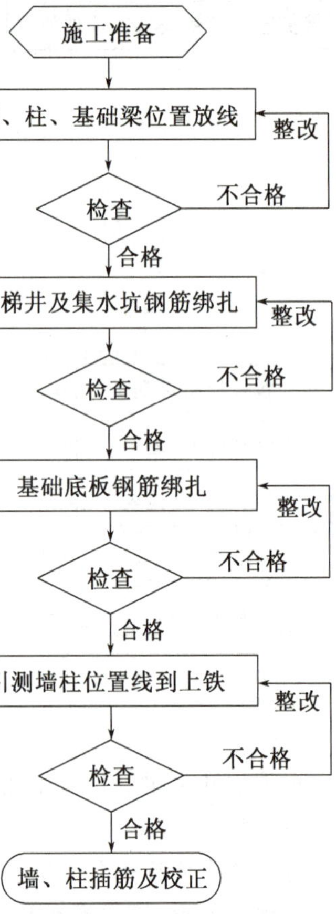

图 4-111　钢筋绑扎工艺流程

(2) 钢筋绑扎要点

① 绑扎顺序。底板钢筋绑扎时应先绑电梯井及集水坑钢筋，后绑扎大面积底板筋，待板筋绑扎完后，将墙、柱、楼梯线引至上铁表面进行插筋固定。

② 弹线。绑扎之前，根据结构底板钢筋网的间距，先在防水混凝土保护层上弹出黑色墨线，放出集水坑、墙、柱、楼梯基础梁、暗梁位置线和后浇带的位置边线。为了醒目便于日后定位插筋方便，在各边线每隔 2.0 m 划上红色油漆三角。墙柱拐角处各划一个红三角，并将边线延长。

③ 铺筋顺序。无论是集水坑、电梯井，还是大面积筏板，下网应先铺短向、后铺长向，上

层钢筋网则刚好相反，其他为注明位置铺筋顺序参见《混凝土结构施工钢筋排布规则与构造详图》。

④ 接头位置。底板钢筋直径 18 mm 以上（含 18 mm）接头采用直螺纹连接，直径小于 18 mm 的钢筋采用搭接，下铁接头设在跨中上铁接头设在支座处。

⑤ 垫块制作

底板垫块均采用与底板混凝土同强度无石子混凝土制作，垫块规格为 100 mm×100 mm×40 mm，内设火烧丝方便固定于钢筋网片上。垫块应提前 30 d 制作完成，养护强度达到 C30 后，方可使用。

⑥ 墙柱插筋

a. 将门洞口、暗柱、柱边线、梯段板起始位置线投测到上网钢筋上，按图纸要求的规格、间距插筋。

b. 插筋限位固定：柱、墙插筋拐角与下网钢筋网片或限位筋绑扎固定。墙插筋在板内设置两道限位水平筋，下层钢筋网一道，上层钢筋网上皮一道，直径同墙筋。另外再在混凝土面上设置两道临时限位水平筋及水平梯子筋；柱插筋在板内设置四道限位箍筋，上下钢筋网各一道，中间板高范围内等间距设置两道，另外再在混凝土面上设置两道临时限位箍筋及柱定距框，所有限位筋均与底板网片筋及墙柱插筋绑扎牢固，为保证墙体钢筋不位移，人防墙体及所有外墙，采用筏板下预埋钢筋马凳，板上用架子管双层双向固定。墙柱插筋固定如图 4－112 所示。

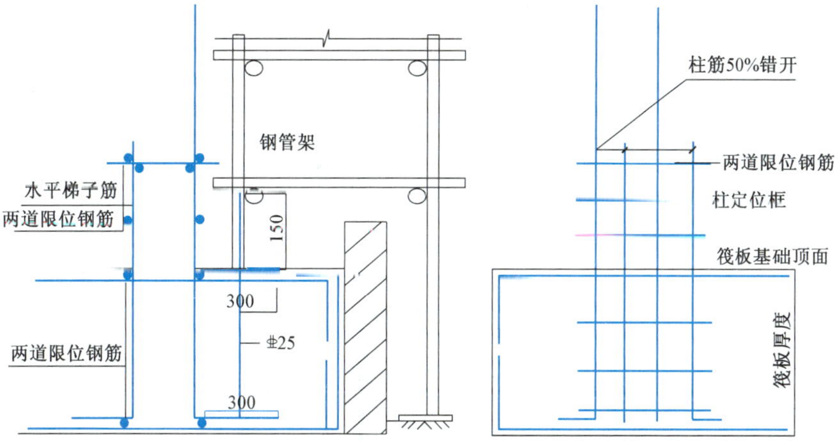

图 4－112　墙柱插筋固定

⑦ 网片绑扎

a. 放钢筋除按线摆放外，起始钢筋端部应满足设计、规范所要求的最小锚固要求。

b. 下网钢筋绑扎时应边绑扎边垫垫块，垫块采用混凝土垫块，垫块间距 1.5 m，梅花形布置。

c. 上网钢筋绑扎前，用石笔在支架上按钢筋间距画线分档，然后按间距线摆放上层网片钢筋。

d. 底板钢筋网片的所有交点均要全部绑扎牢固，相邻绑扎点成八字形。所有绑扎丝头均朝向混凝土内部。

e. 底板下保护层使用 C30 无石子混凝土块控制，上网使用钢筋马凳控制。马凳采用三角形支撑的直径 25HRB400 级钢筋制成，马凳与受力筋垂直通长布置，1.6 m 板厚部分排距均为 1500 mm，0.4 m 板厚部分排距为 1800 mm。上铁绑扎前摆好马凳，马凳下横筋必须放在下层钢筋网上并绑扎牢固，马凳如图4－113所示。

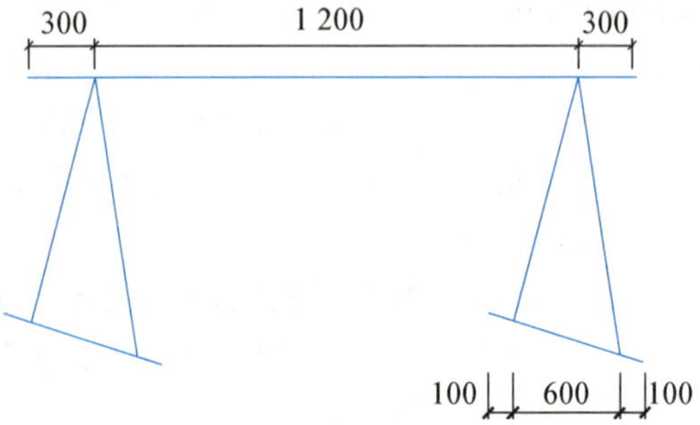

垂直高度＝板厚－上下保护层－上铁两层网片、下铁下层网片厚度

图 4－113　马凳示意图

4.6.7　模板工程

1. 基础模板和导墙模板的处理

基础底板以后浇带为界线，把基础底板分成两个区域，高跨为 1.7 m，低跨为 0.4 m。

本工程基础垫层为 150 mm 厚 C15 混凝土，为满足砖胎模砌筑需要，垫层浇注宽度为底板外边线外扩 300 mm，为防止垫层边下方土体被集水沟流水冲失，垫层边缘处节点做法如图 4－114 所示。

污水坑靠近基坑边坡处垫层边缘无法形成明沟时，在垫层外边缘做 200 mm×300 mm C15 素混凝土梁，以保证明排水畅通和砖胎膜砌体稳定。

砌筑 240 mm 厚灰砂砖墙作为底板侧模，砖胎模砌筑于基础垫层之上，采用 1∶2.5 水泥砂浆砌筑(P·O42.5 水泥)，砖胎膜使用木方支顶于边坡加固，砖胎模内侧抹 20 mm 厚 1∶2.5水泥砂浆(P·O42.5 水泥)。砖胎膜防水处理完后立面防水卷材应用竹胶板防护，待底板钢筋绑扎完后混凝土浇筑前撤出。

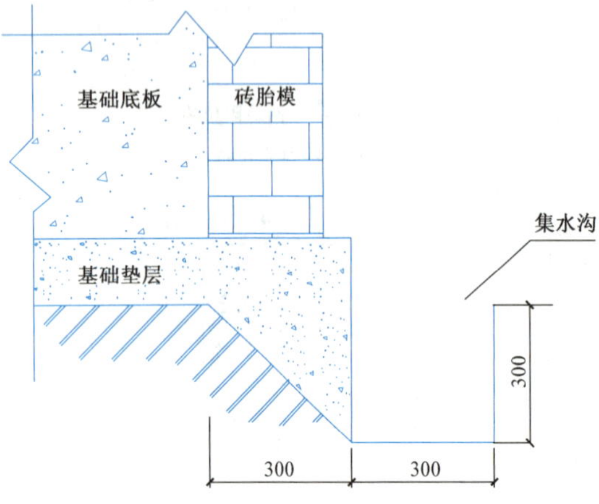

图 4－114　垫层边缘节点做法

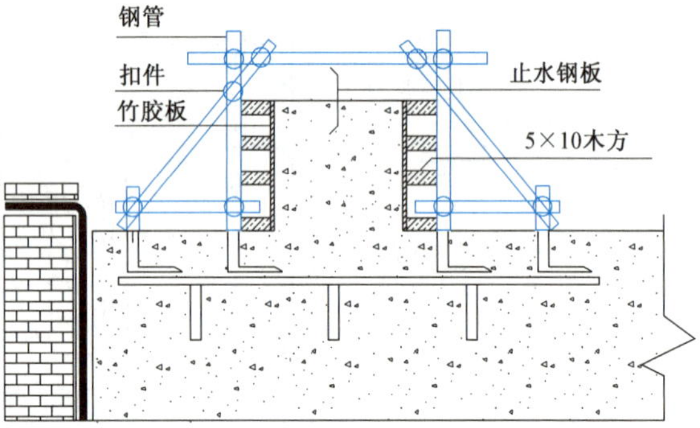

图 4－115　基础板木模板支设示意图

地下室外墙和消防水池墙采用随底板同时浇筑导墙，施工缝处安放止水钢板的方法克服渗水问题，导墙高 500 mm，采用吊模处理，如图 4－115 所示，面板采用 12 mm 厚多层胶合板，次肋采用 50 mm×100 mm 的木方，用钢管三脚架进行加固，钢管三脚架间距 1000 mm，三脚架立杆支撑在锥接头上，锥接头底部与螺杆连接，螺杆焊接在型钢支架或钢筋马凳上或者直接采用十字钢筋与型钢支架焊接。钢板止水带采用搭接 50 mm 焊接的方式接长。

2. 集水坑、电梯井坑等模板处理

基础底板集水坑、电梯井坑等部位土体坑洼不平部分以 C15 混凝土浇筑，由于泥岩大块脱落无法用 C15 混凝土大量浇筑的部位，在浇筑筏板时以同标号混凝土浇筑。内壁模板面板用 12 mm 胶合板，此肋用 50 mm×100 mm 木方，顶撑用钢管、“U”托和木方一起配合

使用;模板现场根据施工图图纸尺寸进行制作,为了保证在浇筑混凝土时模板上浮,模板上面配置配重或用铅丝与下面钢筋拉接在一起,模板示意如图 4-116 所示。

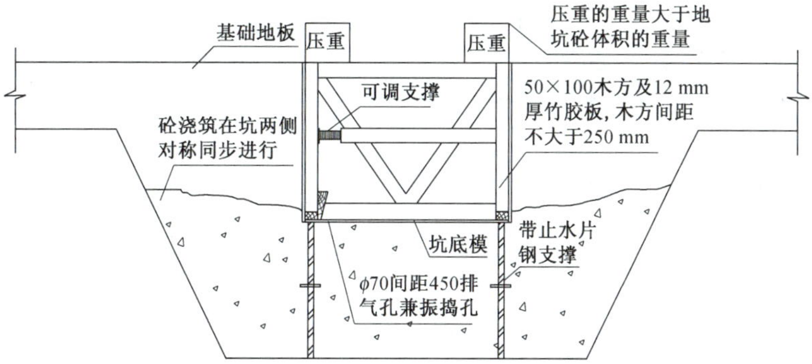

图 4-116 集水坑、电梯井坑支模示意图

3. 基础底板后浇带的处理

基础后浇带宽为 800 mm,为了方便后期施工,采用"快易"收口网和木方骨架,作为永久性模板和施工缝的接缝处理,如图 4-117 所示。后浇带两侧的快易收口网,需用木方和钢管"U"托对顶。木方水平间距 300 mm,1000 mm 厚底板每根木方垂直方向上均布 3 根钢管"U"托,1700 mm 厚底板每根木方垂直方向上均布 5 根钢管"U"托。

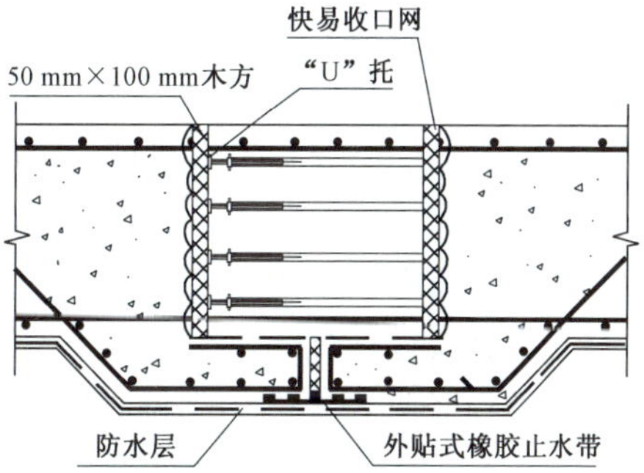

图 4-117 底板后浇带"快易"收口网支模示意图

(1) 后浇带支撑的拆除

为了后浇带支撑系统的拆除,在绑扎后浇带钢筋时,要预先在后浇带的两端向内,(总长的 1/4 位置)和中间各预留一个洞口,洞口尺寸为 600 mm×800 mm,断开的钢筋连接可采用正反丝套筒连接也可采用焊接连接。

(2) 基础底板处后浇带防护

在后浇带两侧砌筑三皮砖,砖上覆盖木龙骨、多层板及防水薄膜,砖外侧抹防水砂浆,防止上部雨水及垃圾进入后浇带而腐蚀钢筋,减少日后对后浇带处垃圾清理的难度。

(3) 后浇带内积水处理

在沉降后浇带和温度后浇带内垫层分别向两端找坡以便后浇带内积水外排,坡度 3‰,必要时可设小集水坑,底板浇筑完成后在集水坑内设水泵,根据情况需要随时抽水。

(4) 后浇带施工时间

后浇带一(沉降后浇带):主楼结构封顶后两个月浇注。

后浇带二(施工后浇带):待−0.01 m 梁、板施工完后两个月再浇注。

4.6.8 混凝土工程

1. 混凝土搅拌

本工程混凝土采用现场搅拌的方式供应,选用 HZS50Z 型搅拌站,主搅拌机型号为 JS1000,混凝土搅拌的关键在于混凝土各组成材料计量准确。在混凝土搅拌过程中我方与搅拌站租赁方要定时抽检混凝土材料用量，每工作台班检查不应少于两次，每盘混凝土各组成材料计量结果的偏差应符合表 4－39 要求，且每盘搅拌时间不得少于 2 min。

表 4－39　材料计量结果偏差

混凝土组成材料	每盘计量	累计计量
水泥、掺合料	±2	±1
粗、细骨料	±3	±2
水、外加剂	±2	±1

2. 混凝土运输与泵送

本工程采用现场搅拌混凝土，混凝土从搅拌机出口流出后直接用溜槽引至地泵进料口，同时设置溜槽可将混凝土引至塔吊混凝土吊斗内，对于柱等不易布置泵管部位采用塔吊协助浇筑混凝土。

本工程地处交通较为便利，主要须考虑砂石料车进场便利性，防止因砂石料进场不及时导致混凝土供应不足。底板混凝土施工前需提前根据混凝土连续浇注速度计算砂石料需用量，确定砂石料车供应频率。

由于场地狭小，要设专人对场内交通进行疏导指挥，可以有效避免砂石料车倒车、掉头时互相干扰，影响浇筑效率。

3. 底板混凝土浇筑安排

（1）机具、材料安排

机具、设备见表 4－40，保温养护用材料见表 4－41。

表 4－40　基础底板混凝土设备机具配置一览表

序号	名称	数量	备注
1	混凝土搅拌站设备	1 套	HZS50Z
2	混凝土输送泵	1 台	HBT90
3	高压泵管	200 m	D125
4	插入式振捣器	10 套	ϕ50、ϕ30
5	布料杆	1 台	HG18

表 4－41　保温养护用材料

序号	名称	数量	备注
1	塑料薄膜	2800 m^2	按满覆盖一层考虑
2	保温草帘被	5000 m^2	考虑局部温差较大双层覆盖
3	塑料水管	200 m	养护洒水

（2）混凝土泵送

混凝土从搅拌机中出料时应使用溜槽转接，防止混凝土直接从搅拌机出料口冲进地泵进料口后产生离析，浇注过程时时监控混凝土熟料质量，当出现离析等现象时应立即停止泵送，检查原因。

混凝土泵机料斗上要加装一个隔离大石块的筛网，其筛网规格与混凝土骨料最大粒径相匹配，并安排专人值班监视喂料情况，当发现大块物料时，应立即捡出。

混凝土应保证连续供应，以确保泵送连续进行。不能连续供料时，宁可放慢泵送速度，以确保连续泵送。当混凝土供应脱节时，泵机不能停止工作，应每隔 4～5 min 使泵机反转两个冲程，把物料从管道内抽回重新拌和，再泵入管道，以免管道内拌和料结块或沉淀发生堵管现象。

泵管铺设：必须坚持“路线短、弯道少、接头严密”的原则。泵管必须架设牢固，输送管线宜直，转弯宜缓，接头加胶圈，以保证其严密，泵出口处要设一定长度的水平管。泵管在底板上层钢筋网片上布置时，不允许直接放在钢筋网片上，必须搭设专门的支架。

泵送前应先用适量水泥砂浆润滑混凝土输送管内壁。泵送过程中，受料斗内应有足够的混凝土，以防止吸入空气产生阻塞。在现场随时抽查坍落度，若发现坍落度超过规定要求则立即停止泵送。

4. 混凝土浇筑

(1) 浇筑方式

采用泵送，人工浇筑的施工工艺和斜向推进、分层浇筑的方法。边浇筑边拆泵管。外墙根部与底板面交接处不设施工缝，设在离板面高 500 mm 墙体上，500 mm 高导墙与底板一起浇筑混凝土（由于本工程中墙体与底板混凝土强度等级不一致，因而施工时要特别注意区分）。混凝土浇筑分层厚度为 300 mm，考虑混凝土最不利自由流淌长度为高度 9～12 倍，混凝土坍落度控制在 120±20 mm，实际流淌长度将为 15～20 m。

(2) 混凝土浇筑要求

混凝土浇筑要加强现场调度管理，确保已浇混凝土在初凝前被上层混凝土覆盖，不出现“冷缝”。

使用插入式振捣器快插慢拔，插点要均匀排列，逐点移动，顺序进行，不得遗漏，做到均匀振实。移动间距不大于振动棒作用半径的 1.25 倍（一般为 300～400 mm）。振捣上一层应插入下层 50 mm，以消除两层间的接缝。每一次振点的延续时间一般为 20～30 s，以表面呈现浮浆和不再沉落为准。横向振捣界面的振捣搭接至少 500 mm 宽，以防止交界处的漏振。

底板板面上的板面粗钢筋，在振捣后、初凝前容易出现早期塑性裂缝—沉降裂缝的部位，必须通过控制下料和二次振捣予以消除，以免成为混凝土的缺陷，导致应力集中，影响温度收缩裂缝的防治效果。混凝土头次振捣后，间隔一段时间（要控制在混凝土初凝前）进行二次复振。复振可增加混凝土的密实度，消除混凝土骨料沉落带来的收缩裂缝。板面振捣时要避免过振，过振会造成表面浮浆过多，产生干缩裂缝。

凡板面上有导墙部位应控制下料，在板浇平振实后，稍作停歇，在混凝土初凝前再浇板面上导墙，浇筑墙体并振捣之后需进行二次复振，保证混凝土不产生孔洞、麻面、蜂窝。

有埋管部位及表面有粗大钢筋部位，振捣之后、初凝之前易在混凝土表面出现沉缩裂缝，应及时采用人工二次压抹予以消除。处理之后，为防止水分继续蒸发使混凝土表面干缩，在混凝土终凝时，应立即用塑料膜进行表面覆盖，终凝后进行覆盖草帘补水养护。

在钢筋密集处，混凝土振捣应仔细进行。因钢筋间隙小，应保证竖直插拔，必要时可用 $\phi30$ 棒振捣，或用圆头钢棒辅以人工插捣。振捣应随下料均匀有序地进行，不可振漏，亦不可过振。对于有柱墙插筋的部位，亦必须遵循上述原则，保证其位置正确，在混凝土浇筑完毕后，应及时复核轴线，若有异常，应在混凝土初凝之前及时校正。

混凝土板面标高控制采用每隔 2 m 设标筋找平。混凝土浇筑时，防止混凝土进入后浇带内，以免影响设置效果。拆管、排除故障或其他原因造成废弃混凝土严禁进入工作面，严禁混凝土散落在尚未浇筑的部位，以免形成潜在的冷缝或薄弱点，对作业面散落的混凝土、拆管倒出的混凝土、润管浆等应用吊斗吊出，按照固体废弃物处理。

（3）泌水和浮浆的处理

在进行大体积混凝土配合比试配时，要减少混凝土的泌水，防止泌水的产生；混凝土浇筑时，由于采取分层浇筑，上下层施工的间隔时间较长，因此各浇筑层易产生泌水层和浮浆，故采取以下措施处理：

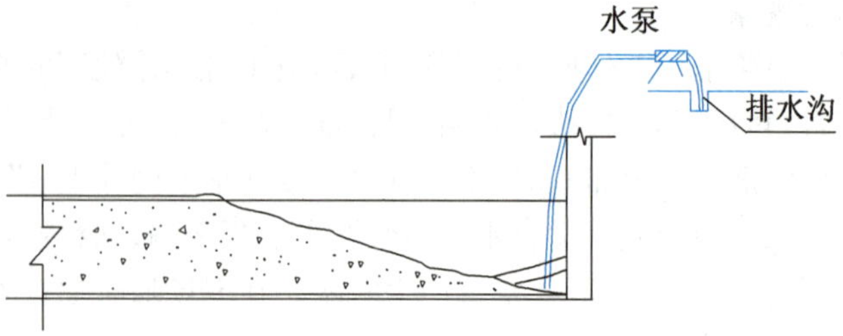

图 4-118　泌水处理示意图

流向基坑周边的泌水用污水泵抽走；流向坑井底部和后浇带的泌水，用真空泵抽到地面，如图 4-118 所示，经过沉淀后再排入市政污水管道。

（4）混凝土表面处理

混凝土复振后，即可进行表面处理。大体积混凝土表面水泥浆较厚，在浇筑 4～8 h 内按标高用长刮尺刮平，先用铁磙子碾压一遍后，用木抹子搓平，最后用软毛刷子横竖扫一道。板面处理要在混凝土初凝前完成。经过板面处理，可以有效减少混凝土细裂纹的产生，减少收缩裂缝。

5. 大体积混凝土测温

（1）测温目的

为了随时了解和掌握大体积混凝土各部位混凝土在硬化过程中水泥水化热产生的温度变化情况，防止混凝土在浇筑、养护过程中出现内外温差过大而产生裂缝，以便于采取有效技术措施，使混凝土的内外温差控制在 25 ℃以内及降温速率小于 3 ℃/d，特对本底板基础混凝土做温度监测。

（2）测试设备

测温仪：采用北京建筑工程研究生产院的便携式 JDC-2 建筑电子测温仪建筑电子测温仪及配套的测温导线。

（3）底板大体积混凝土的测温工作

① 测温点布置。竖向测温点布置，按照顶表面温度、中心温度、底表面温度的检测要求进行布设。平面测温点布置于结构具有代表性的部位，另外重点对集水坑、电梯井基坑范围内较深处多加测温点进行测温，重点进行控制。基础底板测温平面布置如图 4-109 所示。

测温点上点距混凝土表面 100 mm，下点距底面 100 mm，中间点取纵向几何中心，由带测温感应片的测温导线将内部温度情况反映至仪器里，固定钢筋采用 ϕ12，如图 4-119 所示。

② 温度监测。测温从混凝土浇筑至表面开始，连续不间断进行温度监测。温度上升过程中每 4 h 测一次，温度达到最高点并且稳定时每 8 h 测一次。温度开始下降后，每 12 h 测一次至测试结束，特殊情况可以随时检测。如上表面与中心温度差接近 25 ℃时，及时通知现场值班人员，并及时采取保温措施。在混凝土的内外温差值基本稳定，并与外界温度基本相同时，停止测温。

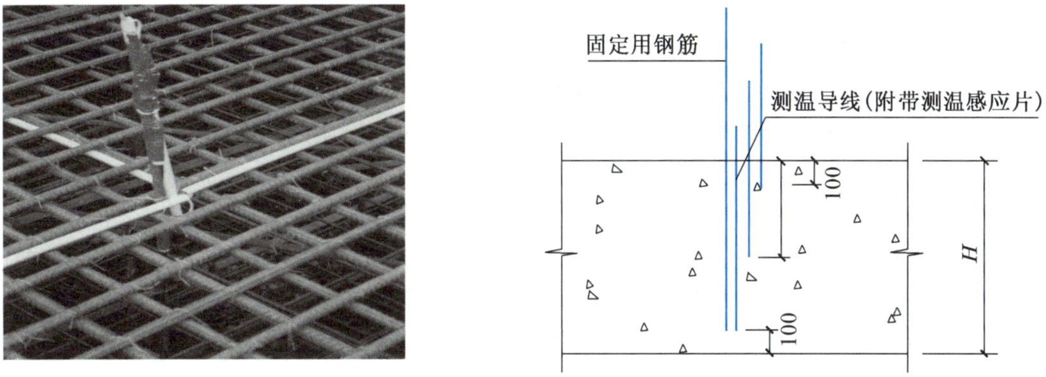

(a) 测温导线照片　　(b) 测温导线布置剖面图

图 4-119　测温导线布置示意图

测温工作应指派专人负责,24 h 连续测温,尤其是夜间当班的测温人员,更要认真负责,因为温差峰值往往出现在夜间。测温结果应填入测温结果记录表。每次测温结束后,应立刻整理、分析测温结果并给出结论。在混凝土浇筑的 7 d 以内,测温员应每天向监理、技术部报送测温记录表,7 d 以后可 2 d 报送一次。在测温过程中,温差大于 25 ℃属于异常,应及时报告技术部。

6. 混凝土养护和保护

(1) 养护时间

为了保证新浇混凝土有适宜的硬化条件,防止在早期由于干缩而产生裂缝,大体积混凝土浇筑完毕后,应在 12 h 内加以覆盖和补水养护,养护时间不少于 14 d。

(2) 养护方法

本工程基础底板采用保温法养护,在混凝土完成表面处理 2 h 后,覆盖一层塑料布,将混凝土表面盖严,以减少水分的损失,保温保湿,塑料薄膜上覆盖两层草帘保温材料。保温材料夜间要覆盖严密,防止混凝土暴露,中午气温较高时可以揭开保温材料适当散热。外墙导墙及导墙外采用覆盖阻燃草帘被,然后浇水养护。

蓄水或保温措施在混凝土达到要求强度并表面温度与环境温度差要小于 20 ℃时方可解除,并在中午气温比较高时才可安排进行。

7. 大体积混凝土应急措施

(1) 堵泵措施

底板混凝土采用性能优良的混凝土泵,在浇筑前进行试泵,保证混凝土泵运转正常。如有堵泵,反复进行反泵和正泵,逐步吸出混凝土至料斗中,重新搅拌后再进行泵送;可用木槌敲击等方法,查明堵塞部位,确定部位后,可在管外击松混凝土后,重复进行反泵和正泵,排除堵塞;若上述方法无效时,应在混凝土泵卸压后,拆除堵塞部位的输送管,排出混凝土堵塞物后,再接通管道。重新泵送前,应先排除管内空气,拧紧接头。

在混凝土泵送过程中,若需要有计划中断泵送时,应预先考虑确定的中断浇筑部位,停止泵送;并且中断时间不要超过 1 h。同时采取以下措施:利用混凝土搅拌运输车内的料进行慢速间歇泵送,或利用料斗内的混凝土拌合物进行间歇反泵和正泵;慢速间歇泵送时,应每隔 4～5 min 进行四个行程的正、反泵。泵送完毕,应将混凝土泵和输送管清洗干净。在排除堵物,重新泵送或清洗混凝土泵时,布料设备的出口应朝安全方向,以防堵塞物或废浆高速飞出伤人。

（2）停水、停电措施

由于混凝土泵采用电泵，停电影响比较大，底板混凝土浇筑前项目部提前与相关电力部门联系确保连续供电，为防意外，现场备有发电机可临时供电，发电机的功率不小于 500 kW，以满足搅拌站、两台地泵和振捣棒的用电需求。现场使用的生产用水均采用地下水，通过消防泵房给水到各个生产用水位置。

（3）温差过大措施

测温过程中，混凝土的温差应控制在 25 ℃内，测温过程中，如温差超过 25 ℃，测温员应首先报告项目技术部，技术部根据情况采取措施。一般采取加厚覆盖层的做法，对于本工程，可在原草帘被上加盖一层草帘被。在 8h 后如果温差还是异常，应会同搅拌站和监理单位，共同分析原因，寻求对策。

8. 检测试验

在本工程施工过程中必须保证结构混凝土的强度等级符合设计要求。用于检查结构构件混凝土强度的试件，应在混凝土的浇筑地点随机抽取。取样与试件留置应符合下列规定：

大体积混凝土按照每 200 m^3 留置标养试件一组，每班留现场同条件养护试块一组。所有试件随机取样，成型后用塑料膜严密覆盖，脱膜时写好编号、日期及部位，除同条件养护外，其余强度试件及抗渗试件立即进入标养，以免因试件养护不利出现对工程质量误判。

对于抗渗混凝土每 500 m^3 应留置一组抗渗试块且不得少于两组抗渗试块。试块应在浇筑地点制作，其中至少一组应在标准条件下养护，其余试块与构件相同条件养护；留置抗渗试块的同时需留置抗压强度试件并应取自同一混凝土拌合物中。

4.6.9 质量保证措施

1. 钢筋工程

（1）钢筋的品种和质量必须符合设计要求和有关标准的规定。每次绑扎钢筋时，由责任师对照施工图确认。

（2）钢筋表面应保持清洁。如有油污则必须用棉纱蘸稀料擦拭干净。

（3）钢筋的规格、形状、尺寸、数量、锚固长度、接头设置必须符合设计要求和施工规范规定。

（4）钢筋机械连接接头性能必须符合钢筋施工及验收规定。

（5）弯钩的朝向要正确。箍筋的间距数量应符合设计要求，弯钩角度为 135°，保证弯钩平直长度为 10～10.5d。

（6）为了防止墙柱钢筋位移，在振捣混凝土时严禁碰动钢筋，浇筑混凝土前检查钢筋位置是否正确，设置定位箍以保证钢筋的稳定性、垂直度。混凝土浇筑时设专人看护钢筋，一旦发现偏位及时纠正。

（7）钢筋保护层间距根据钢筋的直径、长度、随时做调整，确保钢筋保护层厚度满足设计要求。

（8）在钢筋加工期间，应不间断地抽检成型钢筋尺寸，发现超出钢筋加工的允许偏差值时，及时纠正，以利确保钢筋安装质量。

（9）在地下室主楼、裙房底板、柱基、基础梁、集水坑、电梯基坑、墙柱插筋等钢筋绑扎安装过程中，对照图纸，在现场重点检查钢筋的安放位置，保证墙柱插筋位置的正确并采取办法固定，预控墙柱插筋位移。底板下部加强钢筋安装范围必须检查到位。

（10）钢筋加工及绑扎允许偏差满足规范要求。

2. 模板工程

(1) 模板检查以轴线检查外墙导墙基础梁砖胎模、电梯坑、集水坑、后浇带钢或木模板安装位置、标高、截面尺寸、外墙导墙上口平直度。提前检查模板与混凝土接触面的清理和隔离剂是否涂刷到位情况。

(2) 检查模板的支撑系统是否牢固，万无一失，转角处支撑有无薄弱点，发现后立即加固整改。

(3) 在办理模板预检前，检查模板的拼缝、平整度、垂直度、模板清理和模板清扫口的封堵。

(4) 检查确认，在保证混凝土表面和棱角不受损伤的情况下，方可拆除外导墙侧模。

(5) 防黏模措施：模板表面和边沿残余砂浆、混凝土必须清理干净；覆膜竹胶板二次周转使用时刷水质脱模剂；优选混凝土配合比，严格控制混凝土的各组分含量，并严格控制混凝土的初凝和终凝时间；混凝土浇筑前，用水湿润混凝土接缝时，不能用水管直接冲向模板；严格控制混凝土的拆模时间，不得过早拆模。

(6) 现浇结构模板安装允许偏差满足表 4－42 要求。

表 4－42　现浇结构模板安装允许偏差

项　目		允许偏差/mm
轴线位移		3
底模上表面标高		±3
截面内部尺寸	基础	±5
	柱、墙	±3
相邻两板高低差		2
表面平整度		2

注：检查轴线时，应沿纵、横两个方向量测，并取其中较大值。

3. 混凝土工程

(1) 浇筑混凝土前，应对模板和钢筋进行互检，清净底板钢筋内的所有杂物，检查和安装保护层垫块、铁马凳。钢筋骨架上应铺设马道跳板，严防踩压钢筋骨架。

(2) 混凝土振捣，应依据振捣棒的长度和振动作用有效半径，有次序地分层振捣，振捣棒移动距离一般在 400 mm 左右(小截面结构和钢筋密集点以振实为度)。振捣棒插入下层已振捣混凝土深度不小于 50 mm，严格控制振捣时间，一般为 20～30 s。振捣棒应快插慢拔，防止漏振。

(3) 大体积混凝土应设测温点，安排专人按时测温记录。

(4) 混凝土工程允许偏差满足表 4－43 要求。

表 4－43　混凝土工程允许偏差

序号	项　目		允许偏差值/mm	检查方法
1	轴线位移	基础	15	尺量
		独立柱基	10	
		墙、柱、梁	8	
		剪力墙	5	
		全高	±30	

（续表）

序号	项　目		允许偏差值/mm	检查方法
2	截面尺寸		+8，−5	尺量
4	表面平整度		8	2 m 靠尺、塞尺
5	预埋设施中心线	预埋件	10	尺量
		预埋螺栓	5	
		预埋管	5	
6	预留洞中心线位置		15	尺量

4. 保证措施

(1) 确保原材料符合规范、规定要求

混凝土所用的水泥、水、骨料、外加剂、掺合料等必须符合规范规定，检查出厂合格证或试验报告是否符合质量要求，派人时时监控混凝土原料质量。对于防水混凝土的原材料更要进行优选，严格控制骨料碱含量、规格、级配、含泥量以及其他影响混凝土性能的指标，保证所用外加剂与选用水泥相适应。

加强对现场混凝土坍落度检测，混凝土拌制过程中每台班坍落度检查不少于 2 次，根据实际情况加大检验次数，由试验员对坍落度进行测试，并做好测试记录。凡是混凝土坍落度不符合要求的，严禁使用。

(2) 混凝土裂纹控制

混凝土产生裂纹容易导致渗漏水，严重的甚至影响结构正常工作，因此施工中应加强控制裂纹的产生，除设计上加强构造措施外，在施工方面应做好以下几点，更好地遏制裂纹的产生。

① 严把材料关，优化配合比设计。选用收缩率、水化热、碱含量较低的水泥，低活性骨料且级配合理、含泥量在规范内，混凝土配合比在满足施工和易性的条件下，通过掺加减水剂降低水灰比提高混凝土的密实度，掺加粉煤灰减少水泥用量、加入膨胀剂增加混凝土的抗裂性等。总之，混凝土的配比应根据混凝土的强度等级、不同部位、不同性能有针对性地选择一些外加剂及掺合料，并通过试配确定最佳掺量。

② 控制好钢筋位置，减少受力产生裂纹。钢筋间距不均匀、位置不准确，保护层偏大偏小，容易导致构件受力不当而使混凝土表面容易拉裂。因此，施工中应确保钢筋保护层到位、钢筋位置符合设计受力要求，在应力变化较大的变截面及转折处应严格按设计要求加设构造钢筋，浇筑前做好隐蔽检查。

③ 强化浇筑工艺，减少塑性收缩。采用二次抹压技术，减少塑性收缩。底板混凝土终凝前用木抹子再次抹压，可以很好地愈合沉缩、干缩引起的裂纹。

控制混凝土的浇筑速度、下料厚度、振捣时间，消除操作不当产生的裂纹。

混凝土振捣时间过长，不仅容易产生过振现象，而且骨料下沉、混凝土表面砂浆层过厚，容易导致裂纹产生，因此应采用分层下料、分层振捣，振捣时间以混凝土表面泛浆、骨料不再沉落为宜。

④ 控制好大体积的温度裂缝。通过合理选择原材料及外加剂、优化混凝土配合比、控制入模温度、施工中分段分层浇筑、做好测温监测、加强养护等一系列措施减少内外温差过大而使混凝土表面拉裂。

5. 成品保护

(1) 钢筋工程

钢筋应按总平面布置图指定地点摆放，用垫木垫放整齐，防止钢筋变形、锈蚀、油污。

底板上下层钢筋绑扎时，支撑马凳绑牢固，防止操作时蹬踩变形。严格控制马凳加工精度在 3 mm 以内，防止底板上部混凝土保护层偏差过大。

严禁随意割断钢筋。当预埋套管必须切断钢筋时，按设计要求设置加强钢筋。绑扎钢筋时禁止碰动预埋件及洞口模板。钢模板内面涂脱模剂，要在地面事先刷好，防止污染钢筋。

埋设于混凝土中的预埋件，必须按施工方案进行严格保护，防止其受到损伤。绝对禁止预埋件部位不采取任何防护措施。

(2) 模板工程

模板安拆时轻起轻放，不准碰撞，防止模板变形。拆模时不得用大锤硬砸或撬棍硬撬，以免损伤混凝土表面和棱角。模板在使用过程中加强管理，及时涂刷脱模剂。支完模板后，保持模内清洁。

(3) 混凝土工程

在混凝土浇筑后应及时进行抹压和养护。为确保商品混凝土的质量，混凝土严禁加水。每车配备液体外加剂，当坍落度过小时，可对混凝土进行二次流化，以满足施工坍落度的要求。

夜间施工时，应安装足够的照明灯具；同时施工现场准备水源，用以冲洗搅拌运输车罐筒和泵车等。

泵送混凝土时，准备足够的塑料薄膜和草帘等保温材料对混凝土进行保温蓄热，防止水分和热量散失，提高混凝土的早期强度，确保混凝土内部温度降低到外加剂设计温度前混凝土强度达到早期允许受冻临界强度。

泵送混凝土系流态混凝土，坍落度较大，胶凝材料用量较多。因此极易发生沉陷及干缩裂缝，应按照国家标准和要求，对浇筑后的混凝土在终凝前，派专人对混凝土对浇筑面进行抹压 2～3 次，以防止产生沉陷干缩裂缝，在混凝土终凝后应及时覆盖塑料薄膜及保温被等其他防护保温措施，以防混凝土受冻，同时也可防止内部与外部温差过大，造成混凝土温差裂缝。混凝土强度达到 1.2 N/mm^2 前，不得在其上踩踏或安装模板及支架。

4.6.10 安全文明施工

1. 安全要求

(1) 工人须经安全教育，考试合格后方可上岗。特殊工种持证上岗，有关证件须符合国家或本省有关规定。

(2) 不同部位混凝土施工前，应根据不同部位构件特点、施工环境等向施工班组和混凝土运输人员进行有针对性的安全技术交底。

(3) 浇筑混凝土前必须检查支撑是否可靠、扣件是否松动。浇筑混凝土时必须设专人看模，随时检查支撑是否变形、松动，并组织及时恢复。

(4) 混凝土施工的作业人员，必须穿胶鞋、戴绝缘手套。

(5) 夜间浇筑混凝土必须有足够的照明设备。

(6) 砂石车离开现场时应在指定洗车池位置,用水清洗干净,不得在道路上遗撒。

(7) 振捣棒有专用开关箱,并接漏电保护器(必须达到两级以上漏电保护),接线不得任意接长。电缆线必须架空,严禁落地。

(8) 施工现场严禁吸烟、追逐、打闹、嬉戏,严禁酒后作业。

(9) 现场临电必须由专业电工配合施工。

(10) 施工机械必须设置防护装置,每台机械必须一机一闸并设漏电保护开关。

(11) 工作场所保持道路通畅,危险部位必须设置明显标志,操作人员必须持证上岗,熟悉机械性能和操作规程。

(12) 传递物料、工具严禁抛掷,以防坠落伤人。

(13) 泵车操作工必须是经培训合格的有证人员,严禁无证操作。

(14) 泵管的质量应符合要求,对已经磨损严重及局部穿孔现象的泵管不准使用,以防爆管伤人。

(15) 泵管架设的支架要牢固,转弯处必须设置井字式固定架。泵管转弯宜缓,接头密封要严。

(16) 泵车安全阀必须完好,泵送时先试送,注意观察泵的液压表和各部位工作正常后加大行程。在混凝土坍落度较小和开始起动时使用短行程。检修时必须卸压后进行。

(17) 当发生堵管现象时,立即将泵机反转把混凝土退回料斗,然后正转小行程泵送,如仍然堵管,则必须经拆管排堵处理后开车,不得强行加压泵送,以防发生炸管等事故。

(18) 混凝土浇筑结束前用压力水压泵时,泵管口前面严禁站人。

2. 环保要求

(1) 现场设置洗车池和沉淀池、污水井,砂石料车在出场前均要用水冲洗,以保证市政交通道路的清洁,减少粉尘污染。

(2) 混凝土泵、振捣棒噪声排放的控制:加强混凝土泵的维修保养,加强对其操作工人的培训和教育,保证混凝土泵平稳运行,选用低噪振捣棒,对超过噪声限制的混凝土泵和振捣棒及时进行更换。

(3) 混凝土施工的废弃物应及时清运,保持工完料尽场地清。

(4) 本工程混凝土内所掺的外加剂,符合国家标准,避免造成不利影响。

单元小结

本单元对常见的四种浅基础类型的施工构造、钢筋下料计算、钢筋、模板、混凝土各分项工程的施工及质量检查验收等内容,结合国家现行规范和标准进行了详细介绍,并通过一具体工程的基础施工方案阐述了基础施工方案的编制内容和方法。

实训

1. 实训任务:搭设独立基础模板,基础尺寸如图 4-120 所示。

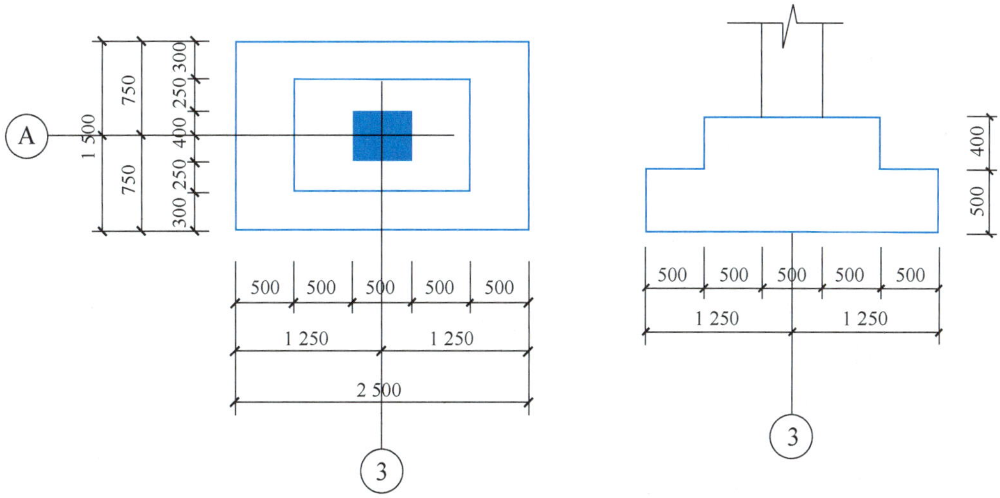

图 4－120　基础大样图

2. 操作过程:算料、备料、放线、支设、检查、验收。

3. 模板安装质量检查标准:见表 4－28。

4. 小组划分:每小组人数为 5～6 人。

自测与案例

一、单项选择题

1. 关于钢筋下料长度说法正确的是(　　)。

A. 钢筋下料长度是指钢筋的外包长度　B. 钢筋下料长度是指钢筋的内包长度

C. 钢筋下料长度是指钢筋的中心线长度　D. 都可以,施工方自行决定

2. 当独立基础的宽度≥2.5 m 时,除外侧两根钢筋外,内部钢筋长度宜采用基础宽度的(　　)。

A. 0.5 倍　B. 0.7 倍　C. 0.4 倍　D. 0.9 倍

3. 下面关于基础梁的说法正确的是(　　)。

A. 基础梁上部贯通钢筋能通则通,不能满足钢筋足尺要求时,可在跨中 1/3 净跨范围内连接

B. 基础梁下部贯通钢筋能通则通,不能满足钢筋足尺要求时,可在跨中 1/4 净跨范围内连接

C. 基础梁非贯通钢筋在支座下方从柱边向跨内延伸的长度不多于两排统一取 1/3 净跨,第三排由设计者注明

D. 基础梁中受扭筋锚固要求同基础梁中的下部纵筋

4. 为避免混凝土浇筑时出现离析现象,混凝土的自由下落高度不应超过(　　)。

A. 1 m　B. 2 m　C. 3 m　D. 4 m

5. 当筏形基础混凝土强度达到设计强度的(　　)时,方可在底板上支梁模板继续浇筑完梁部分混凝土。

A. 15%　B. 25%　C. 30%　D. 50%

二、多项选择题

1. 关于独立基础施工构造说法正确的是(　　)。

A. 普通独立基础底部双向交叉钢筋长向设置在下，短向设置在上

B. 普通独立基础底部双向交叉钢筋长向设置在上，短向设置在下

C. 独立基础底板钢筋的排布范围是底板边长减 2 min(75，钢筋间距/2)

D. 当独立基础底板的宽度≥2.5 m 时，除基础边缘的第一根钢筋外，钢筋长度可减短相应基础边长的 10%

2. 浇筑梁板式筏形基础混凝土，主梁跨度为 6 m，次梁跨度为 5 m，沿次梁方向浇筑混凝土时(　　)是施工缝的合理位置。

A. 距主梁轴线 3 m　　B. 距主梁轴线 2 m

C. 距主梁轴线 1.5 m　　D. 距主梁轴线 1 m

3. 关于钢筋绑扎说法正确的是(　　)。

A. 位于同一连接区段内受拉钢筋搭接接头面积百分率对梁不宜大于 20%，柱不宜大于 50%

B. 焊接与绑扎接头位于最大弯矩处，距钢筋弯起点不小于 $10d$

C. 在施工中如分辨不清受拉、受压区时，为安保证安全其接头设置应按受拉区的规定执行

D. 绑扎搭接时，连接区段长度为 1.3 倍搭接长度

4. 某大体积混凝土采用全面分层法连续浇筑时，混凝土初凝时间为 180 min，运输时间为 30 min。已知上午 8 时开始浇筑第一层混凝土，那么可以在上午(　　)开始浇筑第二层混凝土。

A. 9 时　　B. 9 时 30 分　　C. 10 时　　D. 11 时　　E. 11 时 30 分

三、案例题

1. 认真识读某建筑基础施工图(图 4-121)、某建筑一层柱配筋图(图 4-122)，并完成独立基础底板、基础插筋(首层楼层梁位置及截面尺寸同图 4-121 中的基础联系梁)和基础联系梁的钢筋下料计算，编制钢筋配料单。要求详细列出计算过程，必要时用图表达。

根据图纸编写各分项工程技术交底方案。技术交底方案包括施工准备(材料准备、机具准备、作业条件)、施工工艺(工艺流程、操作要点)、施工质量检查、施工质量通病防治等内容。

任务单

独立基础图纸识读与钢筋下料计算

图 4-121 基础施工说明如下：

(1) 本工程采用②层粉土作为持力层，地基承载力特征值 $f_{ak}=120$ kPa。当开挖基槽时，如至设计标高未见②层土，应继续开挖直至②层土，超挖的部分用碎石填实，分层夯实，压实系数不小于 0.95。

(2) 本工程结构抗震等级三级，建筑场地类别为Ⅲ类，基础结构环境类别为二 a。垫层采用 C15 素混凝土，基础和梁、柱采用 C35 混凝土，垫层出基础边 100 mm。

(3) 基础联系梁设计时考虑参与地震力计算，基础嵌固部位在基础联系梁顶面。基础梁顶面标高均为−0.050 m，基础底面标高均为−1.500 m。

(4) 本图应与国标《16G101-1》《16G101-3》配合施工。

(5) 基槽开挖后应尽快进行基础施工并回填，并避免基槽受雨水浸泡和日光曝晒。基槽开挖后应由勘察和设计人员验收后方可继续施工。如有异常情况请尽快通知勘察和设计

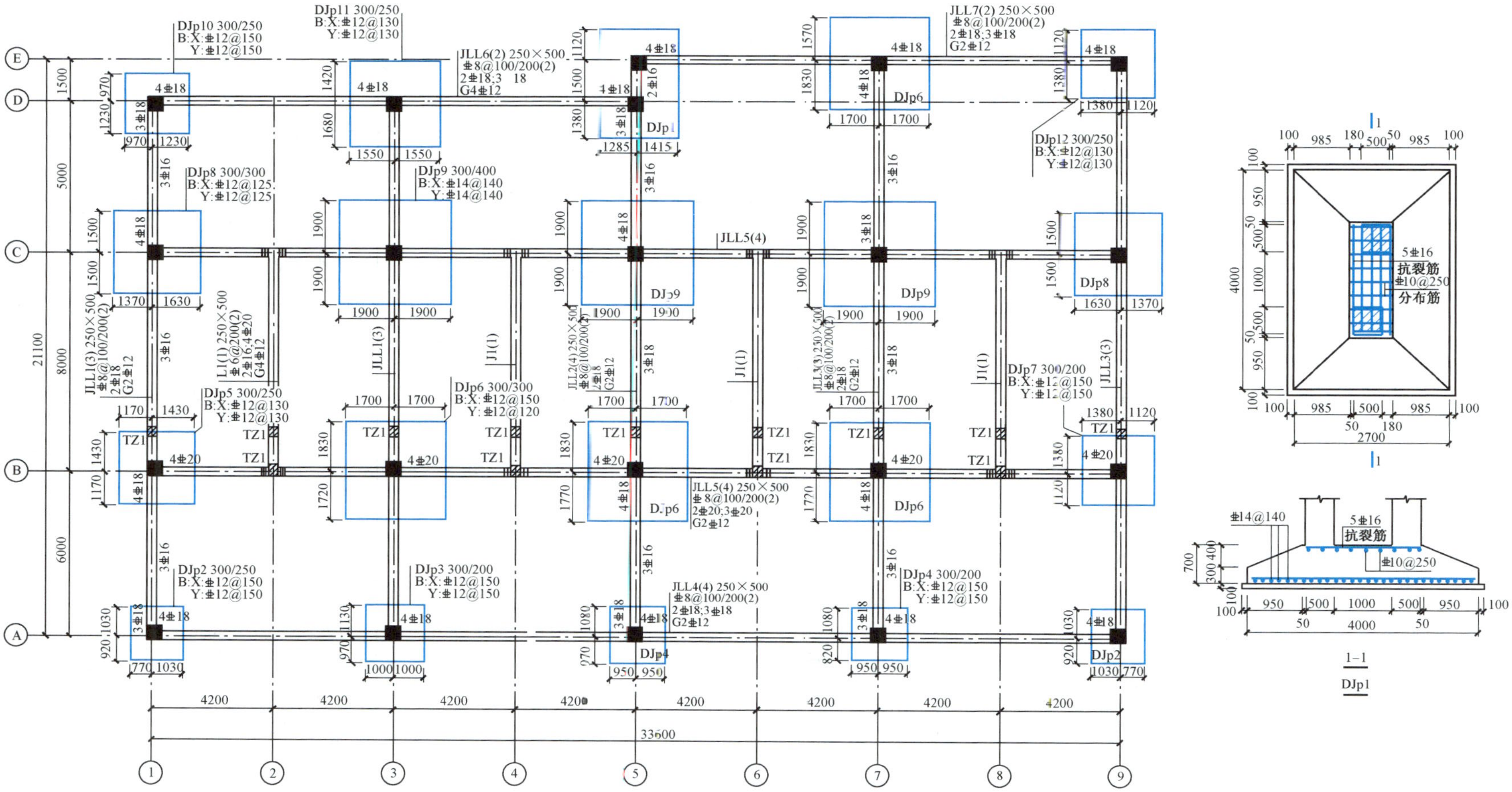

图 4-121　某建筑基础平面布置图

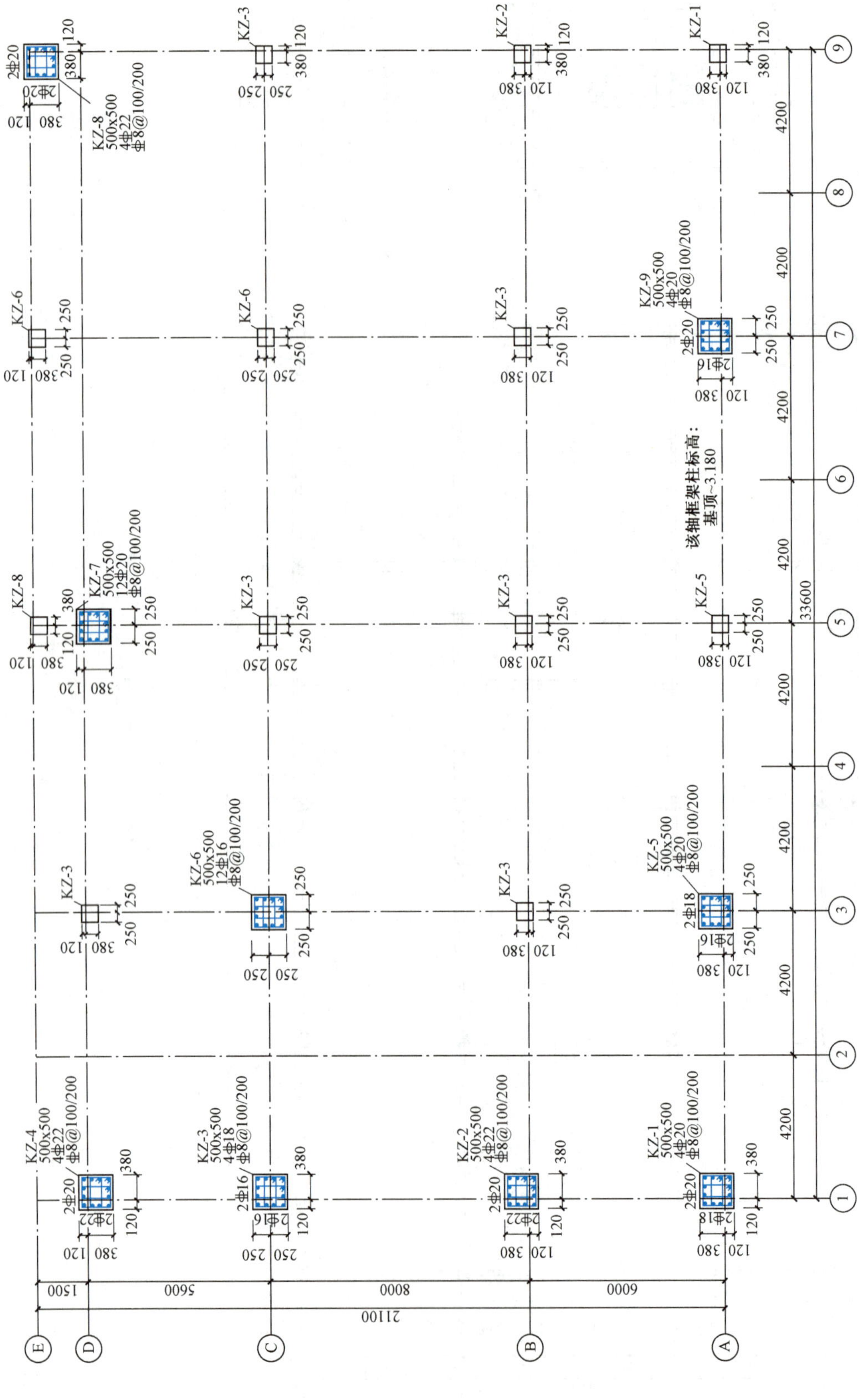

图 4-122　某建筑一层柱平面布置图(基顶～4.150)

人员进行处理。

2. 认真识读“某商住楼基础施工图”（图 4－123），“某商住楼一层柱配筋图”（图4－124），理解图中基础梁标注内容，正确绘制任一轴线柱下条形基础跨中、端部断面图，计算柱下条形基础底板、基础梁以及加腋部位的钢筋下料，并编制钢筋配料单；绘制柱下条形基础模板支设示意图。根据图纸编写各分项工程技术交底方案。

任务单

条形基础图纸识读与钢筋下料计算

图 4－123 中某商住楼基础施工图施工说明如下：

（1）本工程场地类别Ⅰ类，基础设计等级及框架抗震等级均为三级，首层建筑层高 4.2 m。

（2）本工程室内外高差 0.60 m，基础以②层土为持力层，下部垫碎石垫层 700 mm 厚，出基础边 500 mm，要求级配良好，分层夯实，压实系数不小于 0.97。基础以上回填土，分层夯实，压实系数不小于 0.94。

（3）基础施工构造按照国标《16G101－3》执行。

（4）基础混凝土为 C35，基础垫层为 100 mm 厚 C15 混凝土。基础底面标高均为－1.700 m。基础钢筋保护层厚度 40 mm。

3. 认真识读“花园小区 16＃楼基础平面图和基础大样图（局部）”（图 4－125、126），理解图中平法标注内容，计算筏板基础钢筋下料，并编制钢筋配料单；根据图纸编写各分项工程技术交底方案。

图 4－125、126 中筏板基础施工说明如下：

任务单

筏形基础图纸识读与钢筋下料计算

（1）本工程采用③层中砂作为持力层，地基承载力特征值 $f_{ak}=$ 160 kPa，④层粉质黏土层地基承载力特征值 $f_{ak}=140$ kPa，属于软弱下卧层，本工程计算采用地基承载力特征值为 160 kPa。

（2）当开挖基槽时，如至设计标高未见③层土应继续开挖直至③层土，超挖的部分用作粗砂垫层，分层夯实，压实系数不小于 0.97。

（3）基槽开挖后应尽快进行基础施工并回填，并避免基槽受雨水浸泡和日光曝晒。基槽开挖后应由勘察和设计人员验收后方可继续施工。如有异常情况请尽快通知勘察和设计人员进行处理。

（4）筏板混凝土强度等级为 C35，抗渗等级 P6；垫层 100 厚 C15 素混凝土。基础钢筋保护层厚度为 40 mm。

（5）筏形基础外伸端封边构造详《16G101－3》93 页（b）图，侧面构造钢筋为 2⌀12。

（6）地下室底板施工时结合地下室排、截水沟施工。

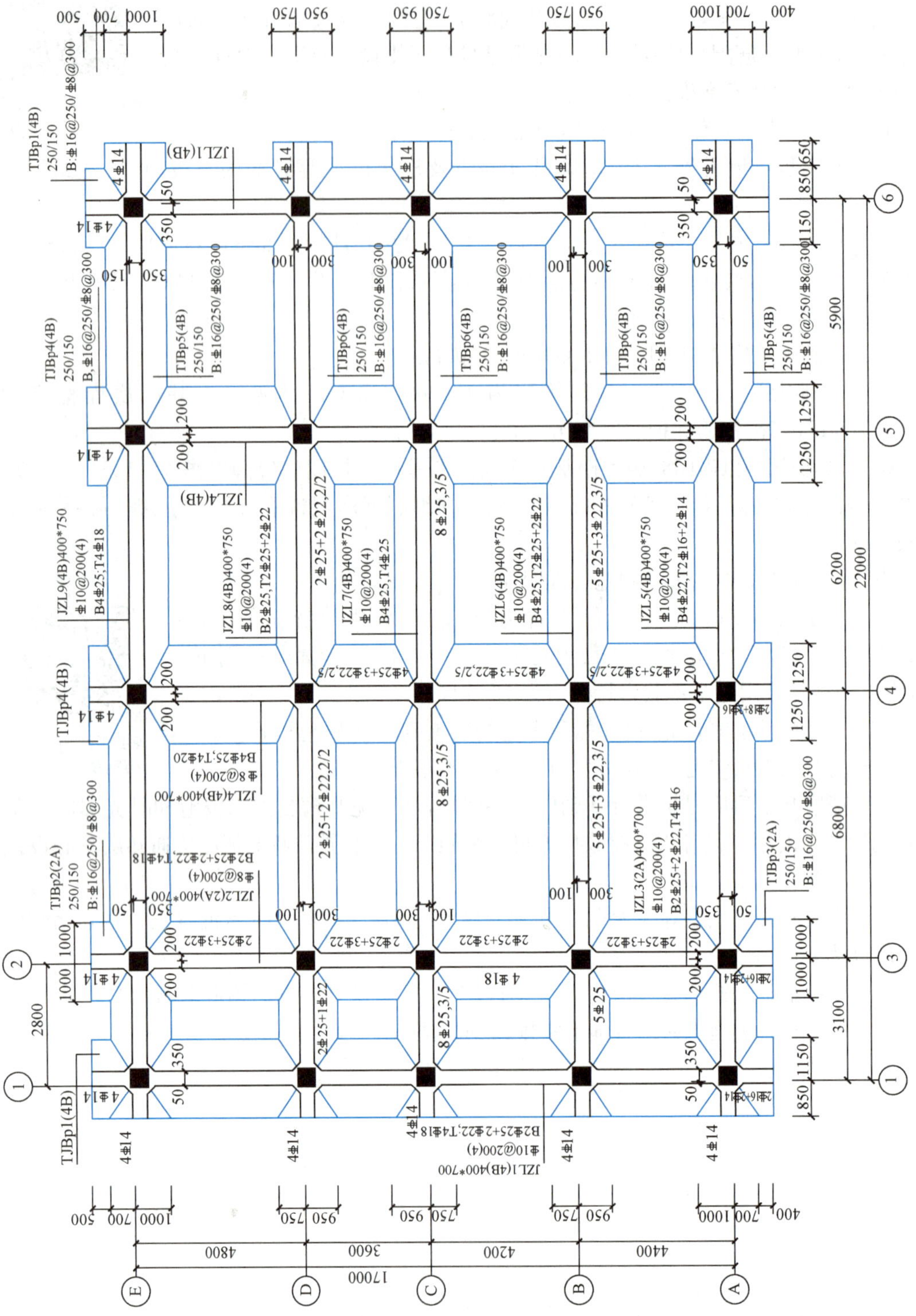

图 4－123　某商住楼基础平面布置图

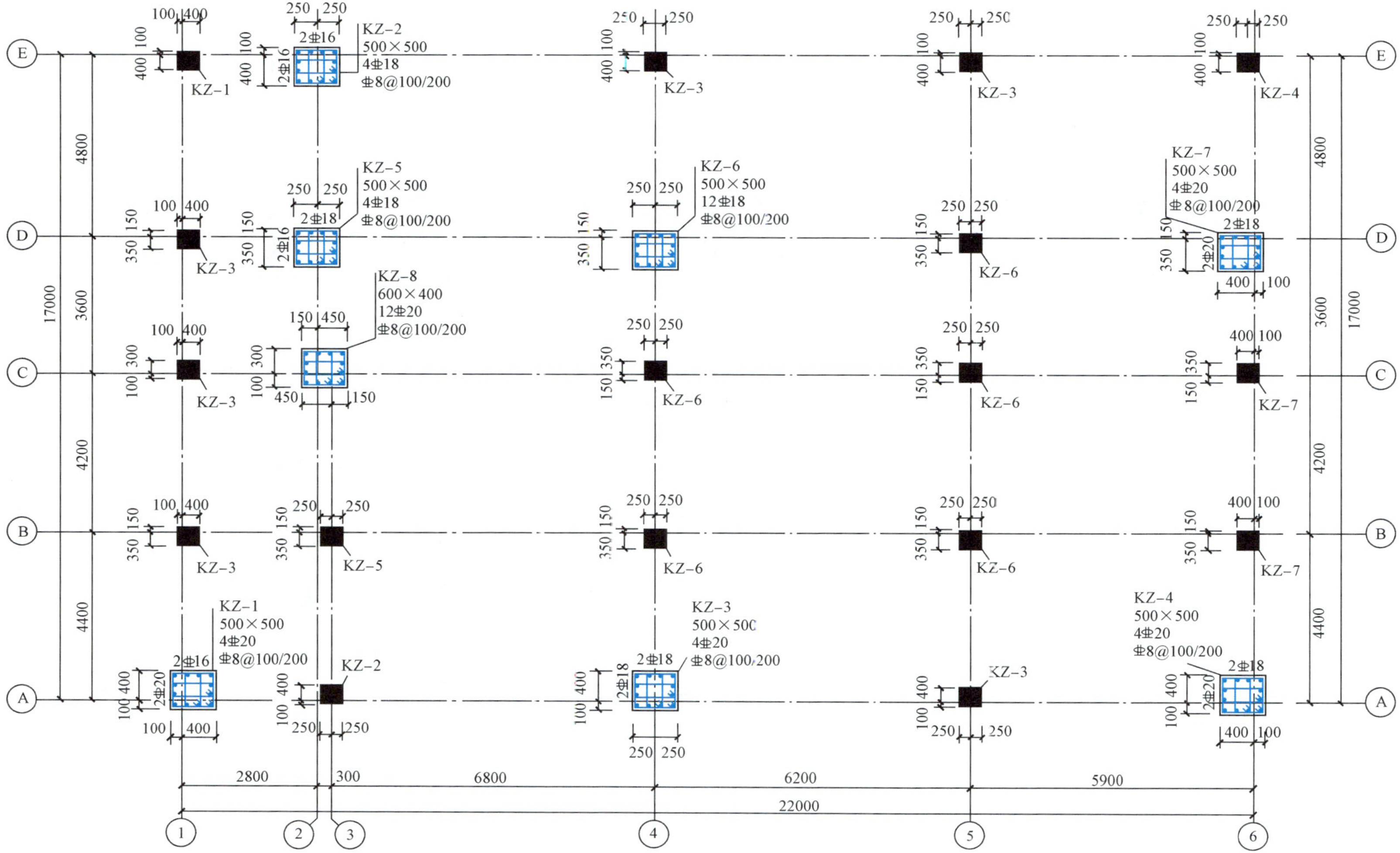

图 4-124　某商住楼一层柱平面布置图(基顶～4.150)

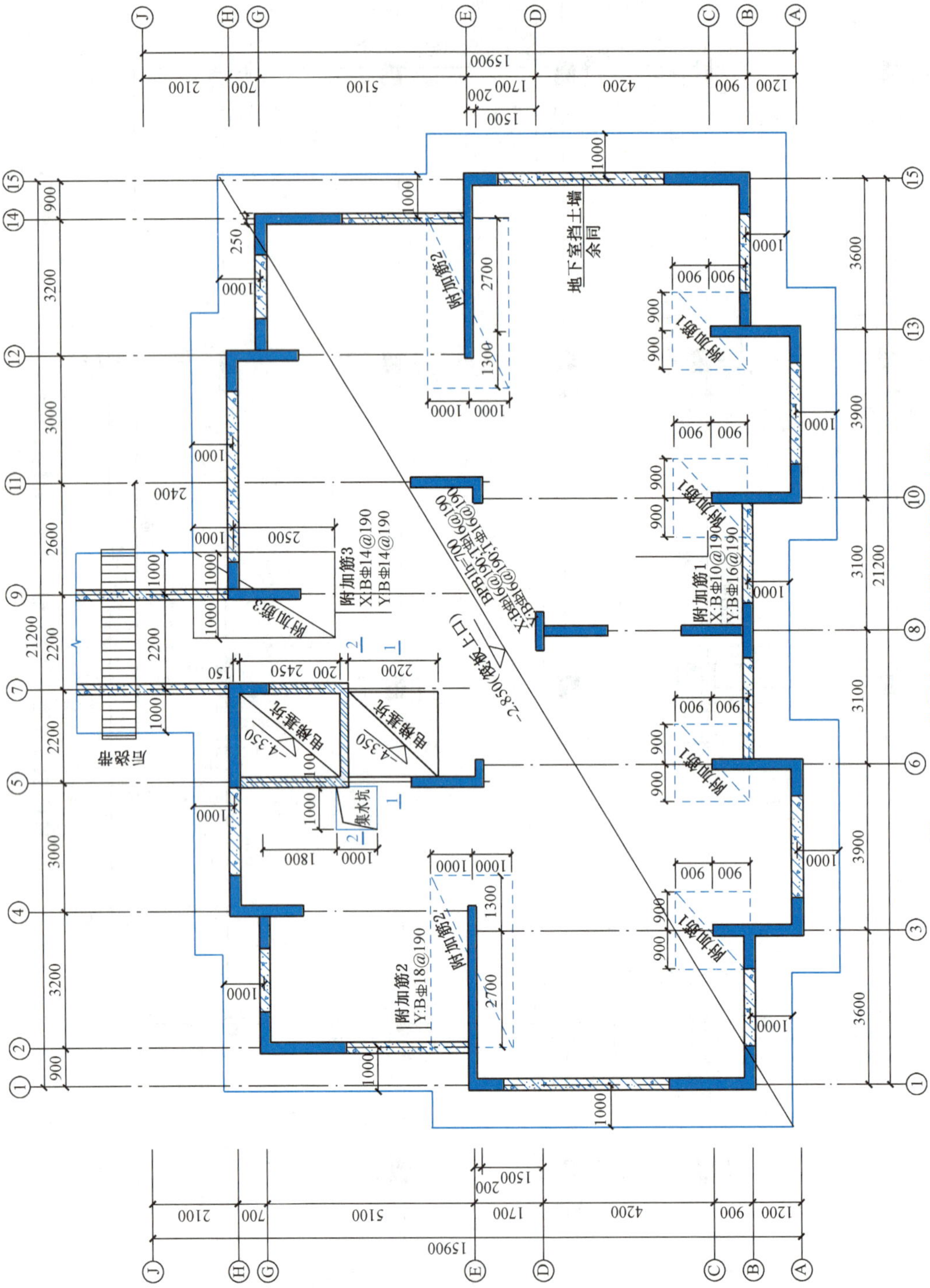

图 4－125　花园小区 16＃楼基础平面布置

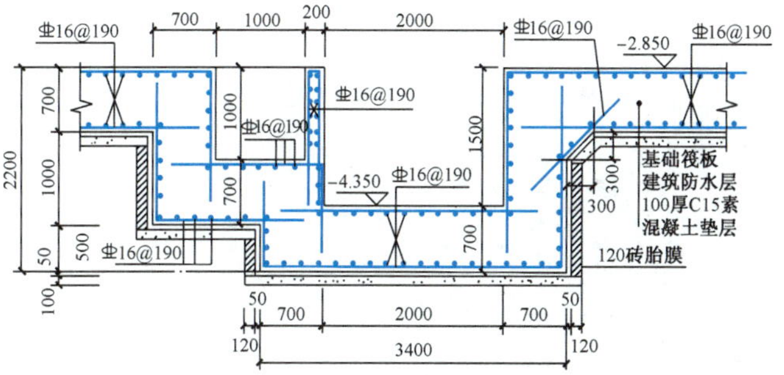

2-2剖面图 1:50

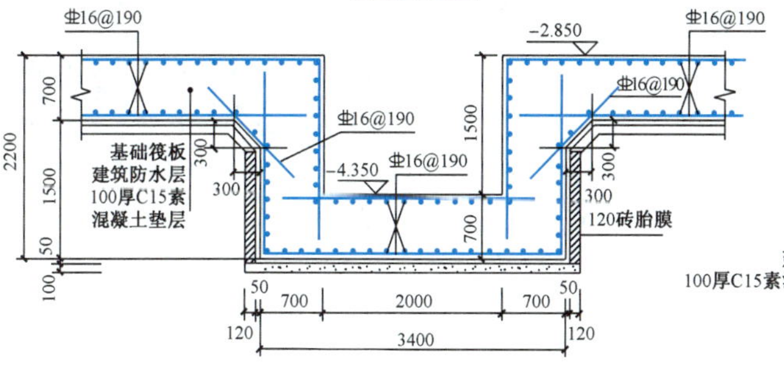

1-1剖面图 1:50

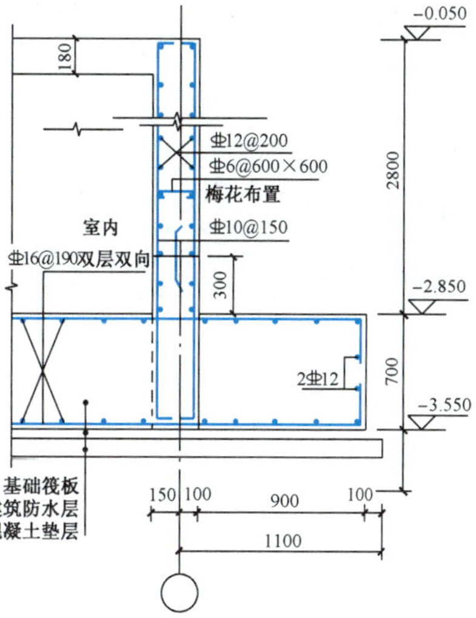

挡土墙配筋图 1:25

图4-126 花园小区16#楼基础大样图(局部)

- 自测答案
- 单元作业
- 单元测验

单元 5
桩基础施工

引 言

当采用浅基础不能满足建筑对地基变形和承载力要求时，往往可以利用深层坚实土层或岩层作为基础的持力层而设计成深基础。其中桩基础以其有效、经济等特点得到最广泛的应用。

学习目标

✓ 了解桩基础类型特点和相关构造知识；
✓ 掌握钢筋混凝土预制桩和灌注桩施工工艺和施工要点；
✓ 掌握桩基质量检查验收标准与验收方法。

本学习单元旨在培养学生进行桩基础施工、桩基质量检查的基本能力。通过课程讲解使学生掌握预制桩、灌注桩施工机具、工艺过程、施工要点、施工质量检查等知识；通过参观、录像、动画等强化学生对桩基施工的认识，增强学生进行桩基施工的综合职业能力。

5.1 桩基础施工基础知识

微课+课件

• 桩基础分类
• 桩基承台及连接构造

当建设场地的浅基础不能满足承载力和变形的要求，往往可以利用深层坚实土层或岩层作为持力层，采用深基础方案。深基础主要有桩基础、沉井基础、墩基础和地下连续墙等几种类型，其中桩基础应用最广泛。

桩基础是由基桩和连接于桩顶的承台共同组成，如图 5－1 所示。桩基础的作用是将上部结构传来的荷载，通过承台由各基桩传递到较深的地基土层中。桩基施工完成后进行承台施工。桩的类型，随着使用材料、构造形式和施工技术的发展，名目繁多。下面仅介绍常用的几种分类。

5.1.1 桩基础分类

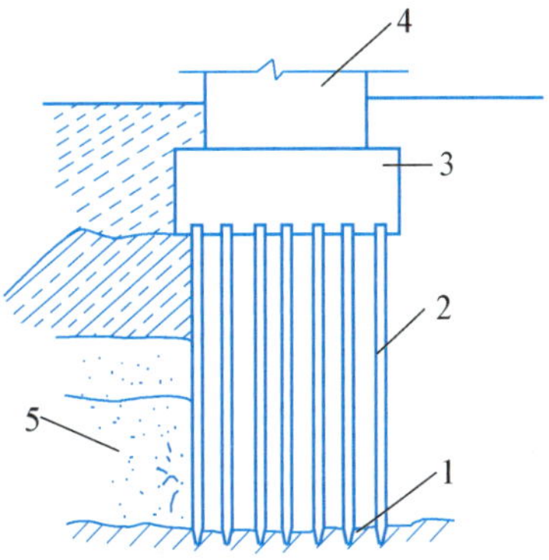

1—持力层；2—桩；3—桩基承台；
4—上部建筑物；5—软弱层
图 5-1 桩基础示意图

按照《建筑桩基技术规范》(JGJ 94—2008)，桩基础分类主要有以下几种：

1. 按承载性状分类

(1) 摩擦型桩：指在承载能力极限状态下，桩顶竖向荷载全部或主要有由桩侧摩阻力承受。摩擦型桩又分为摩擦桩和端承摩擦桩。摩擦桩是指在承载能力极限状态下，桩顶竖向荷载由桩侧阻力承受，桩端阻力小到可忽略不计；端承摩擦桩是指在承载能力极限状态下，桩顶竖向荷载主要由桩侧阻力承受。

(2) 端承型桩：指在承载能力极限状态下，桩顶竖向荷载全部或主要有由桩端阻力承受。端承型桩又分为端承桩和摩擦端承桩。

端承桩是指在承载能力极限状态下，桩顶竖向荷载由桩端阻力承受，桩侧阻力小到可忽略不计；摩擦端承桩是指在承载能力极限状态下，桩顶竖向荷载主要由桩端阻力承受。

2. 按桩径大小分类

按桩径大小不同分为小直径桩($d\leqslant250$ mm)、中等直径桩(250 mm$<d<$800 mm)和大直径桩($d\geqslant800$ mm)。

3. 按承台底面相对位置分类

按承台底面相对位置分为低承台桩和高承台桩。低承台桩是指承台埋设于室外地坪以下的桩基础；工业与民用建筑中的桩基础几乎均为低承台桩；高承台桩是指承台埋设于室外地坪以上的桩基础，高承台桩一般在水工建筑或岸边的港工建筑采用。

5.1.2 桩基承台构造

桩基础承台分为独立承台和承台梁。独立平台常见形式有矩形多桩承台、等边三桩承台、等腰三桩承台等形式。单排桩在桩顶设置承台梁，以利于荷载的传递，如图 5-2 所示。桩基承台的构造，除满足受冲切、受剪切、受弯承载力和上部结构的要求外，尚应符合下列要求：

1. 承台材料

承台混凝土材料及其强度等级应符合结构混凝土耐久性的要求和抗渗要求。承台混凝土强度等级不应低于 C20。承台底面钢筋的混凝土保护层厚度，当有混凝土垫层时，不应小于 50 mm；无垫层时，不应小于70 mm；此外尚不应小于桩头嵌入承台内的长度。

2. 承台构造

独立柱下桩基承台的最小宽度不应小于 500 mm，边桩中心至承台边缘的距离不应小于桩的直径或边长，且桩的外边缘至承台边缘的距离不应小于 150 mm。对于条形承台梁，桩的外边缘至承台梁边缘的距离不应小于 75 mm。承台的最小厚度不应小于 300 mm。高层建筑平板式和梁板式筏形承台的最小厚度不应小于 400 mm，墙下布桩的剪力墙结构筏形承台的最小厚度不应小于 200 mm。高层建筑箱形承台的构造应符合《高层建筑筏形与箱形基础技术规范》(JGJ 6—2011)的规定。

3. 承台配筋

承台的配筋对于柱下独立桩基承台纵向受力钢筋应通长配置[图 5-3(a)]，对四桩以上

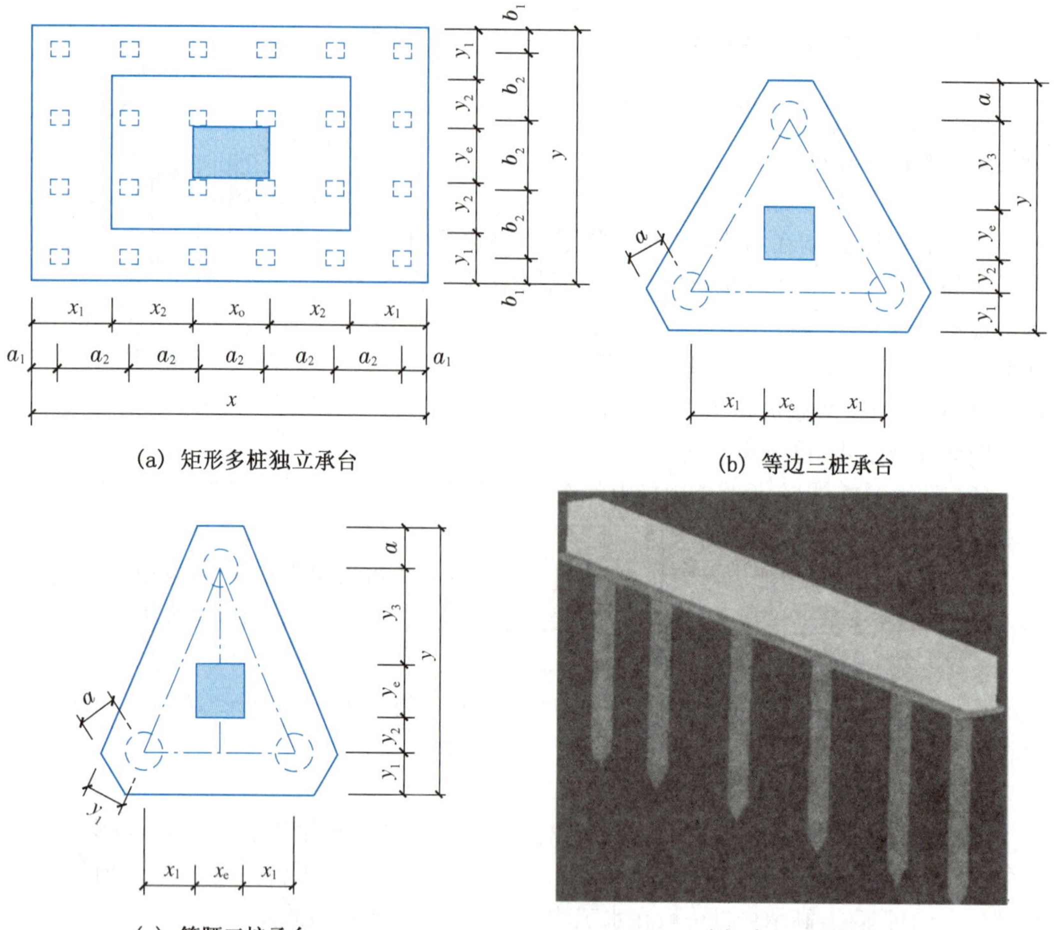

(a) 矩形多桩独立承台　　(b) 等边三桩承台　　(c) 等腰三桩承台　　(d) 条形承台梁示意

图 5-2　桩基承台类型

(含四桩)承台宜按双向均匀布置,对三桩的三角形承台应按三向板带均匀布置,且最里面的三根钢筋围成的三角形应在柱截面范围内[图 5-3(b)]。承台端部纵向钢筋锚固如图 5-4(a)所示。承台纵向受力钢筋的直径不应小于 12 mm,间距不应大于 200 mm,最小配筋率不应小于 0.15%。

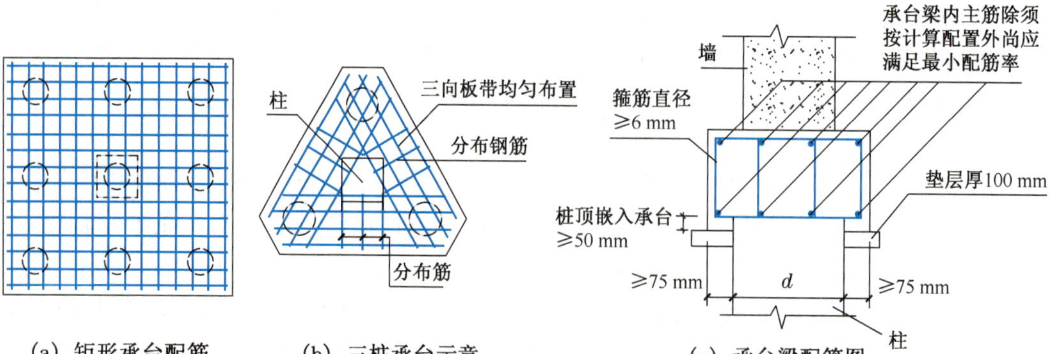

(a) 矩形承台配筋　　(b) 三桩承台示意　　(c) 承台梁配筋图

图 5-3　承台配筋示意

条形承台梁的纵向主筋应符合现行《混凝土结构设计规范》(GB 50010)关于最小配筋

率的规定，主筋直径不应小于 12 mm，架立筋直径不应小于 10 mm，箍筋直径不应小于 6 mm。承台梁端部纵向受力钢筋的锚固如图 5－4(b)所示。

筏形承台板或箱形承台板在纵横两个方向的下层钢筋配筋率不宜小于 0.15%；上层钢筋应按计算配筋率全部连通。当筏板的厚度大于 2000 mm 时，宜在板厚中间部位设置直径不小于 12 mm、间距不大于 300 mm 的双向钢筋网。

4. 桩顶嵌入承台施工构造

桩嵌入承台内的长度对中等直径桩不宜小于 50 mm；对大直径桩不宜小于 100 mm。混凝土桩的桩顶纵向主筋应锚入承台内，其锚入长度不宜小于 35 倍纵向主筋直径，如图 5－5(a)、(c)所示，桩顶纵筋伸入承台要满足锚固要求；当承台厚度小于纵筋直锚长度时，桩顶纵筋锚固如图 5－5(b)所示。

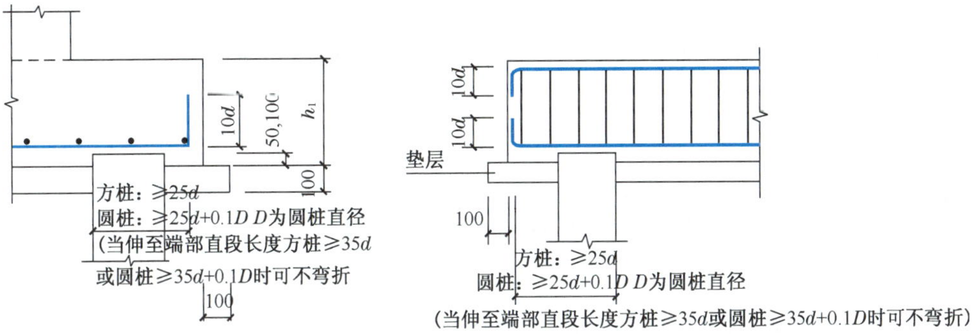

图 5－4 承台及承台梁端部钢筋构造

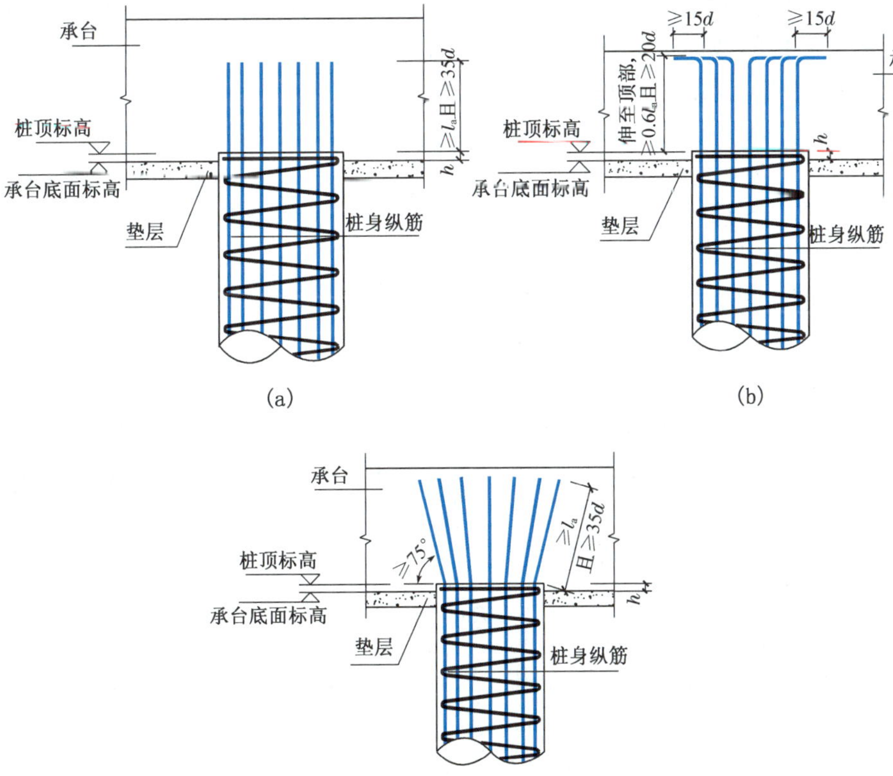

图 5－5 桩顶纵筋在承台内的锚固

5. 柱与承台的连接构造

对于一柱一桩基础，柱与桩直接连接时，柱纵向主筋锚入桩身内长度不应小于 35d(d 为纵向主筋直径)。对于多桩承台，柱纵向主筋应锚入承台不应小于 35d；当承台高度不满足锚固要求时，竖向锚固长度不应小于 20d 且不小于 0.6l_{ab}，并做 90°弯折，弯折长度不应小于 15d。当有抗震设防要求时，对于一、二级抗震等级的柱，纵向主筋锚固长度应乘以 1.15 的系数；对于三级抗震等级的柱纵向主筋锚固长度应乘以 1.05 的系数。

6. 承台与承台之间的连接

一柱一桩时，应在桩顶两个主轴方向上设置联系梁。当桩与柱的截面直径之比大于 2 时，可不设联系梁；两桩桩基的承台，应在其短向设置联系梁；有抗震设防要求的柱下桩基承台，宜沿两个主轴方向设置联系梁；联系梁顶面宜与承台顶面位于同一标高。联系梁宽度不宜小于 250 mm，其高度可取承台中心距的 1/10～1/15，且不宜小于 400 mm。联系梁配筋应按计算确定，梁上下部配筋不宜小于 2 根直径 12 mm 钢筋；位于同一轴线上的联系梁纵筋宜通长配置。

5.2 钢筋混凝土预制桩施工

5.2.1 预制桩制作、吊装、运输及堆放

混凝土预制桩是在工厂或现场预制成型后，用锤击、振动打入、静力压桩等方式送入土中的桩。钢筋混凝土预制桩截面可做成正方形、圆形等形状，为减轻自重，可做成空心。

混凝土预制桩的截面边长不应小于 200 mm，预应力混凝土预制实心桩的截面边长不宜小于 350 mm。预制桩的桩尖可将主筋合拢焊在桩尖辅助钢筋上，当持力层为密实砂和碎石类土时，宜在桩尖处包以钢钣桩靴，加强桩尖。预制桩的桩身配筋应按吊运、打桩及桩在使用中的受力等条件计算确定。采用锤击法沉桩时，预制桩的最小配筋率不宜小于 0.8%。静压法沉桩时，最小配筋率不宜小于 0.6%，主筋直径不宜小于 ϕ14，打入桩桩顶以下 4～5 倍桩身直径长度范围内箍筋应加密，并设置钢筋网片。如图 5-6 所示。混凝土预制桩采用间隔重叠法制成。

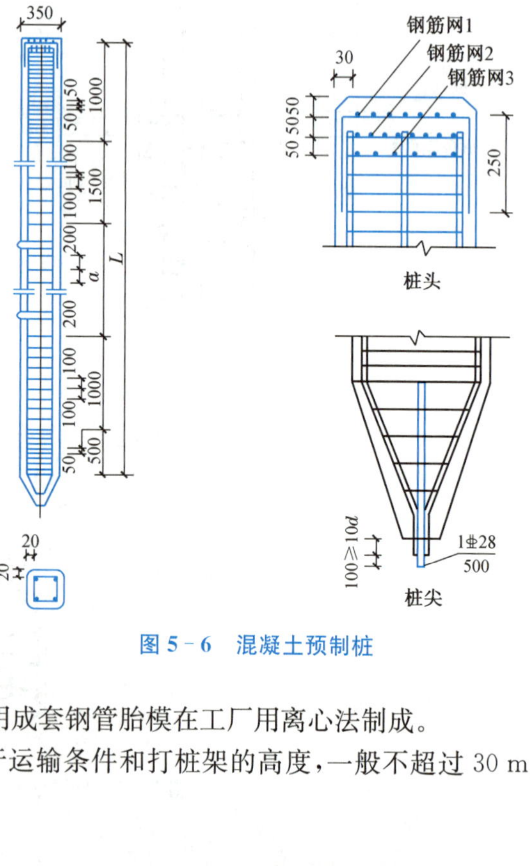

图 5-6 混凝土预制桩

预应力混凝土空心桩按截面形式可分为管桩、空心方桩，按混凝土强度等级可分为预应力高强混凝土(PHC)桩、预应力混凝土(PC)桩。预应力混凝土空心桩采用成套钢管胎模在工厂用离心法制成。

预制桩的单根桩的最大长度主要取决于运输条件和打桩架的高度，一般不超过 30 m。

如桩长超过 30 m，可将桩分成几段预制，但是每根桩的接头数量不宜超过 3 个。在打桩过程中进行接桩处理。

5.2.1.1 间隔重叠法预制桩制作程序

现场制作场地压实、整平→场地地坪作三七灰土或浇筑混凝土→支模→绑扎钢筋骨架、安设吊环→浇筑混凝土→养护至 30%强度拆模→支间隔端头模板、刷隔离剂、绑钢筋→浇筑间隔桩混凝土→同法间隔重叠制作第二层桩→养护至 70%强度起吊→达 100%强度后运输、堆放。

5.2.1.2 间隔重叠法预制桩制作方法

（1）混凝土预制桩可在工厂或施工现场预制，预制场地必须平整、坚实。制桩模板宜采用钢模板，模板应具有足够刚度，并应平整，尺寸应准确。制桩时桩头部分使用钢模堵头板，并与两侧模板相互垂直，桩与桩间用塑料薄膜、油毡、水泥袋纸或刷废机油、滑石粉隔离剂隔开。邻桩与上层桩的混凝土需待邻桩或下层桩的混凝土达到设计强度的 30%以后进行，用间隔重叠法生产时重叠层数一般不应超过四层，如图 5－7 所示。

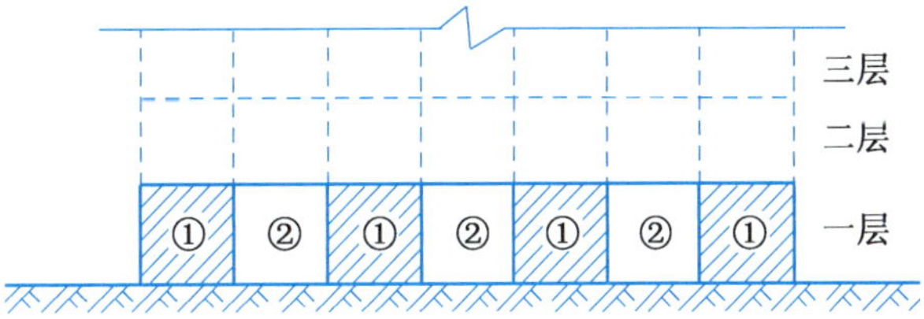

图 5－7 重叠间隔制桩示意图

（2）长桩可分节制作，单节长度应满足桩架的有效高度、制作场地条件、运输与装卸能力等方面的要求，并应避免在桩尖接近硬持力层或桩尖处于硬持力层中接桩。

（3）桩中的钢筋应严格保证位置的正确，桩尖应对准纵轴线，钢筋骨架主筋连接宜采用对焊和电弧焊，当钢筋直径不小于 20 mm 时，宜采用机械接头连接。主筋接头配置在同一截面内的数量，当采用对焊或电弧焊时，对于受拉钢筋，不得超过 50%；相邻两根主筋接头截面的距离应大于 $35d$（d 为主筋直径），并不应小于 500 mm；同时必须符合现行行业标准《钢筋焊接及验收规程》(JGJ 18)和《钢筋机械连接通用技术规程》(JGJ 107)的规定。

（4）预制桩的混凝土强度等级不宜低于 C30；预应力混凝土实心桩的混凝土强度等级不应低于 C40；预制桩纵向钢筋的混凝土保护层厚度不宜小于 30 mm。粗骨料宜用粒径 5～40 mm 碎石或卵石用机械拌制混凝土坍落度不大于 60 mm，混凝土浇筑应由桩顶向桩尖方向连续浇筑，不得中断，并应防止另一端的砂浆积聚过多，并用振捣器仔细捣实。接桩的接头处要平整，使上下桩能互相贴合对准。浇筑完毕应护盖洒水养护不少于 7 d，如用蒸汽养护，在蒸养后，尚应适当自然养护，30 d 方可使用。

5.2.1.3 起吊、运输和堆放

当桩的混凝土达到设计强度标准值的 70%后方可起吊，吊点应系于设计规定之处，如无吊环，可按图 5－8 所示位置设置吊点起吊。在吊索与桩间应加衬垫，起吊应平稳提升，采取措施保护桩身质量，防止撞击和受震动。

桩运输时的强度应达到设计强度标准值的 100%。装载时桩支承应按设计吊钩位置或接近设计吊钩位置叠放平稳并垫实，支撑或绑扎牢固，以防运输中晃动或滑动。

预应力混凝土空心桩的堆放应符合下列规定：堆放场地应平整坚实，排水良好，最下层与地面接触的垫木应有足够的宽度和高度。堆放时桩应稳固，不得滚动；桩应应按不同规格、长度及施工流水顺序分别堆放；当场地条件许可时，宜单层堆放；当叠层堆放时，外径为

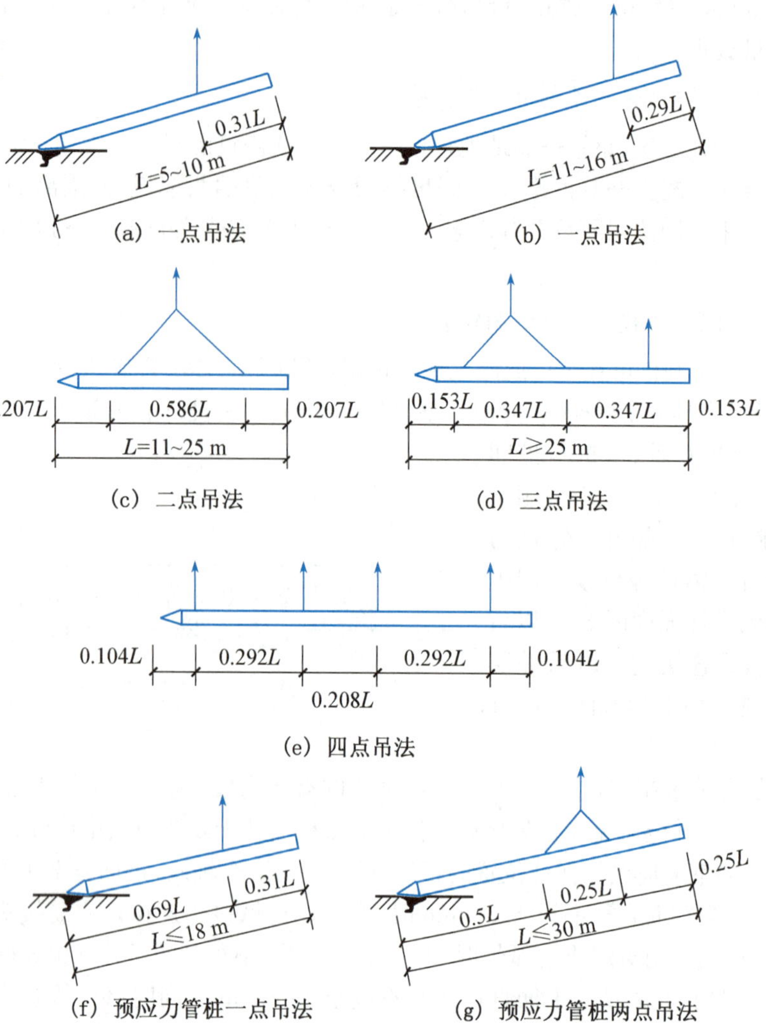

图 5－8　预制桩吊点位置

500～600 mm 的桩不宜超过 4 层，外径为 300～400 mm 的桩不宜超过 5 层；叠层堆放桩时，应在垂直于桩长度方向的地面上设置 2 道垫木，垫木应分别位于距桩端 0.2 倍桩长处的同一横断平面上，各层垫木应上下对齐，并支承平稳。底层最外缘的桩应在垫木处用木楔塞紧；垫木宜选用耐压的长木枋或枕木，不得使用有棱角的金属构件。

5.2.2　锤击沉桩

5.2.2.1　施工准备

1. 技术准备和现场准备

微课+课件

预制桩施工准备

(1) 核对工程地质勘查资料与现场情况。

(2) 学习、熟悉桩基施工图纸，并进行会审；编制施工方案经审批后进行技术交底，特别是地质情况、设计要求、操作规程和安全措施的交底。

(3) 整平场地，清除桩基范围内的高空、地面、地下障碍物；架空高压线距打桩架不得小于 10 m；修设桩机进出、行走道路，做好排水措施。

(4) 按图纸布置进行测量放线，定出桩基轴线，先定出中心，再引出两侧，并将桩的准确位置测设到地面，每一个桩位打一个小木桩；并测出每个桩位的实际标高，场地外设 2～3 个水准点，以便随时检查之用。

(5) 检查桩的质量，将需用的桩按平面布置图堆放在打桩机附近，不合格的桩不能运至打桩现场。

(6) 检查打桩机设备及起重工具；铺设水电管网，进行设备架立组装和试打桩。在桩架上设置标尺或在桩的侧面画上标尺，以便能观测桩身入土深度。

(7) 打桩场地建(构)筑物有防震要求时，应采取必要的防护措施。

(8) 准备好桩基工程沉桩记录和隐蔽工程验收记录表格，并安排好记录和监理人员等。

2. 材料准备

钢筋混凝土预制桩、焊条、钢板以及其他辅助机具。

3. 施工机具准备

打桩机械设备一般由桩锤、桩架和为桩锤提供动力的附属设备等三部分组成。

(1) 桩锤是锤击沉桩的主要设备，有落锤、柴油锤、振动锤、蒸汽锤等。目前应用最多的是柴油锤。施工前首先应根据施工条件选择桩锤的类型，然后决定锤重，一般锤重大于桩重的 1.5～2 倍时效果较为理想(桩重大于 2 t 时可采用比桩轻的锤，但不宜小于桩重的 75%)，锤击沉桩时力求采用“重锤轻击”。

(2) 桩架是打桩起重和导向设备。常用桩架有履带式和多功能式。桩架的高度可按桩长需要分节组装，每节长 3～4 m。桩架的高度选择一般按照“桩长＋滑轮组高＋桩锤长度＋桩帽长度＋起锤移位高度(取 1～2 m)”等决定。一般情况，当单根桩长小于等于 24 m，桩架高度大于等于 30 m；当单根桩长小于等于 26 m，桩架高度大于等于 34 m；当单根桩长小于等于 30 m，桩架高度大于等于 40 m。

(3) 动力装置。动力装置的配置取决于所选的桩锤，包括启动桩锤用的动力设施。

(4) 送桩器及衬垫。送桩器宜做成圆筒形，并应有足够的强度、刚度和耐打性。送桩器长度应满足送桩深度的要求，弯曲度不得大于 1/1000；送桩器上下两端面应平整，且与送桩器中心轴线相垂直；送桩器下端面应开孔，使空心桩内腔与外界连通；送桩器应与桩匹配。套筒式送桩器下端的套筒深度宜取 250～350 mm，套管内径应比桩外径大 20～30 mm，插销式送桩器下端的插销长度宜取 200～300 mm，杆销外径应比(管)桩内径小 20～30 mm。对于腔内存有余浆的管桩，不宜采用插销式送桩器。

送桩作业时，送桩器与桩头之间应设置 1～2 层麻袋或硬纸板等衬垫。内填弹性衬垫压实后的厚度不宜小于 60 mm。

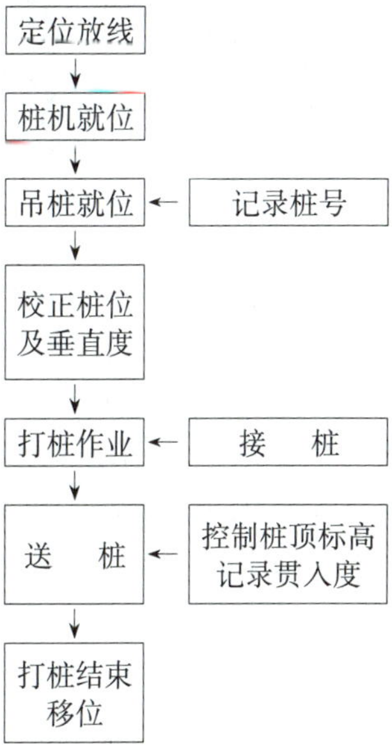

图5-9　桩施工工艺过程

5.2.2.2　施工工艺

桩进入施工作业区后，按图 5-9 的顺序施工。

5.2.2.3　施工要点

(1) 定位放线：将基准点设在施工场地外，并用混凝土加以固定保护，依据基准点利用全站仪或钢尺配合经纬仪测量放线，桩位测量放线误差对群桩控制在 20 mm 以内，对单排桩控制在 10 mm 以内。放线经自检合格，报监理单位联合验收合格后方可施工。

(2) 桩机就位:打桩机就位后,检查桩机的水平度及导杆的垂直度,桩机须平稳,控制导杆垂直度偏差不得超过 0.5%,通过基准点或相邻桩位校核桩位。

微课+课件

预制桩锤击沉桩施工

(3) 吊桩就位:先拴好吊桩用的钢丝绳和索具,然后应用索具捆绑在桩上端吊环附近处,一般不宜超过 300 mm,再启动机器起吊预制桩,使桩尖垂直或按设计要求的斜角准确地对准预定的桩位中心,缓缓放下插入土中,位置要准确,再在桩顶扣好桩帽或桩箍,即可除去索具。

(4) 稳桩,校正桩位及垂直度

桩尖插入桩位后,先用落距较小冷锤 1～2 次,桩入土一定深度,再调整桩锤、桩帽、桩垫及打桩机导杆,使之与打入方向成一直线,并使桩稳定。10 m 以内短桩可用线坠双向校正;10 m 以上必须用经纬仪双向校正,不得用目测。打斜桩时必须用角度仪测定、校正角度。观测仪器应设在不受打桩机移动及打桩作业影响的地点,并经常与打桩机成直角移动。桩插入土时垂度偏差不得超过 0.5%。桩在打入前,应在桩的侧面或桩架上设置标尺,以便在施工中观测、记录。如图5-10所示为垂直度校正。

(5) 开锤打桩(图 5-11)

图 5-10　垂直度校正

图 5-11　开捶打(沉)桩

① 打桩顺序。打桩顺序安排不合理,往往会造成桩位偏移、上拔,地面隆起过多,邻近建筑物和地下管线破坏等事故。因此要合理确定打桩顺序。

a. 若桩距小于 4 倍桩直径,对于密集群桩,自中间向两个方向或向四周对称施打,当一侧毗邻建筑物时,由毗邻建筑物处向另一方向施打。当基坑较大时,应将基坑分为数段,而后在各段范围内分别进行(图 5-12),但打桩应避免自外向内,或从周边向中间进行,以避免中间土体被挤密,桩难打入,或虽勉强打入,但使邻桩侧移或上冒。

b. 对桩底标高不一的桩,宜先深后浅;对不同规格的桩,宜先大后小,先长后短;先群桩后单桩;先低精度桩后高精度桩。

c. 若桩距大于或等于 4 倍桩直径,则与打桩顺序无关。

打桩应用适合桩头尺寸的桩帽和弹性垫层,以缓和打桩时的冲击。桩帽用钢板制成,并用垫木、麻袋、草垫等承托。桩帽或送桩帽与桩周围的间隙应为 5～10 mm。打桩时桩锤、桩帽或送桩帽应和桩身在同一中心线上。

② 打桩。开动机器打桩。一般采用重锤低击(锤的重量大而落距小),开始时控制油门

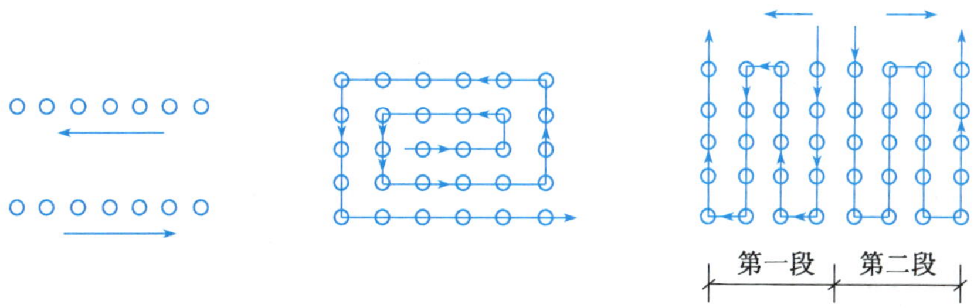

(a) 逐排打设　　(b) 自中部向四周打设　　(c) 分段打设

图 5－12　打桩顺序

处于很小的位置，待桩入土一定深度稳定后，逐渐加大油门按要求落距沉桩。采用“重锤轻击”使桩极易打入土中，不会打坏桩头，也不会产生桩身回跃（回弹）；桩锤过轻时，则会出现“轻锤高击”，极易损坏桩头，桩也难以打入土中。

微课＋课件

预制接桩施工

（6）接桩形式和方法

混凝土预制长桩，受运输条件和打（沉）桩架高度限制，一般分成数节制作，分节打入，现场接桩。桩的连接可采用焊接、法兰连接或机械快速连接（螺纹式、啮合式）（图 5－13）。

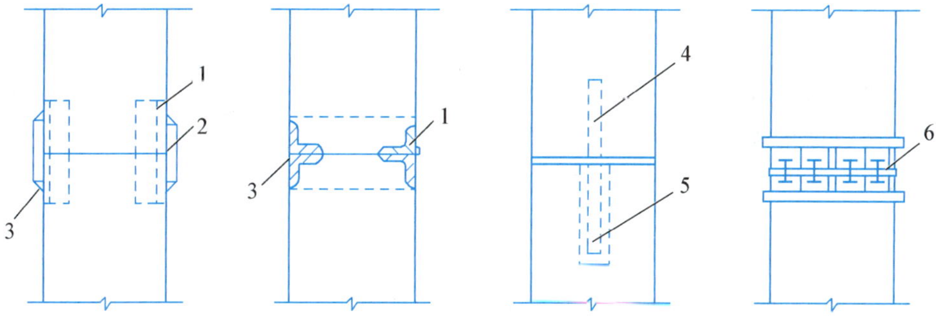

(a) 焊接接合　　(b) 焊接接合　　(c) 管式接合　　(d) 管桩螺栓接合

1—角钢与主筋焊接；2—钢板；3—焊缝；4—预埋钢管；5—浆锚孔；6—法兰盘

图 5－13　桩的接头形式

焊接接桩的钢钣宜采用低碳钢，焊条宜采用 E43；并应符合《钢结构焊接规范》（GB 50661）要求。接头宜采用探伤检测，同一工程检测量不得少于 3 个接头；法兰接桩的钢钣和螺栓宜采用低碳钢。

焊接接桩应符合应符合下列规定：下节桩段的桩头宜高出地面 0.5 m；下节桩的桩头处宜设导向箍。接桩时上下节桩段应保持顺直，错位偏差不宜大于 2 mm。接桩就位纠偏时，不得采用大锤横向敲打；桩对接前，上下端板表面应采用铁刷子清刷干净，坡口处应刷至露出金属光泽；焊接宜在桩四周对称地进行，待上下桩节固定后拆除导向箍再分层施焊；焊接层数不得少于 2 层，第一层焊完后必须把焊渣清理干净，方可进行第二层施焊，焊缝应连续、饱满；焊好后的桩接头应自然冷却后方可继续锤击，自然冷却时间不宜少于 8 min（二氧化碳气体保护焊时，自然冷却时间不宜少于 3 min）；严禁采用水冷却或焊好即施打；雨天焊接时，应采取可靠的防雨措施；焊接接头的质量检查，对于同一工程探伤抽样检验不得少于 3 个接头。

采用机械快速螺纹接桩的操作与质量应符合下列规定：安装前应检查桩两端制作的尺

寸偏差及连接件，无受损后方可起吊施工，其下节桩端宜高出地面 0.8 m；接桩时，卸下上下节桩两端的保护装置后，应清理接头残物，涂上润滑脂；应采用专用接头锥度对中，对准上下节桩进行旋紧连接；可采用专用链条式扳手进行旋紧(臂长 1 m 卡紧后人工旋紧再用铁锤敲击板臂)，锁紧后两端板尚应有 1～2 mm 的间隙。

采用机械啮合接头接桩的操作与质量应符合下列规定：将上下接头板清理干净，用扳手将已涂抹沥青涂料的连接销逐根旋入上节桩Ⅰ型端头板的螺栓孔内，并用钢模板调整好连接销的方位；剔除下节桩Ⅱ型端头板连接槽内泡沫塑料保护块，在连接槽内注入沥青涂料，并在端头板面周边抹上宽度 20 mm、厚度 3 mm 的沥青涂料；当地基土、地下水含中等以上腐蚀介质时，桩端板板面应满涂沥青涂料；将上节桩吊起，使连接销与Ⅱ型端头板上各连接口对准，随即将连接销插入连接槽内；加压使上下节桩的桩头板接触，接桩完成。

(7) 送桩

当桩顶打至接近地面需要送桩时，应测出桩的垂直度并检查桩顶质量，合格后应及时送桩。送桩可用钢筋混凝土或钢材制作(图 5-14)，长度应视桩顶标高而定。不得将工程桩用作送桩器。

送桩深度不宜大于 2.0 m；送桩的最后贯入度应参考相同条件下不送桩时的最后贯入度并修正。当送桩深度超过 2.0 m 且不大于 6.0 m 时，打桩机应为三点支撑履带自行式或步履式柴油打桩机；桩帽和桩锤之间应用竖纹硬木或盘圆层叠的钢丝绳作"锤垫"，其厚度宜取 150～200 mm。送桩后遗留的桩孔应立即回填或覆盖。

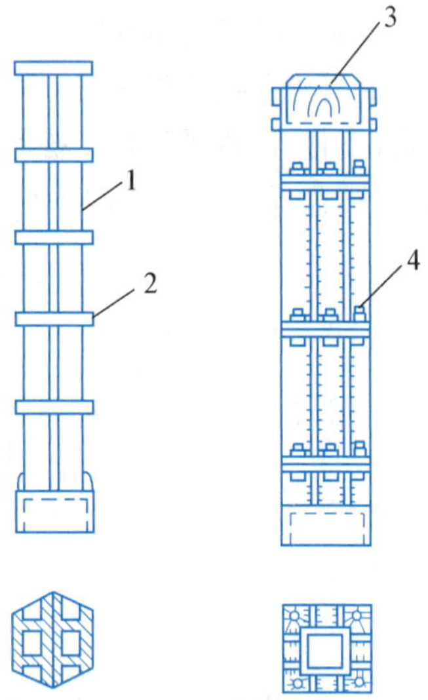

(a) 钢轨送桩　　(b) 钢板送桩

1—钢轨；2—15 mm 厚钢板箍；3—硬木垫；4—连接螺柱

图 5-14　钢送桩构造

(8) 预制桩终止锤击

当桩端位于一般土层时，应以控制桩端设计标高为主，贯入度为辅；桩端达到坚硬、硬塑的黏性土、中密以上粉土、砂土、碎石类土及风化岩时，应以贯入度控制为主，桩端标高为辅；贯入度已达到设计要求而桩端标高未达到时，应继续锤击 3 阵，并按每阵 10 击的贯入度不应大于设计规定的数值确认，必要时，施工控制贯入度应通过试验确定。

当遇到贯入度剧变，桩身突然发生倾斜、位移或有严重回弹、桩顶或桩身出现严重裂缝、破碎等情况时，应暂停打桩，并分析原因，采取相应措施。

5.2.3　静压桩施工

静力压桩是指在均匀软弱土中利用压桩架的自重和配重通过卷扬机的牵引传至桩顶，将桩逐节压入土中的一种施工方法。其压桩原理是以桩机本身的重量和桩机上的配重作为反作用力，以克服压桩过程中的桩侧摩阻力和桩端阻力。该法主要应用于软土、一般黏性土地基。其优点为无噪声、无振动、对邻近建筑及周围环境影响小，适合在城市，尤其是居民密集区施工。

5.2.3.1 施工准备

施工视频

静压桩施工

(1) 技术和现场准备:同锤击沉桩。

(2) 材料准备:钢筋混凝土预制桩。

(3) 施工机具准备:静压桩机、轮胎式起重机、运输载重汽车等。

静压桩机分机械式和液压式两种,其中液压式压桩机应用较为广泛。图5-15为全液压式静压桩机。静压桩机的选择应综合考虑桩的截面、长度、穿越土层和桩端土的特性,单桩承载力及布桩密度等因素。

图5-15 全液压式静力压桩机

5.2.3.2 施工工艺

如图5-16所示,施工程序为:测量定位→压桩机就位→吊桩、插桩→桩身对中调直→静压沉桩→接柱→再静压沉桩→送桩→终止压桩→检查验收→转移桩基。

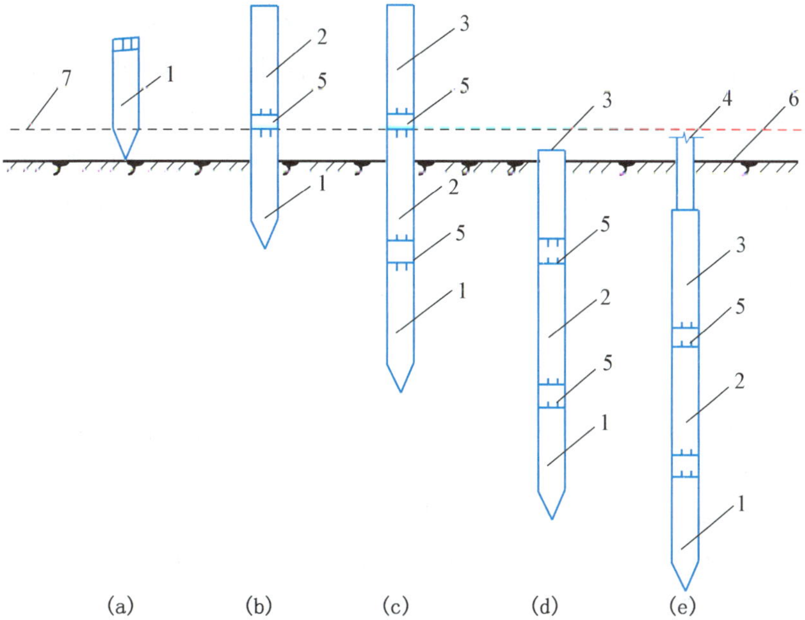

1—第一段桩;2—第二段桩;3—第三段桩;4—送桩;

5—桩接头处;6—地面线;7—压桩架操作平台线

图5-16 静压桩工艺程序示意图

(a) 准备压第一段桩;(b) 接第二段桩;(c) 接第三段桩;(d) 整根桩压至地面;(e) 送桩、压桩完毕

5.2.3.3 施工要点

(1) 桩机就位

压桩时，桩机就位是利用行走装置完成，它是由横向行走(短船行走)和回转机构组成。把船体当作铺设的轨道，通过横向和纵向油缸的伸程和回程使桩机实现步履式的横向和纵向行走。

(2) 吊桩、插桩

静压预制桩每节长度一般在 12 m 以内，插桩时先用起重机吊运或用汽车运至桩机附近，再利用桩机上自身设置的工作吊机将预制混凝土桩吊入夹持器中，夹持油缸将桩从侧面夹紧，即可开动压桩油缸。

(3) 静压沉桩

压桩顺序宜根据场地工程地质条件确定，并应符合下列规定：当场地地层中局部含砂、碎石、卵石时，宜先对该区域进行压桩；当持力层埋深或桩的入土深度差别较大时，宜先施压长桩后施压短桩。

压桩时先将桩压入土中 1 m 左右后停止，调整桩在两个方向的垂直度后，第一节桩下压时垂直度偏差不应大于 0.5%；压桩油缸继续伸程把桩压入土中，伸长完后，夹持油缸回程松夹，压桩油缸回程，重复上述动作可实现连续压桩操作，直至把桩压入预定深度土层中。

压桩过程中应测量桩身的垂直度。当桩身垂直度偏差大于 0.5%时，应找出原因并设法纠正；当桩尖进入较硬土层后，严禁用移动机架等方法强行纠偏。压桩时宜将每根桩一次性连续压到底，且最后一节有效桩长不宜小于 5 m；抱压施工时抱压力不应大于桩身允许侧向压力的 1.1 倍。

在压桩过程中要认真记录桩入土深度和压力表读数的关系，以判断桩的质量及承载力。当压力表读数突然上升或下降时，要停机对照地质资料进行分析，判断是否遇到障碍物或产生断桩现象等。出现下列情况之一时，应暂停压桩作业，并分析原因，采取相应措施：压力表读数显示情况与勘察报告中的土层性质明显不符；桩难以穿越具有软弱下卧层的硬夹层；实际桩长与设计桩长相差较大；出现异常响声；压桩机械工作状态出现异常；桩身出现纵向裂缝和桩头混凝土出现剥落等异常现象；夹持机构打滑；压桩机下陷。

(4) 接桩

压桩应连续进行，如需接桩按照如前所述接桩方式进行。

(5) 送桩

当压力表读数达到预先规定值，便可停止压桩。如果桩顶接近地面，而压桩力尚未达到规定值，可以送桩。

静压送桩的质量控制应符合下列规定：

测量桩的垂直度并检查桩头质量，合格后方可送桩，压、送作业应连续进行；送桩应采用专制钢质送桩器，不得将工程桩用作送桩器；当场地上多数桩的有效桩长 L 小于或等于 15 m，或桩端持力层为风化软质岩，可能需要复压时，送桩深度不宜超过 1.5 m；除满足上条规定外，当桩的垂直度偏差小于 1%，且桩的有效桩长大于 15 m 时，静压桩送桩深度不宜超过 8 m；送桩的最大压桩力不宜超过桩身允许抱压压桩力的 1.1 倍。

(6) 终止压桩

终压条件应符合下列规定：应根据现场试压桩的试验结果确定终压力标准；终压连续复压次数应根据桩长及地质条件等因素确定。对于入土深度大于或等于 8 m 的桩，复压次数可为 2～3 次；对于入土深度小于 8 m 的桩，复压次数可为 3～5 次；稳压压桩力不得小于终压力，稳定压桩的时间宜为 5～10 s。

5.2.4 预制桩质量检查与验收

根据《建筑地基基础工程施工质量验收规范》(GB 50202—2018)，桩基质量检查内容如下：

规范规程

- 建筑桩基技术规范
- 建筑地基基础工程
- 施工质量验收标准

(1) 施工前应对放好的轴线和桩位进行复核。群桩桩位的放样允许偏差应为 20 mm，单排桩桩位的放样允许偏差应为 10 mm。

(2) 预制桩(钢桩)的桩位偏差按表 5-1 控制。斜桩倾斜度的偏差不得大于倾角正切值的 15%(倾斜角指桩的纵向中心线与铅垂线间的夹角)。

桩基工程的桩位验收，除设计有规定外，应按下述要求进行：当桩顶设计标高与施工场地标高相同时，桩位验收应在施工结束后进行。当桩顶设计标高低于施工场地标高，送桩后无法对桩位进行检查时，对打入桩可在每根桩桩顶沉至场地标高时，进行中间验收，待全部桩施工结束，承台或底板开挖达到设计标高后，再做最终验收。

表 5-1 预制桩(钢桩)桩位的最大允许偏差

项次	项目	允许偏差/mm
1	带有基础梁的桩： 1. 垂直基础梁的中心线 2. 沿基础梁的中心线	$\leqslant 100+0.01H$ $\leqslant 150+0.01H$
2	桩数为 1～3 根桩基中的桩	$\leqslant 100+0.01H$
3	桩数大于或等于 4 根桩基中的桩	$\leqslant$1/2 桩径$+0.01H$ 或 1/2 边长$+0.01H$

注：H 为桩基施工面至设计桩顶的距离(mm)。

(3) 施工前应检验成品桩构造尺寸及外观质量。

(4) 施工中应检验接桩质量、锤击及静压的技术指标、垂直度以及桩顶标高等。

(5) 施工结束后应对承载力及桩身完整性等进行检验。

对承载力的检查。在预制桩桩身强度达到设计要求的前提下，同时满足以下时间要求：对于砂类土，不应少于 7 d；对于粉土和黏性土，不应少于 15 d；对于淤泥或淤泥质土，不应少于 25 d，待桩身与土体的结合基本趋于稳定，才能进行试验。

设计等级为甲级或地质条件复杂时，应采用静载试验的方法对桩基承载力进行检验，检验桩数不应少于总桩数的 1%，且不应少于 3 根，当总桩数少于 50 根时，不应少于 2 根。在有经验和对比资料的地区，设计等级为乙级、丙级的桩基可采用高应变法对桩基进行竖向抗压承载力检测，检测数量不应少于总桩数的 5%，且不应少于 10 根。

桩身完整性的抽检数量不应少于总桩数的 20%，且不应少于 10 根。每根柱子承台下的桩抽检数量不应少于 1 根。

(6) 钢筋混凝土预制桩的质量检验标准应符合表 5-2 和表 5-3 的规定。

表 5-2　锤击预制桩的质量检验标准

项目	序号	检查项目	允许偏差或允许值		检查方法
			单位	数值	
主控项目	1	承载力	不小于设计值		静载试验、高应变法
	2	桩体完整性	—		低应变法
一般项目	1	成品桩质量	表面平整，颜色均匀，掉角深度<10 mm，蜂窝面积小于总面积 0.5%		查产品合格证
	2	桩位	表 5-1		全站仪或钢尺量
	3	电焊条质量	设计要求		查产品合格证
	4	接桩：焊缝质量	无气孔、无焊瘤、无裂缝		目测法
		电焊结束后停歇时间	min	≥8(3)	用表计时
		上下节平面偏差	mm	≤10	用钢尺量
		节点弯曲矢高	mm	<1‰l	用钢尺量（l 为两节桩长）
	5	桩顶标高	mm	±50	水准测量
	6	停锤标准	设计要求		用钢尺量或查沉桩记录
	7	垂直度	≤1/100		经纬仪测量

注：括号中为采用二氧化碳气体保护焊时的数值。

表 5-3　静力压桩质量检验标准

项目	序号	检查项目	允许偏差或允许值		检查方法
			单位	数值	
主控项目	1	承载力	不小于设计值		静载试验、高应变法
	2	桩体完整性	—		低应变法
一般项目	1	成品桩质量	表面平整，颜色均匀，掉角深度<10 mm，蜂窝面积小于总面积 0.5%		查产品合格证
	2	桩位	表 5-1		全站仪或钢尺量
	3	电焊条质量	设计要求		查产品合格证
	4	接桩：焊缝质量	无气孔、无焊瘤、无裂缝		目测法
		电焊结束后停歇时间	min	≥6(3)	用表计时
		上下节平面偏差	mm	≤10	用钢尺量
		节点弯曲矢高	mm	<1‰l	用钢尺量（l 为两节桩长）
	5	终压标准	设计要求		现场实测或查沉桩记录
	6	桩顶标高	mm	±50	水准测量
	7	垂直度	≤1/100		经纬仪测量
	8	混凝土灌芯	设计要求		查灌注量

注：括号中为采用二氧化碳气体保护焊时的数值。

5.3 钢筋混凝土灌注桩施工

微课+课件

泥浆护壁成孔灌注桩

钢筋混凝土灌注桩是直接在施工现场桩位上成孔，然后在孔内安放钢筋笼、浇筑混凝土成桩。与预制桩相比，具有施工低噪音、低振动、桩长和直径可按设计要求变化自如、桩端能可靠地进入持力层或嵌入岩层、挤土影响小、含钢量低等特点。

灌注桩按成孔方法分为机械成孔和人工挖孔。常见机械成孔方法有泥浆护壁成孔灌、钻孔成孔、套管成孔和爆扩成孔。本部分仅对泥浆护壁成孔灌注桩、套管成孔灌注桩、螺旋钻孔灌注桩和人工挖孔灌注桩的施工进行介绍。

5.3.1 泥浆护壁成孔灌注桩

泥浆护壁成孔灌注桩是在成孔时，用泥浆保护孔壁防止塌孔，并利用泥浆的循环带出部分渣土。宜用于地下水位以下的黏性土、粉土、砂土、填土、碎石土及风化岩层；成孔机械有冲击钻机、回转钻机、潜水钻机等。

5.3.1.1 施工工艺

泥浆护壁成孔灌注桩施工工艺如图 5－17 所示，具体为：场地平整→桩位放线，开挖浆池、浆沟→护筒埋设→钻机就位，孔位校正→钻孔，泥浆循环，清除废浆、泥渣→清孔换浆→终孔验收→下钢筋笼和钢导管→二次清孔→水下混凝土灌注→成桩养护。

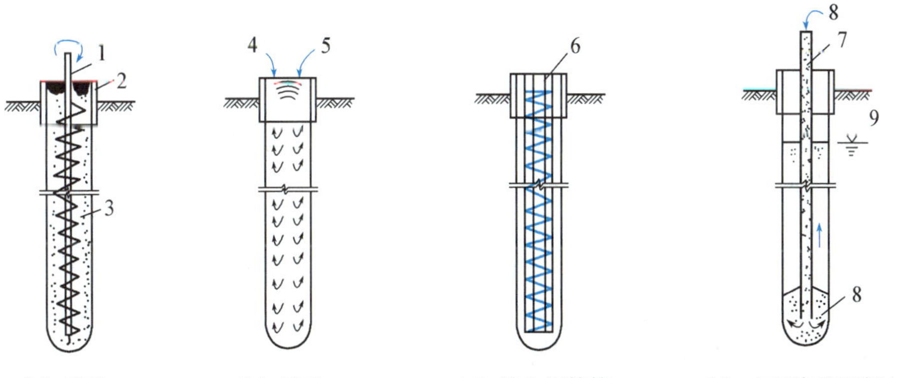

(a) 钻孔　(b) 清孔　(c) 放入钢筋笼　(d) 水下浇筑混凝土

1—钻机；2—护筒；3—泥浆护壁；4—压缩空气；5—清水；6—钢筋笼；7—导管；8—混凝土；9—地下水位

图 5－17　泥浆护壁成孔灌注桩施工工艺流程图

5.3.1.2 施工要点

1. 桩位放线

将基准点设在施工场地外，并用混凝土加以固定保护，依据基准点利用全站仪或钢尺配合经纬仪测量放线，桩位测量放线误差控制在 20 mm 以内，放线经自检合格，报监理单位联合验收合格后方可施工。

2. 埋设护筒

护筒是埋置在钻孔口处的圆筒，如图 5－18 所示。护筒在施工中起引导钻头方向、提高孔内泥浆水头、防止塌孔、固定桩孔位置、保护孔口的作用。因此，护筒位置应埋设准确并保持稳定。护筒中心与桩位中心的偏差不得大于 50 mm。

护筒一般是用 4～8 mm 钢板制作，其内径应大于钻头直径，回转钻机成孔时，宜大于 100 mm；冲击钻机成孔时，宜大于 200 mm，以利钻头升降。护筒与坑壁之间用黏土分层填实，以防漏水。

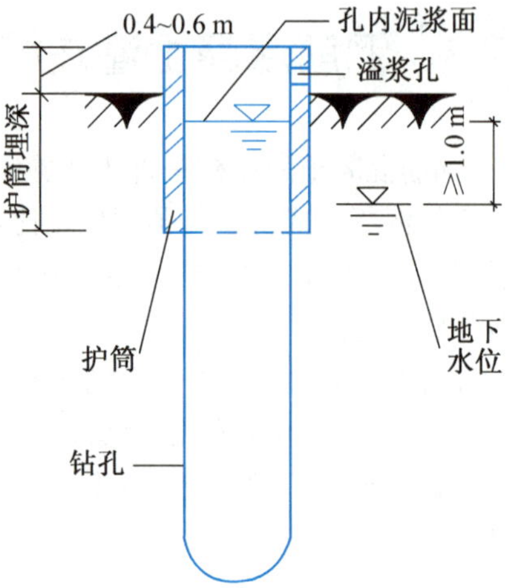

图 5－18　护筒埋设示意图

护筒的埋设深度在黏性土中不宜小于 1.0 m；砂土中不宜小于 1.5 m。护筒下端外侧应采用黏土填实，其高度尚应满足孔内泥浆面高度的要求；护筒顶面应高出地面 0.4～0.6 m，在水面施工时应高出水面 1～2 m；如孔内有承压水，护筒的埋置深度应超过稳定后的承压水位 2.0 m 以上。受水位涨落影响或水下施工时，护筒应加高加深，必要时应打入透水层。

3. 泥浆配备

制备泥浆的方法应根据土质条件确定：在黏性土中成孔时可在孔中注入清水，钻机旋转时，切削土屑与水拌合，用原土造浆护壁；在其他土中成孔时，泥浆制备应选用高塑性黏土或膨润土。泥浆应根据施工机械、工艺及穿越土层情况进行配合比设计。

泥浆的作用是将钻孔内不同土层中的空隙渗填密实，使孔内渗漏水达到最低限度，并保持孔内维持着一定的水压以稳定孔壁。因此在成孔过程中严格控制泥浆的相对密度。施工中应经常测定泥浆相对密度，并定期测定黏度、含砂率和胶体率等指标，及时调整。废弃的泥浆、泥渣应妥善处理。

4. 成孔施工

泥浆护壁成孔灌注桩有潜水钻成孔、回转钻成孔、冲击钻成孔、冲抓钻成孔等多种方式，这里主要介绍冲击钻成孔、潜水钻成孔和回转钻成孔。

(1) 冲击钻成孔

冲击钻成孔是用冲击式钻机或卷扬机悬吊冲击钻头（又称冲锤）上下往复冲击，将硬质土或岩层破碎成孔，部分碎渣和泥浆挤入孔壁中，大部分成为泥渣，用掏渣筒掏出的一种成孔方法，冲击钻机示意图如图 5－19 所示。

冲击钻成孔时，应低锤密击，如表土为淤泥、细砂等软弱土层，可加黏土块夹小片石反复冲击造壁，孔内泥浆面应保持稳定。直至孔深达护筒下 3～4 m 后，才加快速度，加大冲程，转入正常连续冲击。进入基岩后，应采用大冲程、低频率冲击，当发现成孔偏移时，应回填片石至偏孔上方 300～500 mm 处，然后重新冲孔；当遇到孤石时，可预爆或采用高低冲程交替冲击，将大孤石击碎或挤入孔壁；每钻进 4～5 m 应验孔一次，在更换钻头前或容易缩孔处，均应验孔；进入基岩后，非桩端持力层每钻进 300～500 mm 和桩端持力层每钻进 100～300 mm 时，应清孔取样一次，并应做记录。

(2) 潜水钻成孔

潜水钻成孔系用潜水电钻机构中的密封的电动机、变速机构、直接带动钻头在泥浆中旋转削土，同时用泥浆泵压送高压泥浆（或用水泵压送清水），使从钻头底端射出，与切碎的土颗粒混合，以正循环或反循环方式排除泥渣，如此连续钻进，直至形成需要深度的桩孔，潜水钻机示意如图 5－20 所示。

桩架就位后，将电钻吊入护筒内，应关好钻架底层的铁门。启动砂石泵，使电钻空转，待泥浆输入钻孔后，开始钻进。钻进中要始终保持泥浆液面高于地下水位 1.0 m 以上，以起护壁、携渣、润滑钻头、降低钻头发热、减少钻进阻力等作用。

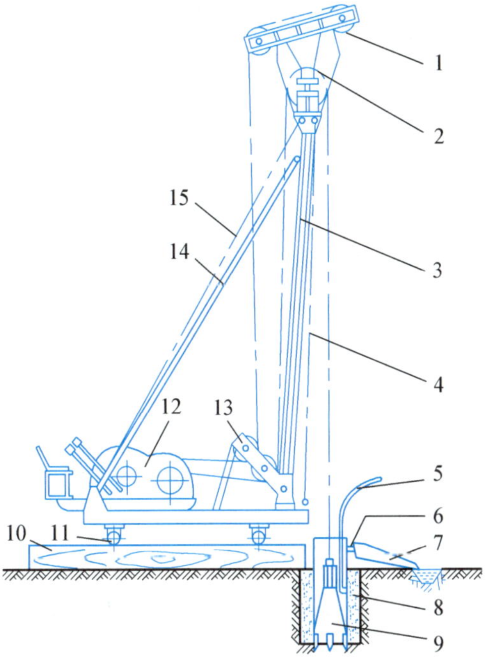

1—副滑轮；2—主滑轮；3—主杆；4—前拉索；5—供浆管；6—溢流口；7—泥浆渡槽；8—护筒回填土；9—钻头；10—垫木；11—钢管；12—卷扬机；13—导向轮；14—斜撑；15—后拉索

图 5－19　冲击钻机示意图

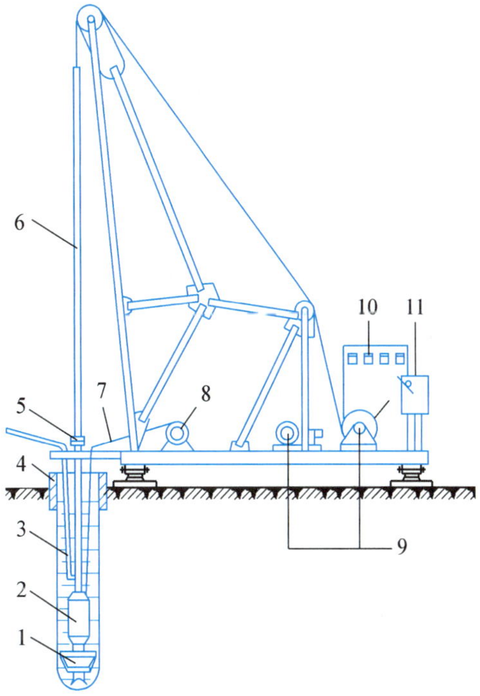

1—钻头；2—潜水电钻；3—水管；4—护筒；5—支点；6—钻杆；7—电缆线；8—电缆盘；9—卷扬机；10—电流电压表；11—启动开关

图 5－20　潜水钻机示意图

钻进中应根据钻速进尺情况及时放松电缆线及进浆胶管，并使电缆、胶管和钻杆下放速度同步进行。钻孔进尺速度应根据土层类别、孔径大小、钻孔深度和供水量确定。对于淤泥和淤泥质土不宜大于 1 m/min，其他土层以钻机不超负荷为准，风化岩或其他硬土层以钻机不产生跳动为准。

(3) 回转钻成孔

回转钻成孔又称正反循环成孔，是用一般地质钻机、在泥浆护壁条件下，慢速钻进排渣成孔，为国内最为常用和应用范围较广的成桩方法之一。

主要机具设备为回转钻机，多用转盘式。钻架多用龙门式，钻头常用三翼或四翼式钻头、牙轮合金钻头、或钢粒钻头，以前者使用较多；配套机具有钻杆、卷扬机、泥浆泵（或离心式水泵）、空气压缩机、测量仪器以及混凝土配制、钢筋加工系统设备等。

钻机就位前，先平整场地，铺好枕木并用水平尺校正，保证钻机平稳牢固。同时埋设好护筒，挖好水源坑、排泥槽、泥浆池等。钻进时应根据土层情况加压，开始轻压力、慢转速，逐步转入正常。成孔一般用正循环工艺，但对于孔深大于 30 m 端承桩宜用反循环工艺成孔。钻进程序根据场地、桩距和进度情况，可采用单机跳打法、单机双打法或双机双打法。钻孔钻定，应用空气压缩机或正反循环排泥法清孔，直至孔内沉渣满足要求。

5. 清孔换浆

当钻孔达到设计深度后，应及时进行孔底清理。清孔目的是清除孔底沉渣和淤泥，控制循环泥浆相对密度，为水下混凝土灌注创造条件。

对于孔壁土质较好不易塌孔的桩孔，可用空气吸泥机清孔，气压为 0.5 MPa，被搅动的泥渣随着管内形成的强大高压气流向上涌，从喷口排出，直至孔口喷出清水为止；对于稳定性差的孔壁应用泥浆（正、反）循环法或掏渣筒清孔、排渣。用原土造浆的钻孔，可使钻机空转不进尺，同时注入清水，等孔底残余的泥块已磨浆，排出泥浆相对密度降至 1.1 左右（以手触泥浆无颗粒感觉），即可认为清孔已合格。对注入制备泥浆的钻孔，可采用换浆法清孔，至换出泥浆相对密度小于 1.10～1.25 为合格。清孔过程中，必须及时补给足够的泥浆，以保持浆面稳定。

按照《建筑桩基技术规程》（JGJ 94—2008），清孔后，孔底 500 mm 内泥浆比重应小于 1.25，含砂率≤8%；黏度不得大于 28 s；孔底残留沉渣厚度应符合下列规定：对端承桩，不应大于 50 mm；对摩擦桩，不应大于 100 mm；对抗拔、抗水平力桩，不应大于 200 mm。

➤**提示：**在吊放钢筋笼之前一定要做好清孔工作，防止吊脚桩出现。

（1）正循环排泥法

如图 5-21(a)所示，当设在泥浆池中的潜水泥浆泵，将泥浆和清水从位于钻机中心的送水管射向钻头后，下放钻杆至土面钻进，钻削下的土屑被钻头切碎，与泥浆混合在一起，待钻至设计深度后，潜水电钻停转，但泥浆泵仍继续工作，因此，泥浆携带土屑不断溢出孔外，流向沉淀池，土屑沉淀后，多余泥浆再溢向泥浆池，形成排泥正循环过程。

正循环排泥过程，需孔内泥浆相对密度达到 1.1～1.15 后，方可停泵提升钻机，然后钻机迅速移位，再进行下道工序。

（2）反循环排泥法

如图 5-21(b)所示，砂石泵与潜水电钻连接在一起。钻进时先向孔中注入泥浆，采用正循环钻孔，当钻杆下降至砂石泵叶轮位于孔口以下时，启动砂石泵，将钻削下的土屑通过排渣胶管排至沉淀池，土屑沉淀后，多余泥浆溢向泥浆池，形成排泥反循环过程。

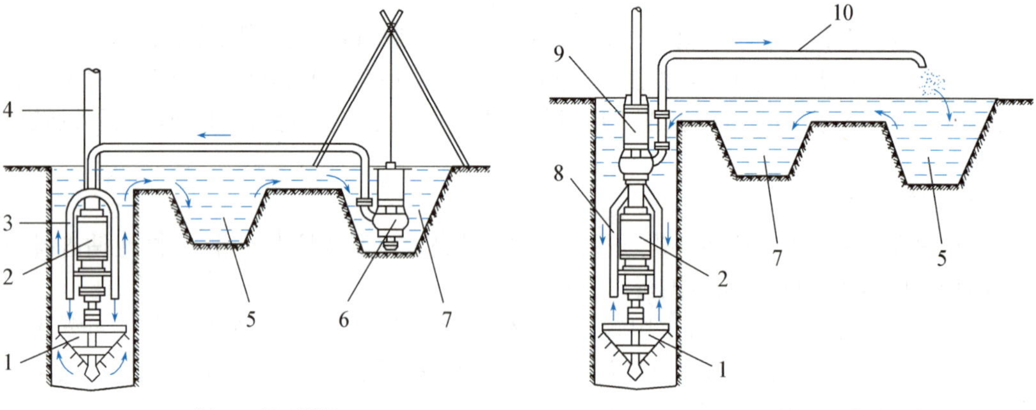

1—钻头；2—潜水电钻；3—送水管；4—钻杆；5—沉淀池；6—潜水泥浆泵；
7—泥浆池；8—抽渣管；9—砂石泵；10—排渣胶管

图 5-21 循环排渣方式

钻机钻孔至设计深度后，即可关闭潜水电钻，但砂石泵仍需继续排泥，直至孔内泥浆比重达到 1.1～1.15 为止。与正循环排泥法相比，反循环排泥法无须借助钻头将土屑切碎搅拌成泥浆，而直接通过砂石泵排土，因此钻孔效率更高。

对孔深较大的端承型桩和粗粒土层中的摩擦型桩，宜采用反循环工艺成孔或清孔，也可根据土层情况采用正循环钻进，反循环清孔。对孔深大于 30 m 的端承型桩，宜采用反循环排泥法。

(3) 抽渣筒法

抽渣筒法是用一个下部带活门的钢筒，将其放到孔底，作上下来回活动，提升高度在 2 m 左右，当抽筒向下活动时，活门打开，残渣进入筒内；向上运动时，活门关闭，可将孔内残渣抽出孔外，如图 5-22 所示。排渣时，必须及时向孔内补充泥浆，以防亏浆造成孔内坍塌。

图 5-22 掏渣筒

6. 下钢筋笼，二次清孔，浇混凝土

清孔完毕后，应立即吊放钢筋笼，并固定在孔口钢护筒上，二次清孔后及时进行水下混凝土浇筑。钢筋笼埋设前应在其上设置定位钢筋环、混凝土垫块或于孔中对称设置 3～4 根导向钢筋，以确保保护层厚度。钢筋笼吊放入孔时，不得碰撞孔壁。同时固定在护筒上，以防钢筋笼受混凝土上浮力的影响而上浮。

【相关知识】

混凝土灌注桩钢筋笼应按照设计要求制作，主筋环向均匀布置，接头采用对焊；箍筋和主筋点焊，控制平整度误差不大于 50 mm，钢筋笼四侧主筋上每隔 5 m 设置耳环，控制保护层为 70 mm，钢筋笼外形尺寸比孔小 110～120 mm。

直径大于 1.2 m 桩，钢筋笼一般在主筋内侧每隔 2.5 m 加设一道直径 25～30 mm 的加强箍，每隔一箍在箍内设一井字加强支撑，与主筋焊接牢固组成骨架。

钢筋笼下完并检查无误，二次清孔后应立即浇筑混凝土，间隔时间不应超过 4 h，以防泥浆沉淀和塌孔。对桩孔内有地下水且不能抽水灌注混凝土时，可用导管法浇灌混凝土，对无水桩孔可直接浇筑。水下混凝土应按配合比通过试验确定，并满足相关要求。水下混凝土不应低于 C25，坍落度应控制在 180～220 mm，水下混凝土可掺入减水剂、缓凝剂和早强剂等外加剂。

水下混凝土灌注的主要机具有导管、漏斗和隔水栓，如图 5-23 所示。灌注混凝土用导管一般由无缝钢管制成，壁厚不小于 3 mm，直径宜为 200～250 mm。导管的分节长度视工艺要求确定，底管长度不宜小于 4 m，两导管接头宜采用双螺纹方扣快速接头，接头连接要求紧密，不得漏浆、漏水，导管使用前应试拼装、试压，试水压力可取 0.6～1.0 MPa，每次灌注后应对导管内外进行清洗。

为方便混凝土灌注，导管上方一般设有漏斗。漏斗可用 4～6 mm 钢板制作，要求不漏浆、不挂浆。隔水栓为设在导管内阻隔泥浆和混凝土直接接触的构件。隔水栓常用与桩身混凝土强度等级相同的细石混凝土制作，呈圆柱形，直径比导管内径小 20 mm，高度比直径大 50 mm，顶部采用橡胶垫圈密封。

混凝土灌注前，先宜将安装好的导管吊入桩孔内，导管顶部应高出泥浆面，且于顶部连接好漏斗；导管底部至孔底距离 0.3～0.5 m，管内安设隔水栓，通过细钢丝悬吊在导管下口。

灌注混凝土时，先在漏斗中贮藏足够数量的混凝土，剪断隔水栓提吊钢丝后，混凝土在自重作用下同隔水栓一起冲出导管下口，并将导管底部埋入混凝土 0.8 m 以上。然后连续灌注混凝土，相应地不断提升导管和拆除导管，提升速度不宜过快，应保证导管底部位于混凝土面以下 2～6 m，以免断桩。

当灌注接近桩顶部位时，应控制最后一次灌注量，使得桩顶的灌注标高高出设计标高 0.8～1.0 m，以满足凿除桩顶部泛浆层后桩顶标高能达到其设计值。凿桩头后，还必须保证暴露的桩顶混凝土强度达到其设计值。

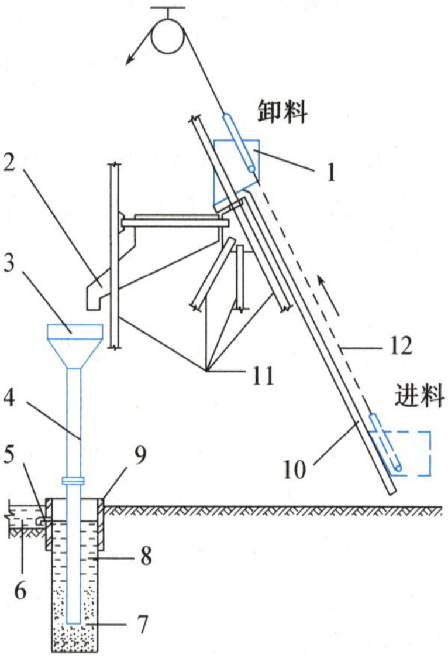

1—进料斗；2—贮料斗；3—漏斗；4—导管；5—护筒溢浆孔；6—泥浆池；7—混凝土；8—泥浆；9—护筒；10—滑道；11—桩架；12—进料斗上行轨迹

图 5-23 水下混凝土灌注示意图

5.3.1.3 泥浆护壁成孔灌注桩质量检查与验收

1. 灌注桩质量检查一般规定

根据《建筑地基基础工程施工质量验收规范》(GB 50202—2018)，灌注桩质量检查满足以下一般规定：

(1) 施工前应对放线尺寸进行复核；桩基工程施工前应对放好的轴线和桩位进行复核。群桩桩位的放样允许偏差应为 20 mm，单排桩桩位的放样允许偏差应为 10 mm。

(2) 灌注桩的桩径、垂直度及桩位允许偏差应符合表 5-4 的规定。

(3) 灌注桩混凝土强度检验的试件应在施工现场随机抽取。来自同一搅拌站的混凝土，每浇筑 50 m^3 必须至少留置 1 组试件；当混凝土浇筑量不足 50 m^3 时，每连续浇筑 12 h 必须至少留置 1 组试件。对单柱单桩，每根桩应至少留置 1 组试件。

表 5-4 灌注桩的桩径、垂直度及桩位允许偏差

序号	成孔方法		桩径允许偏差/mm	垂直度允许偏差	桩位允许偏差/mm
1	泥浆护壁钻孔桩	D<1000 mm	≥0	≤1/100	≤70+0.01H
		D≥1000 mm	≥0		≤100+0.01H
2	套管成孔灌筑桩	D<500 mm	≥0	≤1/100	≤70+0.01H
		D≥500 mm			≤100+0.01H
3	干成孔灌注桩		≥0	≤1/100	≤70+0.01H
4	人工挖孔桩		≥0	≤1/200	≤50+0.005H

注：H 为桩基施工面至设计桩顶的距离(mm)；D 为设计桩径(mm)。

(4) 工程桩应进行承载力和桩身完整性检验。

具体检测方法和数量与预测桩相同。

2. 泥浆护壁成孔灌注桩质量检查

（1）施工前应检验灌注桩的原材料及桩位处的地下障碍物处理资料。

（2）施工中应对成孔、钢筋笼制作与安装、水下混凝土灌注等各项质量指标进行检查验收；嵌岩桩应对桩端的岩性和入岩深度进行检验。

（3）施工后应对桩身完整性、混凝土强度及承载力进行检验。

（4）泥浆护壁成孔灌注桩质量检验标准应符合表 5－5 的规定。

表 5－5　泥浆护壁成孔灌注桩质量检验标准

<table>
<tr><th rowspan="2">项</th><th rowspan="2">序号</th><th rowspan="2" colspan="2">检查项目</th><th colspan="2">允许值或允许偏差</th><th rowspan="2">检查方法</th></tr>
<tr><th>单位</th><th>数值</th></tr>
<tr><td rowspan="5">主控项目</td><td>1</td><td colspan="2">承载力</td><td colspan="2">不小于设计值</td><td>静载试验</td></tr>
<tr><td>2</td><td colspan="2">孔深</td><td colspan="2">不小于设计值</td><td>用测绳或井径仪测量</td></tr>
<tr><td>3</td><td colspan="2">桩身完整性</td><td colspan="2">—</td><td>钻芯法、低应变法、声波透射法</td></tr>
<tr><td>4</td><td colspan="2">混凝土强度</td><td colspan="2">不小于设计值</td><td>28 d 试块强度或钻芯法</td></tr>
<tr><td>5</td><td colspan="2">嵌岩深度</td><td colspan="2">不小于设计值</td><td>取岩石或超前钻孔取样</td></tr>
<tr><td rowspan="20">一般项目</td><td>1</td><td colspan="2">垂直度</td><td colspan="2">见表 5－4</td><td>用超声波或井径仪测量</td></tr>
<tr><td>2</td><td colspan="2">孔径</td><td colspan="2">见表 5－4</td><td>用超声波或井径仪测量</td></tr>
<tr><td>3</td><td colspan="2">桩位</td><td colspan="2">见表 5－4</td><td>全站仪或用钢尺开挖前量护筒，开挖后量桩中心</td></tr>
<tr><td rowspan="3">4</td><td rowspan="3">泥浆指标</td><td>比重（黏土或砂性土中）</td><td colspan="2">1.10～1.25</td><td>用比重计测，清孔后在距孔底 500 mm 处取样</td></tr>
<tr><td>含砂率</td><td>%</td><td>8</td><td>洗砂瓶</td></tr>
<tr><td>黏度</td><td>s</td><td>18～28</td><td>黏度计</td></tr>
<tr><td>5</td><td colspan="2">泥浆面标高（高于地下水位）</td><td>m</td><td>0.5～1.0</td><td>目测</td></tr>
<tr><td rowspan="5">6</td><td rowspan="5">钢筋笼质量</td><td>主筋间距</td><td>mm</td><td>±10</td><td>用钢尺量</td></tr>
<tr><td>长度</td><td>mm</td><td>±100</td><td>用钢尺量</td></tr>
<tr><td>钢筋材质检验</td><td colspan="2">设计要求</td><td>抽样送检</td></tr>
<tr><td>箍筋间距</td><td>mm</td><td>±20</td><td>用钢尺量</td></tr>
<tr><td>笼直径</td><td>mm</td><td>±10</td><td>用钢尺量</td></tr>
<tr><td rowspan="2">7</td><td rowspan="2">沉渣厚度</td><td>端承桩</td><td>mm</td><td>≤50</td><td rowspan="2">用沉渣仪或重锤测量</td></tr>
<tr><td>摩擦桩</td><td>mm</td><td>≤150</td></tr>
<tr><td>8</td><td colspan="2">混凝土坍落度</td><td>mm</td><td>180～220</td><td>坍落度仪</td></tr>
<tr><td>9</td><td colspan="2">钢筋笼安装深度</td><td>mm</td><td>+100,0</td><td>用钢尺量</td></tr>
<tr><td>10</td><td colspan="2">混凝土充盈系数</td><td colspan="2">≥1.0</td><td>实际灌入量与计算灌注量的比</td></tr>
<tr><td>11</td><td colspan="2">桩顶标高</td><td>mm</td><td>+30,−50</td><td>水准仪，需扣除桩顶浮浆层及劣质桩体</td></tr>
</table>

（续表）

项	序号	检查项目		允许值或允许偏差		检查方法
				单位	数值	
	12	后注浆 拓展知识 灌注后注浆	注浆终止条件	注浆量不小于设计值		查看流量表
				注浆量不小于设计要求的 80%。且注浆压力达到设计值		查看流量表，检查压力表读数
			水胶比	设计值		实际用水量与水泥等胶凝材料的重量比
	13	扩底桩	扩底直径	不小于设计值		井经仪测量
			扩底高度	不小于设计值		

5.3.2 沉管灌注桩施工

微课+课件

沉管灌注桩

沉管灌注桩是利用锤击或振动沉管法，将带活瓣桩尖或设置钢筋混凝土预制桩尖(靴)的钢管锤击沉入土中，放入钢筋笼，然后边灌注混凝土边用卷扬机拔管成桩。适于黏性土、粉土、稍密的砂土及杂填土层中使用，但不能用于密实的中粗砂、砂砾石、漂石层中使用。按照沉管打入方式不同有锤击沉管和振动沉管灌注桩。本书仅介绍锤击沉管灌注桩。

5.3.2.1 锤击沉管桩施工工艺

锤击沉管桩施工工艺见图 5－24 所示。

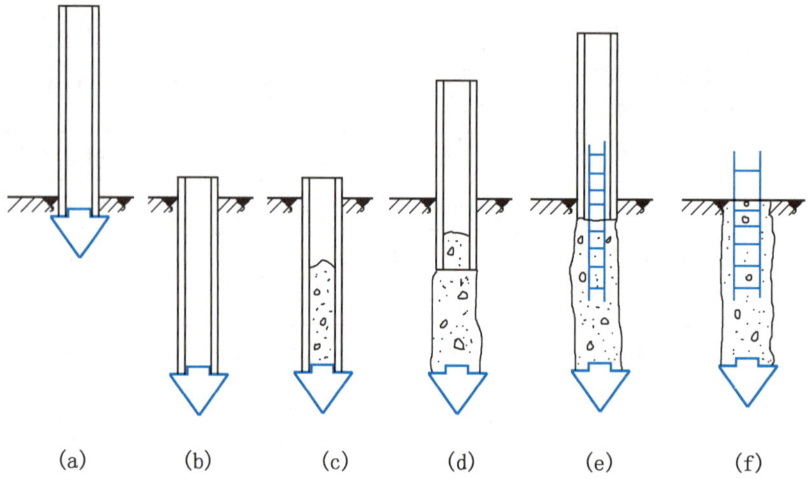

图 5－24 锤击沉管灌注桩成桩工艺

(a)就位；(b)沉入套管；(c)开始浇筑混凝土；(d)边锤击边拔管，并继续浇筑混凝土；(e)下钢筋笼，并继续浇筑混凝土；(f)成型

5.3.2.2 锤击沉管施工要点

1. 桩机就位

就位后吊起桩管，对准预先埋好的预制钢筋混凝土桩尖(图 5－25)，放置麻(草)绳垫于

桩管与桩尖连接处，以作缓冲层和防地下水进入，然后缓慢放下桩管，套入桩尖压入土中。

图 5－25　钢筋混凝土预制桩尖

2. 沉管

上端扣上桩帽先用低锤轻击，观察无偏移，才正常施打，直至符合设计要求深度，如沉管过程中桩尖损坏，应及时拔出桩管，用土或砂填实后另安桩尖重新沉管。

锤击沉管灌注桩施工有单打法、复打法或反插法。

单打法是指先将桩机就位，利用卷扬机吊起桩管，垂直套入预先埋设在桩位上的预制钢筋混凝土桩尖上(采用活瓣桩尖时，需将活瓣合拢)，借助桩管自重将桩尖垂直压入土中一定深度。预制桩尖与桩管接口处应垫以稻草绳或麻绳垫圈，以防地下水渗入桩管。检查桩管、桩锤和桩架是否处于同一垂线上，在桩管垂直度偏差≤1%后，即可于桩管顶部安设桩帽，起锤沉管。锤击时，先宜低锤轻击，观察桩管无偏差后，方进入正式施打，直至将桩管沉至设计标高或要求的贯入度。

复打法施工是在单打法施工完毕并拔出桩管后，清除粘在桩管外壁上和散落在桩孔周围地面上的泥土，立即在原桩位上再次埋设桩尖，进行第二次沉管，使第一次灌注的混凝土向四周挤压扩大桩径，然后灌注混凝土，拔管成桩。施工中应注意前后两次沉管轴线应重合，复打施工必须在第一次灌注的混凝土初凝之前完成。复打法可有效地防止颈缩和断桩质量事故。

混凝土的充盈系数不得小于 1.0；对于充盈系数小于 1.0 的桩，应全长复打，对可能断桩和缩颈桩，应采用局部复打。全长复打时，桩管入土深度宜接近原桩长，局部复打应超过断桩或缩颈区 1 m 以上。

反插法是在拔管过程中边振边拔，每次拔管 0.5～1.0 m，再向下反插 0.3～0.5 m，如此反复并保持振动，直至桩管全部拔出。在桩尖处 1.5 m 范围内，宜多次反插以扩大桩的局部断面。穿过淤泥夹层时，应放慢拔管速度，并减少拔管高度和反插深度。在流动性淤泥中不宜使用反插法。

3. 上料

应沉管至设计标高后，应立即检查和处理桩管内的进泥、进水和吞桩尖等情况，并立即灌注混凝土；混凝土的坍落度宜采用 80～100 mm。当桩身配置局部长度钢筋笼时，第一次灌注混凝土应先灌至笼底标高，然后放置钢筋笼，再灌至桩顶标高。成桩后的桩身混凝土顶面应高于桩顶设计标高 500 mm 以内。

4. 拔管

当混凝土灌满桩管后，即可上拔桩管，一边拔管，一边锤击混凝土。第一次拔管高度应以能容纳第二次灌入的混凝土量为限，不应拔得过高。在拔管过程中应采用测锤或浮标检测混凝土面的下降情况；拔管速度应保持均匀，对一般土层拔管速度控制在 1.2～1.5 m/min，在软弱土层和软硬土层交界处拔管速度宜控制在 0.3～0.8 m/min；拔管过程中，应继续向桩管内灌注混凝土，保持管内混凝土量略高于地面，直至桩管全部拔出地面为止。

5.3.2.3 沉管灌注桩质量检查与验收

除满足灌注桩一般规定外，尚需进行以下检查：

(1) 施工前应对放线后的桩位进行检查。

(2) 施工中应对桩位、桩长、垂直度、钢筋笼笼顶标高、拔管速度等进行检查。

(3) 施工结束后应对混凝土强度、桩身完整性及承载力进行检验。

(4) 沉管灌注桩的质量检验标准应符合表 5－6 的规定。

表 5－6 沉管灌注桩质量检验标准

项	序号	检查项目	允许值或允许偏差		检查方法
			单位	数值	
主控项目	1	承载力	不小于设计值		静载试验
	2	混凝土强度	不小于设计值		28 d 试块强度或钻芯法
	3	桩身完整性	—		低应变法
	4	桩长	不小于设计值		施工中测钻杆或套管长度，施工后钻芯法或低应变法
一般项目	1	桩径	见表 5－4		钢尺量
	2	混凝土坍落度	mm	80～100	坍落度仪
	3	垂直度	≤1/100		经纬仪测量
	4	桩位	见表 5－4		全站仪或用钢尺量
	5	拔管速度	m/min	1.2～1.5	用钢尺量及秒表
	6	桩顶标高	mm	+30，−50	水准测量
	7	钢筋笼顶标高	mm	±100	水准测量

5.3.3 人工挖孔灌注桩施工

微课＋课件

人工挖孔灌注桩

人工挖孔灌注桩系用人工挖土成孔，浇筑混凝土成桩。在挖孔灌注桩的基础上，扩大桩底尺寸形成挖孔扩底灌注桩。

人工挖孔灌注桩构造如图 5－26 所示。桩内径一般为 800～2500 mm，最大直径可达 3500 mm；孔深不宜大于 30 m。扩底灌注桩桩底扩大端尺寸应满足 $D \leqslant 3d$，$(D-d)/2 : h = 0.33 \sim 0.5$，$h_1 \geqslant (D-d)/4$，$h_2 = (0.10 \sim 0.15)D$ 的要求。

人工挖孔灌注桩适用于无地下水或地下水较少的黏土、粉质黏土，含少量的砂、砂卵石、姜结石的黏土层采用，特别适于黄土层。在地下水位较高，有承压水的砂土层、滞水层、厚度较大的流塑状淤泥、淤泥质土层中不得选用人工挖孔灌注桩。

5.3.3.1 施工工艺

场地整平→放线、定桩位→挖第一节桩孔土方→支模浇灌第一节混凝土护壁→在护壁上二次投测标高及桩位十字轴线→安装活动井盖、垂直运输架、起重电动葫芦或卷扬机、活底吊土桶、排水、通风、照明设施等→第二节桩身挖土→清理桩孔四壁、校核垂直度和直径→拆上节模板、支第二节模板，浇筑第二节混凝土护壁→重复挖土、支模、浇筑混凝土护壁工序等循环作业直至设计深度→检查持力层→清理虚土、检查尺寸→吊放钢筋笼→浇筑混凝土。

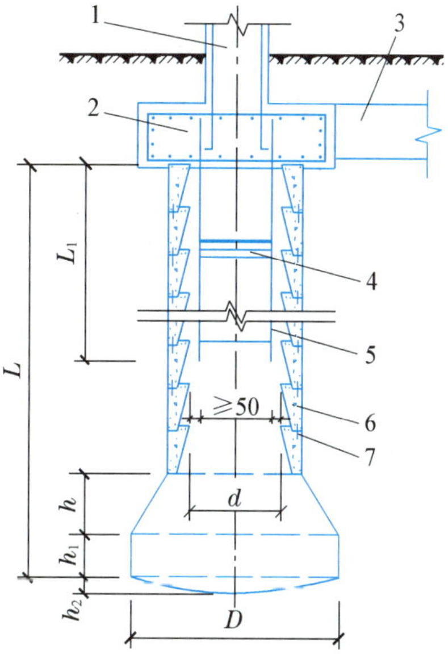

1—柱；2—承台；3—地梁；4—箍筋；5—主筋；6—护壁；7—护壁插筋；L_1—钢筋笼长度；L—桩长

图 5-26　人工挖孔桩构造图

5.3.3.2 施工要点

(1) 人工挖孔桩当桩净距小于 2.5 m 时，应采用间隔开挖。相邻排桩跳挖的最小施工净距不得小于 4.5 m。

(2) 为防止坍孔和保证操作安全，人工挖孔桩多采用混凝土护壁。混凝土护壁的厚度不应小于 100 mm，混凝土强度等级不应低于桩身混凝土强度等级，并应振捣密实；护壁应配置直径不小于 8 mm 的构造钢筋，竖向筋应上下搭接或拉接。上下节护壁的搭接长度不得小于 50 mm；每节护壁均应在当日连续施工完毕；护壁混凝土必须保证振捣密实，应根据土层渗水情况使用速凝剂。

(3) 人工挖孔桩第一节井圈护壁应符合下列规定：井圈中心线与设计轴线的偏差不得大于 20 mm；井圈顶面应比场地高出 100～150 mm，壁厚应比下面井壁厚度增加 100～150 mm。

(4) 护壁施工采取一节组合式钢模板拼装而成，拆上节支下节，循环周转使用。模板用 U 形卡连接，上下设两半圆组成的钢圈顶紧，不另设支撑。混凝土用吊桶运输人工浇筑，上部留 100 mm 高作浇灌口，拆模后用砌砖或混凝土堵塞，灌注混凝土 24 h 之后才能拆除护壁模板；发现护壁有蜂窝、漏水现象时，应及时补强；同一水平面上的井圈任意直径的极差不得大于 50 mm。

(5) 当遇有局部或厚度不大于 1.5 m 的流动性淤泥和可能出现涌土涌砂时，护壁施工可按下列方法处理：将每节护壁的高度减小到 300～500 mm，并随挖、随验、随灌注混凝土；采用钢护筒或有效的降水措施。

(6) 挖孔由人工从自上而下逐层用镐、锹进行，遇坚硬土层，用锤、钎破碎。挖土次序为先挖中间部分，后挖周边，允许尺寸误差 50 mm，扩底部分采取先挖桩身圆柱体，再按扩底尺寸从上到下削土修成扩底形。为防止扩底时扩大头处的土方坍塌，宜采取间隔挖土措施，留 4～6 个土肋条作为支撑，待浇筑混凝土前再挖除。弃土装入活底吊桶或箩筐内。垂直运输，用手摇辘轳或电动葫芦，如图 5-27 所示。吊至地面上后，用机动翻斗车或手推车运出。人工挖孔桩底部如为基岩，一般应伸入岩面 150～200 mm。

(7) 第一节护壁筑成后，将桩孔中轴线控制点引回到护壁上，并进一步复核无误后，作为确定地下和节护壁中心的基准点，同时用水准仪把相对水准标高标定在第一节孔圈护壁上。

(8) 逐层向下循环作业至桩底,对需要扩底的进行扩底,检查验收合格后用起重机吊起钢筋笼沉入桩孔就位,用挂钩勾住最上面一根加强箍,用槽钢做横担,将钢筋笼吊挂在井壁上口,控制好钢筋笼标高及保护层厚度,起吊时防止钢筋笼变形和碰撞孔壁。钢筋笼太长时可分节起吊在孔口进行垂直焊接或机械连接。

(9) 人工挖孔浇筑混凝土必须用溜槽;当落距超过 3 m 时,应采用串筒,串筒末端距孔底高度不宜大于 2 m。桩孔深度超过 12 m 时宜采用混凝土导管连续分层浇灌,振捣密实。

当孔内渗水较大时应预先采取降水、止水措施或采用导管法灌注水下混凝土。

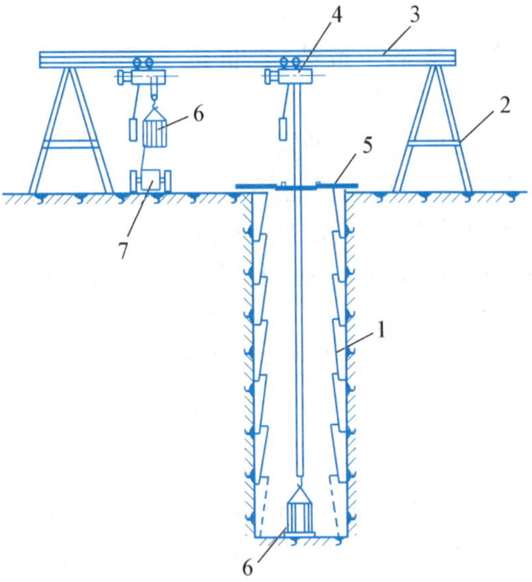

1—混凝土护壁;2—钢支架;3—钢横梁;
4—电动葫芦;4—安全盖板,6—活底吊桶;
7—机动翻斗车或双轮手推车

图 5-27 挖孔灌注桩成孔设备及工艺

(10) 人工挖孔桩施工应采取以下安全措施:孔内必须设置应急软爬梯供人员上下;使用的电葫芦、吊笼等应安全可靠,并配有自动卡紧保险装置,不得使用麻绳和尼龙绳吊挂或脚踏井壁凸缘上下。电葫芦宜用按钮式开关,使用前必须检验其安全起吊能力;每日开工前必须检测井下的有毒、有害气体,并应有足够的安全防范措施。当桩孔开挖深度超过 10 m 时,应有专门向井下送风的设备,风量不宜少于 25 L/s;孔口四周必须设置护栏,护栏高度宜为 0.8 m;挖出的土石方应及时运离孔口,不得堆放在孔口周边 1 m 范围内。

5.3.3.3 干作业成孔灌注桩施工质量检查

除满足灌注桩一般规定外,尚需进行以下检查:

(1) 施工前应对原材料、施工组织设计中制定的施工顺序、主要成孔设备性能指标、监测仪器、监测方法、保证人员安全的措施或安全专项施工方案等进行检查验收。

(2) 施工中应检验钢筋笼质量、混凝土坍落度、桩位、孔深、桩顶标高等。

(3) 施工结束后应检验桩的承载力、桩身完整性及混凝土的强度。

(4) 人工挖孔桩应复验孔底持力层土岩性,嵌岩桩应有桩端持力层的岩性报告。干作业成孔灌注桩的质量检验标准应符合表 5-7 的规定。

表 5-7 干作业成孔灌注桩质量检验标准

项	序号	检查项目	允许值或允许偏差		检查方法
			单位	数值	
主控项目	1	承载力	不小于设计值		静载试验
	2	孔深及孔底土岩性	不小于设计值		测钻杆套管长度或用测绳、检查孔底土岩性报告
	3	桩身完整性	—		钻芯法(大直径嵌岩桩应钻至桩尖下 500 mm)、低应变法、声波透射法
	4	混凝土强度	不小于设计值		28 d 试块强度或钻芯法

（续表）

项	序号	检查项目		允许值或允许偏差		检查方法
				单位	数值	
	5	桩径		见表 5-4		井径仪或超声波检测，干作业时用钢尺量，人工挖孔不包括护壁厚
一般项目	1	桩位		见表 5-4		全站仪或用钢尺量
	2	垂直度		见表 5-4		经经纬仪测量或线锤测量
	3	桩顶标高		mm	+30，−50	水准测量
	4	混凝土坍落度		mm	90～150	坍落度仪
	5	钢筋笼质量	主筋间距	mm	±10	用钢尺量
			长度	mm	±100	用钢尺量
			钢筋材质检验	设计要求		抽样送检
			箍筋间距	mm	±20	用钢尺量
			笼直径	mm	±10	用钢尺量

5.3.4 螺旋钻孔灌注桩

螺旋钻孔灌注桩是利用电动机带动钻杆转动，使钻头螺旋叶片旋转削土，土块随螺旋叶片上升排出孔口，至设计深度后，进行孔底清理。清孔的方法是在原深处空转，然后停止回转，提钻卸土或用清孔器清土。目前使用比较广泛的为长螺旋钻，钻孔直径 350～400 mm，孔深可达 10～20 m。

在软塑土层含水量大时，可用疏纹叶片钻杆，以便较快地钻进。在可塑或硬塑黏土中，或含水量较小的砂土中应用密纹叶片钻杆，以便缓慢、均匀、平稳地钻进。

螺旋钻孔机由动力箱（内设电动机）、滑轮组、螺旋钻杆、龙门导架及钻头等组成，如图 5-28 所示。常用钻头类型有平底钻头、耙式钻头、筒式钻头和锥底钻头四种，如图 5-29 所示。

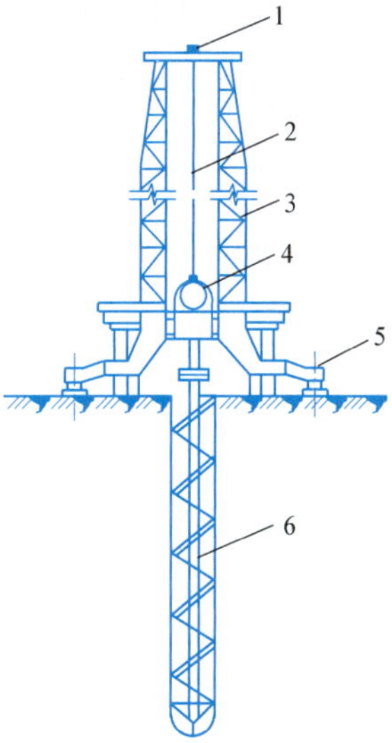

1—导向滑轮；2—钢丝绳；3—龙门导架；4—动力箱；5—千斤顶支腿；6—螺旋钻杆

图 5-28 螺旋钻机示意图

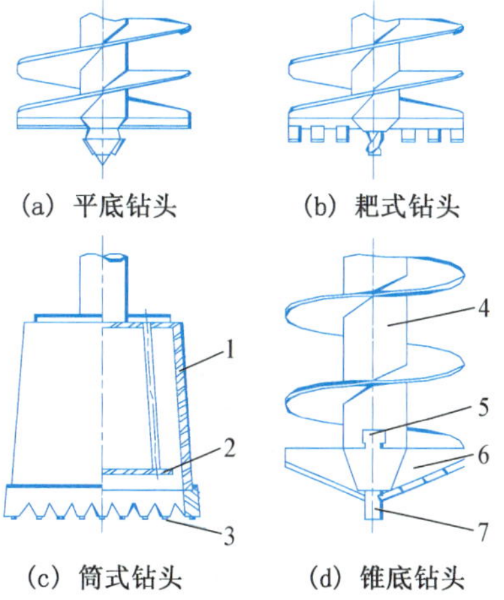

1—筒体；2—推土盘；3—八角硬质合金钻头；4—螺旋钻杆；5—钻头接头；6—切削刀；7—导向尖

图 5-29 钻头类型示意图

5.3.4.1 施工工艺

螺旋钻孔灌注桩施工工艺流程为:场地清理→测设桩位→钻机就位→取土成孔→清除孔底沉渣→成孔质量检查→安放钢筋笼→安置孔口护孔漏斗→浇筑混凝土→拔出漏斗成桩。

5.3.4.2 施工要点

(1) 钻机就位时,必须保持机身平稳,确保施工中不发生倾斜、位移;使用双侧吊线坠的方法或使用经纬仪校正钻杆垂直度;垂直度控制偏差不超过 1%。安装有筒式出土器的钻机,为便于钻头迅速、准确地对准桩位,可在桩位上放置定位网环。

(2) 调直机架钻杆杆,对准桩位,开动机器钻进、出土达到控制深度后停钻,提钻。

(3) 钻至设计深度后,进行孔底清理。清孔的方法是在原深处空转,然后停止回转,提钻卸土或用清孔器清土。

(4) 用测深绳或手提灯测量孔深及虚土厚度,成孔深度和虚土厚度应符合设计要求;检查成孔垂直度、检查孔壁有无胀缩、塌陷等现象;经过成孔质量检查后,应按表逐项填好桩孔施工记录。然后盖好孔口盖板,移走钻孔机到下一桩位,禁止在盖板上行车走人。

(5) 移走盖孔盖板,再次复查孔深、孔径、孔壁、垂直度及孔底虚土厚度;下放钢筋笼。具体要求同前。

(6) 混凝土浇筑要求同人工挖孔灌注桩。

5.3.4.3 长螺旋钻孔灌注桩施工质量检查

除满足灌注桩一般规定外,尚需进行以下检查:

(1) 施工前应对放线后的桩位进行检查。

(2) 施工中应对桩位、桩长、垂直度、钢筋笼笼顶标高等进行检查。

(3) 施工结束后应对混凝土强度、桩身完整性及承载力进行检验。

(4) 长螺旋钻孔灌注桩的质量检验标准应符合表 5-8 的规定。

表 5-8 长螺旋钻孔压灌桩质量检验标准

项	序号	检查项目	允许值或允许偏差		检查方法
			单位	数值	
主控项目	1	承载力	不小于设计值		静载试验
	2	混凝土强度	不小于设计值		28 d 试块强度或钻芯法
	3	桩长	不小于设计值		施工中量钻杆长度,施工后钻芯法
	4	桩径	不小于设计值		用钢尺量
	5	桩身完整性	—		低应变法
一般项目	1	混凝土坍落度	mm	160~220	坍落度仪
	2	混凝土充盈系数	≥1.0		实际灌注量与理论灌注量之比
	3	垂直度	≤1/100		经纬仪测量或线锤测量
	4	桩位	表 5-4		全站仪或钢尺量
	5	桩顶标高	mm	+30,-50	水准测量
	6	钢筋笼笼顶标高	mm	±100	水准测量

单元小结

本单元对目前常见桩基类型及桩基承台连接、打桩施工、静压桩施工、泥浆护壁成孔灌注桩、沉管灌注桩、人工挖孔灌注桩等施工工艺、施工要点和质量检查，结合现行规范、规程和标准图集等进行了详细介绍，通过动画、视频等的学习，培养学生具有一定的桩基施工能力。

自测与案例

一、单项选择题

1. 预制混凝土桩混凝土强度达到设计强度的（　　）方可起吊，达到（　　）方可运输和打桩。

A. 70%，100%　　B. 70%，90%　　C. 90%，90%　　D. 90%，100%

2. 用锤击沉桩时，为防止桩受冲击应力过大而损坏，应力要（　　）。

A. 轻锤重击　　B. 轻锤轻击　　C. 重锤重击　　D. 重锤轻击

3. 大面积高密度打桩不宜采用的打桩顺序是（　　）。

A. 由一侧向单一方向进行　　B. 自中间向两个方向对称进行

C. 自中间向四周进行　　D. 分区域进行

4. 按照《建筑桩基技术规程》，对于泥浆护壁成孔灌注桩，孔底沉渣厚度不符合要求的是（　　）。

A. 端承桩≤50 mm　　B. 端承桩≤80 mm

C. 摩擦端承桩≤100 mm　　D. 摩擦桩≤300 mm

5. 泥浆护壁成孔灌注桩成孔时，泥浆的作用不包括（　　）。

A. 洗渣　　B. 冷却　　C. 护壁　　D. 防止流砂

二、多项选择题

1. 泥浆护壁成孔灌注桩施工工艺流程中，在“第一次清孔”之前应完成的工作有（　　）。

A. 测定桩位　B. 埋设护筒　C. 制备泥浆　D. 下钢筋笼　E. 成孔

2. 沉管灌注桩施工中常见的问题有（　　）。

A. 断桩　B. 桩径变大　C. 瓶颈桩　D. 吊脚桩　E. 桩尖进水进泥

3. 为了防止和减少沉桩对周围环境的影响，可采用的措施是（　　）。

A. 采用预钻孔沉桩　　B. 设置防震沟

C. 采用由近到远的沉桩顺序　　D. 减轻桩锤重量

三、案例题

1. 现有一框架结构的工程，地上四层，层高 4 m。建筑物平面尺寸 45 m×18 m。桩基础采用锤击沉管灌注桩，共 80 根，采用单打法施工，在桩身混凝土浇筑前，项目技术负责人到场就施工方法对作业人员进行了口头交底，随后立即进行桩身混凝土浇筑，导管埋深保持在 0.5～1.0 m。浇筑过程中，拔管指挥人员因故离开现场。打桩完成后检测公司随机抽查 5 根桩进行检测，经检测有部分桩出现缩颈、断桩。

(1) 试简述锤击沉管灌注桩施工顺序。

(2) 试简述在桩基施工中有哪些不妥的地方，如何改正。

(3) 桩基要进行哪些质量检查？检查时桩数如何确定？

(4) 如何防止缩颈桩和断桩质量事故？

单元 6 地基处理

引 言

在工程中遇到软弱土和特殊土时，考虑施工技术以及经济性要求，常常需要进行地基处理，以改善软弱地基及特殊性土的工程性质，提高地基承载力，达到满足建筑物上部结构对地基稳定和变形的要求。

学习目标

✓ 了解换填垫层法的材料要求、施工工艺、施工要点、质量检验标准和检查方法；
✓ 了解强夯法的施工技术参数、施工工艺、施工要点、质量检验标准和检查方法；
✓ 了解水泥土搅拌桩材料要求、施工工艺、施工要点、质量检验标准和检查方法。

本学习单元旨在培养学生初步掌握常用的地基处理施工要求基本知识，学习中通过图片、视频等资料提高学生理论联系实际，分析解决问题的基本能力。

规范规程

建筑地基处理技术规范

软弱地基是指主要由淤泥（$\omega>\omega_L$、$e\geqslant1.5$ 的黏性土）、淤泥质土（$\omega>\omega_L$、$1.0\leqslant e<1.5$ 的黏性土）、冲填土、杂填土或其他高压缩性土层（可液化土如饱和粉细砂与粉土）以及湿陷性黄土（含大孔隙和易溶盐类，有湿陷性特点）、膨胀土（吸水膨胀、失水收缩的高塑性黏土）、盐渍土、红黏土等特殊土层构成的地基。这类土压缩性高、强度低，用作建筑物的地基时，不能满足地基承载力和变形的基本要求，因此需要进行地基处理。

地基处理方法按照地基处理的原理和作用可分为换填垫层法、预压（排水固结）处理、深层挤密法、化学加固法、加筋处理、热学处理等方法。本单元结合区域性特点和适用、够用为度的原则，仅介绍常用的换填垫层法、强夯法和水泥土搅拌桩法。

6.1 换填垫层法

换填垫层法是指将基础底面以下一定范围内的软弱土层挖去，然后以质地坚硬、强度较高、性能稳定、具有抗侵蚀性的砂石、粉质黏土、灰土、粉煤灰、矿渣等材料分层充填，并分层压实。

微课+课件

换填垫层法

6.1.1 灰土垫层

灰土地基是将基础底面下要求范围内的软弱土层挖去，用一定比例的石灰与土，在最优含水量情况下，充分拌合，分层回填夯实或压实而成。灰土地基具有一定的强度、水稳性和抗渗性，施工工艺简单，费用较低，是一种应用广泛、经济、实用的地基加固方法。适于加固深不超过 3 m 的软弱土、湿陷性黄土、杂填土等，还可用作结构的辅助防渗层。

6.1.1.1 材料要求

1. 土料

土料宜用粉质黏土，不宜使用块状黏土，且不得含有松软杂质。土内有机质含量不得超过 5%，且不得含有冻土和膨胀土。当含有碎石时，其最大粒径不宜大于 50 mm。用于湿陷性黄土或膨胀土地基的粉质黏土垫层，土料中不得夹有砖、碎石或石块等。土料应过筛，最大粒径不得大于 15 mm。

2. 石灰

应用 III 级以上新鲜的块灰，含氧化钙、氧化镁愈高愈好，使用前 1～2 d 消解并过筛，其颗粒不得大于 5 mm，且不应夹有未熟化的生石灰块粒及其他杂质，也不得含有过多的水分。石灰应送实验室进行复试，其 CaO、MgO 含量要满足规范规定。

除有特殊要求外，一般石灰与土按 3∶7 或 2∶8 的体积比配合。用机械或人工拌合不少于 3 遍，使达到均匀、颜色一致，并适当控制含水量，现场以手握成团，两指轻捏即散为宜，含水量宜控制在最优含水量±2%范围内，最优含水量通过土的击实试验确定。如含水分过多或过少时，应稍晾干或洒水湿润，如有球团应打碎，要求随拌随用。

6.1.1.2 施工要点

(1) 施工工艺流程：清表验槽→原土压实→灰土拌合→摊铺第一层→压实→验收合格→铺第二层→压实→第三次→……→整体验收合格。

(2) 对基槽(坑)应先验槽，并做隐蔽验收记录。消除松土，并打两遍底夯，要求平整干净。如有积水、淤泥应晾干；局部有软弱土层或孔洞，应及时挖除后用灰土分层回填夯实。

(3) 铺灰应分段分层夯筑，每层虚铺厚度可参见表 6－1，夯实机具可根据工程大小和现场机具条件用人力或机械夯打或碾压，夯压遍数按设计要求的干密度由试夯(或碾压)确定，一般不少于 4 遍。人工打夯应一夯压半夯，夯夯相接，行行相接，纵横交叉。

表 6－1　灰土最大虚铺厚度

夯实机具种类	重量/t	虚铺厚度/mm	备注
石夯、木夯	0.04～0.08	200～250	人力送夯，落距 400～500 mm，一夯压半夯，夯实后约 80～100 mm 厚
小型夯实机械	0.12～0.4	200～250	蛙式夯机、柴油打夯机，夯实后约 100～150 mm 厚
压路机	6～10	200～300	双轮

(4) 灰土分段施工时，不得在墙角、柱基及承重窗间墙下接缝，上下两层的接缝距离不得小于 500 mm，接缝处应夯压密实，并作成直槎，如图 6－1(a)所示。当灰土地基高度不同时，应做成阶梯形，每阶宽不少于 500 mm，如图 6－1(b)所示，并按先深后浅的顺序施工；对作辅助防渗层的灰土，应将地下水位以下结构包围，并处理好接缝，同时注意接缝质量，每层虚土从留缝处往前延伸 500 mm，夯实时应夯过接缝 300 mm 以上；接缝时，用铁锹在留缝处垂直切齐，再铺下段夯实。

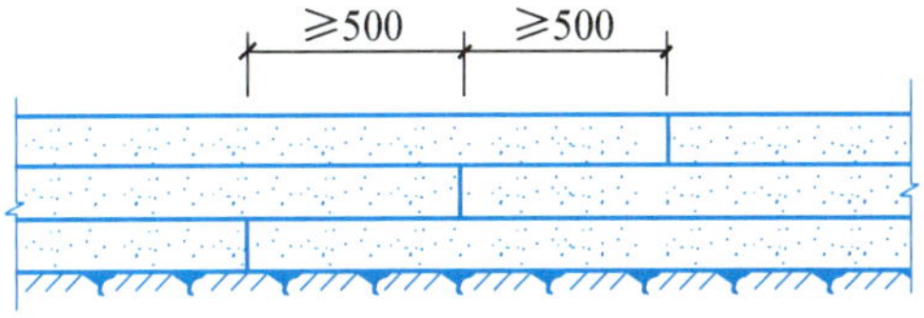

(a) 分层平接法

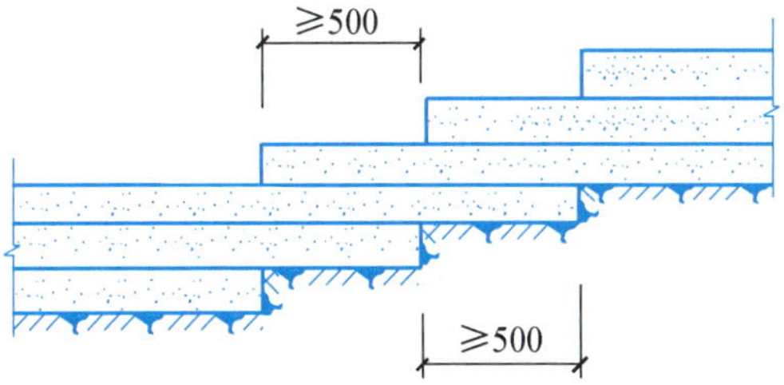

(b) 阶梯式接缝方法

图 6－1　灰土分层施工接缝处理

(5) 灰土应当日铺填夯压，入槽(坑)灰土不得隔日夯打。夯实后的灰土 3 d 内不得受水浸泡，并及时进行基础施工与基坑回填，或在灰土表面作临时性覆盖，避免日晒雨淋。

雨季施工时，应采取适当防雨、排水措施，以保证灰土在基槽(坑)内无积水的状态下进行。刚打完的灰土，如突然遇雨，应将松软灰土除去，并补填夯实；稍受湿的灰土可在晾干后补夯。

(6) 冬期施工，必须在基层不冻的状态下进行，土料应覆盖保温，冻土及夹有冻块的土料不得使用；已熟化的石灰应在次日用完，以充分利用石灰熟化时的热量，当日拌合灰土应当日铺填夯完，表面应用塑料面及草帘覆盖保温，以防灰土垫层早期受冻降低强度。

6.1.1.3　质量验收与质量检查方法

1. 灰土垫层地基的质量验收标准

灰土垫层地基的质量验收标准见表 6－2。

表 6－2　灰土地基质量检验标准

项	序	检查项目	允许偏差或允许值		检查方法
			单位	数值	
主控项目	1	地基承载力	不小于设计值		静载试验
	2	配合比	设计值		按拌合时的体积比
	3	压实系数	不小于设计值		环刀法
一般项目	1	石灰粒径	mm	≤5	筛分法
	2	土料有机质含量	%	≤5	灼烧减量法
	3	土颗粒粒径	mm	≤15	筛分法
	4	含水量(与要求的最优含水量比较)	%	±2	烘干法
	5	分层厚度偏差(与设计要求比较)	mm	±50	水准测量

2. 质量控制

(1) 施工前应检查原材料，如灰土的土料、石灰以及配合比、灰土拌匀程度。

(2) 施工过程中应检查分层铺设厚度，夯实时加水量、夯压遍数、压实系数等。

垫层压实系数一般采用环刀法、标准贯入试验或动力触探贯入测定。灰土垫层一般采用环刀法。环刀取样检测灰土的干密度，除以试验的最大干密度求得压实系数。采用环刀法检验垫层的施工质量时，取样点应位于每层厚度的2/3深度处。检验点数量，对条形基础下垫层每10～20 m不应少于1个点；独立柱基、单个基础下垫层不应少于1个点；其他基础下垫层每50～100 m^2 不应少于1个点。采用标准贯入试验或动力触探检验垫层的施工质量时，每分层检验点的间距应大于4 m。

(4) 施工结束后应检验地基的承载力。

施工结束后，应检验灰土地基的承载力。地基承载力的检验数量每300 m^2 不应少于1点，超过3000 m^2 部分每500 m^2 不应少于1点。每单位工程不应少于3点。

6.1.2 砂及砂石垫层

砂及砂石垫层地基是用夯实的砂或砂砾石(碎石)混合物替换基础下部一定厚度的软土层，以提高基础下部地基强度、承载力，减小沉降量，砂石垫层如图6-2所示。由于垫层材料透水性好，软土层受压后，垫层可作为良好的排水面，使水迅速排出；另外不易产生毛细现象，可以防止寒冷地区土中结冻造成冻胀，也可消除膨胀土的胀缩作用。

砂及砂石垫层适于处理3.0 m以内的软弱土、透水性强的地基；不宜用于加固湿陷性黄土地基及渗透系数小的黏性土地基。

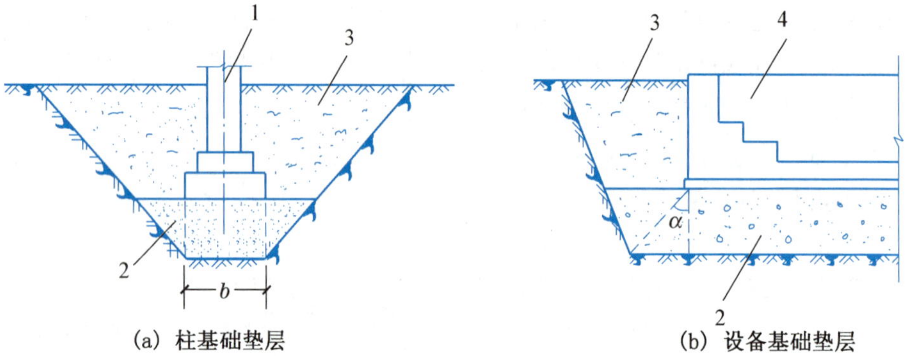

1—柱基础；2—砂或砂石垫层；3—回填土；4—设备基础

α—砂或砂石垫层自然倾斜角(休止角)；b—基础宽度

图6-2 砂石垫层

6.1.2.1 材料要求

(1) 砂及砂石垫层为砂或砂石混合物。宜选用碎石、卵石、角砾、圆砾、砾砂、粗砂、中砂或石屑(粒径小于2 mm的部分不应超过总重的45%)，应级配良好，不含植物残体、垃圾等杂质，含泥量小于5%。

(2) 砂宜用颗粒级配良好、质地坚硬的中砂或粗砂。砂石的最大粒径不宜大于50 mm。当使用粉细砂或石粉(粒径小于0.075 mm的部分不超过总重的9%)时，应掺入不少于总重30%的碎石或卵石，但要分布均匀。砂中有机质含量不超过5%，含泥量应小于5%，兼作排水垫层时，含泥量不得超过3%。

6.1.2.2 施工工艺方法要点

(1) 铺设垫层前应验槽，将基底表面浮土、淤泥、杂物清除干净，两侧应设一定坡度，防止振捣时塌方。

(2) 人工级配的砂砾石，应先将砂、卵石拌和均匀后，再铺夯压实。当地下水位较高或在饱和的软弱地基上铺设垫层时，应在基坑内及外侧四周排水工作，防止砂垫层泡水引起砂流失；或将地下水降至坑底 500 mm 以下。

(3) 垫层底面标高不同时，土面应挖成阶梯或斜坡搭接，并按先深后浅的顺序施工，搭接处应夯压密实。分段铺设时，接头应做成斜坡或阶梯形搭接，每层错开 0.5～1.0 m，并注意充分捣实。

(4) 垫层铺设时，严禁扰动垫层下卧层及侧壁的软弱土层，防止被践踏、受冻或受浸泡，降低其强度。如垫层下有厚度较小的淤泥或淤泥质土层，在碾压荷载下抛石能挤入该层底面时，可采取挤淤处理。先在软弱土面上堆填块石、片石等，然后将其压入以置换和挤出软弱土，再做垫层。基底为软土时应在与土面接触处铺设 150～300 mm 厚的砂垫层或铺一层土工织物，以防止软弱土层表面的局部破坏，同时必须防止基坑边坡坍土混入垫层。

(5) 垫层应分层铺设，分层夯实或压实，控制每层砂垫层的铺设厚度。每层铺设厚度、砂石最优含水量控制及施工机具、方法的选用参见表 6－3。夯实、碾压遍数、振实时间应通过试验确定。砂垫层一般采用平板式振动器，插入式振捣器等设备，砂石垫层一般采用振动碾、木夯或机械夯。用细砂作垫层材料时，不宜使用平振法和插振法，以免产生液化现象。

表 6－3　砂垫层和砂石垫层铺设厚度及施工最优含水量

捣实方法	每层铺设厚度/mm	施工时最优含水量/%	施工要点	备注
平振法	200～250	15～20	1. 用平板式振捣器往复振捣，往复次数以简易测定密实度合格为准 2. 振捣器移动时，每行应搭接 1/3	不宜使用干细砂或含泥量较大的砂铺筑砂垫层
插振法	振捣器插入深度	饱和	1. 用插入式振捣器 2. 插入间距可根据机械振幅大小决定 3. 不用插至下卧黏性土层 4. 插入振捣完毕，所留的孔洞应用砂填实	不宜使用细砂或含泥量较大所的砂铺筑的地基
水撼法	250	饱和	1. 注水高度略超过铺设面层 2. 用钢叉摇撼捣实，插入点间距为 100 mm 3. 有控制的注水和排水 4. 钢叉分四齿，齿的间距 30 mm，长 300 mm，木柄长 900 mm	湿陷性黄土、膨胀土、细砂地基上不得使用
夯实法	150～200	8～12	1. 用木夯或机械夯 2. 木夯重 40 kg，落距 400～500 mm 3. 一夯压半夯，全面夯实	适用于砂石垫层
碾压法	250～350	8～12	6～12 t 压路机往复碾压	适用于大面积的砂石垫层

注：在地下水位以下的地基，其最下层的铺筑厚度可比上表增加 50 mm。

(6) 地下水位高于基坑底面时，宜采取降排水措施。注意边坡稳定，以防止塌土混入砂石垫层中。

(7) 当采用水撼法或插振法施工时，以振捣棒振幅半径的 1.75 倍为间距(一般为 400～

500 mm)插入振捣，依次振实，以不再冒气泡为准，直至完成；同时应采取措施做到有控制地注水和排水。垫层接头应重复振捣，插入式振动棒振完所留孔洞应用砂填实；在振动首层的垫层时，不得将振动棒插入原土层或基槽边部，以避免使软土混入砂垫层而降低砂垫层的强度。

(8) 垫层铺设完毕，应即进行下道工序施工，严禁小车及人在砂层上面行走，必要时应在垫层上铺板行走。

6.1.2.3 质量验收与质量检查方法

1. 砂及砂石垫层的质量验收标准

砂及砂石垫层的质量验收标准见表 6-4。

表 6-4 砂及砂石地基质量检验标准

项	序	检查项目	允许偏差或允许值		检查方法
			单位	数值	
主控项目	1	地基承载力	不小于设计值		静载试验
	2	配合比	设计要求		检查拌合时的体积比或重量比
	3	压实系数	不小于设计值		灌砂法、灌水法
一般项目	1	砂石料有机质含量	%	≤5	灼烧减量法
	2	砂石料含泥量	%	≤5	水洗法
	3	石料粒径	mm	≤50	筛分法
	4	分层厚度	mm	±50	水准测量

2. 质量控制

(1) 施工前应检查砂、石等原材料质量和配合比及砂、石拌和的均匀性。

(2) 施工中应检查分层厚度、分段施工时搭接部分的压实情况、加水量、压实遍数、压实系数。

(3) 施工结束后，应进行地基承载力检验。检验数量及要求同灰土地基。

6.1.3 工程实例

【工程案例】 内蒙古包头军分区新营区工程，该工程由 1 座办公楼(高度为 11 层)及 A、B 两座附属建筑(高度为 6 层)三部分组成，均设有一层地下室。总占地面积 3500 m^2，总建筑面积 32460 m^2。采用砂垫层换填地基，以砾砂层为持力层，垫层厚度为 2.0 m。

1. 地质条件

施工场地地貌单元属昆仑河冲、洪积扇中部。勘探深度范围内所揭露的地层为第四系地层，据其成因及岩性不同，由上而下可分为 6 层：

第①层：杂填土，主要由生活垃圾组成。第②层：粉砂，暗黄色，长石、石英质、稍湿、松散状态，含植物根系。第③层：湿陷性粉土，黄褐色，稍湿、中密状态，含云母，混少量砂粒，局部有白色钙质条纹，砂感强，具有非自重湿陷性。第④层：砾砂，杂色，饱和、中密—密实状态。混粒结构，混卵石、碎石及少量漂石，长石、石英质。第⑤层：为粉砂与粉土互层，黄绿—灰绿色，含云母及氧化铁，湿、中密状态，具明显的层理结构。第⑥层：为有机质粉质黏土，灰黑—

黑色，饱和、可塑状态，含云母，有光泽，略带腥臭味，含少量有机质土。

地下水埋深 10.5～11.6 m，属潜水，赋存于④层砾砂层中，主要以大气降水渗入和侧向径流补给，以开采和径流为主要排泄途径。

2. 设计方案

因第③层粉土具有湿陷性，且承载力不能满足建筑物基底压力的要求，需将第③层湿陷性粉土挖除，用天然级配的混砂回填，换填厚度为 2.0 m，分层虚铺厚度控制在 0.5 m，并用 14 t 振动碾进行碾压，使压实系数达到 0.97，回填碾压完毕进行静载荷试验。

该工程采用静载荷试验法，在办公楼基础范围内共进行了 3 板静载荷试验，压板面积为 2500 cm^2，经检测，砂垫层的承载力特征值 $f_{ak}=301.5$ kPa，满足设计要求的承载力 290 kPa，满足要求。

6.2 强夯法

微课+课件

• 强夯法

强夯法是用起重机械将大吨位夯锤起吊到一定高度后，自由落下，给地基土以强大的冲击能量的夯击，使土中出现冲击波和很大的冲击应力，迫使土层孔隙压缩，土体局部液化，在夯击点周围产生裂隙，形成良好的排水通道，孔隙水和气体逸出，使土料重新排列，经时效压密达到固结，从而提高地基承载力，降低其压缩性的一种有效的地基加固方法，也是我国目前最为常用和最经济的深层地基处理方法之一。

6.2.1 强夯主要机具设备

6.2.1.1 夯锤

用钢板作外壳，内部焊接钢筋骨架后浇筑混凝土或用钢板做成组合夯锤。锤重一般 10～60 t。夯锤底面有圆形和方形，圆形应用较广；锤底面积宜按土的性质或锤重确定。锤底静压力可取 25～80 kPa。对于细颗粒土取小值，粗颗粒土选用大值。夯锤中宜设 4～6 个直径 300～400 mm 或上下贯通的排气孔，以利夯击时空气排出和减小坑底吸力。

6.2.1.2 起重设备

多采用带有自动脱钩装置的履带式起重机，也可用专用三角起重架和龙门架作起重设备。采用履带式起重机时，可在臂端设置辅助门架或采取其他安全措施，防止落锤时机架倾覆。

6.2.1.3 脱钩装置

脱钩装置要求有足够的强度，使用灵活，脱钩快速、安全。常用的工地自制自动脱钩器由钢板焊接而成，由吊环、耳板、销环、吊钩等组成。

6.2.2 施工技术参数

(1) 强夯法有效加固深度是反映出处理效果的重要参数，应根据现场试夯确定。

(2) 单位夯击能是影响夯击能和加固深度的重要因素。锤重 M 与落距 h 的乘积称为单击夯击能。单位面积上所施加的总夯击能称为单位夯击能。夯击能过小，加固效果差；夯击能过大，既浪费能源，对饱和黏性土又会形成橡皮土，降低强度。其大小一般根据现场试夯确定。

(3) 夯击点位置一般采用等边(等腰)三角形(梅花形)或正方形。第一遍夯击点间距可取夯锤直径的2～3倍，第二遍夯击点间距位于第一遍夯击点之间，以后各遍夯击点可适当减小。对于加固土层厚、土质差、透水性弱、含水率高的黏性土，夯点间距宜大，加固土层薄、透水性强、含水量低的砂质土，间距宜小。

(4) 夯击遍数应根据土的性质确定。一般情况采用点夯2～4遍，最后再以低能量满夯2遍。满夯可采用轻捶或低落距锤多次夯击，锤印搭接。点夯一般为3～10击。开始两遍击数宜多些，以后各遍逐渐减小，最后一遍锤击数为2～4击。

(5) 两遍夯击之间应有一定的时间间隔，间隔时间取决于土中超静孔隙水压力的消散时间。当缺少实测资料时，可根据土的渗透性确定。渗透性较差的黏性土不少于2～4周；渗透性好的地基可连续夯击。

(6) 强夯处理范围应大于建筑物基础范围，每边超出基础外缘的宽度宜为设计处理深度的1/2～2/3，并且不小于3 m。对可液化地基基础边缘的处理宽度不应小于5 m。湿陷性黄土应符合有关规范规定。

6.2.3 施工工艺方法要点

(1) 强夯法施工工艺流程如下：场地平整→布置夯点→机械就位→夯锤起吊至预定高度→夯锤自由下落→按设计要求重复夯击→低能量夯实表层松土→验收。

(2) 强夯时，首先应检验夯锤是否处于中心，若有偏心时，应采取在锤边焊钢板或增减混凝土等办法使其平衡，防止夯坑倾斜。夯击时，落锤应保持平稳，夯位正确。如错位或坑底倾斜度过大，应及时用砂土将坑整平，予以补夯后方可进行下一道工序。每夯击一遍后，应测量场地平均下沉量，然后用土将夯坑填平，方可进行下一遍夯实，施工平均下沉量必须符合设计要求。

(3) 强夯前应平整场地，周围做好排水沟，按夯点布置测量放线确定夯位。地下水位较高时，应在表面铺0.5～2.0 m中(粗)砂或砂砾石、碎石垫层，以防设备下陷和便于消散强夯产生的孔隙水压，或采取降低地下水位后再强夯。

(4) 强夯应分段进行，顺序从边缘夯向中央(图6-3)。对厂房柱基亦可一排一排夯，起重机直线行驶，从一边向另一边进行，每夯完一遍，用推土机整平场地，放线定位后即可接着进行下一遍夯击。

16	13	10	7	4	1
17	14	11	8	5	2
18	15	12	9	6	3
18′	15′	12′	9′	6′	3
17′	14′	11′	8′	5′	2′
16′	13′	10′	7′	4′	1′

图6-3 强夯顺序

(5) 强夯法的加固顺序是：先深后浅，即先加固深层土，再加固中层土，最后加固表层土。最后一遍夯完后，再以低能量满夯一遍，如有条件以采用小夯锤夯击为佳。

(6) 雨季填土区强夯，应在场地四周设排水沟、截洪沟，防止雨水流入场内；填土应使中间稍高；土料含水率应符合要求；认真分层回填，分层推平、碾压，并使表面保持1%～2%的排水坡度；当班填土当班推平压实；雨后抓紧排除积水，推掉表面稀泥和软土，再碾压；夯后夯坑立即推平、压实，使高于四周。

(7) 冬期施工应清除地表的冻土层再强夯，夯击次数要适当增加，如有硬壳层，要适当增加夯次或提高夯击功能。

(8) 做好施工过程中的监测和记录工作，包括检查夯锤重和落距，对夯点放线进行复核，检查夯坑位置，按要求检查每个夯点的夯击次数和每击的夯沉量等，并对各项参数及施工情况进行详细记录，作为质量控制的根据。

(9) 夯击点宜距现有建筑物 15 m 以上，否则，可在夯点与建筑物之间开挖隔振沟带，其沟深要超过建筑物的基础深度，并有足够的长度，或把强夯场地包围起来。

6.2.4 质量验收与质量检查

1. 强夯地基质量检验标准

强夯地基质量检验标准见表 6－5。

表 6－5 强夯地基质量检验标准

项	序	检查项目	允许偏差或允许值		检查方法
			单位	数值	
主控项目	1	地基承载力	不小于设计值		静载试验
	2	处理后地基土的强度	不小于设计值		原位测试
	3	变形指标	设计值		原位测试
一般项目	1	夯锤落距	mm	±300	钢索设标志
	2	夯锤质量	kg	±100	称重
		夯击遍数	不小于设计值		计数法
	3	夯击顺序	设计要求		检查施工记录
	4	夯击击数	不小于设计值		计数法
	5	夯点位置	mm	±500	用钢尺量
	6	夯击范围(超出基础范围距离)	设计要求		用钢尺量
	7	前后两遍间歇时间	设计要求		检查施工记录
	8	前后两击平均夯沉量	设计值		水准测量
	9	场地平整度	mm	±100	水准测量

2. 质量检查

(1) 施工前应检查夯锤质量和尺寸、落距控制方法、排水设施及被夯地基的土质。

(2) 施工中应检查夯锤落距、夯点位置、夯击范围、夯击击数、夯击遍数、每击夯沉量、最后两击的平均夯沉量、总夯沉量和夯点施工起止时间等。

(3) 施工结束后，应进行地基承载力、地基土的强度、变形指标及其他设计要求指标检验。

对承载力检验，应在施工结束后间隔一定时间方能进行，对于碎石土和砂土地基，间隔时间宜为 7～14 d，粉土和黏性土宜为 14～28 d。检查点数量同灰土地基要求。

6.2.5 工程实例

【工程案例】 宣城市某洁具厂工程 2 栋厂房为轻钢结构厂房，设计要求厂区场地地基承载力特征值达到120 kPa;轻钢结构厂房柱基要求地基承载力特征不小于200 kPa,根据核算设计要求单墩竖向承载力特征值750 kPa。

1. 工程地质概况

场地上属山间沟谷地貌单元,根据工程地质勘探资料揭示,地层情况自上而下简述如下:

第①层:素填土,层厚3~4 m,灰黄色,松散,高压缩性。为近期人工回填土,主要成分为紫红色泥质粉砂岩块黏土块等,欠压实。

第②层:耕土,层厚0.50~0.8 m,灰褐色,含少量植物根茎,承载力标准值95 kPa。

第③层:粉质黏土,层厚0.50~1.20 m,紫红色,含少量砂砾,承载力标准值180 kPa。

第④层:强风化泥质粉砂岩,层厚0.4~1.0 m,紫红色,岩石稍破碎,岩芯多呈碎块状,承载力标准值450 kPa。

第⑤层:中风化泥质粉砂岩,紫红色,岩石稍破碎,岩芯多呈短柱状,岩质较坚硬,厚度未揭穿,该层为理想的持力层,承载力标准值可达600 kPa。

2. 地基处理方案的确定

该工程①层土为新近填土,厚度3.0~4.0 m,成分复杂,均匀性较差,结构松散,欠固结,不能作为基础持力层,其下③层粉质黏土厚度0.50~1.2 m,且地基承载力特征值90 kPa,不能满足设计要求,④、⑤层为较好的持力层,可作为柱基理想持力层,但埋深较大经综合分析,其处理方法为:① 场地采用重型碾压设备碾压,柱基采用人工挖孔墩基础;② 采用强夯法进行处理,柱基采用置换墩基。经过讨论分析,方法①碾压施工影响深度有限,3.0 m以下填土很难碾压密实,且人工挖孔墩造价较高;方法②强夯法处理方法较适宜,经现场全方位调查和研究,最终决定采用强夯法对整个场地普夯,柱下基础采用强夯置换墩进行地基加固处理。

3. 处理范围及夯点布置

处理范围为基础周边3.0 m,深度为地表下4~5 m,影响深度为5~6 m,场地处理后地基承载力特征值$f_{ak}\geqslant 120$ kPa,整片强夯夯点中心距3.0 m,梅花状等边布置,对于柱基位置逐点强夯置换,每个柱基位置为一个夯点。

4. 施工参数

场地满夯采用圆形锤直径1.2 m,夯锤重量150 kN,夯击能量2250 kN·m,根据试夯数据要求,每点夯8~12击,最后2击平均夯沉量小于10 cm/击,更换直径2.0 m,夯锤重量150kN的平夯锤,每点4击,搭接1/3锤径进行拍平。柱基采用直径1 m小直径夯锤点夯,夯锤重量120 kN,夯击能量1800 kN·m,夯击深度3 m左右,填卵石等填料,经过试夯。强夯置换。最后2击平均夯沉量2~8 cm/击,逐点夯击,最后2击夯击的平均沉降量≤5 cm/击,击数40~60之间,置换填料43~73 m。

5. 地基处理效果评价

采用强夯法和强夯置换法加固地基具有设备简单、施工方便快捷节约等优点。经测算该工程强夯置换法加固地基与传统的人工挖孔桩或人工挖孔墩节约基础造价40%以上。该工程交付使用4年,场地地面及柱基工程未出现不均匀沉降的现象。

6.3 水泥土搅拌桩

微课+课件

水泥土搅拌桩

水泥土搅拌桩地基系利用水泥作为固化剂，通过深层搅拌机在地基深部就地将软土和固化剂强制拌合，凝结成具有整体性、水稳性好和较高强度的不同形状的桩、墙体或块体等，与天然地基形成复合地基，改善地基的承载力和变形模量。水泥土搅拌桩除作为承受竖向荷载的复合地基外，还常用于深基坑支护工程。根据固化剂掺入状态的不同，分为湿法（浆液）和干法（粉体）。

水泥土搅拌桩适用于处理正常固结的淤泥、淤泥质土、素填土、黏性土（软塑、可塑）、粉土（稍密、中密）、粉细砂（松散、中密）、中粗砂（松散、稍密）、饱和黄土等土层。不适用于含大孤石或障碍物较多且不易清除的杂填土、欠固结的淤泥和淤泥质土、硬塑及坚硬的黏性土、密实的砂类土，以及地下水渗流影响成桩质量的土层。当地基土的天然含水量小于 30%（黄土含水量小于 25%）时不宜采用干法。

6.3.1 材料和机具要求

6.3.1.1 材料

浆液宜用强度等级为 42.5 级的普通硅酸盐水泥。水泥掺入量不应小于被加固天然土质量的 7%，作为复合地基增强体时不宜小于 12%。注浆时刻可部分掺用粉煤灰，掺入量可为水泥重量 12%～50%。根据工程需要可在浆液搅拌时加入速凝剂、减水剂和防析水剂。

水泥浆的水灰比可取 0.6～2.0，常用 1.0。为增强流动性，利于泵送，可掺入水泥重量 0.2%～0.25%的木质素磺酸钙减水剂，另加 1%的硫酸钠和 2%的石膏以促进速凝、早强。

水泥土搅拌桩复合地基宜在基础和桩之间设置褥垫层，厚度可取 200～300 mm。褥垫层材料可选用中砂、粗砂、级配砂石等，最大粒径不宜大于 20 mm。褥垫层的夯填度不应大于 0.9。

6.3.1.2 机具设备

主要机具设备为深层搅拌机。

6.3.2 施工工艺方法要点

(1) 深层搅拌桩施工工艺流程如图 6-4 所示。

施工程序：深层搅拌机定位→预搅下沉→配制水泥砂浆（或砂浆）→喷浆搅拌、提升→重复搅拌下沉→重复搅拌提升直至孔口→关闭搅拌机、清洗→移至下一根桩、重复以上工序。

(2) 场地应先整平，清除地上、地下障碍物，场地低洼处用回填涂料应夯实，不得回填生活垃圾。

(3) 施工前应对水泥进行强度和安

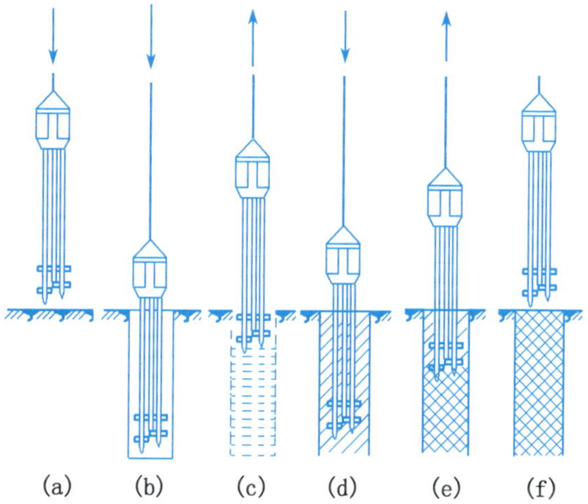

(a) 定位下沉；(b) 沉入到设计深度

(c) 喷浆搅拌提升；(d) 原位重复搅拌下沉；

(e) 重复搅拌提升；(f) 搅拌完成形成加固体

图 6-4　深层搅拌法工艺流程

定性试验，合格后才能使用。外加剂必须没有变质。施工前应做水泥配合比试验和测定不同龄期的水泥配合比试块强度，便于确定施工配合比。

(4) 水泥土搅拌桩施工前，应根据设计进行工艺性试桩，数量不得少于 3 根，多轴搅拌施工不得少于 3 组。应对工艺试桩的质量进行检验，确定施工参数。即水灰比、喷浆压力、喷浆量、提升速度、搅拌次数等。

(5) 搅拌机就位调平，导向架和搅拌轴应于地面垂直，偏差不得超过 1/150，桩位偏差满足验收规范规定的质量检查标准。

(6) 搅拌头翼片的枚数、宽度、与搅拌轴的垂直夹角、搅拌头的回转数、提升速度应相互匹配，干法搅拌时钻头每转一圈的提升(或下沉)量宜为 10～15 mm，确保加固深度范围内土体的任何一点均能经过 20 次以上的搅拌。

(7) 预搅下沉到至设计加固深度后，边喷浆(粉)边搅拌提升至预定的停浆面。重复钻进搅拌。如喷浆(粉)量达到设计要求，只需复搅即可。

(8) 搅拌机预搅下沉时不宜冲水；当遇到较硬土层下沉太慢时，方可适量冲水，但应考虑冲水成桩对桩身强度的影响。

(9) 搅拌机喷浆提升的速度和次数必须符合施工工艺的要求，应有专人记录搅拌机每米下沉或提升的时间，深度记录误差不得大于 50 mm，时间记录误差不得大于 5 s，施工中发现的问题及处理情况均应注明。

(10) 搅拌桩施工时，停浆(灰)面应高于桩顶设计标高 500 mm。在开挖基坑时，应将桩顶以上土层及桩顶施工质量较差的桩段，采用人工挖除。

(11) 每天加固完毕，应用水清洗贮料罐、砂浆泵、深层搅拌机及相应管道，以备再用。

6.3.3 质量验收及质量控制

6.3.3.1 水泥搅拌桩质量检验标准

水泥搅拌桩质量检验标准见表 6-6。

表 6-6 水泥土搅拌桩质量检验标准

项目类别	序	检查项目	允许偏差或允许值		检查方法
			单位	数值	
主控项目	1	复合地基承载力	不小于设计值		静载试验
	2	单桩承载力	不小于设计值		静载试验
	3	水泥用量	不小于设计值		查看流量表
	4	搅拌叶回转直径	mm	±20	用钢尺量
	5	桩长	不小于设计值		测钻杆长度
	6	桩体强度	不小于设计值		28d 试块强度或钻芯法
一般项目	1	水胶比	设计值		实际用水量与水泥等胶凝材料的重量比
	2	提升速度	设计值		测机头上升距离及时间
	3	下沉速度	设计值		测机头下沉距离及时间

(续表)

项目类别	序	检查项目	允许偏差或允许值		检查方法
			单位	数值	
一般项目	4	桩位	条基边桩沿轴线	≤1/4*D*	全站仪或钢尺量
			垂直轴线	≤1/6*D*	
			其他情况	≤2/5*D*	
	5	桩顶标高	mm	±200	水准仪，最上部 500 mm 浮浆层及劣质桩体不计入
	6	导向架垂直度	≤1/150		经纬仪测量
	7	褥垫层夯填度	≤0.9		水准测量

6.3.3.2 质量检查

(1) 施工前应检查水泥及外掺剂的质量、桩位、搅拌机工作性能，并应对各种计量设备进行检定或校准。

(2) 施工中应检查机头提升速度、水泥浆或水泥注入量、搅拌桩的长度及标高。

(3) 施工结束后，应检验桩体的强度和直径，以及单桩与复合地基的承载力。

6.3.3.3 质量控制

(1) 成桩 3 d 内，采用轻型动力触探(N10)检查上部桩身的均匀性，检验数量为施工总桩数的 1%，且不少于 3 根。

(2) 成桩 7 d 后，采用浅部开挖桩头进行检查，开挖深度宜超过停浆(灰)面下 0.5 m，检查搅拌的均匀性，量测成桩直径，检查数量不少于总桩数的 5%。

(3) 对水泥土搅拌桩复合地基承载力的检验数量不应少于总桩数的 0.5%，且不应少于 3 点。有单桩承载力或桩身强度检验要求时，检验数量不应少于总桩数的 0.5%，且不应少于 3 根。

(4) 经触探和静载试验检验后对桩身质量有怀疑时，应在成桩 28 d 后，钻芯样作抗压强度检验，检验数量为施工总桩数的 0.5%，且不少于 3 根。

(5) 对相邻桩搭接要求严格的工程，应在成桩 15 d 后时选取数根桩体进行开挖，检查桩顶部分外观质量。

(6) 对变形有严格要求的工程，应在成桩 28 d 后，采用双管单动取样器钻取芯样作水泥土抗压强度检验，检验数量为施工总桩数的 0.5%，且不少于 6 点。

(7) 基槽开挖后，应检验桩位、桩数与桩顶桩身质量，如不符合设计要求，应采取有效补强措施。

6.3.4 工程实例

【工程案例】 粉喷桩在住宅楼软弱地基加固中的应用。

1. 工程概况

郑州市明鸿新城 22 座 7 层点式豪华住宅楼工程，为砖混结构，现浇钢筋混凝土楼板和屋面，建筑面积 13.2 万平方米，由于结构荷载较大(160 kPa)，上部地基强度较低(平均 120 kPa 左右)，经多方案比较，设计采用水泥粉喷桩加固地基，桩直径 0.5 m，长 8.8～9.3 m，共计 18950 根，桩顶距自然地面 1.0 m，在墙基下均匀布置，间距 1.0 m，经粉喷桩加固后，要求复合地基承载力达到 170 kPa。

2. 地质状况

该工程地质变化较大，自地面由上而下为：耕植土(厚 0.6～1.0 m)，分布均匀，较松散；粉土(厚 3.5～6.3 m)，可塑～软塑状态，中等压缩性，承载力特征值 f_{ak}=100 kPa，压缩模量 E_s=5.1 MPa；粉质黏土(厚 2.2～3.9 m)，软塑状态，中等压缩性，f_{ak}=80 kPa，E_s=4.8 MPa；粉土(厚 1.0～2.7 m)，软塑状态，中等压缩性，分布不匀，局部有尖灭现象，f_{ak}=110 kPa，E_s=7.2 MPa；粉质黏土(厚 1.4～2.3 m)，软塑～可塑状态，中等压缩性，分布不匀，局部存在尖灭现象，f_{ak}=90 kPa，E_s=4.1 MPa；细砂(厚 9.7～21.3 m)，上部稍密，下部中密至密实，f_{ak}=180～250 kPa，E_s=15～24 MPa。地下水埋深−2.2～2.7 m，属潜水型。

3. 施工工艺

采用 5 台粉喷桩机钻孔、喷粉、搅拌。先按楼层进行严格放线定位，根据基础埋置深浅情况，采取先成桩后开挖基坑和先挖基坑至基底以上 500 mm 再成桩清土两种方式。为避免桩机管路过长，采取由中间向两端进行，喷粉量控制为 45～50 kg/m，由专人操纵，至比设计桩顶面高 500 mm 停止，同时在每根桩上部 1 m 范围内复喷一次，以防在桩顶部出现松散层。每根桩保持连续作业，防止漏喷或堵管，每日可完成桩 50 根，效率较高。

4. 桩基测试

每栋楼粉喷桩基完工后 7 d，随机取桩总数 1%，8 根进行动测检验桩的承载力情况；取桩总数的 15%进行桩质量情况检验。检测后发现有问题时，取加倍数量的桩进行复检；承载力采用低应变动力试验及附加质量法检验，并做三组静载对比试验，静载与动测承载力最大误差为 5.6%，最小误差为−1%，两者比较接近。经检验承载力为 171～212 kPa，均满足设计承载力要求。同时应用应力波反射法对桩体质量进行检验，所测桩中绝大部分测试信号正常，有较明显的桩底反射，波速范围在 150 m/s 左右，认为桩身较为密实均匀，质量良好，个别桩测试信号异常，是因破桩头时，桩受激烈水平力造成断桩所致，截面以下测试信号恢复正常，采取复喷补桩处理。

5. 效果评价

本工程原拟采用普通混凝土灌注桩，后经试验研究，改为用粉喷桩加固使用复合地基，充分挖掘地基潜力。该工程已有 12 栋楼建成，投入使用五年多未发现房屋地基不均匀沉降和砖墙裂缝等问题，加固效果良好；采用粉喷桩(25 元/m 左右)比混凝土灌注桩地基处理费用降低 65%，工期缩短 2 倍以上，与一般水泥桩加固地基比较，设备简单，施工快速、安全，费用低 30%～40%。实践表明，采用粉喷桩加固软弱地基，技术经济上是可行和合理的，使用上是可靠的，在郑州地区已成为较广泛应用的软土地基加固方法。

单元小结

本单元结合区域性特点和现行规范、规程对常用的换填垫层法、强夯法、水泥土搅拌桩的材料要求、施工工艺方法、施工要点、质量检验标准和检查方法等进行了详细阐述和讲解。本单元还安排四个实际工程案例介绍地基处理的加固方法、加固效果，以培养学生理论联系实际、分析与解决实际问题的基本能力。

自测与案例

一、单项选择题

1. 砂及砂石地基的主控项目有(　　)。

A. 地基承载力　　B. 石料粒径　　C. 含水量　　D. 分层厚度

2. 水泥土搅拌桩复合地基承载力检验数量不应少于总桩数的 0.5%,且不应少于(　　)处。

A. 1　　B. 2　　C. 3　　D. 4

3. 强夯法处理范围应大于建筑物基础范围,对一般建筑物,每边超出基础边缘的宽度宜为设计处理深度的 1/2～2/3,并不宜小于(　　)m。

A. 3　　B. 5　　C. 4　　D. 6

二、多项选择题

1. 灰土地基施工过程中应检查(　　)。

A. 分层铺设的厚度　　B. 夯实时加水量

C. 夯压遍数　　D. 压实系数

2. 水泥土搅拌桩复合地基质量验收时,(　　)抽查必须全部符合要求。

A. 复合地基承载力　　B. 桩体强度

C. 水泥用量　　D. 提升速度

三、案例题

某新建防汛调度指挥中心 3 号楼工程,占地约 1400 m^2,其东侧为溢洪道,西侧为岗丘地貌,主要分布黄褐色硬塑状粉质黏土及志留系砂质 86.6～106.5 m,指挥中心基础东西长 66.5 m,南北宽 19.7 m,柱距 4.2 m×6.3 m,主楼为 3 层,现浇坡屋顶屋面。抗震设防烈度Ⅵ度。场地地层主要为一套第四系上更新冲洪积层,下伏白垩系凝灰岩,不经处理尢法满足设计要求。

根据勘察揭露的地层情况由上到下为:

① 填土:黄褐色,稍湿,松散,主要组份为黏性土含碎石植物根茎等,大孔隙,欠固结,强度分布不均,为近期填土,厚度 1.8～6.5 m;

② 粉质黏土:黄褐色,稍湿,硬塑,含铁锰质氧化物及结核,灰绿色黏土矿物呈斑块状及团块状分布,干强度高,韧性好,有光泽反应,层厚 1.7～6.6 m;

③ 残积土:棕红色,稍湿,硬塑 坚硬,以黏土为主,次为砾砂及岩石碎屑,结构致密,层厚 3.9～4.2 m;

④ 微风化凝灰岩:浅灰色,隐晶质结构或细粒结构,块状构造,岩质新鲜,局部微裂隙发育,节理面灰绿色矿物浸染,完整性好,岩芯呈柱状或短柱状,岩体基本质量为Ⅳ级,揭露最大层厚 3.2 m。

原勘察报告建议采用钻孔灌注桩基础,桩端持力层置入第④层微风化凝灰岩中一定深度,初步估算基础处理投资约 86 万元,且施工难度大,质量不易控制。后考虑场地地质条件,根据地质报告揭露的地层情况,第一层为新近素填土,最大厚度达到 6.5 m,根据已有的地基处理经验及楼房总高度,特别是填土的性质,经多种方案对比,最后决定采用强夯法加固填土地基及其下伏部分天然地基。根据案例分析请回答以下问题：

（1）地基处理的目的。

（2）简述强夯法地基处理的施工工艺流程。

（3）影响强夯法处理效果的技术参数有哪些，至少指出5种。

- 自测答案
- 单元测验

单元7
地基基础分部工程验收

引　言

一个具体的工程项目一般划分为几个分部工程，每个分部工程又划分为若干个子分部工程，每一个子分部又可划分为若干个分项工程。地基基础工程是一个重要的分部工程。

学习目标

✓ 正确划分子分部工程和分项工程；
✓ 填写分部、分项工程、检验批质量验收记录表；
✓ 组织地基基础分部工程验收。

本学习单元旨在培养学生具有地基基础分部工程验收资料整理的基本能力，通过课程讲解使学生掌握地基基础分部、分项工程验收的程序、方法等知识；通过案例教学进一步培养学生进行地基基础施工的综合职业能力。

建筑工程施工质量验收划分为单位工程、分部工程、分项工程和检验批。按照《建筑工程施工质量验收统一标准》(GB 50300—2013)，建筑工程按专业性质、工程部位不同分为10个分部工程，地基基础工程是其中一个分部工程。由于地基基础工程规模大、作业种类多，按材料种类、施工特点、施工程序、专业系统及类别等划分为7个子分部工程。每个子分部又按主要工种、材料、施工工艺、设备类别的不同划分成若干分项工程。具体见表7-1。

规范规程

建筑工程施工质量验收统一标准

表7-1　地基基础分部分项工程组成

分部工程	子分部工程	分项工程
地基与基础	地基	素土、灰土地基，砂和砂石地基，土工合成材料地基，粉煤灰地基，强夯地基，注浆地基，预压地基，砂石桩复合地基、高压喷射注浆地基，水泥土搅拌桩地基，土和灰土挤密桩地基，水泥粉煤灰碎石桩地基，夯实水泥土桩地基

（续表）

分部工程	子分部工程	分项工程
地基与基础	基础	无筋扩展基础、钢筋混凝土扩展基础、筏形与箱型基础、钢结构基础、钢管混凝土结构基础、型钢混凝土结构基础、钢筋混凝土预制桩基础、泥浆护壁混凝土灌注桩基础，干作业成孔桩基础，长螺旋钻孔压灌桩基础，沉管灌注桩基础，钢桩基础，锚杆静压桩基础，岩石锚杆基础，沉井与沉箱基础
	基坑支护	灌注桩排桩围护墙，板桩围护墙，咬合桩围护墙，型钢水泥土搅拌墙，土钉墙，地下连续墙，水泥土重力式挡墙，内支撑，锚杆，与主体结构相结合的基坑支护
	地下水控制	降水与排水，回灌
	土方	土方开挖，土方回填，场地平整
	边坡	喷锚支护，挡土墙，边坡开挖
	地下防水	主体结构防水，细部构造防水，特殊施工法结构防水，排水，注浆

对于一个具体的工程项目，一般不会 7 个子分部都有，编列的原则是涉及的就编入，否则就不列入，有几个子分部就列几个子分部。

7.1 检验批和分项工程质量验收

7.1.1 检验批和分项工程划分

在施工验收中按相同的生产条件或按规定的方式汇总起来供抽样检验用的，由一定数量样本组成的检验体叫作检验批。检验批是工程验收最小单位，是分项工程、分部工程、单位工程验收的基础。分项工程可由一个或若干个检验批组成。

检验批可根据施工、质量控制和专业验收的需要，按工程量、楼层、施工段、变形缝进行划分。一般情况下，对地基与基础分部来说，一个分项工程划分为一个检验批，但对工程规模较大的基础工程，也可根据基底标高的不同划分若干个检验批。有地下室的工程可根据地下室的层数划分检验批。

微课+课件

地基基础分部工程验收

地基与基础分部包括多个分项工程，教材中已列入了部分分项工程的质量检查标准和方法。检验批和分项工程质量验收记录应根据现场验收，检查原始记录按表 7－2 和表 7－3 的格式填写。

7.1.2 检验批和分项工程验收组织程序

检验批和分项工程验收均应在施工单位自检合格的基础上进行。参加工程施工质量验收的各方人员应具备相应的资格。检验批验收时应进行现场检查，并填写现场验收检查原始记录。

检验批的质量应按主控项目和一般项目验收。主控项目是指对安全、节能、环境保护和主要使用功能起决定性作用的检验项目；除主控项目以外的检验项目称为一般项目。主控项目的质量检验结果必须全部符合检验标准，一般项目的验收合格率不得低于 80%。

检验批应由专业监理工程师组织施工单位项目专业质量检查员、专业工长等进行验收，并由施工项目专业质量检查员填写检验批质量验收记录。

分项工程应由专业监理工程师组织施工单位项目专业技术负责人等进行验收。

7.1.3 检验批和分项工程验收规定

1. 检验批质量验收合格应符合的规定

(1) 主控项目的质量经抽样检验均应合格。

(2) 一般项目的质量经抽样检验合格。当采用计数抽样时，合格点率应符合有关专业验收规范的规定，且不得存在严重缺陷。对于计数抽样的一般项目，正常检验一次、二次抽样可按《建筑工程施工质量验收统一标准》(GB 50300—2013)判定。

(3) 具有完整的施工操作依据、质量验收记录。

2. 分项工程质量验收合格应符合的规定

(1) 所含检验批的质量均应验收合格。

(2) 所含检验批的质量验收记录应完整。

在分项工程验收中，如果对检验批验收结论有怀疑或异议时，应进行相应的现场检查核实。

表 7-2 ________检验批质量验收记录

<table>
<tr><td colspan="2">单位(子单位)
工程名称</td><td></td><td>分部(子分部)
工程名称</td><td></td><td>分项工程名称</td><td></td></tr>
<tr><td colspan="2">施工单位</td><td></td><td>项目负责人</td><td></td><td>检验批容量</td><td></td></tr>
<tr><td colspan="2">分包单位</td><td></td><td>分包单位
项目负责人</td><td></td><td>检验批部位</td><td></td></tr>
<tr><td colspan="2">施工依据</td><td colspan="2"></td><td>验收依据</td><td colspan="2"></td></tr>
<tr><td colspan="3">验收项目</td><td>设计要求及
规范规定</td><td>最小/实际
抽样数量</td><td>检查记录</td><td>检查结果</td></tr>
<tr><td rowspan="4">主控项目</td><td>1</td><td></td><td></td><td></td><td></td><td></td></tr>
<tr><td>2</td><td></td><td></td><td></td><td></td><td></td></tr>
<tr><td>3</td><td></td><td></td><td></td><td></td><td></td></tr>
<tr><td>…</td><td></td><td></td><td></td><td></td><td></td></tr>
<tr><td rowspan="4">一般项目</td><td>1</td><td></td><td></td><td></td><td></td><td></td></tr>
<tr><td>2</td><td></td><td></td><td></td><td></td><td></td></tr>
<tr><td>3</td><td></td><td></td><td></td><td></td><td></td></tr>
<tr><td>…</td><td></td><td></td><td></td><td></td><td></td></tr>
<tr><td colspan="3">施工单位检查结果</td><td colspan="4">专业工长：
项目专业质量检查员：
年　月　日</td></tr>
<tr><td colspan="3">监理单位
验收结论</td><td colspan="4">专业监理工程师：
年　月　日</td></tr>
</table>

表 7－3 ________分项工程质量验收记录

<table>
<tr><td>单位(子单位)
工程名称</td><td colspan="2"></td><td>分部(子分部)
工程名称</td><td colspan="2"></td></tr>
<tr><td>分项工程数量</td><td colspan="2"></td><td>检验批数量</td><td colspan="2"></td></tr>
<tr><td>施工单位</td><td></td><td>项目负责人</td><td></td><td>项目技术负责人</td><td></td></tr>
<tr><td>分包单位</td><td></td><td>分包单位项目
负责人</td><td></td><td>分包内容</td><td></td></tr>
<tr><td>施工依据</td><td colspan="2"></td><td>验收依据</td><td colspan="2"></td></tr>
</table>

<table>
<tr><td>序号</td><td>检验批名称</td><td>检验批容量</td><td>部位/区段</td><td>施工单位检查结果</td><td>监理单位验收
结论</td></tr>
<tr><td>1</td><td></td><td></td><td></td><td></td><td></td></tr>
<tr><td>2</td><td></td><td></td><td></td><td></td><td></td></tr>
<tr><td>3</td><td></td><td></td><td></td><td></td><td></td></tr>
<tr><td>…</td><td></td><td></td><td></td><td></td><td></td></tr>
<tr><td colspan="2">施工单位
检查结果</td><td colspan="4">项目专业技术负责人：
年　月　日</td></tr>
<tr><td colspan="2">监理单位
验收结论</td><td colspan="4">专业监理工程师：
年　月　日</td></tr>
</table>

7.2　分部工程质量验收

7.2.1　地基基础分部工程验收程序

地基与基础分部施工完成后，施工单位应组织相关人员检查，在自检合格的基础上报监理机构项目总监理工程师。

地基与基础分部工程验收前，施工单位应将分部工程的质量控制资料整理成册报送项目监理机构审查，监理核查符合要求后由总监理工程师签署审查意见。

总监理工程师收到上报的验收报告应及时组织参建各方对地基与基础分部工程进行验收，验收合格后应填写地基与基础分部工程质量验收记录，并签注验收结论和意见，相关责任人签字加盖单位公章，并附分部工程观感质量检查记录。分部工程质量验收记录应符合表 7－4 的格式。

分部工程应由总监理工程师组织施工单位项目负责人和项目技术负责人、施工单位技术、质量部门负责人、勘察单位项目负责人、设计单位项目负责人等进行验收。

表 7-4　×××分部工程质量验收记录

<table>
<tr><td>单位(子单位)
工程名称</td><td></td><td>子分部工程
数量</td><td></td><td>分项工程
数量</td><td></td></tr>
<tr><td>施工单位</td><td></td><td>项目负责人</td><td></td><td>技术(质量)
负责人</td><td></td></tr>
<tr><td>分包单位</td><td></td><td>分包单位
负责人</td><td></td><td>分包内容</td><td></td></tr>
<tr><td>施工依据</td><td colspan="2"></td><td>验收依据</td><td colspan="2"></td></tr>
</table>

<table>
<tr><td>序号</td><td>子分部工程名称</td><td>分项工程名称</td><td>检验批数量</td><td>施工单位检查结果</td><td>监理单位验收结论</td></tr>
<tr><td>1</td><td></td><td></td><td></td><td></td><td></td></tr>
<tr><td>2</td><td></td><td></td><td></td><td></td><td></td></tr>
<tr><td>3</td><td></td><td></td><td></td><td></td><td></td></tr>
<tr><td>…</td><td></td><td></td><td></td><td></td><td></td></tr>
<tr><td colspan="4">质量控制资料</td><td></td><td></td></tr>
<tr><td colspan="4">安全和功能检验结果</td><td></td><td></td></tr>
<tr><td colspan="4">观感质量检验结果</td><td></td><td></td></tr>
<tr><td colspan="2">综合验收结论</td><td colspan="4"></td></tr>
</table>

<table>
<tr><td>施工单位
项目负责人：
年　月　日</td><td>勘察单位
项目负责人：
年　月　日</td><td>设计单位
项目负责人：
年　月　日</td><td>监理单位
总监理工程师：
年　月　日</td></tr>
</table>

7.2.2　地基基础分部工程质量验收规定

基础分部工程质量验收合格应符合下列规定：

(1) 所含分项工程的质量均应验收合格；

(2) 质量控制资料应完整；

(3) 有关安全、节能、环境保护和主要使用功能的抽样检验结果应符合相应规定；

(4) 观感质量应符合要求。

7.2.3　验收方法

1. 基础分部所包含的分项工程验收方法

实际验收中，这项内容主要是统计工作，应注意以下几点：① 检查每个分项工程验收是否正确；② 查对分项工程有无漏缺或有没有进行验收；③ 检查分项工程的资料是否完整，每个验收资料的内容是否有缺漏项，以及分项验收人员的签字是否齐全，是否符合规定。

2. 质量控制资料的检查

地基基础工程质量控制资料有：图纸会审记录、设计变更通知单、工程洽商记录；工程定位测量、放线记录；原材料出厂合格证书及进场检验、试验报告；施工试验报告及见证检测报告；隐蔽工程验收记录；施工记录；地基、基础检验及抽样检测资料；分项、分部工程质量验收记录；工程质量事故调查处理资料；新技术论证、备案及施工记录等。

此项内容也是统计、归纳和核实，主要是对其准确性、完整性、规范性进行检查验收。

3. 有关安全、节能、环境保护和主要使用功能的抽样检验结果应符合相应规定

涉及安全、节能、环境保护和主要使用功能的地基与基础分部工程应进行有关的见证检验或抽样检验。一般情况，地基基础工程涉及安全和主要使用功能的抽查项目有：地基承载力检验报告；桩基承载力检验报告；混凝土强度试验报告；砂浆强度试验报告；主体结构尺寸、位置抽查记录；建筑物垂直度、标高、全高测量记录；地下室渗漏水检测记录；有防水要求的地面蓄水试验记录；建筑物沉降观测测量记录；节能、保温测试记录；土壤氡气浓度检测报告。

4. 观感质量验收

以观察、触摸或简单量测的方式进行观感质量验收，并结合验收人的主观判断，检查结果并不给出“合格”或“不合格”的结论。如果没有明显达不到要求的，就可以评“一般”；如果某些部位质量较好，细部处理到位，就可以评“好”；如果有的部位达不到要求，或有明显的缺陷，但不影响安全或使用功能的，则评为“差”。对于“差”的检查点应进行返修处理。

【相关知识】

当建筑工程施工质量不符合要求时，应按下列规定进行处理：

(1) 经返工或返修的检验批，应重新进行验收；

(2) 当个别检验批发现问题，难以确定能否验收时，经有资质的检测机构检测鉴定能够达到设计要求的检验批，应予以验收；

(3) 经有资质的检测机构检测鉴定达不到设计要求、但经原设计单位核算认可能够满足安全和使用功能的检验批，可予以验收；

(4) 经返修或加固处理的分项、分部工程，满足安全及使用功能要求时，可按技术处理方案和协商文件的要求予以验收。

(5) 经返修或加固处理仍不能满足安全或重要使用功能的分部工程及单位工程，严禁验收。

单元小结

本单元结合《建筑工程施工质量验收统一标准》(GB 50300—2013)对地基基础分部、分项工程质量检查程序、内容、方法和资料填写等内容进行了简单阐述，以引导学生理论与实际工程的结合，增强地基基础施工综合职业能力。

自测与案例

一、单项选择题

1. 强夯地基属于（　　）。
   A. 分部工程　　B. 子分部工程　　C. 分项工程　　D. 检验批
2. 桩基工程应由（　　）组织验收。
   A. 总监理工程师　　B. 施工单位项目负责人
   C. 专业监理工程师　　D. 勘察单位项目负责人
3. 地基基础分部（子分部），分项工程的质量验收均应在（　　）基础上进行。
   A. 施工单位自检合格　　B. 监理单位验收合格
   C. 建设单位验收合格　　D. 勘察单位验收合格
4. 主控项目必须（　　）符合验收标准规定。
   A. 80%及以上　　B. 90%及以上　　C. 100%　　D. 75%

二、多项选择题

1. 基坑支护验收应由总监理工程师组织（　　）参加验收。
   A. 勘察单位项目负责人　　B. 设计单位项目负责人
   C. 施工单位项目、技术质量部门负责人　　D. 质量监督人员
2. 检验批质量验收要求为（　　）。
   A. 主控项目必须全部符合要求　　B. 主控项目应有80%合格
   C. 一般项目全部符合要求　　D. 一般项目应有80%合格

三、案例题

某施工单位承担了××地块土方开挖工作，开挖后到设计标高后，立即上报监理公司申请验收。监理公司收到验收申请后，总监理工程师立即组织施工单位项目负责人、施工单位技术、质量负责人勘察单位项目负责人和设计单位项目负责人进行验收。施工单位项目专业质量检查负责人填写了验收记录单见表7-5。根据案例分析请回答：

（1）土方开挖属于分部工程、分项工程还是检验批。

（2）验收程序是否合法，如果不合法，指出正确的验收程序。

（3）请按照验收记录表中所验收项目填写规范规定的误差，并对检查结果一列、施工单位检查结果、监理单位验收结论两栏给出评定意见。

表 7－5　土方开挖检验批质量验收记录

<table>
<tr><td>工程名称</td><td>××地块</td><td>分部(子分部)工程名称</td><td>土方</td><td>分项工程名称</td><td>土方开挖</td></tr>
<tr><td>施工单位</td><td>××有限公司</td><td>项目负责人</td><td>××</td><td>检验批容量</td><td>挖方面积：980 m²</td></tr>
<tr><td>分包单位</td><td>—</td><td>分包单位项目负责人</td><td>—</td><td>检验批部位</td><td>30 号楼</td></tr>
<tr><td>施工依据</td><td colspan="2">《土石方与爆破工程》GB 50201—2012</td><td>验收依据</td><td colspan="2">设计文件和《建筑地基基础工程施工质量验收规范》(GB 50202—2018)</td></tr>
</table>

<table>
<tr><td colspan="3">验收项目</td><td colspan="3">设计要求及规范规定</td><td>最小/实际抽样数量</td><td>检查记录</td><td>检查结果</td></tr>
<tr><td rowspan="10">主控项目</td><td rowspan="5">1</td><td rowspan="5">标高</td><td colspan="2">柱基基坑基槽</td><td></td><td>10/10</td><td rowspan="9">测点数：50，合格点数：40，合格率为 80%</td><td rowspan="10"></td></tr>
<tr><td rowspan="2">场地平整</td><td>人工</td><td>±30</td><td>—</td></tr>
<tr><td>机械</td><td></td><td>10/10</td></tr>
<tr><td colspan="2">管沟</td><td>0，−50</td><td>—</td></tr>
<tr><td colspan="2">地(路)面基础层</td><td>0，−50</td><td>—</td></tr>
<tr><td rowspan="4">2</td><td rowspan="4">长度、宽度（由设计中心线向两边量）</td><td colspan="2">柱基基坑基槽</td><td></td><td>10/10</td></tr>
<tr><td rowspan="2">场地平整</td><td>人工</td><td>300，−100</td><td>—</td></tr>
<tr><td>机械</td><td></td><td>10/10</td></tr>
<tr><td colspan="2">管沟</td><td>100，0</td><td>—</td></tr>
<tr><td>3</td><td>坡率</td><td colspan="3">设计要求</td><td>10/10</td><td>经检查边坡符合设计和规范要求</td></tr>
<tr><td rowspan="6">一般项目</td><td>1</td><td>基底土性</td><td colspan="3">设计要求</td><td>—</td><td>土性为砂土，与设计相符</td><td rowspan="6"></td></tr>
<tr><td rowspan="5">2</td><td rowspan="5">表面平整度</td><td colspan="2">柱基基坑基槽</td><td></td><td>10/10</td><td rowspan="5">选择计数抽样方案：按专业验收规范规定。
总测点数：20，合格点数：19，合格点率：95.00%</td></tr>
<tr><td rowspan="2">场地平整</td><td>人工</td><td>±20</td><td>—</td></tr>
<tr><td>机械</td><td></td><td>10/10</td></tr>
<tr><td colspan="2">管沟</td><td>±20</td><td>—</td></tr>
<tr><td colspan="2">地(路)面基础层</td><td>±20</td><td>—</td></tr>
<tr><td colspan="3">施工单位检查结果</td><td colspan="6">专业工长：×××
项目专业质量检查员：×××
×年×月× 日</td></tr>
<tr><td colspan="3">监理单位验收结论</td><td colspan="6">专业监理工程师：×××
×年×月× 日</td></tr>
</table>

- 自测答案
- 单元测验
- 在线考试

附录A 土工试验指导书

试验一　土的基本物理性质指标的测定

微课

土的基本物理性质指标的测定

一、天然密度试验

单位体积土的质量，即为土的天然密度。

密度的测定，对于一般黏性土采用环刀法，如土样易碎或难以切削成有规则形状时可采用蜡封法，这里仅介绍环刀法。

1. 试验目的

测定黏土的密度。

2. 仪器设备

(1) 环刀：内径 61.8±0.15 mm 或 79.8±0.15 mm，高 20±0.016 mm，体积 60 cm^3，100 cm^3。

(2) 天平：称量 500 g 以上，感量 0.4 g；或称量 200 g，感量 0.01 g。

(3) 其他：钢丝锯、削土刀、玻璃片、凡士林等。

3. 试验步骤

(1) 取原状土或取按工程需要制备的重塑土，用切土刀整平其上、下两端，将环刀内壁涂一薄层凡士林，刃口向下放在土样整平的面上。

(2) 用切土刀将土样上部修削成略大于环刀口径的土柱，然后将环刀垂直均匀下压，边压边削，至土样伸出环刀上口为止，削去环刀两端余土，并修平土面使其环刀口平齐。

(3) 擦净环刀外壁，称环刀加土的质量 m_2，精确至 0.1 g。

(4) 记录 m_2，环刀号码以及由实验室提供的环刀质量 m_1（或天平称量）和环刀体积 V（即试样体积，见表试一1）。

表试-1　密度试验记录

试验日期________　试验者________

环刀号	环刀质量 m_1/g	试样体积 V/cm^3	环刀加试样总质量 m_2/g	试样质量 m/g	密度 $\rho/(g/cm^3)$	平均密度 $\bar{\rho}/(g \cdot cm^{-3})$

4. 计算

$$\rho=\frac{m}{V}=\frac{m_2-m_1}{V}$$

式中：ρ 为土的密度，g/cm^3；m 为试样质量，g；V 为试样体积（即环刀内净体积），cm^3；m_1 为环刀质量，g；m_2 为环刀加土的质量，g。

5. 有关问题说明

(1) 用环刀切试样时，环刀应垂直均匀下压，以防环刀内试样的结构被扰动。

(2) 夏季室温高，为防止称质量的试样中水分被蒸发，可用两块玻璃片盖住环刀上、下口称取质量，但计算时应扣除玻璃片的质量。

(3) 需进行两次平行测定，要求平行差值≤0.03 g/cm^3，结果取两次试验结果的平均值。

二、天然含水量试验

含水量是指土中水的质量与土粒质量之比，土在天然状态时的含水量称为土的天然含水量。

测定土的含水量常用的方法有烘干法和酒精燃烧法。

（一）烘干法

1. 试验目的

测定原状土的天然含水量。

2. 仪器设备

电烘箱；天平（感量 0.01 g）；称量盒；干燥器。

3. 试验步骤

(1) 选取有代表性的试样不少于 15 g（砂土或不均匀的土应不少于 50 g），放入称量盒内立即盖紧，称湿土和称量盒总质量 m_1，精确至 0.01 g，记录 m_1，称量盒号码、称量盒质量 m_0（由实验室提供或天平称量）。

(2) 打开称量盒盖，放入电烘箱中在 105～110 ℃恒温下烘至恒重（烘干时间一般自温度达到 105～110 ℃算起不少于 6 h），然后取出称量盒，加盖后放进干燥器中，使冷却至室温。

(3) 从干燥器中取出称量盒，称烘干土加称量盒的质量 m_2，精确至 0.01 g，并记入表格内（见表试-2）。

表试-2　含水量试验记录

试验日期________　试验者________

盒号	称量盒质量 m_0/g	湿土加盒总质量 m_1/g	干土加盒总质量/g	含水量 ω/%	平均含水量 $\bar{\omega}$/%

4. 本试验需进行两次平行测定

$$\omega=\frac{m_w}{m_s}=\frac{m_1-m_2}{m_2-m_0}\times100\%（计算至0.1\%）$$

式中：ω 为含水量，%；m_0 为称量盒质量，g；m_1 为湿土加盒总质量，g；m_2 为干土加盒总质量，g；m_w 为试样中所含水的质量，$m_w=m_1-m_2$，g；m_s 为试样中土颗粒质量，$m=m_2-m_0$，g。

5. 有关问题说明

（1）含水量试验用的土应在打开土样包装后立即采取，以免水分改变，影响结果。

（2）本试验需要进行两次平行测定，每一组学生取两次试样测定含水量，取其平均值，作为最后成果，但两次试验的平均差值不得大于下列规定：含水量 $w<40\%$时，平均差值不大于1%；含水量 $w\geq40\%$时，平均差值不大于2%。

（二）酒精燃烧法

若无电烘箱设备或要求快速测定含水量，可用酒精燃烧法，取5～10 g试样，装入称量盒内，称湿土加盒总质量 m_1，将无水酒精注入放有试样的称量盒中，至出现自由液面为止，点燃盒中酒精，烧至火焰熄灭，一般烧2～3次，待冷却至室温后称干土加盒总质量 m_2，计算含水量 ω。

三、土粒相对密度试验

土粒相对密度是试样在105～110 ℃下烘至恒重时、土粒质量与同体积4 ℃时的水质量之比。

1. 试验目的

测定土粒相对密度（土粒比重），它是土的物理性质基本指标之一，为计算土的孔隙比、饱和度以及为其他土的物理力学试验（如颗粒分析的比重计法试验、压缩试验等）提供必需的数据。

2. 试验方法

通常采用比重瓶法测定粒径小于5 mm的颗粒组成的各类土。

用比重瓶法测定土粒体积时，必须注意所排除的液体体积确能代表固体颗粒的实际体积。土中含有气体，试验时必须把它排尽，否则影响测试精度，可用沸煮法或抽气法排除土内气体。所用的液体为纯水。若土中含有大量的可溶盐类、有机质、胶粒时，则可用中性溶液，如煤油、汽油、甲苯等，此时，必须采用抽气法排气。

3. 仪器设备

（1）比重瓶：容量100 mL或50 mL，分长径和短径两种；

（2）天秤：称量200 g，最小分度值0.001 g；

(3) 砂浴:应能调节温度的(或可调电加热器);

(4) 恒温水槽:准确度应为±1℃ ;

(5) 温度计:测定范围刻度为 0～50 ℃,最小分度值为 0.5 ℃;

(6) 真空抽气设备;

(7) 其他:烘箱、纯水、中性液体、小漏斗、干毛巾、小洗瓶、磁钵及研棒、孔径为 2 mm 及 5 mm 筛、滴管等。

4. 操作步骤

(1) 试样制备:取有代表性的风干的土样约 100 g,碾散并全部过 5 mm 的筛。将过筛的风干土及洗净的比重瓶在 100～110 ℃下烘干,取出后置于干燥器内冷却至室温称量后备用。

(2) 将比重瓶烘干,冷却后称得瓶的质量。

(3) 称烘干试样 15 g(当用 50 mL 的比重瓶时,称烘干试样 10 g)经小漏斗装入 100 mL 比重瓶内,称得试样和瓶的质量,准确至 0.001 g。

(4) 为排出土中空气,将已装有干试样的比重瓶,注入半瓶纯水,稍加摇动后放在砂浴上煮沸排气。煮沸时间自悬液沸腾时算起,砂土应不少于 30 min,黏土、粉土不得少于 1 h。煮沸后应注意调节砂浴温度,比重瓶内悬液不得溢出瓶外。然后,将比重瓶取下冷却。

(5) 将事先煮沸并冷却的纯水(或排气后的中性液体)注入装有试样悬液的比重瓶中,如用长颈瓶,用滴管注水恰至刻度处,擦干瓶内、外刻度上的水,称瓶、水土总质量。如用短颈比重瓶,将纯水注满瓶塞紧瓶塞,使多余水分自瓶塞毛细管中溢出。将瓶外水分擦干后,称比重瓶、水和试样总质量,准确至 0.001 g。然后立即测出瓶内水的温度,准确至 0.5 ℃。

(6) 根据测得的温度,从已绘制的温度与瓶、水总质量关系曲线中查得各试验比重瓶、水总质量。

(7) 用中性液体代替纯水测定可溶盐、黏土矿物或有机质含量较高的土的土粒密度时,常用真空抽气法排除土中空气。抽气时间一般不得少于 1 h,直至悬液内无气泡逸出为止,其余步骤同前。

5. 注意事项

(1) 用中性液体,不能用煮沸法。

(2) 煮沸(或抽气)排气时,必须防止悬液溅出瓶外,火力要小,并防止煮干。必须将土中气体排尽,否则影响试验成果。

(3) 必须使瓶中悬液与纯水的温度一致。

(4) 称量必须准确,必须将比重瓶外水分擦干。

(5) 若用长颈式比重瓶,液体灌满比重瓶时,液面位置前后几次应一致,以弯液面下缘为准。

(6) 本试验必须进行两次平行测定,两次测定的差值不得大于 0.02 g/cm^3,取两次测值的平均值,精确至 0.01 g/cm^3。

6. 计算公式

$$d_s=\frac{m_d}{m_{bw}+m_d-m_{bws}}\times G_{iT}$$

式中:m_d 为试样的质量,g;m_{bw} 为比重瓶、水总质量,g;m_{bws} 为比重瓶、水、试样总质量,g;G_{iT} 为 T ℃时纯水或中性液体的比重。

水的密度见表试-3,中性液体的比重应实测,称量准确至 0.001 g。

7. 试验记录

比重瓶法测定土粒相对密度试验记录见表试-4。

表试-3　不同温度时水的密度

水温/℃	4.0～5	6～15	16～21	22～25	26～28	29～32	33～35	36
水的密度($g \cdot cm^{-3}$)	1.000	0.999	0.998	0.997	0.996	0.995	0.994	0.993

表试-4　土粒相对密度试验记录

试验日期________　　试验者________

试样编号	比重瓶号	温度/℃	液体比重查表	比重瓶质量/g	干土质量/g	瓶+液体质量/g	瓶+液+干土总质量/g	与干土同体积的液体质量/g	比重	平均值
		①	②	③	④	⑤	⑥	⑦=④+⑤−⑥	⑧	⑨

四、试验成果计算

(1) 由试验结果计算下列各项指标:孔隙比 e;饱和度 S_r;干土重量 γ_d;饱和土重度 γ_{sat}。

(2) 画出三相简图(附计算数字)。

试验二　黏性土的液限和塑限测定

一、锥式仪液限试验

微　课

黏性土的液限和塑限测定

液限是指黏性土从流动状态转变到可塑状态的界限含水量。

1. 试验目的

测定黏性土的液限 ω_L

2. 仪器设备

(1) 锥式液限仪:该仪器的主要部分是用不锈钢制成的精密圆锥体,顶角 30°,高约 25 mm,距锥尖 10 mm 处刻有一环形刻线,有两个金属键通过一半圆形钢丝固定在圆锥体上部,作为平衡装置,锥式液限仪的标准质量是 76 g(精确度±0.2 g),另外还配备有试杯和台座各一个。

(2) 天平:感量 0.01 g。

(3) 电烘箱。

(4) 烘土盒。

(5) 盛土器皿、调土板、调土刀、滴管、凡士林等。

3. 试验步骤

(1) 土样的制备,原则上采用天然含水量的土样进行制备,若土样相当干燥,允许用烘干土进行制备。其方法是:取有代表性的天然含水量的土样,在橡皮垫上将土碾散(切勿压碎颗粒)，然后将土放入调土皿中，加纯水调成均匀浓糊状，若土中含有大于 0.5 mm 颗粒时，应将粗粒剔出或过 0.5 mm 筛。

(2) 用调土刀取制备好的土样放在调土板上彻底拌均匀，填入试杯中，填土时注意勿使土内留有空气，然后刮去多余的土，使土面与杯口平齐，将试杯放在台座上，注意在刮去余土时，不得用刀在土面上反复涂抹。

(3) 用纸或布揩净锥式液限仪，并在锥体上抹一薄层凡士林，用拇指和食指提住上端手柄，使锥尖与试样中部表面接触，放开手指，使锥体在重力作用下沉入土中。

(4) 若锥体约经 15 s 沉入土中的深度大于或小于 10 mm 时，则表示试样的含水量高于或低于液限，这时应先挖出黏有凡士林的土不要，再将试杯中的试样全部放回调土板上，或铺开使多余水分蒸发，或加入少量纯水，重新调拌均匀，重复(2)、(3)、(4)条的操作，直至当锥体约经 15 s 沉入土中深度恰为 10 mm 时为止，此时土样的含水量即为液限。

(5) 取出锥体，挖出黏有凡士林的土后，在沉锥附近取土约 10 g 左右放入烘土盒中，按含水量试验方法测定含水量。

将上述试验中测得的数据记入表试-5 中。

表试-5　锥式仪液限试验记录

试验日期________　　试验者________

烘干盒盒号	烘土盒质量 m_0/g	湿土加盒总质量 m_1/g	干土加盒总质量 m_2/g	干土质量 m_s/g	水质量 m_w/g	液限 ω_L/%	平均含水量 $\bar{\omega}_L$(%)

4. 计算液限 ω_L

$$\omega_L=\frac{m_w}{m_s}\times100\%=\frac{m_1-m_2}{m_2-m_0}\times100\%\text{(计算至 0.1\%)}$$

5. 有关问题说明

(1) 在制备好的试样中加水时不能一次加得太多，特别是初次宜少。

(2) 试验前应校验锥式液限仪的平衡性能。

(3) 每人取两次试样进行测定，取其平均值，以整数表示，其平均差值：液限＜40%时，不大于 1%；液限≥40%时，不大于 2%。

二、滚搓法塑限试验

塑限是黏性土的可塑性状态与半固体状态的界限含水量。

1. 试验目的

测定黏性土的塑限 ω_p，并根据 ω_L 和 ω_p 计算土的塑性指数 I_p，进行黏性土的定名，判别黏性土的软硬程度。

2. 仪器设备

(1) 毛玻璃板：尺寸 200 mm×300 mm。

(2) 天平：感量 0.001 g～0.01 g。

(3) 直径为 3 mm 的铁丝、卡尺。

(4) 称量盒、滴管、蒸馏水、吹风机、烘箱等。

3. 试验步骤

(1) 由液限试验制备好的试样中取出一小部分放在毛玻璃板上用手掌搓滚；搓压时手掌要均匀地压土条。

(2) 若土条搓压至直径达 3 mm 时仍没有出现裂纹和断裂，或者直径大于 3 mm 土条就出现裂纹和断裂，遇有这两种情况，均应重新取试样搓滚直到土条直径达到 3 mm 时，表面恰好开始裂纹并断裂成数段，此时土条的含水量即为塑限。

(3) 将已达到塑限的断裂土条立即放入称量盒盖紧，再取试样采用同样方法做试验，等称量盒中合格的断土条积累有 3～5 条时，即可测定其含水量，此含水量值即为塑限 ω_p。

将上述试验中测得的数据记入表试-6 中。

4. 计算黏性土塑限 ω_p

$$\omega_p=\frac{m_w}{m_s}\times100\%=\frac{m_1-m_2}{m_2-m_0}\times100\%\text{（计算至 0.1\%）}$$

5. 有关问题说明

(1) 搓条法测塑限时需要耐心反复地实践，才能到试验标准。

(2) 搓条时要用手掌全面地施加轻微的压力搓滚。

(3) 做两次平行试验，取其平均值，若塑限小于 40%时，允许差值不大于 1%；若塑限不小于 40%时，允许差值不大于 2%。

由液限、塑限试验测得的 ω_L 和 ω_p 可计算塑性指数 I_p，并进行土的定名，即 $I_p=\omega_L-\omega_p$，$I_p>17$ 为黏土，$10<I_p<17$ 为粉质黏土。

表试-6　滚搓法塑限试验记录

试验日期________　　试验者________

称量盒盒号	称量盒质量 m_0/g	湿土加盒总质量 m_1/g	干土加盒总质量 m_2/g	塑限 ω_p/%	平均值 $\bar{\omega}_p$/%

三、试验成果计算

(1) 塑性指数 I_p。

(2) 液性指数 I_L。

(3) 对土进行分类并确定土的状态。

(4) 试验过程中发现和发生的问题。

试验三　土的压缩(固结)试验

土的压缩试验通过测定土样在各级压力 p_i 作用下产生的压缩变形值，计算在 p_i 作用下土样相对的孔隙比 e_i，绘制土的压缩曲线，计算土的压缩系数 a 和压缩模量 E_s 等。

微　课

土的压缩(固结)试验

1. 试验目的

测定土的压缩性指标 a 和 E_s。

2. 仪器设备

(1) 杠杆式压缩仪：由环刀、护环、透水石、水槽、加压盖板等组成。

(2) 环刀：内径 79.8 mm 或 61.8 mm，高 20 mm，截面积 50 cm^2、30 cm^2。

(3) 透水石：当用固定式容器时，顶部透水石直径小于环刀内径 0.2～0.5 mm；当用浮环式容器时，上下端透水石直径相同。

(4) 量表：量程 10 mm，最小分度 0.01 mm。

(5) 天平、刮刀、钢丝锯、玻璃片、秒表等。

3. 试验步骤

(1) 环刀取土：按密度试验方法用环刀切取原状土样，切土的方向应与天然地层中的方向一致，同时，取少量余土测定含水量和土粒相对密度。

(2) 称出环刀加土总质量，当扣除环刀质量后，即得试样质量，并计算出密度。

(3) 在压缩仪容器底座内放置一块略大于环刀的洁净而湿润的透水石，将切取的试样连同环刀一起(注意刀口向下)放在透水石上，再在试样上加护环以及与试样面积相同的洁净而湿润的透水石，并加压盖板，置于加压框架上，对准加压框架横梁正中，安装量表。

(4) 施加 1 kPa(即 0.001 N/mm^2)的预压力，使试样与压缩容器内的各部分接触良好，然后调整量表，使其指针读数为 0 或某一整数。

(5) 轻轻施加第一级荷载，同时开动秒表，开始计时，按下列时间顺序记下量表读数：6″,15″,1′,2′15″,4′,6′15″,9′,12′15″;16′,20′15″,25′,30′15″,36′,45′,64′,100′,200′,400′,23 h,24 h，至沉降稳定为止，沉降稳定的标准为每级压力下压缩 24 h，对于某些高压缩性土，若 24 h 后尚有较大的压缩变形时，以量表读数的变化不超过 0.01 mm/h 认为稳定。因时间关系，可按教师指定时间读数。

若试样为饱和土，施加第一级压力后应立即向水槽中注水浸没试样；若试样为非饱和土，则需用棉花围在传压塞和透水石四周，以避免水分蒸发。

(6) 记下稳定读数后，用同样的方法依次试加第二级压力，第三级压力……重复上述试验步骤，记录各级压力下试样变形稳定的量表读数(见表试-7)，一般加压等级为 12.5 kPa、25 kPa、50 kPa、100 kPa、200 kPa、400 kPa、800 kPa、1600 kPa、3200 kPa，最后一级压力应比土层的计算压力大 100～200 kPa。

(7) 若需做回弹试验，可在某一级压力下压缩稳定后卸荷，在每级压力下待达到稳定后记下量表读数，至压力完全卸完为止，稳定标准同前。

(8) 试验结束后，必须先卸去量表；然后卸掉砝码，升起加压框架，移出压缩仪，取出试样，并测定试验后土样的含水量。

表试-7　压缩试验记录

试验日期________　　试验者________

含水量/%		试样面积 A/mm^2	
密度		试样起始高度 H_0/mm	
土粒相对密度		试样起始孔隙比 e_0	
		试样颗粒净高/mm	

（续表）

各级加荷时间	各级荷重下量表读数(0.01 mm)				
	50 kPa	100 kPa	200 kPa	300 kPa	…
总变形量					
仪器变形					
试样变形量					
试样变形后高度					
孔隙比					

4. 试验成果计算

(1) 绘制压缩曲线。

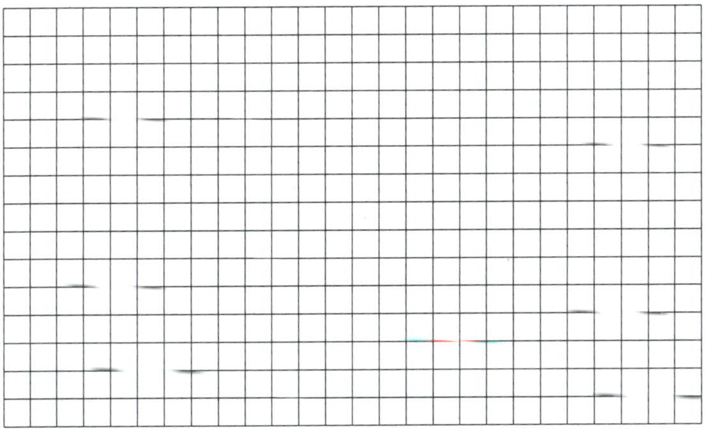

(2) 计算压缩系数 a、压缩模量 E_s。

$a_{1-2}=$

$E_s=$

(3) 对试验压缩性评价。

试验四　直接剪切试验

直接剪切试验是测定土体抗剪强度指标(即内摩擦角 ϕ 和黏聚力 c)的一种常用方法，通常采用四个试样，在直接剪切仪上分别在不同的垂直压力 p 下施加水平剪力至土样破坏，求得此时的剪应力 τ_f，然后绘制了 τ_f 和 p 的关系曲线(即抗剪强度曲线)，在整个试验过程中，始终不容许土样排水。

微　课

直接剪切试验

1. 试验目的

测定土体抗剪强度指标 ϕ 和 c。

2. 仪器设备

(1) 应变控制式直剪仪。

(2) 百分表:量程 10 mm,精度 0.01 mm。

(3) 秒表、环刀(内径 61.8 mm,高 20 mm)、削土刀、钢线锯、玻璃片、蜡纸、天平。

3. 试验步骤

(1) 制备土样,按环刀取土方法从原状土中用环刀切取试样,同时取少量余土测定含水量,称出环刀加土的总质量,计算密度,按同样方法共制备四个以上试样,要求各试样的密度差不大于 0.03 g/cm^2,含水量差不大于 2%。

(2) 在下盒内顺次放入透水石和蜡纸,然后用插销将上、下剪切盒固定好。

(3) 将试样的环刀刃口向上,对准剪切盒口,把试样从环刀内推入剪切盒中,倾次放上蜡纸和透水石各一块,然后加上活塞、钢球、装上垂直加压设备(暂勿加砝码)。

(4) 在量力环上安装百分表,百分表的测杆应平行于量力环受力的直径方向,调整百分表使其指针在某一整数(即长针指零,并作为起始零读数)。

(5) 慢慢转动手轮,至上盒支腿与量力环钢球之间恰好接触时(即量力环中百分表指针刚开始触动时)为止。

(6) 施加垂直压力,立即拔出固定插销,开动秒表,同时以每分钟 0.8 mm 的剪切速度均匀地转动手轮,每转一圈记下量表读数(见表试-8),直到土样剪损为止,土样剪损的标志为:量力环的量表读数有显著后退或量表读数不再增大。

(7) 反转手轮,卸除垂直荷载和加压设备,取出已剪损的试样,刷净剪切盒,装入第二个试样。

(8) 依次将四个试样施加不同的垂直压力进行剪切试验,试验步骤相同,四个试样施加的垂直压力分别取 0.1 N/mm^2、0.2 N/mm^2、0.3 N/mm^2、0.4 N/mm^2。

表试-8 直接剪切试验记录

试验日期________ 试验者________

垂直压力 / 量表读数 0.01 mm / 手轮转数	0.1 N/mm^2	0.2 N/mm^2	0.3 N/mm^2	0.4 N/mm^2
抗剪强度				
剪切历时				

4. 试验成果计算

(1) 计算剪应力下(单位:N/mm^2)

$$\tau=KR$$

式中:K 为量力环系数,N · mm^{-2}/0.01 mm;R 为剪损时量力环中量表读数,0.01 mm。

(2) 绘制剪切强度和垂直压力关系曲线

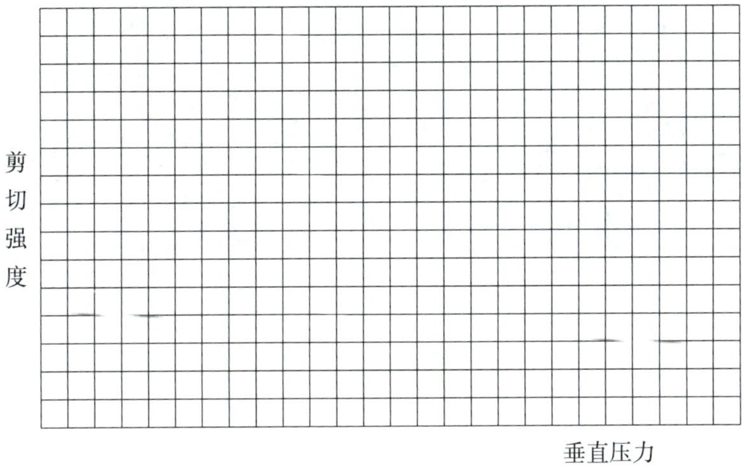

$c=$

$\phi=$

(3) 试验中发现的问题

附录 B 钢筋弯曲调整值和弯钩增加长度证明

一、钢筋弯曲调整值

(1) 钢筋弯折 135°时的弯曲调整值如附录 B-1 所示，弯曲部分的量度尺寸是 AB 和 DE，而弯曲部分的实际长度尺寸是$\widehat{A^\circ D^\circ}$，这两者之间的差值就是弯折 135°弯时的弯曲调整值，用 Δ 表示。

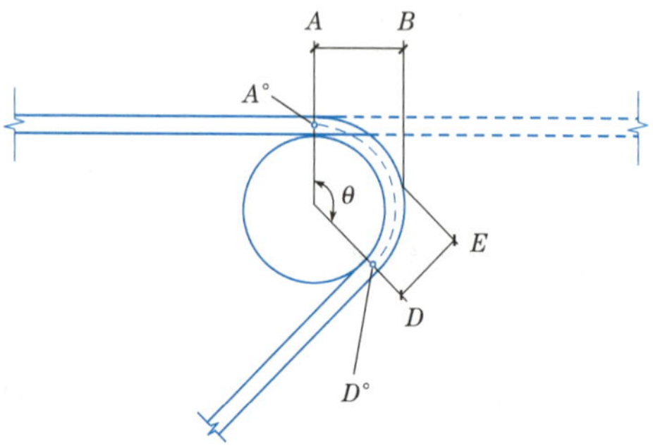

附录 B-1　钢筋弯曲 135°时弯曲调整值

如上所述：

$$\Delta = AB + DE - \widehat{A^\circ D^\circ}$$

其中：$AB = DE = \frac{D}{2} + d$，$\widehat{A^\circ D^\circ} = \left(\frac{D+d}{2}\right) \cdot \theta$。

所以有：

$$\Delta = 2\left(\frac{D}{2} + d\right) - \left(\frac{D+d}{2}\right) \cdot \theta$$

$\theta = \frac{135^\circ}{180^\circ} \cdot \pi$ 代入上式得

$$\Delta = 0.822d - 0.178D$$

(2) 钢筋弯 90°时的弯曲调整值如附录 B-2 所示，弯曲部分的量度尺寸是 $A'B'$ 和 $B'D'$，而弯曲部分的实际长度尺寸 $\widehat{A^\circ B^\circ}$，这两者之间的差值就是弯折 90°时的弯曲调整值，用 Δ 表示。

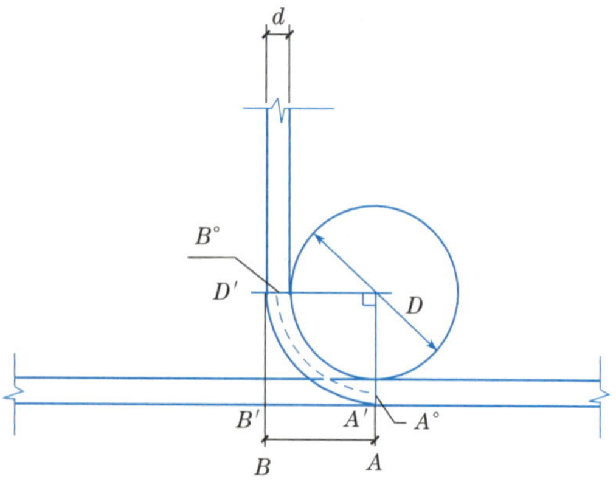

附录 B-2　钢筋弯曲 90°时弯曲调整值

如上所述：

$$\Delta = A'B' + B'D' - \widehat{A^\circ B^\circ}$$

其中：$A'B'=B'D'=\frac{D}{2}+d$，$\widehat{A^{\circ}B^{\circ}}=\left(\frac{D+d}{2}\right)\cdot\theta$

所以有：$\Delta=2\left(\frac{D}{2}+d\right)-\left(\frac{D+d}{2}\right)\cdot\theta$

将 $\theta=\frac{\pi}{2}$ 代入上式得：

$$\Delta=0.215D+1.215d。$$

(3) 钢筋弯折 30°45°、60°时的弯曲调整值如附录 B-3 所示，弯曲部分的量度尺寸是 AB 和 BD，弯曲部分的实际长度尺寸是 $\widehat{mn}$，同样弯曲调整值用 Δ 表示。

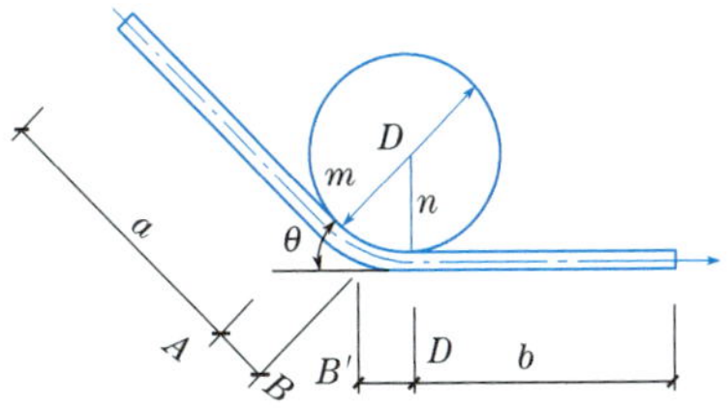

附录 B-3　钢筋弯曲小于 90°时弯曲调整值

因为：$\Delta=AB+B'D-\widehat{mn}$

其中：$AB=B'D=\left(\frac{D}{2}+d\right)\tan\frac{\theta}{2}$，$\widehat{mn}=\left(\frac{D+d}{2}\right)\cdot\theta\frac{\pi}{180^{\circ}}$

所以有：$\Delta=2\left(\frac{D}{2}+d\right)\tan\frac{\theta}{2}-\left(\frac{D+d}{2}\right)\cdot\theta\frac{\pi}{180^{\circ}}$

当 $\theta=30^{\circ}$ 时，$\Delta=0.006D+0.274d$；

当 $\theta=45^{\circ}$ 时，$\Delta=0.022D+0.436d$；

当 $\theta=60^{\circ}$ 时，$\Delta=0.054D+0.631d$。

各种钢筋在不同弯曲角度时，钢筋弯曲调整值理论计算汇总见表 4-10。

二、钢筋弯钩增加长度

(1) 180°弯钩增加长度即半圆弯钩增加长度。如附录 B-4 所示，钢筋弯曲后的平直部分长度用 l_p 表示。图中 $l_p=3d(5d)$，成型钢筋的量度端点为 F，弯钩的起始位置是 A 点，则半圆增加长度为 FE'，即：从量度端点 F 到下料长度端点 E' 的尺寸。用 l 表示。

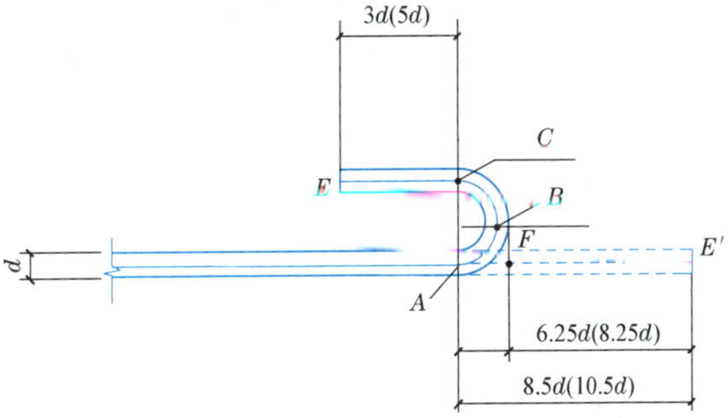

附录 B-4　180°弯钩增加长度计算简图

如上所述：

$$l=AE'-AF$$

其中：

$$AE'=\widehat{AC}+CE=\left(\frac{D+d}{2}\right)\cdot\theta+l_p,$$

$$AF=\frac{D}{2}+d$$

所以有：$l=\left(\frac{D+d}{2}\right)\cdot\theta+3d-\left(\frac{D}{2}+d\right)$

$\theta=\pi$ 代入上式得：$l=1.071D+0.571d+l_p$。

(2) 135°弯钩增加长度即斜弯钩增加长度。如图附录 B-5 所示，钢筋弯后的平直部分长度用 l_p 表示。成型钢筋的量度端点为 B，弯钩的起始位置是 A 点，则斜弯钩的增加长度为 BF，即：从量度端点 B 到下料长度端点 F 的尺寸，用 l 表示。

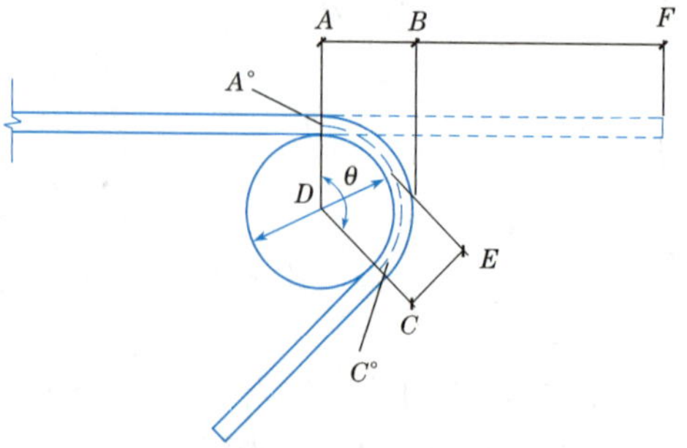

附录 B－5　箍筋端部 135°弯钩增加长度计算简图

如上所述：

$$l=AF-AB$$

其中：

$$AF=A^{\circ}C^{\circ}+l_{p}=\left(\frac{D+d}{2}\right)\cdot\theta+l_{p},AB=\frac{D}{2}+d$$

所以有：
$$l=\left(\frac{D+d}{2}\right)\cdot\theta+l_{p}-\left(\frac{D}{2}+d\right)。$$

将 $\theta=\frac{135^{\circ}}{180^{\circ}}\pi$ 代入上式得：

$$l=0.678D+0.178d+l_{p}$$

(3) 90°弯钩增加长度即直弯钩增加长度。如附录 B－6 所示，钢筋弯后的平直部分长度用 l_p 表示。成型钢筋的量度端点为 B，弯钩的起始位置是 A 点，则斜弯钩的增加长度为 BC，即；从量度端点 A 到下料长度端点 F 的尺寸，用 l 表示。

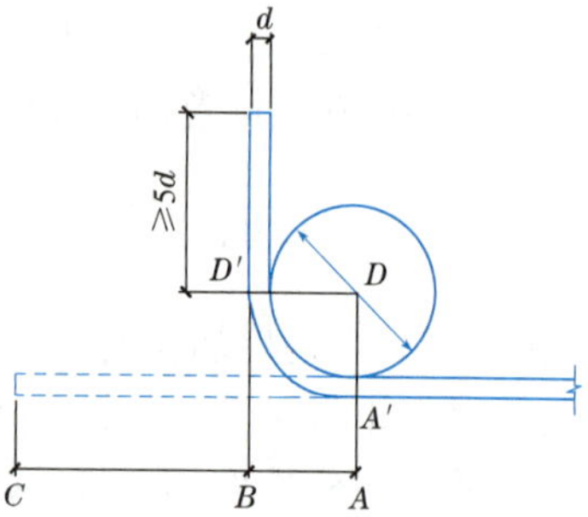

附录 B－6　箍筋端部 90°弯钩增加长度计算简图

计算公式仍可用 135°弯钩的增加长度计算公式，即：

$$l=\left(\frac{D+d}{2}\right)\cdot\theta+l_{p}-\left(\frac{D}{2}+d\right)$$

将 $\theta=\frac{\pi}{2}$ 代入上式得：$l=0.285D-0.215d+l_{p}$

钢筋在不同弯曲角度时，弯钩增加长度理论计算汇总见表 4－12。

附录 C 箍筋下料长度证明

一、箍筋下料长度证明

箍筋下料长度=箍筋外皮周长(或箍筋内皮周长)直段长度+箍筋调整值。

箍筋调整值是弯钩增加长度和弯曲调整值两项之差或和。

在实际工程操作中，箍筋弯曲直径有 $D=2.5d$，$D=4d$，$D=5d$ 三种情况，现对三种不同的弯曲直径分别进行求解。

如图附录 C-1，梁截面尺寸为 $b\times h$，设保护层厚度为 c，箍筋直径为 d，计算箍筋下料长度。

1. 弯曲内直径 $D=2.5d$

查表 4-10，90°弯曲调整值计算为 $1.75d$，查表 4-12，135°钢筋弯钩增加长度为 $11.876d$(抗震结构)和 $6.876d$(非抗震结构)则箍筋下料长度为：

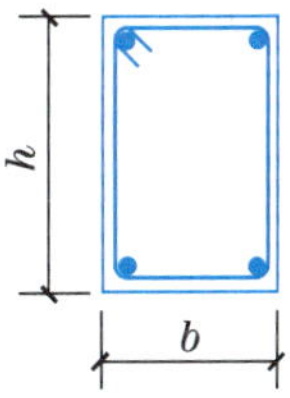

附录 C-1　箍筋下料长度

箍筋下料长度 L=箍筋外皮周长+弯钩增加长度−弯曲调整值

$=(b-2c+h-2c)\times2$+弯钩增加长度−90°弯曲调整值

① 一般结构：

$$L=2b+2h-8c+2\times6.873d-3\times1.75d\approx2b+2h-8c+8d$$

② 抗震结构

当 $10d>75$ mm 时，$L=2b+2h-8c+2\times11.873d-3\times1.75d\approx2b+2h-8c+18d$

当 $75\text{ mm}>10d$ 时，$L=2b+2h-8c+2\times(1.873d+75)-3\times1.75d\approx2b+2h-8c+150-2d$

2. 弯曲内直径 $D=4d$

查表 4-10，90°弯曲调整值为 $2.08d$，查表 4-12，135°钢筋弯钩增加长度为 $12.89d$(抗震结构)和 $7.89d$(非抗震结构)，则箍筋下料长度为：

箍筋下料长度 L=箍筋外皮周长+弯钩增加长度−弯曲调整值

$=(b-2c+h-2c)\times2$+弯钩增加长度−90°弯曲调整值

① 一般结构

$$L=2b+2h-8c+2\times7.89d-3\times2.08d\approx2b+2h-8c+9d$$

② 抗震结构

当 $10d>75$ mm 时，$L=2b+2h-8c+2\times12.89d-3\times2.08d\approx2b+2h-8c+19d$

当 75 mm $>10d$ 时，$L=2b+2h-8c+2\times(2.89d+75)-3\times2.08d\approx2b+2h-8c+150-d$

3. 弯曲内直径 $D=5d$

查表 4－10，90°弯曲调整值为 $2.29d$，查表 4－12，135°钢筋弯钩增加长度为 $13.568d$（抗震结构）和 $8.568d$（非抗震结构）则箍筋下料长度为：

$$\begin{aligned}\text{箍筋下料长度 } L&=\text{箍筋外皮周长}+\text{弯钩增加长度}-\text{弯曲调整值}\\&=(b-2c+h-2c)\times2+\text{弯钩增加长度}-90^\circ\text{弯曲调整值}\end{aligned}$$

① 一般结构

$$L=2b+2h-8c+2\times8.568d-3\times2.29d\approx2b+2h-8c+10d$$

② 抗震结构

当 $10d>75$ mm 时，$L=2b+2h-8c+2\times13.568d-3\times2.29d\approx2b+2h-8c+20d$

当 75 mm $>10d$ 时，$L=2b+2h-8c+2\times(3.568d+75)-3\times2.29d\approx2b+2h-8c+150$

二、箍筋下料长度公式

1. 一般结构

$L=2b+2h-8c+(8\sim10)d=$箍筋外包尺寸$+(8\sim10)d$。

说明：当 $D=2.5d$ 时，（ ）中数值取 8，当 $D=4d$ 时，（ ）中数值取 9，当 $D=5d$ 时，（ ）中数值取 10。

2. 抗震结构

当 $10d>75$ mm 时，$L=2b+2h-8c+(18\sim20)d=$箍筋外包尺寸$+(18\sim20)d$

说明：当 $D=2.5d$ 时，（ ）中数值取 18，当 $D=4d$ 时，（ ）中数值取 19，当 $D=5d$ 时，（ ）中数值取 20。

当 75 mm $>10d$ 时，$L=2b+2h-8c+150-(0\sim2)d=$箍筋内包尺寸$+150-(0\sim2)d$

说明：当 $D=2.5d$ 时，（ ）中数值取 2，当 $D=4d$ 时，（ ）中数值取 -1，当 $D=5d$ 时，（ ）中数值取 0。

参考文献

1. 王秀兰,王玮,韩家宝. 地基与基础[M]. 北京:人民交通出版社,2007

2. 黄林青. 地基基础工程[M]. 北京:化学工业出版社,2003

3. 全国一级建造师执业资格考试用书编写委员会. 建筑工程管理与实务[M]. 第四版. 北京:中国建筑工业出版社,2014

4.《建筑施工手册》编委会. 建筑施工手册(第二分册)[M]. 第五版. 北京:中国建筑工业出版社,2012

5. 熊智彪. 建筑基坑支护[M]. 北京:中国建筑工业出版社,2008

6. 郭院成. 基坑支护[M]. 郑州:黄河水利出版社,2012

7. 江苏省建设厅. 江苏省建筑与装饰工程计价表[M]. 北京:知识产权出版社,2014

8. 王延该. 建筑施工工艺[M]. 北京:机械工业出版社,2016

9. 高成梁,彭第. 地下工程施工技术与案例分析[M]. 武汉:武汉理工大学出版社,2018